新工科计算机专业卓越人才培养系列教材

数据结构

C语言 | 微课版

——从概念到算法

袁凌◎主编

祝建华 许贵平 李剑军 周全◎副主编

U0160317

Data Structure

人民邮电出版社

北京

图书在版编目（CIP）数据

数据结构：C语言：微课版：从概念到算法 / 袁凌主编. -- 北京：人民邮电出版社，2023.1
新工科计算机专业卓越人才培养系列教材
ISBN 978-7-115-59746-5

Ⅰ. ①数… Ⅱ. ①袁… Ⅲ. ①C语言－数据结构－高等学校－教材 Ⅳ. ①TP311.12②TP312.8

中国版本图书馆CIP数据核字(2022)第130838号

内 容 提 要

数据结构是计算机及相关专业的基础课程，具有很强的理论性和实践性。本书在选材与编排上，贴近当前普通高等院校"数据结构"课程的教学目标，内容难度适中，符合研究生考试大纲的要求。全书共9章，主要内容包括绪论，线性表，栈与队列，字符串、多维数组与广义表，树与二叉树，图，排序，查找，大数据存储与检索。本书采用类C语言作为数据结构和算法的描述语言，对线性结构、树结构、图结构、排序、查找进行了分析和讨论，条理清晰，讲解全面。

本书可作为普通高等院校计算机及相关专业"数据结构"课程的教材，也可作为从事计算机工程与应用工作的科技工作者的参考书。

◆ 主　　编　袁　凌
　　副 主 编　祝建华　许贵平　李剑军　周　全
　　责任编辑　许金霞
　　责任印制　王　郁　陈　犇
◆ 人民邮电出版社出版发行　　北京市丰台区成寿寺路 11 号
　　邮编　100164　电子邮件　315@ptpress.com.cn
　　网址　https://www.ptpress.com.cn
　　固安县铭成印刷有限公司印刷
◆ 开本：787×1092　1/16
　　印张：18.75　　　　　　　2023 年 1 月第 1 版
　　字数：515 千字　　　　　 2025 年 1 月河北第 2 次印刷

定价：69.80 元

读者服务热线：(010)81055256　印装质量热线：(010)81055316
反盗版热线：(010)81055315
广告经营许可证：京东市监广登字 20170147 号

"数据结构"课程是计算机技术类各专业的专业核心必修课程,该课程是一门理论性较强、比较难理解但又必须面向实践和应用的课程。在作者 10 年的"数据结构"课程讲授过程中,学生普遍认为该课程的学习内容枯燥难懂,学了易忘,且不知道怎么用。而目前大多数高校所使用的"数据结构"教材虽然全面地阐述 4 类基本数据结构的逻辑和存储表示,及其相应的基本操作算法,但对概念的介绍是基于传统意义上的叙述方式,抽象度很高,从抽象到实际应用的过程介绍不足,即感性认识不足,所以学生时常反映难以理解。

本书编写背景

作者所在的华中科技大学计算机科学与技术学院"数据结构"课程组为充分激发学生学习"数据结构"的积极性,于 2018 年在"爱课程"平台上建设了"数据结构"MOOC(慕课)课程,并开展线上线下混合教学。截至 2022 年 6 月,该课程已运行 10 期,线上选课人数超过 14 万人次,教学效果良好。因社会的广泛认可,本课程于 2019 年被评为"国家在线精品课程",并于 2020 年被评为"国家一流课程(线上线下混合)"。在线上线下混合教学中,我们积累了很多实践经验,并收到学生的很多宝贵建议。本书由华中科技大学"数据结构"课程组的中坚力量,从 2020 年 10 月开始着手编写。其间作者深感编写教材的责任重大,历时一年多,经历了从起草、编写、修订、整合等过程,方得此书。

作者旨在通过本书让学生掌握基本数据结构的逻辑表示和存储结构,并充分训练其解决实际问题的算法思维,即分析给出问题的已知信息,提炼数据及数据之间的联系,设计数据的逻辑结构,选用合适的数据存储结构,然后在存储结构上采用自顶向下逐步细化的方法给出算法。通过这个思维引导与分析的过程,本书可以解决传统"数据结构"教材概念论述抽象、设计与实现过程描述不足等问题,让学生掌握算法设计的总方法和原则。

本书主要特色

本书按照"分析具体问题—凝练数据关系—设计数据结构—给出实现算法"的思维模式,从具体问题中引入数据结构、算法及抽象数据结构等概念,阐述线性表、栈和队列、字符串和多维数组、广义表、树和二叉树、图等常用数据结构,并在此基础上讨论排序算法和查找算法,以及大数据中的索引技术等;此外,本书尝试从学以致用的角度,给出问题的知识背景或应用背景,增加软件开发中的工程实例,强调算法的分析方法及设计思路,培养学生的算法思维,从而使学生具备解决实际问题的工程能力。

"数据结构"课程知识点丰富，隐藏在各知识单元的概念和方法较多。本书深度把握该课程的教学目标和重点、难点，在教学内容和教学设计上有如下特点。

（1）**遵循认知规律，明晰教学主线**。根据学生的认知规律和课程的知识结构，梳理和规划各知识单元及其拓扑结构，设计清晰的教学主线，如下图所示。

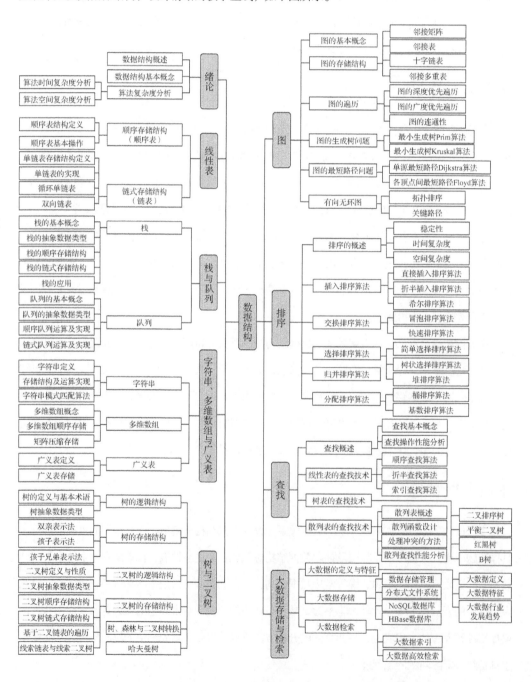

（2）**从实例出发，兼顾概念、算法设计与实现**。通过实例与应用背景引出各数据结构的概念和定义，然后给出数据结构存储表示和算法设计，最后运用类 C 语言实现数据结构以解决实际问题。

（3）**展现求解过程，培养算法思维**。通过讲思路、讲方法、讲过程，按照"分析具体问题—凝练数据关系—设计数据结构—设计算法—实现算法"的模式进行算法设计，这个过程正是培养算法思维的训练过程。

（4）**明确重点，化解难点**。每一章开头给出该章的"学习目标"和"本章知识导图"，在正文中对各重要知识点给出"讨论题"以引发教师与学生的思维碰撞，并充分运用图、表将抽象内容进行形象化处理，以降低理解复杂问题的难度。

（5）**与时俱进，紧跟科研前沿**。本书最后引入大数据的概念，融入当前热点问题和应用，以期学生掌握大数据中的索引等技术，并具备探索计算机领域前沿知识的能力。

通过对本书的学习，学生能够透彻理解数据结构的逻辑结构和存储结构的基本概念及相关算法、学会分析数据对象特征、掌握如何设计数据的逻辑和存储结构，以便在实际应用中设计性能优、效率高的算法，并运用可读性强、易维护的程序去实现算法。

（6）**提供丰富的在线教学资源**。本书配有重点难点解析的微课视频，通过视频讲解可大大降低学生学习的难度。同时，华中科技大学"数据结构"课程组在中国大学 MOOC 开设有国家在线一流课程"数据结构"慕课课程，可方便学生进行理论知识和实践训练的系统学习与自主学习。另外，本书还为教师提供了丰富的教学资源，包括教学大纲、教案、习题答案、题库等，方便教师快速开展高质量的教学。教师还可结合头歌（EduCoder）在线实训平台开展在线实验教学，实现实验自动测试、检查和评分，轻松管控学生实验的全过程。

总之，本书在实例的选择、概念的描述、知识的前后衔接、内容的组织结构，以及教学内容的理解、教学目标的实现、教学意图的融入、教学方法的应用等方面进行了系统思考和统筹设计，能够为学生构建多层次的知识体系。

本书编写分工及使用说明

本书由袁凌主编，具体编写分工为：前言、第 1~3 章及全书统稿由袁凌老师完成；第 4、6 章由祝建华老师完成；第 5 章由许贵平老师完成；第 7 章由周全老师完成；第 8、9 章由李剑军老师完成。

本书中设有"讨论题"和"计算机领域名人堂"等栏目，用以引发读者思考、加深对计算机相关领域背景知识的了解，并针对每个算法给出二维码，读者可以通过扫描二维码即可了解当前算法在编程环境下的运行过程与结果。

致谢

本书的完成得到华中科技大学计算机学院领导的大力支持，在此特别感谢谭志虎教授、秦磊华教授的不断指点与鼓励，也感谢本课题组的研究生在编写此书过程中对算法运行、图表校正、内容完善等方面付出的辛勤劳动，他们分别是周思远、宾佳莉、徐志鹏、王振江、张陆、周振宇等，再次深表感激！

作者

2022 年 4 月

目录 CONTENTS

1

第1章 绪论

● **学习目标**

（1）掌握数据结构的基本概念与术语

（2）掌握算法的基本定义

（3）掌握算法的性质

（4）掌握分析算法的基本方法

● **本章知识导图**

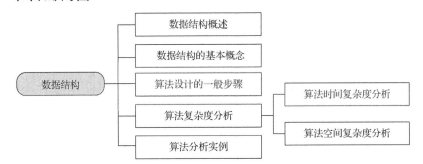

数据结构是计算机科学与技术专业及相关专业的一门重要专业必修课，是培养学生程序设计实践能力和工程素质的基础。那么到底什么是程序设计呢？图灵奖获得者沃思给出了一个明确的定义：程序设计就是算法加数据结构，其中算法是处理问题的策略，数据结构是给出问题的数学模型，故程序设计就是根据算法和数据结构编制出用计算机处理问题的指令序列。可见，数据结构在程序设计中的重要性。

程序设计=数据结构+算法

1.1 程序设计的问题背景

程序设计（Programming）是给出解决特定问题程序的过程，是软件开发过程中的重要步骤。程序设计常以某种程序设计语言为工具，给出该语言下的程序。

随着计算机技术的发展，程序设计方法学得以产生并持续优化。

20世纪50年代至20世纪60年代初，出现手工艺式的程序设计方法。

20世纪60年代末至20世纪70年代，出现软件危机：一方面需要大量软件系统；另一方面软件研制周期长、可靠性差、维护困难。此时，程序设计的重点转变为如何得到具有良好结构的程序。

1968 年，北大西洋公约组织在西德召开第一次软件工程会议，并首次提出用工程学的方法解决软件研制和生产的问题。本次会议成为软件发展史上的一个重要里程碑。

1969 年，国际信息处理协会成立"程序设计方法学工作组"，标志着程序设计由手工艺式向工业化迈进。

程序设计的目标是以尽可能小的开销解决某一实际问题。例如，给定一个整型数组 *nums*=[2,8,10,12]和一个 *target*=22，要求在数组 *nums* 中找出两个不同的和为 *target* 的元素，并返回它们的数组下标。直观方法是对数组 *nums* 中的元素进行暴力枚举，即对数组中的每一个元素 *x* 进行遍历，查找是否存在元素 *target-x*。由于元素不能重复使用，因此每个元素只需与它后面的元素进行匹配，最坏情况下数组中任意两个元素之间都被匹配了一次。如果基于散列表进行和为 *target* 的两个元素的查找，初始时，散列表的所有单元都是空状态。在数组的遍历过程中，对数组的每一个元素 *x* 以 *x* 的值作为键值（*key*）得到一个散列表中的单元地址，键值不同对应的单元地址不同，将 *x* 在数组中的下标作为值（*value*）保存到散列表对应的单元中。同时查询散列表中键值为 *key*=*target-x* 的单元是否为空，非空则返回该单元的 *value*（即值为 *target-x* 的元素在数组中的下标）和元素 *x* 在数组中的下标，找到了和为 *target* 的两个不同元素。这样数组每个元素只需被遍历一次。在此例中，优化的数据结构和算法策略使得程序运行的时间开销极大缩小。

1.2　程序设计的一般过程

程序设计的一般过程包括以下不同阶段。

（1）分析：主要研究问题给定的条件，分析最后应达到的目标，找出解决问题的规律，选择解决问题的方法。

（2）设计：即设计算法，设计出解决问题方法的具体步骤。

（3）编码：即编写程序，将算法编制成用计算机程序设计语言（如 C/C++、Java、Python 等）表示的源程序，对源程序进行编辑、编译和链接。

（4）测试：即运行程序，得到运行结果，并分析运行结果是否合理。

（5）调试：当测试得到的程序运行结果不合理时，开发者需要对程序进行调试，即通过上机发现和排除程序中故障的过程。

例如，设计一个算法判断给定的一个单向链表中是否存在"环"，链表中存在"环"是指链表中某个结点在第一次到达后可以通过连续跟踪 *next* 指针再次到达。在分析阶段，明确链表中"环"的定义且链表是单向链表，分析得出若一个链表结点被遍历两次，则链表中存在环。进一步分析得出：若初始指向头结点的两个指针且一个走得快、一个走得慢，快指针能追上慢指针说明链表中存在环；反之，若快指针走到了链表末尾则终止遍历，说明链表中不存在环。基于上述分析，确定解决方法是"双指针方法"。在设计阶段，首先定义快指针 *fast* 和慢指针 *slow* 都指向链表的头结点 *head*；开始遍历后，每次 *slow* 遍历 1 个结点，*fast* 就遍历 2 个结点；在遍历过程中，如果出现 *fast* 和 *slow* 指向了同一个结点，表示链表中存在环，退出遍历，否则一定会出现 *fast* 为 NULL 或者 *fast.next* 为 NULL，遍历结束，说明链表中不存在环。接着基于上述分析和设计进行编码、测试和调试。至此，完成了一个程序设计的一般过程。

1.3　数据结构概述

本节来了解一下数据结构（Data Structure）。其中，数据（Data）是指数字化后的能被计算机处理的符号，它可以是比较容易理解的数值型数据，如某位学生的年龄为 20 岁、在某门功课上取得成绩为 90 分等，也可以是其他相对难处理的非数值型数据，如文本、图片、音频、视频等。结构（Structure）即为事物之间的内在关系，如一所大学包含若干学院，每个学院又包含若干研究所，这是一种层次结构（即本书需要讲解的树状结构）。其数据结构示意图如图 1.1 所示。

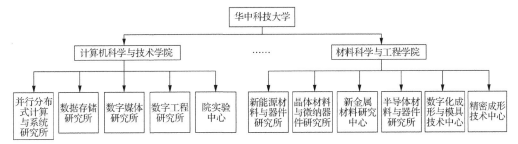

图 1.1　数据结构示意图

为了编写一个好的程序，开发者必须分析待处理对象的特性以及各处理对象之间的内在关系。这就是“数据结构”这门课程形成和发展的背景。

用计算机解决具体问题时的主要步骤如下。

（1）从具体问题抽象出一个适当的数学模型。

（2）设计一个解决此数学模型的算法。

（3）编写程序，并进行测试、调试，直至问题得到最终解答。

其中建立数学模型即是分析具体问题的过程，它包括以下两个步骤。

（1）分析具体问题中的操作对象。

（2）找出这些对象间的关系，并用数学语言描述。

而以上这些步骤就是构建数据结构的过程。

数学模型主要分为以下两大类。

第一类是数值计算类，数据类型基本都是整型、实型、浮点型等原子类型，可用已有的数学理论进行建模。下面举一个数值计算的例子。

例 1-1：根据 3 条边，求三角形的面积。

假定 3 条边依次为 a, b, c 3 个实型数，先判断是否满足：$a>0, b>0, c>0, a+b>c, b+c>a, c+a>b$，才能构成一个三角形。结合三角形的基本特性，再运用以下海伦公式（先求 $s=(a+b+c)/2$），即可得到三角形的面积。

$$area = \sqrt{s \times (s-a) \times (s-b) \times (s-c)}$$

第二类是非数值计算类，以实例说明如下。

第一个实例是如何解决人力资源部门人事管理系统的员工信息检索自动化问题，其算法是查找员工相关信息，因此要构建的模型即是根据员工人事信息建立的表格。

解决人事检索自动化问题需要按员工的相关特征项建立表格，例如员工编号、员工姓名、所属部门、员工薪酬等。根据查询要求，有时还需对表格中的数据元素（也称为“记录”）按某特征进行排序。如图 1.2 所示，每条记录包括员工编号、员工姓名、所属部门、员工薪酬。该员工人事表可以按照员工编号进行排序（见图 1.2（a）），也可以按照员工薪酬进行排序（见图 1.2（b））。

此实例中涉及的数据对象即是员工人事相关信息，数据之间的关系即结构是线性关系，因此此数据结构称为线性结构。

第二个实例是迷宫问题的求解，如图 1.3 所示。用一个 5×5 的方格表示一个迷宫，其中的 1 表示墙壁，0 表示可以走的路；要求只能横着走或竖着走，不能斜着走，找出从左上角入口到右下角出口的所有路线。

员工编号	员工姓名	所属部门	员工薪酬	……
A0001	张扬	物流部	5000 元	……
A0002	李平	人事部	6000 元	……
A0003	王阳	营销部	6888 元	……
A0004	赵庆	人事部	10000 元	……
A0005	李毅	物流部	9200 元	……
A0006	高玖	营销部	7500 元	……
……	……	……	……	……

（a）

员工编号	员工姓名	所属部门	员工薪酬	……
A0001	张扬	物流部	5000 元	……
A0002	李平	人事部	6000 元	……
A0003	王阳	营销部	6888 元	……
A0006	高玖	营销部	7500 元	……
A0005	李毅	物流部	9200 元	……
A0004	赵庆	人事部	10000 元	……
……	……	……	……	……

（b）

图 1.2　线性数据结构示意图

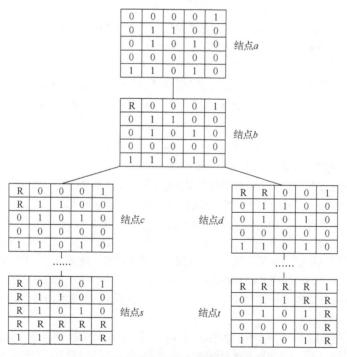

图 1.3　迷宫求解过程的树状数据结构示意图

4

在这种求解过程中，每个迷宫格局对应的是一个数据（也称为结点），前后格局的数据为父子关系；初始迷宫格局（结点 a）作为层次结构的顶部也称为根（结点）。第 1 步只能走左上角的入口（用 R 表示），即结点 b 对应的格局，结点 b 是根结点 a 的孩子结点；在结点 b 对应的格局下，接下来只能向下或向右，对应的就是结点 c 或结点 d 的格局，即结点 b 是结点 c 和结点 d 的父结点；当达到结点 s 和结点 t 时，就找到了一条路径。

此实例中涉及的数据对象即是迷宫格局，数据之间的关系即结构是具备一个根结点的层次关系，此数据结构称为树状结构。

第三个实例是在地图软件中提供给用户从"华中科技大学"开车前往"武汉天河国际机场"耗时最短的路径。图 1.4（a）所示为某地图软件提供的"华中科技大学"开车前往"武汉天河国际机场"的最短路径实例图。

对这个实际问题进行抽象，找出数据对象及其相互之间的关系，从而建立一种称为图结构的数学模型，如图 1.4（b）所示。其数据对象，即顶点是道路上的一些特殊位置（如交通路口），其包含红绿灯等信息，由此可以推算出某方向行驶的平均等待时间；而对象之间的关系则是表示这些顶点之间是否有道路连通，其包含道路长度及该道路上的车速等相关信息。在图结构中，任意两个顶点间均允许存在关系。

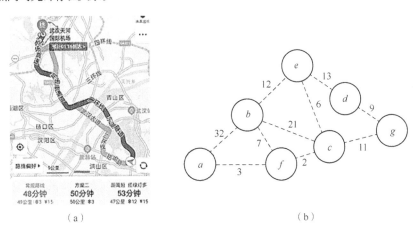

（a）　　　　　　　　　　　　　（b）

图 1.4　最短路径实例图和图数据结构示意图

起止两个地点间的道路选择方案非常多，可谓"条条大路通机场"。影响起止两个地点间耗时的有以下两个因素。

（1）行驶路线上的总路程。

（2）行驶路线上红绿灯等待时间平均值的总和。

综合这两个因素，即可计算出符合条件的最优行驶方案。

概括地说，数据结构是一门讨论"描述现实世界实体的非数值计算数学模型以及定义在上面的操作在计算机中如何表示和实现"的课程。数据结构是介于数学、计算机硬件、计算机软件三者之间的一门核心课程。在计算机科学中，数据结构不仅是一般程序设计的基础，而且是设计与实现编译系统、操作系统、数据库系统及其他系统软件和大型应用软件的重要基础。程序设计的实质是对确定的问题选择一种好的数据结构，然后设计一种好的算法，用计算机语言实现问题的求解。

1.4　数据结构的基本概念

（1）**数据**。数据即是所有能输入计算机中并被计算机程序加工、处理符号的总称，如整数、实数、字符、音频、图片、视频等。

（2）**数据元素**。数据元素是数据的基本单位。在不同的数据结构中数据元素有不同的称呼，如记录、结点或顶点。它在计算机程序中通常被作为一个整体进行考虑和处理。

（3）**数据项**。数据项是数据不可分割的最小单位。一个数据元素可由一个或多个数据项组成，如数据元素(姓名、年龄)由两个数据项"姓名"和"年龄"组成。

（4）**数据对象**。数据对象是由性质相同（或者说类型相同）的数据元素组成的集合，数据对象是数据的一个子集。举实例说明如下。

例1-2：由4个整数组成的数据对象。

$$D1=\{20,-30,88,45\}$$

例1-3：由正整数组成的数据对象。

$$D2=\{1,2,3,\cdots\}$$

例1-4：由26个字母组成的数据对象，即英文字母表。

$$D3=\{A,B,C,\cdots,Z\}$$

其中，$D1$、$D3$是有穷集，$D2$是无穷集。

（5）**数据结构**。数据结构是相互之间存在一种或多种特定关系的数据元素的集合。

数据元素之间的关系称为结构，主要有4类基本结构，如图1.5所示。

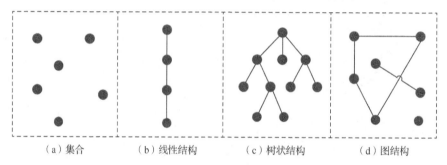

（a）集合　　　　（b）线性结构　　　　（c）树状结构　　　　（d）图结构

图1.5　数据结构示意图

① 集合：数据元素之间的关系比较松散。

② 线性结构：数据元素之间有严格的先后次序关系，例如实例图1.2所示。

③ 树状结构：数据元素之间是一对多的层次关系，例如实例图1.1和图1.3所示。

④ 图结构：数据元素之间是多对多的关系，例如实例图1.4所示。

（6）**存储结构**。所有的数据输入计算机后都必须存储在计算机中才能进行相关操作。数据结构在计算机存储器中的映像（mapping）称为数据的存储结构，也称为存储表示、物理结构、物理表示。数据的存储结构分为以下两大类。

① 顺序存储结构：数据元素顺序存放在内存储器的连续存储单元中。例如线性表$L=('A','B','C','D')$存放在内存储器中，首地址是a，接下来是$a+1$、$a+2$、$a+3$，如图1.6所示。

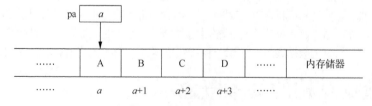

图1.6　顺序存储结构示意图

② 非顺序存储结构（也称为链接存储结构）：数据元素存放在非连续的存储空间中。例如单链表中的数据元素'A'、'B'、'C'、'D'分别存放在地址 a、地址 b、地址 c、地址 d 中，而这 4 个地址是分散的。但为了表示这 4 个元素有前驱和后继的线性关系，我们用指针来构建元素之间的联系。例如，一个头指针 Head 指向数据'A'的结点地址，数据'A'的指针指向数据'B'的结点地址，数据'B'的指针指向数据'C'的结点地址，数据'C'的指针指向数据'D'的结点地址，如图 1.7 所示。

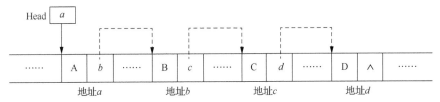

图 1.7　链式存储结构示意图 1

图 1.7 中数据元素存储的地址在整体上具有前后次序，但实际对单链表数据元素所分配的存储空间是随机的。如图 1.8 所示，数据元素'A'在物理存储地址上可能位于数据元素'B'和'D'存储地址之后。

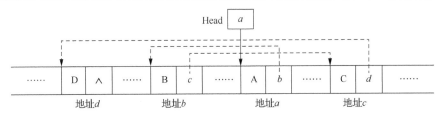

图 1.8　链式存储结构示意图 2

（7）**数据类型**。数据类型（Data Type）是一个所有可能取值构成的集合和定义在这些值上的一组操作的总称。数据类型主要分为两类：一类是原子类型，如 int、char、float 等；另一类是结构类型，如基于线性、树状、图等结构的数据结构定义。

（8）**抽象数据类型**。抽象数据类型（Abstract Data Type，ADT）是指一个数学模型以及定义在该模型上的一组操作。它是对数据结构逻辑上的定义，与计算机的实现无关。

一个抽象数据类型可以用一个三元组来表示，如(D,S,P)，其中 D 表示数据对象，S 是 D 中数据元素之间的关系集，P 是对 D 中数据元素的基本操作。一般形式如下。

```
ADT 抽象数据类型名
{    数据对象 D（同类型数据元素的集合）
     数据关系 S（一个或多个关系）
     一组基本操作/运算 P
}    ADT 抽象数据类型名
```

以线性表的抽象数据类型为例，具体形式如下。

```
ADT List
{    数据对象: D={aᵢ|aᵢ∈ElemSet,i=1,2,…,n, n≥0}
     数据关系: R1={<aᵢ₋₁,aᵢ>|aᵢ₋₁,aᵢ∈D, i=2,…,n}
     基本操作:
     InitList(&L)           //初始化线性表
     CreatList(&L)          //创建线性表
     DestroyList(&L)        //销毁线性表
     ListLength(L)          //求表 L 的长度
     ……
}    ADT List
```

1.5 算法设计的一般步骤

1.5.1 算法定义及性质

好的程序需要有好的数据结构和算法。选择好的数据结构可以为算法设计打下良好基础，数据结构与算法设计密不可分。首先给出算法的定义：算法是对特定问题求解步骤的一种描述。换言之，算法给出了求解一个问题的思路和策略。

例 1-5：求解平均数算法。假设求数组中 a[0],…,a[n-1] n 个数的平均值（假定 n>0），函数 average 的输入是 n 个数和输入数据元素的个数 n。

```
float average(float a[],int n)
{
    int i; float s=0.0;              //累加器赋初值
    for(i=0;i<n;i++)
        s=s+a[i];                    //将 a[i]累加到 s 中
    s=s/n;                           //计算平均值
    printf("ve=%f", s);              //输出
    return(s);                       //返回
}
```

一个算法应该具有以下 5 个特征。

（1）有穷性，即算法的最基本特征，要求算法必须在有限步（或有限时间）之后执行完成。

（2）确定性，即每条指令或步骤都无二义性，具有明确的含义。

（3）可行性，即算法中的操作都可以通过已经实现的基本运算执行有限次来实现。

（4）有 0 或多个输入。

（5）至少有一个输出。

针对算法的 5 个特征，现给出算法的设计要求如下。

（1）正确性：算法有 4 个不同层次的正确性，即无语法错误。对 n 组输入能产生正确结果，对特殊输入能产生正确结果，对所有输入能产生正确结果（理想状态）。

（2）可读性：算法的变量命名、格式符合行业规范，并在关键处给出注释，以提升算法的可理解性。

（3）健壮性：算法能对不合理的输入给出相应的提示信息，并做出相应处理。

（4）高执行效率与低存储量开销：涉及算法的时间复杂度和空间复杂度评判。

算法设计出来后有多种表述方法，一般有如下几种描述工具：第一种是自然语言；第二种是程序设计语言；第三种是程序流程图；第四种是伪码语言，它是一种包括高级程序设计语言 3 种基本结构（顺序、选择、循环）和自然语言成分的"面向读者"的语言；第五种是类 C 语言，其是介于伪码语言和程序设计语言之间的一种表示形式，保留了 C 语言的精华，不拘泥于 C 语言的语法细节，同时添加一些 C++的成分，特点是便于理解、阅读且能方便地转换成 C 语言。本书中所涉及的算法均是采用类 C 语言描述，使用这种描述方法的目的是能简明扼要地描述算法，突出算法的主要思想。在用类 C 语言描述算法时，算法设计在于定义与编写函数，对函数名、函数返回类型及参数表进行说明，给出完成既定功能的语句序列。为提高算法的可读性，我们可以在关键位置加以注解。

例 1-6：求解最大值算法。设一维数组 a 中已有 n 个整数（其中 n 为一个常数），试设计算法以求数组 a 中所有元素的最大值。

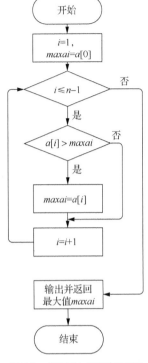

首先用伪码来表示算法的主要思想。

第 1 步：将 $a[0]$ 的值赋予变量 $maxai$。

第 2 步：将循环变量 i 赋初值为 1。

第 3 步：通过控制循环变量 i 从 1 到 $n-1$ 来遍取数组 a 的后 $n-1$ 个数，并依次与 $maxai$ 进行比较；如果 $a[i]$ 比 $maxai$ 大，将 $a[i]$ 赋予 $maxai$。

第 4 步：输出并返回最大值 $maxai$。

其算法流程图如图 1.9 所示。

依据算法思想，给出求解一维数组中最大元素值的函数如下。

```
int a_maxint(int a[],int n)
{
    int i, maxai=a[0];           //最大值的初值
    for(i=1;i<=n-1;i++)
        if(a[i]>maxai)           //比较元素大小
            maxai=a[i];          //新的最大值
    printf("maxai=%d\n",maxai);  //输出
    return maxai;
}
```

图 1.9　求解最大值算法流程图

1.5.2　算法设计步骤

算法设计的一般过程可以归纳为以下几个步骤。

（1）分析问题：通过对问题进行详细的分析，确定算法主要策略。

（2）确定数据结构与算法：确定使用的数据结构，并在此基础上设计对此数据结构实施各种操作的算法。

（3）选用语言：选用某种高级程序设计语言将算法转换成程序。

（4）调试并运行：测试修正语法错误和逻辑错误，保证程序可运行。

例 1-7：给定一个字符串 s，判断此字符串是否为回文（回文即字符串的正序和逆序是一样的，例如 "abba" 即是回文）。其算法设计步骤如下。

（1）分析问题：根据题意分析可知，具备回文特点的字符串从中间一分为二后，左子串逆序中的每个字符与右子串正序中的每个字符应该相等，因此逐个字符进行比较后，可得出字符串是否为回文的结论。

（2）确定数据结构与算法：经过对问题的分析，两个子串的比较是从左子串最后一个字符与右子串第一个字符开始，那么这里可以根据各数据结构的特点，选择 "栈" 来存放左子串，与 "数组" 存放的右子串进行逐一比较。

（3）选择语言：C、C++、Java、Python 等均可。

（4）调试并运行：通过断点等方式，测试修正语法错误和逻辑错误，验证算法有效性。

1.6　算法复杂度分析

算法分析通常包括算法时间复杂度分析和算法空间复杂度分析。

1.6.1　算法时间复杂度分析

同一个算法用不同的语言实现、用不同的编译程序进行编译或在不同的计算机上运行时，执行时间可能不相同。因此，我们很难以算法的实际执行

算法时间复杂度

时间来评判算法的效率，而是往往比较关注算法的时间开销相对于问题规模变化的趋势，也就是时间复杂度。

设 n 为求解问题的规模，即为数据量的大小。首先，不区分算法中基本操作或语句执行时间开销上的差异，计算算法（或程序）中基本操作或语句重复执行次数总和，记作 $f(n)$，称为语句频度。

在此基础上，需要执行下面步骤来计算算法时间复杂度。

（1）只保留问题规模 n 的最高阶项。

（2）去掉 $f(n)$ 中的所有常量系数。

所得算法的时间复杂度，记作 $T(n)$，用 O 表示。对于一个函数 $f(n)$，当 n 趋于无穷大时，若 $T(n)/f(n)$ 的极限值为不等于 0 的常数，则称 $f(n)$ 是 $T(n)$ 的同数量级函数，记作 $T(n)=O(f(n))$，称 $O(f(n))$ 为算法的渐进时间复杂度（简称时间复杂度）。也就是说，只求出 $T(n)$ 的最高阶（数量级），忽略其低阶项和常系数，这样既可以简化 $T(n)$ 的计算，又能客观反映出针对问题规模 n 的算法时间性能。下面用实例来说明如何计算算法的时间复杂度。

例 1-8：输入正整数 n，计算 $s=\sum_{i=1}^{n} i$ 并输出，算法代码如下。

```
int getSum(){
    int s, n;
    scanf("%d", &n);
    s=n*(n+1)/2;
    printf("%d", s);
    return s;
}
```

在该算法中，问题规模为 n，即算法中涉及的数据量大小，如 $n=10$ 表示计算 10 个数的和，$n=100$ 表示计算 100 个数的和。无论 n 取什么值，都是通过以下 3 条语句完成其计算：一条输入 n，一条计算 s，最后一条输出 s。每条语句执行 1 次，这样，语句频度为 $f(n)=3$，时间复杂度为 $T(n)=O(f(n))=O(3)=O(1)$，$O(1)$ 称为常量阶或常量数量级。

例 1-9：给出函数求 n 个整数之和。

将变量 s 初始化为 0，需要执行 1 次操作；用 for 循环控制 n 个数进行累加，for 语句的表达式一执行 1 次，循环条件判断的表达式二执行 $n+1$ 次（其中循环条件成立 n 次，不成立 1 次），表达式三执行 n 次，这样 for 循环控制部分执行的操作为 $2(n+1)$ 次；循环语句执行了 n 次，最后将得到的累加结果输出。将各条语句执行的次数进行累加，就得到算法的语句频度为 $f(n)=1+2×(n+1)+n+1=3n+4$，时间复杂度为 $T(n)=O(f(n))=O(3n+4)=O(n)$，$O(n)$ 称为线性阶或线性数量级。

```
void sum1(int a[], int n)
{
    int s=0, i;
    for(i=0; i<n; i++)
        s=s+a[i];
    printf("%d", s);
}
```

实际上算法时间复杂度的计算是对算法运行时间相对于问题规模 n 的增长率数量级的一个估算，只要保证对应的数量级正确即可。这样分析该算法 for 语句时，没有必要对 for 语句循环控制部分的每一个表达式分析太细，我们只需简单地估算 for 语句循环控制部分大致的执行次数，因为循环体执行了 n 次，所以 for 语句循环控制部分执行次数为 n 次，得到算法的语句频度为 $f(n)=1+n+n+1=2n+2$，最后得到的时间复杂度还是 $O(n)$。

例 1-10：在如下给出的函数中，将变量 s 初始化为 0，需要执行 1 次操作；后续是一个循环嵌套，外层 for 循环语句控制部分和外层循环体都执行 m 次，内层 for 循环语句作为外层循环体的一部分，每当外层循环体执行时，内层 for 循环语句都要执行 1 次，对应的内层循环控制部分要执行 $m \times n$ 次，内层循环体语句 s++ 也执行 $m \times n$ 次，外循环体中的输出语句执行 m 次。将各条语句执行的次数进行累加，得到算法的语句频度为 $f(m,n)=1+m+2 \times m \times n+m=2mn+2m+1$。假设当 $m = n$ 时，$f(n)=2n^2+2n+1$。这样时间复杂度为 $T(n)=O(f(n))=O(2n^2+2n+1)=O(n^2)$，$O(n^2)$ 称为平方阶或平方数量级。

```
void sum2(int m,int n){
    int i,j,s=0;
    for(i=1; i<=m;i++)
    {
        for(j=1;j<=n;j++) {
            s++;
        }
        printf("%d", s);
    }
}
```

例 1-11：在如下给出的函数中，函数也是由两个 for 语句构成的嵌套循环。内层循环执行次数的计算方法与例 1-10 中不同，其与外层循环的循环变量当前值有关，内层循环语句的执行次数为 $1+2+\cdots+n=n(1+n)/2$。将各条语句执行的次数进行累加，得到算法的频度为 $f(n)=1+n+n(n+1)+n=n^2+3n+1$，时间复杂度为 $T(n)=O(f(n))=O(n^2)$。

```
void sum3(int n){
    int i,j,s=0;
    for(i=1;i<=n;i++)
    {
        for(j=1;j<=i;j++) {
            s++;
        }
        printf("%d",s);
    }
}
```

常见的时间复杂度有 $O(1)$、$O(\log n)$、$O(n)$、$O(n\log n)$、$O(n^2)$、$O(n^3)$ 和 $O(2^n)$，满足关系 $O(1)<O(\log n)<O(n)<O(n\log n)<O(n^2)<O(n^3)<O(2^n)$。常见时间复杂度的曲线图如图 1.10 所示。

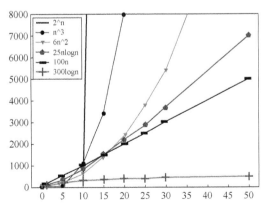

图 1.10　时间复杂度曲线图

1.6.2 算法空间复杂度分析

算法空间复杂度

一个算法在计算机存储器上所占用的存储空间由存储算法本身所占用的存储空间、算法输入及输出数据所占用的存储空间和为求解问题所需要的辅助空间组成。其中，空间复杂度是对算法运行过程中所开辟辅助空间大小的度量。与时间复杂度类似，空间复杂度通常用 O 表示法来描述，如 $O(n)$、$O(n\log n)$、$O(n^{\alpha})$、$O(2^{n})$等。其中，n 是问题的规模。

例 1-12：计算斐波那契数列的第 n 项。斐波那契数列中第一项为 1，第二项为 1，从第三项开始，每一项的值是它前两项数值之和。用变量 f 表示第 n 项，$f1$ 和 $f2$ 分别表示第 n 项的前 2 项，算法如下。

```
int fib1(int n)
{
    int f1=1,f2=1,f=1;
    while(n-->=3)
    {
        f=f1+f2;
        f1=f2;
        f2=f;
    }
    return f;
}
```

由于此例函数中变量个数固定，因此空间大小不随 n 的改变而发生变化。当一个算法的辅助空间为一个常量，即不随着处理数据量 n 的大小变化而改变，算法的空间复杂度是 $O(1)$。

例 1-13：同前例问题，并采用数组 f 保存前 n 项。其算法如下。

```
int fib2(int n)
{
    int f[n];
    f[0]=1;
    f[1]=1;
    int i;
    for(i=2;i<n;i++)
        f[i]=f[i-1]+f[i-2];
    return f[n-1];
}
```

在此算法中，为了计算斐波那契数列的第 n 项，需要一个能保存 n 个数的辅助空间，因此本例中算法的空间复杂度是 $O(n)$。

例 1-14：同前例问题，采用递归的方式计算斐波那契数列。其递归算法如下。

```
int fib3(int n){
    if(n<=2){
        return 1;
    }
    return fib3(n-1)+fib3(n-2);
}
```

在递归算法中，空间复杂度=递归的深度×每次递归空间的大小。其中递归过程可抽象为图 1.11 所示的二叉树，因此本例中递归的深度就是该"递归树"的高度。

如图 1.11 所示，当输入变量为 4 时，该递归树的高度为 4，此时空间复杂度为 4×每次递归空间的大小。依此类推，当输入变量为 5 时，该递归树的高度为 5，空间复杂度为 5 × 每次递归空间的大小；……当输入变量为 n 时，该递归树的高度为 n，空间复杂度为 $n \times$ 每次递归空间的大小。每次递归所需辅助空间大小为 $O(1)$。该算法的空间复杂度随变量 n 的改变而改变，因此空间复杂度是 $O(n)$。

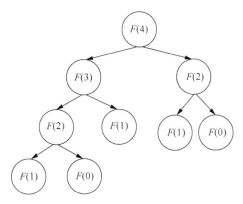

图 1.11　递归空间复杂度分析实例

讨论题

（1）比较一下算法 fib1、fib2 和 fib3 的时间效率。

（2）fib2 和 fib3 的空间复杂度都是 $O(n)$，分析一下它们之间的差异。

1.7　算法分析实例

例 1-15：冒泡排序是一个经典的排序算法。假定按递增次序对待排序数组中的 n 个数进行排序，则需要对这 n 个数进行 $n-1$ 趟冒泡处理。

第一趟中，首先将这 n 个数中的第 1 个数与第 2 个数进行比较，如果前面的数大于后面的数，就将这两个数进行交换；接着第 2 个数与第 3 个数进行比较，如果前面的数大于后面的数，也将这两个数进行交换；……最后第 $n-1$ 个数与第 n 个数进行比较，如果前面的数大于后面的数，同样将这两个数进行交换，完成排序的第一趟冒泡处理。第一趟中共进行了 $n-1$ 对相邻数的比较，这 n 个数中最大的数被交换到最后的目标位置。

第二趟中，需要对剩下的 $n-1$ 个数采用相同的处理方法，第 1 个与第 2 个数、第 2 个与第 3 个数……第 $n-2$ 个与第 $n-1$ 个数进行比较，将较大的数向后交换、移动，从而将这 $n-1$ 个数中最大的放到目标位置。第二趟中共进行了 $n-2$ 对相邻数的比较。

每经过一趟冒泡排序处理，待处理的数就少一个。这样，在第 $n-1$ 趟时，就还剩下 2 个数据需要处理。对这一对数进行比较，并将较大数交换到后面后，就有 $n-1$ 个数到达了目标位置，这样最后一个数自然也在目标位置上，完成了排序操作。

根据上述算法思想，给出如下冒泡排序算法。

```
void bubble1(int a[],int n)
{
    int i,j,temp;
    for(i=1;i<n;i++)
        for(j=0;j<n-i;j++)
```

```
                if(a[j]>a[j+1])
                {
                    temp=a[j];
                    a[j]=a[j+1];
                    a[j+1]=temp;
                }
        for(i=0;i<n;i++) {
            printf("%d ", a[i]); }
    }
```

在该算法中，外层循环控制冒泡排序的趟数，执行了 $n-1$ 次，内层循环控制每趟冒泡排序时相邻两个数的比较，第一趟有 $n-1$ 对、第二趟有 $n-2$ 对……最后一趟有 1 对，这样内层循环控制一共执行 $n(n-1)/2$ 次，内层循环体的比较语句也要执行 $n(n-1)/2$ 次。接下来对用于交换数据的 3 条赋值语句需要进行最好情况和最坏情况分析。最好情况下，即待排序的 n 个数，初始状态就是递增有序的，则交换数据的语句一次都不执行；最坏情况下，即待排序的 n 个数，初始状态是递减的，则每次比较后都会发生数据交换，语句执行次数为 $3n(n-1)/2$ 次。排序后用循环语句输出 n 个数，语句执行次数为 $2n$ 次。这样整个算法的语句频度在最好情况下为 $f(n)=n-1+n(n-1)+2n=n^2+2n-1$，在最坏情况下为 $f(n)=5n^2/2+n/2-1$。时间复杂度 $T_{最好}(n)=T_{最坏}(n)=O(n^2)$，即在任何情况下，时间复杂度都为平方数量级。算法在执行过程中，需要一个 $temp$ 变量辅助空间来进行相邻数据的交换，因此空间复杂度为 $O(1)$。

能否对这个算法进行改进呢？我们再回顾一下排序过程：在第 i 趟冒泡排序中，对 $n-i+1$ 个数进行两两比较，共有 $n-i$ 对，如果前面的数大于后面的数，就需要进行数据的交换；如果在这趟排序中没有发生数据的交换，表示这 $n-i+1$ 个数已经有序，没有必要再做下一趟冒泡排序，已完成了 n 个数的升序排列。所以每一趟开始时，设置一个变量 change=false;，一旦发生数据交换，就将 $change$ 修改成 true。结束时，若 $change$ 未变，表示未发生数据交换，即已递增有序。

根据上述优化思想，给出如下冒泡排序改进算法。

```
void bubble2(int a[],int n) {
    int i=n-1;
    int temp;
    int change;
    do {
        change=false;
        int j;
        for(j=0;j<i;++j)
          if(a[j]>a[j+1]) {
              temp=a[j];
              a[j]=a[j+1];
              a[j+1]=temp;
              change=true; }
    } while(change &&--i>=1);
}
```

在改进算法中，外层循环用的是 do-while 循环控制最多进行 $n-1$ 趟冒泡排序。每趟开始时，将 $change$ 变量设置为 false，最好的情况下，在第一趟冒泡排序过程中没有发生数据的交换，这样内层循环执行过程中没有修改 $change$ 的值，$change$ 还是为 false，使得外层循环体执行一次后就退出了循环，即对 n 个数遍历一次完成了排序操作，不需要进行第二趟之后的冒泡排序，算法时间复杂度为 $O(n)$，比未改进的算法在时间复杂度上降低了一个数量级；在最坏的情况下，则必须完

成全部的 $n-1$ 趟冒泡排序，时间复杂度还是 $O(n^2)$。这样最好和最坏情况下得到的时间复杂度就不一样。但将最好情况下的时间复杂度作为改进算法的时间复杂度是不太合适的，不能反映在一般情况下冒泡排序算法的时间效率，最好的方案是计算出时间复杂度的平均值。但在有些情况下，计算时间复杂度的平均值很复杂，此时可以将整个算法的时间复杂度按最坏情况考虑，得到一个时间复杂度的上界；基于这个考虑，改进的冒泡排序算法时间复杂度还是 $O(n^2)$。

例 1-16：二分法或折半查找法是一个经典的查找算法，现借助其算法思想来寻找给定大小分别是 m 和 n 的正序数组 A、B 中第 k 小的数。要找到两个数组中第 k 小的数，我们可以比较 $A[k/2-1]$ 和 $B[k/2-1]$ 这两个元素的大小，因为 $A[k/2-1]$ 和 $B[k/2-1]$ 前面比其小的元素分别有 $A[0]\cdots A[k/2-2]$ 和 $B[0]\cdots B[k/2-2]$，即分别有 $k/2-1$ 个元素。分析可知，寻找第 k 小的数主要有以下两种情况。

（1）$A[k/2-1]\leq B[k/2-1]$：对 $A[k/2-1]$ 最多有 $(k/2-1)+(k/2-1)=k-2$ 个比其小的元素，$A[k/2-1]$ 不可能是第 k 小的数，则 $A[0]$ 到 $A[k/2-1]$ 的数可以全部排除，k 对应减小排除元素的数量。

（2）$A[k/2-1]>B[k/2-1]$：对 $B[k/2-1]$ 最多有 $k-2$ 个比其小的元素，$B[k/2-1]$ 不可能是第 k 小的元素，则 $B[0]$ 到 $B[k/2-1]$ 的数可以全部排除，k 对应减小排除元素的数量。

具体需要声明 4 个变量：$index1$、$index2$、$candidate\_A$ 和 $candidate\_B$。其中，$index1$ 和 $index2$ 分别表示 A 数组和 B 数组中当前未被排除元素的起始下标；$candidate\_A=index1+k/2-1$，$candidate\_B=index2+k/2-1$，即 $candidate\_A$ 和 $candidate\_B$ 分别是 A 数组和 B 数组中当前未被排除元素中的第 $k/2$ 个数，亦是每轮判断中两个数组的候选目标下标值。特别是当 $k=1$ 时，$A[index1]$ 和 $B[index2]$ 的较小值就是目标结果。

求两个正序数组中第 k 小的数的具体算法步骤如下。

（1）初始化 $index1$ 和 $index2$ 为数组 A、B 的首元素下标 0。

（2）当 $k!=1$ 时，循环执行下列操作；当 $k=1$ 时，跳出循环。

① 如果 $index1$ 越界，返回 B 中从 $index2$ 开始的第 k 个数，程序结束。

② 如果 $index2$ 越界，返回 A 中从 $index1$ 开始的第 k 个数，程序结束。

③ 设置 $candidate\_A$ 为数组 A 中从 $index1$ 开始的第 $k/2$ 个数的数组下标，如果越界，$candidate\_A$ 设置为 $m-1$（A 的最后一个数的数组下标）。

④ 设置 $candidate\_B$ 为数组 B 中从 $index2$ 开始的第 $k/2$ 个数的数组下标，如果越界，$candidate\_B$ 设置为 $n-1$（B 的最后一个数的数组下标）。

⑤ 如果 $A[candidate\_A]\leq B[candidate\_B]$，则舍弃 A 中下标为 $index1\sim candidate\_A$ 的数，修改 $index1$ 为 $candidate\_A+1$，否则舍弃 B 中下标为 $index2\sim candidate\_B$ 的数，修改 $index2$ 为 $candidate\_B+1$。根据舍弃元素数量更新 k 值，令 $k=k-$舍弃元素的数量。

（3）当 $k=1$ 时，返回 $A[index1]$ 和 $A[index2]$ 的较小值。

具体实现如下。

```
int getKthElement(int A[],int B[],int k,int m,int n)
{
    int index1=0,index2=0;          //下标从 0 开始
    int candidate_A, candidate_B;   //候选目标值的下标
    while(k!=1)
    {
        if(index1==m)
            return B[index2+k-1];
        if(index2==n)
            return A[index1+k-1];
        candidate_A=(index1+k/2-1<m-1)? (index1+k/2-1):(m-1);
```

```
        candidate_B=(index2+k/2-1<n-1)? (index2+k/2-1) :(n-1);
        if(A[candidate_A]<=B[candidate_B])
        {
            k-=candidate_A-index1+1;
            index1=candidate_A+1;
        }
        else {
            k-=candidate_B-index2+1;
            index2=candidate_B+1;
        }
    }
    return A[index1]<B[index2]? A[index1]: B[index2];
}
```

根据算法的思想，用一个实际例子来说明整个查找的过程。两个有序数组分别是 A=[1,3,4,9] 和 B=[1,2,3,4,5,6,7,8,9,10]，找出两个数组中的中位数，即 k=7。第一次循环，$candidate\_A$=$index$1+ $k/2$-1=2,A[$candidate\_A$]=A[2]=4,$candidate\_B$=$index$2+$k/2$-1=2, B[$candidate\_B$]=B[2]=3，因为 B[2]<A[2]， 则 B 数组的前 3（即 $k/2$）个数不可能是第 k=7 小的数字，舍弃 B 的前 3 个数字，k 更新为 k=k-$k/2$=4，B 中两个索引为更新 $index$2=$candidate_B$+1=3, $candidate\_B$=$index$2+$k/2$-1=4。重复这个循环过程，直到：k=1，此时返回两个数组对应 $index$ 位置较小的值，即为第 k=7 小的数；或者数组 A 或 B 中的任意一个遍历完成，另一个仍在遍历，则返回剩下那个数组中第 k 小的数即是两个数组第 k 小的数。求解过程如图 1.12 所示，其中阴影背景的数据表示每次循环被舍弃的数。

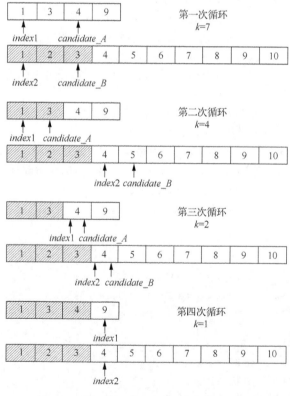

图 1.12　二分查找分析实例

一般情况下，每次舍弃数的个数是当前 k 值的一半，这样第一次舍弃后，$k_1=k/2$；第二次舍弃后，$k_2=k_1/2=k/2^2$；经过 t 次舍弃后，$k_t=k/2^t$。令 $k_t=k/2^t=1$，则 $t=\log_2 k$，所以时间复杂度是 $O(\log(k))$，空间复杂度是 $O(1)$。

1.8　本章小结

　　本章主要针对数据结构课程中所涉及的背景、意义和相关概念进行阐述，内容主要包括：程序设计的问题背景、程序设计的一般过程、数据结构的基本概念、算法的定义及性质、算法设计步骤、算法分析的原理和方法，并给出相应的算法分析实例。

　　本章的主要任务包括掌握基本数据结构的定义、特性、运算与算法。基本数据结构主要分为两大类：一类是线性结构（其主要有线性表、栈、队列、字符串、数组、广义表）；另一类是非线性结构（其主要有树、二叉树、图等）。针对每个数据结构均会说明其存储结构与实现，其中主要讲解选择何种存储结构与设计相应的算法。最后讲解两类算法：一类是查找算法；另一类是排序算法。掌握贯穿各个数据结构的基本应用与综合应用，以及大数据的存储与检索。

　　读者在数据结构课程的学习中需培养相应的数据结构分析和设计能力，并以此为基础，培养算法思维，夯实系统工程实践能力。

计算机领域名人堂

　　尼古拉斯·沃斯（Niklaus Wirth，1934 年 2 月 15 日—），生于瑞士温特图尔，是瑞士计算机科学家。少年时代的 Niklaus Wirth 与数学家 Pascal 一样喜欢动手动脑。1958 年，Niklaus Wirth 从苏黎世联邦理工学院取得学士学位后来到加拿大的莱维大学深造，之后进入美国加州大学伯克利分校获得博士学位。他有一句在计算机领域人尽皆知的名言"算法+数据结构=程序"（Algorithm+Data Structures=Programs），这个公式展示出了程序的本质并让他获得 1984 年图灵奖。

本章习题

一、选择题

1. 以下说法不正确的是 _____。
　A. 数据可由若干个数据元素构成　　　　B. 数据项可由若干个数据元素构成
　C. 数据元素是数据的基本单位　　　　　D. 数据项是不可分割的最小标识单位

2. 以下属于数据结构中非线性结构的是_____。
　A. 栈　　　　　　　B. 串　　　　　　　C. 队列　　　　　　D. 平衡二叉树

3. 以下属于逻辑结构的是 _____。
　A. 顺序表　　　　　B. 有序表　　　　　C. 双链表　　　　　D. 单链表

4. 在计算机中存储数据时，通常不仅要存储各数据元素的值，还要存储 _____。
　A. 数据的处理方法　　　　　　　　　　B. 数据元素的类型
　C. 数据元素之间的关系　　　　　　　　D. 数据的存储方法

5. 数据结构在计算机内存中的表示是指 _____。

    A. 数据的存储结构   B. 数据结构   C. 数据的逻辑结构 D. 数据元素之间的关系

6. 数据采用链式存储结构时，要求 _____。

    A. 每个结点占用一片连续的存储区域   B. 所有结点占用一片连续的存储区域

    C. 结点的最后一个数据域是指针类型   D. 每个结点有多少个后继就设多少个指针域

7. 以下说法中错误的是 _____。

（1）原地算法是指不需要任何额外的辅助空间

（2）在相同的问题规模 n 下，时间复杂度为 $O(n\log_2 n)$ 的算法在执行时间上总是优于时间复杂度为 $O(n^2)$ 的算法

（3）时间复杂度通常是指最坏情况下，估计算法执行时间的一个上限

（4）一个算法的时间复杂度与实现算法的语言无关

    A.（1）   B.（1）、（2）、（4） C.（1）、（4）   D.（3）

8. 下面程序的时间复杂度为 _____。

```
for(i=1,s=0;i<=n;i++)
{
    t=1;
    for(j=1;j<=i;j++)
        t=t*j;
    s=s+t;
}
```

    A. $O(n)$ B. $O(n^2)$ C. $O(n^3)$ D. $O(n^4)$

9.【2017 统考真题】下列函数的时间复杂度是 _____。

```
int func(int n)
{
    int i=0,sum=0;
    while(sum<n) sum+=++i;
    return i;
}
```

    A. $O(\log n)$ B. $O(n^{1/2})$ C. $O(n)$ D. $O(n\log n)$

10. 以下函数中时间复杂度最小的是 _____。

    A. $T_1(n)=1000\log_2 n$ B. $T_2(n)=n\log_2 n-1000\log_2 n$

    C. $T_3(n)=n^2-1000\log_2 n$ D. $T_4(n)=2n\log_2 n-1000\log_2 n$

11.【2019 统考真题】设 n 是描述问题规模的非负整数，下列程序段的时间复杂度是_____。

```
x=0;
while(n>=(x+1)*(x+1))
    x=x+1;
```

    A. $O(\log n)$ B. $O(n^{1/2})$ C. $O(n)$ D. $O(n^2)$

12. 下面程序的时间复杂度为 _____。

```
void fun(int n)
{
    int i=1;
    while(i<=n)
        i=i*2;
}
```

    A. $O(n)$ B. $O(n^2)$ C. $O(\log_2 n)$ D. $O(n\log_2 n)$

13．下面程序的时间复杂度为 ＿＿＿＿＿＿。

```
void fun(int n)
{
  int i=1, k=100;
  while(i<=n)
    k++;
    i+=2;
}
```

    A．$O(n)$ B．$O(n^2)$ C．$O(\log_2 n)$ D．$O(n\log_2 n)$

14．【2013 统考真题】已知两个长度分别为 m 和 n 的升序链表，若将它们合并为长度为 $m+n$ 的一个降序链表，则最坏情况下的时间复杂度是 ＿＿＿＿＿＿。

    A．$O(n)$ B．$O(nm)$ C．$O(\min(m,n))$ D．$O(\max(m,n))$

15．算法的时间复杂度为 $O(n^2)$，表明该算法的 ＿＿＿＿＿＿。

    A．问题规模是 n^2 B．执行时间等于 n^2

    C．执行时间与 n^2 成正比   D．问题规模与 n^2 成正比

二、判断题

1．数据元素是数据的最小单位。（ ）

2．数据对象就是一组任意数据元素的集合。（ ）

3．数据的逻辑结构与数据元素在计算机中如何存储有关。（ ）

4．如果数据元素值发生改变，则数据的逻辑结构也随之改变。（ ）

5．逻辑结构相同的数据，可以采用多种不同的存储方法。（ ）

6．逻辑结构不相同的数据，必须采用多种不同的存储方法。（ ）

7．数据的逻辑结构是指数据的各数据项之间的逻辑关系。（ ）

8．算法的优劣与算法描述语言无关，但与所用的计算机有关。（ ）

9．程序一定是算法。（ ）

10．算法的可行性是指指令不能有二义性。（ ）

三、问答题

1．求解斐波那契数列有两种常用的算法：递归算法和非递归算法。试分别分析两种算法的时间复杂度。

2．简述下列术语：数据、数据元素、数据对象、数据结构、存储结构、数据类型和抽象数据类型。

3．设 n 为正整数，试确定下列程序段中前置记号@的语句频度。

```
for(i=1; i<=n; i++) {
  for(j=1; j<=i; j++)
    for(k=1; k<=j; k++)
      @ x += delta;
}
```

4．设 n 为正整数，试确定下列程序段中前置记号@的语句频度。

```
k=0;
for(i=1; i<=n; i++) {
  for(j=i; j<=n; j++)
      @ k++;
}
```

5. 设 n 为正整数，试确定下列程序段中前置记号@的语句频度。

```
x=n; y=0; //n是不小于1的常数
while(x>=(y+1)*(y+1)) {
   @ y++;
}
```

6. 在数据结构课程中，数据的逻辑结构、数据的存储结构及数据的运算之间存在着怎样的关系？

7. "若逻辑结构相同但存储结构不同，则为不同的数据结构。"这样的说法对吗？试举例说明。

8. "在给定的逻辑结构及其存储表示上可以定义不同的运算集合，从而得到不同的数据结构。"这样说法对吗？试举例说明。

9. 评价各种不同数据结构的标准是什么？

10. 设 n 为正整数，试确定下列程序段中前置记号@的语句频度。

```
i=1; k=0;
while(i<=n-1){
   @ k+=10*i;
   i++;
}
```

11. 设 n 为正整数，试确定下列程序段中前置记号@的语句频度。

```
i=1; k=0;
do {
   @ k+=10*i;
   i++;
} while(i<=n-1);
```

12. 设 n 为正整数，试确定下列程序段中前置记号@的语句频度。

```
i=1; k=0;
while(i<=n-1) {
   i++;
   @ k+=10*i;
}
```

13. 设 n 为正整数，试确定下列程序段中前置记号@的语句频度。

```
i=1; j=0;
while(i+j<=n) {
   @ if(i>j) j++;
   else i++;
}
```

14. 设 n 为正整数，试确定下列程序段中前置记号@的语句频度。

```
x=91; y=100;
while(y>0) {
   @ if(x>100) { x-=10; y--; }
   else x++;
}
```

15. 若有 100 名学生，每名学生有学号、姓名、平均成绩，试述采用什么样的数据结构最方便，并写出这些结构。

第2章 线性表

- **学习目标**

（1）掌握线性表的逻辑结构定义

（2）掌握线性表的存储结构定义

（3）掌握基于两种存储结构的线性表基本操作

（4）分析应用实例

- **本章知识导图**

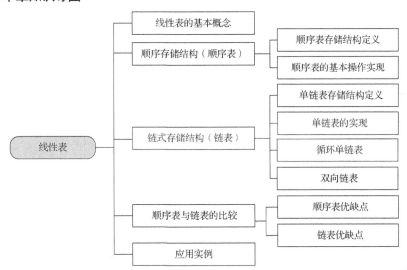

2.1 线性表的基本概念

　　数据结构主要用来表示数据元素之间的关系。从逻辑上来说，其可以分为 4 种类型：集合、线性结构、树状结构和图结构。其中集合是指数据元素之间的关系是松散的，没有特定的关系。线性结构是数据结构中较基本的类型，是后面树状结构和图结构的重要基础；线性表是线性结构的代表，下面给出一个实例。

　　幼儿园小朋友出去玩，老师最担心的是小朋友会走散。这里有一个简单的方法就是让小朋友手拉手，排成一队，如图 2.1 所示。小朋友只需要记得他前面的是谁，后面的是谁，就能确保队伍的完整。

图 2.1　拉手队列

由此可见，在这个队列中，除了队头和队尾的人，其他的人前后相邻只有一个。也就是说，除了第一个和最后一个数据元素之外，其他数据元素都是前后相连的，这就是一个典型的线性表。

2.1.1　线性表定义

线性表（Linear List）是由 n（$n \geq 0$）个数据元素 $(a_1,a_2,\cdots,a_n)$ 构成的有限序列，记作 $L=(a_1,a_2,\cdots,a_n)$。其中线性表的表长即是表中所包含数据元素的个数，而空表指的是不含数据元素的线性表。提醒一点的是，序列是指其中的元素是有序的。

图 2.2 所示为线性表的逻辑结构。a_1 是首元素，a_n 是尾元素，中间任意一对元素之间存在序偶关系，即 $<a_i, a_{i+1}>$，其中 a_i 是 a_{i+1} 的直接前驱，a_{i+1} 是 a_i 的直接后继。在这个序列中，元素 a_1 无前驱，元素 a_n 无后继，其他元素有且仅有一个直接前驱和一个直接后继。线性表在理论上的定义如下。

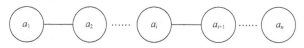

图 2.2　线性表的逻辑结构

对于线性表 $L=(a_1,a_2,\cdots,a_{i-1}, a_i, a_{i+1},\cdots,a_n)$，有

（1）a_{i-1} 在 a_i 之前，称 a_{i-1} 是 a_i 的直接前驱（$1 < i \leq n$）；

（2）a_{i+1} 在 a_i 之后，称 a_{i+1} 是 a_i 的直接后继（$1 \leq i < n$）；

（3）首元素 a_1 没有前驱；

（4）尾元素 a_n 没有后继；

（5）任意元素 a_i（$1 < i < n$）有且仅有一个直接前驱和一个直接后继。

线性表在实际应用中非常常见，以下为常见线性表的例子。

（1）英文字母表是一种典型的线性表，例如，字母表 L1=(A,B,C,…,Z)，其中表长为 26。

（2）班级姓名表也是比较常见的线性表，例如，姓名表 L2=(李明, 陈小平, 王林, 周爱玲)，其中表长为 4。

（3）物品入库及出库登记表也是很常见的线性表，其中包括物品的型号、规格等相关信息，如表 2.1 所示。

表 2.1　物品入库及出库登记表

物品名称	型号	规格/cm	初期数量/个	入库		出库		库存数量/个
				日期	数量/个	日期	数量/个	
物品 1	ABC	80×80	200	2019 年 12 月 1 日	50	2019 年 12 月 3 日	100	150
物品 2	CBA	80×81	201	2019 年 12 月 2 日	51	2019 年 12 月 4 日	101	151
物品 3	DEF	80×82	202	2019 年 12 月 3 日	52	2019 年 12 月 5 日	102	152
物品 4	REA	80×83	203	2019 年 12 月 4 日	53	2019 年 12 月 6 日	103	153

这里的物品名称、型号、规格等即是数据项，若干数据项构成一个数据元素。

2.1.2 抽象数据类型定义

线性表的抽象数据类型从逻辑上定义线性表这种数据结构的数据对象、数据对象之间的关系，以及相关的基本操作。其中，数据对象说明线性表中的每个数据元素均属于某个类型（如整型、实型或字符型等），这里用一个集合表示：$D=\{a_i|a_i\in ElemSet, i=1,2,\cdots,n,n\geq 0\}$。数据对象定义完后，我们来定义数据对象中数据元素之间的关系，这里线性关系运用$<a_{i-1},a_i>$序偶对来表示前驱和后继的关系。数据对象以及数据元素之间的关系定义完后，再给出发生在这些数据对象上的操作。线性表的抽象数据类型定义如下。

```
ADT List
{
  数据对象：D={aᵢ|aᵢ∈ElemSet, i=1,2,…,n,n≥0}
  数据关系：R1={<aᵢ₋₁,aᵢ>| aᵢ₋₁,aᵢ∈D, i=2,…,n}
  基本操作：
  InitList(&L)            //初始化线性表
  CreateList(&L)          //创建线性表
  DestroyList(&L)         //销毁线性表
  ListLength(L)           //求表 L 的长度
  Locate(L,e)             //查找表 L 中值为 e 的元素
  GetElem(L,i,&e)         //取元素 aᵢ, 由 e 返回 aᵢ
  PriorElem(L,ce,&pre_e)  //求 ce 的前驱, 由 pre_e 返回
  InsertElem(&L,i,e)      //在元素 aᵢ 之前插入新元素 e
  DeleteElem(&L,i)        //删除第 i 个元素
  EmptyList(L)            //判断 L 是否为空表
}
ADT List
```

这里抽象数据类型定义的操作均是常见的基本操作，是构成复杂操作的基础。我们可把这些基本操作看成搭建模型的基本零件，复杂算法就是由这些基本操作根据不同的组合搭建而成的。

下面对几个基本操作进行解释。

1. 查找元素

查找即确定元素值（或数据项的值）为 e 的元素，记作：Locate(L, e)。

给定线性表 $L=(a_1,a_2,\cdots,a_i,\cdots,a_n)$ 和元素 e，若有某一个元素 $a_i=e$（$i=1,2,\cdots,n$），则称"查找成功"，输出元素的序号，否则，称"查找失败"。

2. 插入元素

由于线性表中的元素是有序的，插入操作需要明确在某指定元素之前插入新的元素。若在元素 a_i 之前插入新元素 e（$1\leq i\leq n+1$），记作：InsertElem(&L,i,e)。

给定线性表 $L=(a_1,a_2,\cdots,a_{i-1}$,插入 e, $a_i,\cdots,a_n)$，得到：$L=(a_1,a_2,\cdots,a_{i-1}, e, a_i,\cdots,a_n)$。

3. 删除元素

删除可以是删除指定位置的元素，也可以是删除指定值的元素。其中，删除表 L 中第 i 个数据元素（$1\leq i\leq n$），记作：DeleteElem(&L,i)。

给定线性表 $L=(a_1,a_2,\cdots,a_{i-1}, a_i, a_{i+1},\cdots,a_n)$ 指定序号 i，删除 a_i，删除后 $L=(a_1,a_2,\cdots,a_{i-1},a_{i+1},\cdots,a_n)$。

当指定元素值 x 时，删除表 L 中值为 x 的元素，记作：DeleteElem(&L,x)。

给定线性表 $L=(a_1,a_2,\cdots,a_{i-1}, a_i, a_{i+1},\cdots,a_n)$，若 $a_i=x$，删除 a_i，删除后 $L=(a_1,a_2,\cdots,a_{i-1},a_{i+1},\cdots,a_n)$。利用抽象数据类型定义中的基本操作还可以组成更复杂的操作。

例 2-1：将线性表 A 分裂成两个线性表，其中序号为奇数的元素仍保留在 A 中，将序号为偶数的元素从线性表 A 中依次取出，组成一个线性表保存在 B 中。下面即是这个操作的算法。

```
void split(List &A,List &B)
{
  int len_A=ListLength(A), len_B=0, i;
  ElemType e;
  InitList(B);
  for(i=1;i<=len_A;i++)
  {
    if(i%2==1) continue;
    ListDelete(A, i-len_B, e);
    ListInsert(B, ++len_B, e);
  }
}
```

在这个算法中，运用了 4 个基本操作函数：*ListLength*、*InitList*、*ListDelete* 和 *ListInsert*。可见，熟练掌握和运用抽象数据类型定义中的基本操作至关重要。

2.2 线性表顺序存储结构定义及实现

数据元素存储在内存中主要分为两种形式：顺序存储结构和链式存储结构。我们先阐述线性表的顺序存储结构。

2.2.1 顺序表存储结构定义

线性表顺序存储结构指的是将线性表中的数据元素依次存放到计算机存储器内一组地址连续的存储单元中，这种分配方式称为顺序分配或顺序映像。在顺序存储结构中，逻辑上相邻的两个数据元素在物理存储空间中也相邻。下面用一个例子来进行说明。

例 2-2：线性表 $a=(30,40,10,55,24,80,66)$ 中数据元素依次放在内存连续的地址空间 $a_1,a_2,\cdots,a_7$ 中，如图 2.3 所示。

……	30	40	10	55	24	80	66	……	内存储器
……	a_1	a_2	a_3	a_4	a_5	a_6	a_7	……	

图 2.3 线性表顺序存储示意图

线性表 $(a_1,a_2,\cdots,a_n)$ 顺序存储结构的一般形式如图 2.4 所示。

图 2.4 中用一个"井"状结构来表示内存，每一个格子表示存储一个数据元素的空间，$a_1,a_2,\cdots,a_n$ 按顺序存储在以 b 开始的连续地址空间中。

b：表示表的首地址/基地址/元素 a_1 的地址。

p：表示 1 个数据元素所占据存储单元的数量。

MaxLength：表示最大长度，通常为某个常数。

顺序存储结构的线性表定义如下。

```
#define MaxLength 100
typedef struct
{
    ElemType elem[MaxLength];    //下标为 0,1,…, MaxLength-1
    int length;                  //当前长度
    int last;                    //a_n 的位置
} SqList;
```

但 *last* 这个变量与 *length* 是有关系的，如图 2.5 所示。

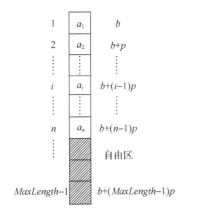

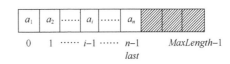

图 2.4　顺序存储结构的一般形式示意图　　　　图 2.5　顺序存储示意图

当 a_1 存放在 0 地址时，$last=length-1=n-1$。因此，*last* 和 *length* 二取一即可。

精简后对线性表顺序存储结构的定义如下。

```
#define MaxLength 100
 typedef struct {
    ElemType elem[MaxLength];        //下标为 0,1,…, MaxLength-1
    int length;                      //表长
 } SqList;
```

其中，*elem* 是一个大小为 *MaxLength* 的数据元素数组；*length* 为线性表表长；*SqList* 为此结构类型定义的名称。

例如，定义 SqList La;，结构类型变量 *La* 用来表示一个线性表，对应的 *La.length* 表示线性表表长，线性表的 *La.length* 个元素依次保存在 *La.elem*[0] ~ *La.elem*[*La.length*−1]中。

这个定义中数据元素存储在一个一维数组中，说明这个顺序存储是静态分配的。静态分配是指在编译时分配给线性表一个固定大小的存储空间（一般是程序运行时逻辑空间的栈空间（Stack Space））。静态分配后，程序运行时无法通过再次分配的方式改变线性表空间的大小。如果插入的元素超过这个存储空间的大小，就会发生溢出。为解决这一问题，引入了顺序存储结构的动态分配。

动态分配，即当数据元素超过所分配存储空间的大小时，在堆空间中再找一片更大的连续空间重新分配，将所有的数据元素放入。顺序存储的动态分配定义如下。

```
#define LIST_INIT_SIZE 100
#define LISTINCREMENT 10
typedef struct
```

```
{
        ElemType *elem;        //存储空间基地址
        int length;            //表长
        int listsize;          //当前分配的存储容量，以 sizeof(ElemType) 为单位
} SqList;
```

其中，LIST_INIT_SIZE 表示第一次为顺序表分配的存储空间大小；LISTINCREMENT 表示每次需要扩充存储空间时的增量；elem 是一个元素的指针，保存存储空间中第一个数据元素的地址，并且一旦需要扩充线性表的存储空间，可能需要改变 elem，使其指向新空间的起始位置。由于存储空间的大小不是固定的，因此这里增加了一个属性 listsize 来记录当前实际存储空间的大小。

在顺序存储结构中，逻辑上相邻的数据元素，其存储单元也是相邻的。根据元素 a_i 在线性表中的逻辑序号 i 以及存储单元的起始地址 b 和每一个元素占有的单元数 p，计算该元素的地址，其地址计算公式（也称为寻址公式）为：

$$LOC(i)=b+(i-1)\times p \qquad (1\leqslant i \leqslant n)$$

利用寻址公式能够在一个常量时间计算线性表中任一元素的地址，以对线性表中的元素进行访问，这种访问形式称为随机访问。

例 2-3：假设 $b=1024, p=4, i=35$，求 $LOC(i)$。

$$\begin{aligned} LOC(i) &= b+(i-1)\times p \\ &=1024+(35-1)\times 4 \\ &=1024+34\times 4 = 1160 \end{aligned}$$

讨论题

线性表的顺序存储结构动态存储中首元素的地址是用指针表示的吗？

2.2.2 顺序表的基本操作实现

基于线性表的顺序存储结构定义，实现插入和删除操作的说明如下。

1. 插入新元素

如何在顺序表指定位置前插入一个新元素呢？设 $L.elem[0]\cdots L.elem[MaxLength-1]$ 中有 $length$ 个元素，在第 i 个元素（$L.elem[i-1]$）之前插入新元素 e，其中 $1\leqslant i \leqslant length+1$，当 i 等于 $length+1$ 时，表示在尾部添加一个新元素。这里举一个例子进行说明。

例 2-4：在一个最大容量为 9 个数据元素的存储空间中，当前表长为 6，现要在第 3 个元素 8 前插入一个新元素 6。插入 6 之前的顺序存储结构如图 2.6 所示。

为了能插入 6，这里需要依次将元素 35、30、20 和 8 向后移动一个单元，再将 6 存放到原第 3 个元素的单元中。插入 6 之后的顺序存储结构如图 2.7 所示。

2	5	8	20	30	35			
0	1	2	3	4	5	6	7	8

图 2.6　顺序表 L 插入 6 前的示意图

2	5	6	8	20	30	35		
0	1	2	3	4	5	6	7	8

图 2.7　顺序表 L 插入 6 后的示意图

下面分析一般情况。在线性表 $L=(a_1,a_2,\cdots,a_{i-1}, a_i, a_{i+1},\cdots,a_n)$ 中的第 i 个元素前插入元素 e，a_n、$a_{n-1}\cdots\cdots a_{i+1}$，$a_i$ 均要依次往后移动，那么移动元素的下标范围是 $i-1 \sim n-1$ 或 $i-1 \sim L.length-1$，这里

$L.length$ 的值为 n。注意移动元素的方向是从 a_n 到 a_i 方向依次把每个元素往后移动一个位置，如图 2.8 所示。

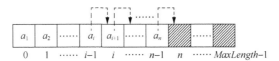

0　　1　……　$i-1$　i　……　$n-1$　n　……　$MaxLength-1$

图 2.8　在线性表 L 中第 i 个元素前插入元素 e 的示意图

下面基于该思想分别说明静态分配和动态分配的顺序表插入算法。

利用静态分配顺序表插入算法，由于存储空间是静态分配的，因此如果插入元素使得表长超过所分配的空间大小，就会发生溢出。

静态分配插入算法的基本思想为：先判断插入的位置是否合理，接着判断表长是否达到分配空间的最大值，然后从线性表中的最后一个元素到插入位置的所有元素，依次往后移动一个元素的位置，这样给待插入的元素留出一个空位置，最后把新增元素插入这个空位置，表长增加 1，插入成功返回。

```
//静态分配顺序表插入算法，用引用参数表示被操作的线性表
Status Insert(SqList *L,int i,ElemType e)
{
  int j;
  if(i<1 || i>L->length+1) return ERROR;        //i 值不合法
  if(L->length>=MaxLength) return OVERFLOW;      //溢出
  for(j=L->length-1; j>=i-1;j--)
     L->elem[j+1]=L->elem[j];                    //向后移动元素
  L->elem[i-1]=e;                                //插入新元素
  L->length++;                                   //长度变量增1
  return OK;                                     //插入成功
}
```

在动态分配空间的顺序表中，如果插入元素使得表长超过所分配的空间大小，就利用 realloc 这个函数寻找更大片的连续地址空间。如果没有找到，说明还是会溢出（当然这种情况很少发生）；如果找到了，就将基地址改为新的地址，分配的存储空间也增加。而动态分配插入新元素所做的操作与静态分配是一样的，均是移动相应元素。

```
//动态分配顺序表插入算法
Status Insert(SqList *L, int i, ElemType e)
{
  int j;
  if(i<1 || i>L->length+1)         //i 的合法取值为 1～length+1
     return ERROR;
  if(L->length>=L->listsize)       //溢出时扩充
  {
     ElemType *newbase;
     newbase=(ElemType*)
     realloc(L->elem,(L->listsize+LISTINCREMENT)*sizeof(ElemType));
     if(newbase==NULL) return OVERFLOW;    //扩充失败
     L->elem=newbase;
     L->listsize+=LISTINCREMENT;
  }
```

```
for(j=L->length-1;j>=i-1;j--){  //向后移动元素，空出第 i 个元素的分量 elem[i-1]
    L->elem[j+1]=L->elem[j];
}
L->elem[i-1]=e;                 //新元素插入
L->length++;                    //线性表长度加1
return OK;
}
```

分析顺序表插入算法的效率。不管是静态分配还是动态分配，顺序存储结构中插入算法主要的开销是移动元素，所以插入算法的效率与移动元素的个数有关。由前面介绍的算法思想可知，移动元素次数既与表长有关也与插入位置有关，即插入位置越靠前，需要移动的元素次数越多。插入元素位置与移动数据元素次数的关系如表 2.2 所示。

表2.2 插入元素位置与移动元素次数的关系

插入元素位置	1	2	……	i	……	n	$n+1$
移动元素次数	n	$n-1$	……	$n-i+1$	……	1	0

当插入位置为 $n+1$ 时，不需要移动数据元素；当插入位置为 1 时，需要移动全部的 n 个元素。而在实际操作中，可能会要求在任意位置上插入新的元素，为此需要分析插入算法移动元素次数的期望值 E_{is}，即移动数据元素次数的平均值。假定在位置 i 插入新数据元素的概率为 p_i，由表 2.2 可得：

$$E_{is} = \sum_{i=1}^{n+1} p_i(n-i+1)$$

假定在各位置插入元素的概率相等，插入位置一共有 $n+1$ 种可能性，则 $p_1=p_2=\cdots=p_n=p_{n+1}=1/(n+1)$。在等概率的前提下，插入一个元素时移动元素次数的平均值可用如下概率论中的计算公式计算得到。

$$E_{is} = \sum_{i=1}^{n+1} p_i(n-i+1) = \frac{1}{n+1} \times (n+(n-1)+\cdots+1+0) = \frac{n}{2}$$

2. 删除元素

在顺序表中删除元素也存在移动元素的过程，不过移动方向与插入元素相反。假如在顺序表中删除第 i 个元素 a_i，$1 \leqslant i \leqslant length$，那么就将元素 $a_{i+1},\cdots,a_n$ 依次往前移动，使得元素 a_{i-1} 与元素 a_{i+1} 相邻，a_i 元素就删除了，如图 2.9 所示。

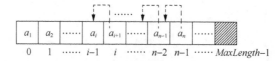

图2.9 顺序表删除元素 a_i 的示意图

顺序表删除元素算法的基本思想为：首先判断删除元素的下标是否存在，然后用一个 for 循环来移动元素，移动元素下标范围为 $i \sim length-1$，最后修改表长为原表长减 1。算法如下所示。

```
//顺序表删除元素
Status Delete(SqList* L, int i)
{
  if(i<1 || i>L->length)
     return ERROR;
```

```
    int j;
    for(j=i;j<=L->length-1;j++){
        L->elem[j-1]=L->elem[j];
    }
    L->length--;
    return OK;
}
```

顺序表中删除元素的主要开销依旧是移动元素，那么我们来分析删除元素时移动元素的次数。首先统计删除不同位置的元素需要移动元素的次数，删除位置与移动元素次数如表 2.3 所示。

表 2.3　删除位置与移动元素次数的关系

删除元素位置	1	2	……	i	……	n
移动元素次数	$n-1$	$n-2$	……	$n-i$	……	0

假定在各个位置上删除元素的概率是相等的，记为 $q_1=q_2=\cdots=q_n=1/n$，不难得出删除一个元素时移动元素次数的期望值为：

$$E_{dl} = \sum_{i=1}^{n} q_i(n-i) = \frac{1}{n}\times\left((n-1)+\cdots+1+0\right) = \frac{n-1}{2}$$

讨论题

顺序存储结构的线性表插入一个元素，其算法的时间复杂度是呈平方数量级吗？

2.3　线性表链式存储结构定义及实现

链式存储结构是指将线性表中的数据元素存放到计算机存储器内一组非连续存储单元中。在链式结构中，只能通过指针来维护数据元素间的关系。由于这个原因，对线性表中的元素只能进行顺序访问，也就是要访问第 i 个元素，必须先访问前面的 $i-1$ 个元素。

单链表是链式存储结构中最基础、也是最具代表的一种存储结构形式。单链表是指线性表的每个结点分散地存储在内存空间中，先后依次用一个指针串联起来。单链表可以分为不带表头结点和带表头结点两种情形。

1. 不带表头结点的单链表

不带表头结点的单链表如图 2.10 所示。

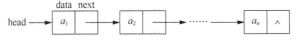

图 2.10　不带表头结点的单链表示意图

其中，线性表中的每个元素通过结点进行存储，结点包含两个属性：data 称为数据域，它用于保存元素值；next 称为指针域/链域，它用于保存直接后继元素结点的指针、维护元素间的线性关系。head 为头指针，它用于存放首元素结点的指针。当 head==NULL 时，表示为空表，否则表示为非空表。

2. 带表头结点的单链表

① 非空表。单链表中至少存储一个元素为非空表，如图 2.11 所示。

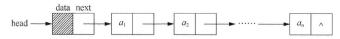

图 2.11　带表头结点的非空单链表示意图

其中，头指针 head 指向表头结点，表头结点的数据域不放元
素，指针域指向首元素结点 a_1。

② 空表。单链表中还没有存储数据元素为空表，如图 2.12
所示。

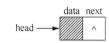

图 2.12　带表头结点的空单链表示意图

当 head->next==NULL 时，表示为空表，否则表示为非空表。

在具体使用中，究竟是使用带表头结点还是使用不带表头结点取决于实际的应用场景。

讨论题

请说明头指针、表头结点、首元素结点的区别。

2.3.1　单链表存储结构定义

首先定义单链表的结构类型，每个结点有两个部分：一个部分是数据域 data；另一个部分是
指针域 next。具体定义如下。

```
typedef struct node
{
    ElemType data;      //data 为抽象元素类型
    node* next;         //next 为指针类型
}node, *Linklist;
```

指向结点的指针变量 *head*、*p*、*q* 可定义为：

```
    node *head,*p,*q;
    Linklist head, p, q;
```

单链表是数据结构中非常重要、也是非常基础的一个类型，接下来所讲解的算法均是在这个
数据结构定义的基础上进行的。

2.3.2　单链表的实现

下面阐述基于单链表的实例，第一个要讲解的算法是如何生成单链表。

1. 先进先出单链表

例 2-5：输入一列整数，以 0 为结束标志，生成"先进先出"单链表。若输入 1、2、3、4、5
和 0，则生成的单链表如图 2.13 所示。

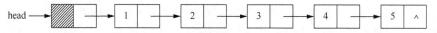

图 2.13　"先进先出"单链表生成示意图

单链表建立后，如果想要输出单链表中元素的值，则先加入单链表的元素会先输出、后加入
的后输出。所以这个单链表也可以称为"先进先出"单链表。

该单链表中一个结点的数据结构按如下方式定义。

```
#define LENG sizeof(node)    //结点所占的单元数
struct node                  //定义结点类型
{
    int data;                //data 为整型
    node* next;              //next 为指针类型
};
```

首先定义结点所占空间大小，结点的数据域为整型数，然后定义指针域 next。

由于单链表元素结点次序与元素的输入次序相同，因此每次输入一个元素后，均将新结点插入单链表的尾部作为最后一个结点。为了提高算法效率，使用了一个尾指针 tail 指向单链表的最后一个结点，这样就能方便新结点的插入。每次新结点链接到 tail 指向的结点之后，再修改 tail 指向新结点，使用这种插入方式创建单链表的方法俗称尾插法。算法步骤如下。

（1）生成表头结点，head 和 tail 都指向表头结点。

（2）输入元素的值 e，当元素不是结束标记时，重复下列操作，否则转至步骤（3）。

① 生成新结点 p，e 保存到 p 结点的数据域。

② 使用 tail->next=p;将 p 结点链接到单链表的表尾。

③ 使用 tail=p;让 tail 指向当前的表尾结点。

（3）使用 tail->next=NULL;将最后一个结点的指针域赋值为空。

（4）返回 head，完成"先进先出"单链表的创建。

由此算法步骤得到算法代码如下。

```
//算法：生成"先进先出"单链表（链式队列）
node* create1()
{
    node *head, *tail, *p;          //变量说明
    int e;
    head=(node*)malloc(LENG);       //生成表头结点
    tail=head;                      //尾指针指向表头
    scanf("%d", &e);                //输入第一个数
    while(e!=0)                      //不为 0
    {   p=(node*)malloc(LENG);       //生成新结点
        p->data=e;                  //装入输入的元素 e
        tail->next=p;               //新结点链接到表尾
        tail=p;                     //尾指针指向新结点
        scanf("%d", &e);            //再输入一个数
    }
    tail->next=NULL;                //尾结点的 next 置为空指针
    return head;                    //返回头指针
}
```

2．先进后出单链表

上面讲解的是如何生成"先进先出"单链表，接下来分析另外一种相反的情形，即单链表元素结点的次序与元素输入的次序正好相反。单链表建立后，如果想要输出单链表中元素的值，则先加入单链表的元素会后输出、后加入的先输出。这个单链表称为"先进后出"单链表。

例 2-6：输入一列整数，以 0 作为结束标记，例如输入 1、2、3、4、5 和 0，生成图 2.14 所示的"先进后出"单链表。

图 2.14 "先进后出"单链表生成示意图

为实现创建"先进后出"单链表，每当输入一个元素后，生成的结点不是放在表尾而是插入表头，成为新的首元素结点，使用这种插入方式创建单链表的方法俗称首插法。如图 2.15 所示，当前单链表中已有 i 个元素结点，元素输入次序为 $a_1,\cdots,a_i$，现输入第 $i+1$ 个元素 a_{i+1}，具体操作为：第①步生成新结点 p，并保存新元素 a_{i+1}；第②步通过 p->next=head->next 使得新结点指针指向原首结点；第③步通过 head->next=p 让表头结点的指针域指向新结点 a_{i+1}，不再指向 a_i，将新结点作为首元素，即可完成将新结点插入表头的操作。

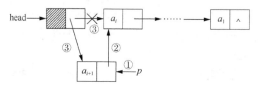

图 2.15 "先进后出"单链表插入新元素示意图

根据以上分析所设计的生成"先进后出"单链表的算法代码如下。

```
node* create2() {                      //生成"先进后出"单链表
  node *head,*p;
  int e;
  head=(node*)malloc(LENG);            //生成表头结点
  head->next=NULL;                     //置为空表
  scanf("%d", &e);                     //输入第一个数
  while(e !=0)                         //不为0
  {
      p=(node*)malloc(LENG);           //生成新结点
      p->data=e;                       //输入数送新结点的 data
      p->next=head->next;              //新结点指针指向原首结点
      head->next=p;                    //表头结点的指针指向新结点
      scanf("%d",&e);                  //再输入一个数
  }
  return head;                         //返回头指针
}
```

3. 插入元素

通过以上两个算法的分析，发现不管是生成"先进先出"单链表还是生成"先进后出"单链表，都是不断插入元素的过程，只不过插入元素的位置有所不同。下面说明一般情况下插入元素的操作。

单链表的插入

（1）在已知 p 指针指向的结点后插入一个元素 x

首先用一个指针 f 指向新结点，该结点的数据域为 x，然后此新结点 next 域赋值为 p 指针指向结点的 next 域，最后 p 指针指向结点的 next 域赋值为 f，如图 2.16 所示。

其具体操作可表示如下。

```
① f=(node *)malloc(LENG);       //生成
   f->data=x;                    //装入元素 x
② f->next=p->next;              //新结点指向 p 的后继
③ p->next=f;                    //新结点成为 p 的后继
```

（2）在已知 p 指针指向的结点前插入一个元素 x

因为单链表每个结点只有一个指针指向其后继结点，如果在结点前插入一个新结点，就需要得到 p 指向结点的前驱结点指针，假设该指针为 q，如图 2.17 所示。这样问题就转换成在指针 q 指向的结点之后插入一个结点，即将该问题（2）转换成问题（1）求解。这类前后指针的方式在单链表的操作中经常出现，一个指针 p 在单链表上移动访问结点，另一个指针 q 指向刚访问过的结点，一前一后 2 个指针，使得在单链表中完成结点的插入或删除操作非常方便。

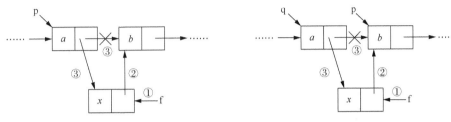

图 2.16 在已知 p 指针所指结点后插入元素 x 示意图   图 2.17 在已知 p 指针所指结点前插入元素 x 示意图

其具体操作可表示如下。

① f=(node *)malloc(LENG);   //生成
  f->data=x;   //装入元素 x
② f->next=p;   //新结点成为 p 的前驱
③ q->next=f;   //新结点成为 q 的前驱结点的后继

讨论题

生成"先进先出"单链表时，新输入的元素放在表头吗？

2.3.3 循环单链表

上文提及的单链表中最后一个结点，其 next 域为空。从一已知结点出发，只能访问到该结点及其后续结点，无法找到该结点之前的其他结点。

有的时候，为了应用方便，我们可以将链表中最后一个结点的 next 域指向链表的第一个结点而形成一个环，这种单链表称为循环单链表。在循环单链表中，从任一结点出发都可访问到表中所有结点，这一优点使某些运算在循环单链表上易于实现。

带表头结点的循环单链表示意图如图 2.18 所示。其中图 2.18（a）为非空循环单链表，图 2.18（b）为空循环单链表。因为有表头结点，所以任何情况下这里有 head≠NULL；当 head->next≠head 时，为非空循环单链表，否则为空循环单链表。

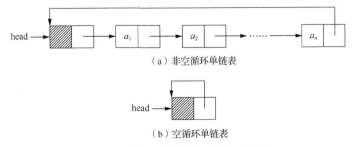

（a）非空循环单链表

（b）空循环单链表

图 2.18 带表头结点的循环单链表示意图

在有些情况下，需要对单链表尾结点进行访问。为了提高算法的效率，此时还可采用只带尾指针 tail，不带头指针的循环单链表，如图 2.19 所示。在这种只带尾指针的循环单链表方式中，tail->next 的值就是表头结点的指针，其相当于头指针，所以能方便地完成头指针循环单链表的各种操作。

图 2.19（a）为只带尾指针的非空循环单链表，图 2.19（b）为空循环单链表。当 tail->next≠ tail 时，为非空循环单链表，否则为空循环单链表。

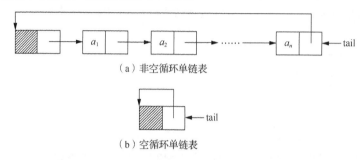

（a）非空循环单链表

（b）空循环单链表

图 2.19　只带尾指针的非空和空循环单链表示意图

讨论题

只带尾指针的循环链表会有哪些应用场景？

下面就用一个例子来说明循环链表的应用场景。

例 2-7：要求将两循环链表首尾相连，分别以带头指针的循环链表和带尾指针的循环链表来进行处理，并比较两者之间的差别。

如果是要将两个带头指针的循环链表首尾相连，则首先必须通过头指针扫描第一个循环链表直到尾结点，然后此尾结点的 next 域指向第二个循环链表的首结点，再扫描第二个循环链表直到尾结点，此尾结点的 next 域指向第一个循环链表的表头结点。可见，如果首尾相连，这两个链表都必须从头到尾扫描一遍。如果表长分别是 n 和 m，那么运用头指针的循环链表进行首尾相连的时间复杂度即为 $O(m+n)$。

如果是要将两个带尾指针的循环链表首尾相连，则不需要扫描整个链表，只需对指针进行变化就可以了。假设 tail1 和 tail2 分别是两个链表的尾指针，则将两个链表首尾相连的步骤如下。

（1）用一个指针记下第二个链表的表头结点，p2=tail2->next;。

（2）将第二个循环链表尾结点的 next 域指向第一个循环链表的表头结点，tail2->next=tail1->next;。

（3）将第一个循环链表尾结点的 next 域指向第二个循环链表的首结点，tail1->next=p2->next;。

（4）将 p2 指向的表头结点释放 free(p2)。

可见，运用带尾指针的循环链表进行头尾相连只需要变化指针，时间复杂度为 $O(1)$。

下面再讲解一个以循环链表为数据结构的基本操作。此算法是求以 head 为头指针的循环单链表的长度，并依次输出结点的值。这个算法思想很简单，即从头到尾扫描链表，每扫描一个结点，就将结点的值输出并计数。需要注意的是，由于是循环链表，进行扫描时要注意循环终止条件不是单链表的 p!=NULL，而是 p!=head。下面是这个算法的代码，其主体是一个 while 循环用以扫描链表，len 用来记录扫描结点的个数。

```
int length(node *head)
{
```

```
    int len=0;                      //长度变量初值为 0
    node *p;
    p=head->next;                   //p 指向首结点
    while(p!=head)                  //p 未移回到表头结点
    {
        printf("%d", p->data);      //输出
        len++;                      //计数
        p=p->next;                  //p 移向下一结点
    }
    return len;                     //返回长度值
}
```

2.3.4　双向链表

单链表和循环单链表每个结点中只有一个指针指向其后继。对于循环单链表，一个结点需要访问其前驱结点时要顺着 next 域扫描整个链表一遍，此时效率显然不高。这里为了方便访问结点的前驱结点而引入双向链表。其中，每个结点除了数据域之外，还有两个指针域（一个指向其直接前驱结点，另一个指向其直接后继结点）。

数据结构的定义如下。

```
typedef struct Dnode
{
    ElemType data;                  //data 为抽象元素类型
    Dnode *prior,*next;             //prior、next 为指针类型
}Dnode, *DLList;                    //DLList 为指针类型
```

双向链表的一般形式如图 2.20（a）和图 2.20（b）所示，它们分别列出了非空双向链表和空双向链表。其中，L 为头指针，L 指向表头结点；通过首结点的 next 指针域可以依次访问各个结点；通过尾结点的 prior 指针域可以逆序访问链表中的各个结点。我们可以根据 L->next＝＝NULL 是否成立来判断是否为空表。

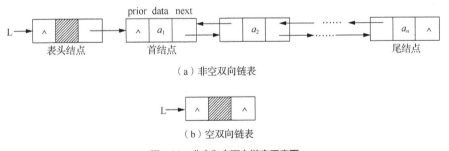

（a）非空双向链表

（b）空双向链表

图 2.20　非空和空双向链表示意图

在实际应用中，一般会在双向链表中加上循环，形成双向循环链表。双向循环链表的一般形式如图 2.21 所示，我们可以根据 L->next＝＝L 或 L->prior＝＝L 是否成立来判断是否为空表。

在双向循环链表中，对于非空表，如果 p 指向某个结点 a_i，$1 \leqslant i \leqslant n$，则有 p->next 指向 a_{i+1}，当 $i=n$ 时，p->next 指向头结点，而 p->next->prior 又回头指向 a_i，所以有关系 p＝＝p->next->prior；同理可以得到 p＝＝p->prior->next。

从双向链表中删除结点时，需要注意两个指针的变化。例如，已知双向链表中包含结点 A、B、C，指针 p 指向结点 B，删除 B，那么所做的操作如下。

① p->prior->next=p->next;　　　//结点 A 的 next 指向结点 C
② p->next->prior=p->prior;　　　//结点 C 的 prior 指向结点 A
③ free(p);　　　　　　　　　　　//释放结点 B 占有的空间

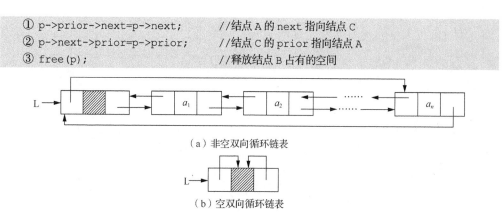

（a）非空双向循环链表

（b）空双向循环链表

图 2.21　非空和空双向循环链表示意图

向双向链表中插入结点时，也需要注意两个指针的变化。例如，已知双向链表中包含两个相邻结点 A 和 C，指针 p 指向结点 C，现在插入一个新的结点到 A 和 C 之间，由 f 指向该待插入的结点 B，那么所做的操作如下。

① f->prior=p->prior;　　　　//结点 B 的 prior 指向结点 A
② f->next=p;　　　　　　　　//结点 B 的 next 指向结点 C
③ p->prior->next=f;　　　　//结点 A 的 next 指向结点 B
④ p->prior=f;　　　　　　　//结点 C 的 prior 指向结点 B

讨论题

讨论双向循环链表的应用场景。

2.4　顺序表与链表的比较

对顺序表与链表的优缺点进行比较，如表 2.4 所示。

表 2.4　顺序表与链表的比较

	优点	缺点
顺序表	（1）顺序表是一种随机存取结构，存取任何元素的时间是一个常数，速度快； （2）结构简单，逻辑上相邻的元素在物理上也是相邻的； （3）不需要使用指针，节省存储空间； （4）顺序表在实现上使用的是连续的内存空间，我们可以借助 CPU 的缓存机制预读顺序表中的数据，所以访问效率更高	（1）插入和删除元素要移动大量元素，需要消耗大量时间； （2）需要一块连续的存储空间； （3）插入元素可能发生"溢出"，不易扩充； （4）自由区中的存储空间不能被其他数据占用（共享），存在浪费空间的问题
链表	（1）插入和删除元素不需要移动大量元素，不需要消耗大量时间； （2）不需要一块连续的存储空间； （3）链表本身没有大小的限制，天然地支持动态扩容，插入元素一般不会发生"溢出"； （4）用多少就取多少，不存在自由区中的存储空间不能被其他数据占用（共享）的情况，从而避免浪费空间的问题	（1）不是一种随机存取结构； （2）逻辑上相邻的元素在物理上不一定是相邻的； （3）需要使用指针，存储密度小于 1，浪费一定的空间； （4）额外存储指针结点，频繁进行增删操作容易造成内存碎片； （5）链表在内存中并不是连续存储，对 CPU 缓存不友好，无法有效预读

2.5 应用实例

有了上述线性表的定义和描述后，接下来就能对线性表做一系列操作和应用。下面以链表为例子，简单介绍链表生成、插入、删除、合并、逆置等操作。

2.5.1 递增有序单链表生成算法

前文在讲解单链表概念时，曾经说明单链表分为不带表头结点和带表头结点两种情形，那么表头结点的作用究竟是什么呢？下面用一个单链表生成算法的例子来说明。

例2-8：输入一列整数，以 0 为结束标志，生成递增有序单链表（不包括 0）。

首先以不带表头结点的单链表作为存储结构来设计算法。假设有一个递增有序的单链表，结点元素是 1,4,10,17,…,78，现要插入一个新元素 7，那么先从头指针开始访问单链表的结点，比较每个结点中的元素与 7 的大小，如果比 7 小，就往后进行访问；如果碰到一个结点的元素值比 7 大就停止访问，说明新元素 7 应该插入到此结点之前。

之前分析过，如果要把新结点插入某个结点之前，还需要用指针指向此结点的前驱结点，因此在从头指针开始扫描单链表时，应该用 q、p 两个指针来指向可能要插入的位置。开始时，p 指向首结点，q 指向刚访问过的结点，初始值为 NULL。当 p 指向的结点数据小于待插入数据时，说明待插入数据要插入 p 结点之后的某个位置上，目前无法确定，这样需要首先将 p 赋予 q，再移动 p 指向下一个结点，p 和 q 同步移动。当 p 指向的结点数据大于待插入数据时，说明待插入数据要插入 p 结点之前，也就是刚访问过的结点 q 之后，完成定位。

一般情况下，当 q、p 都不为空时，确定位置后，f 指向的新结点就插入 q 与 p 之间，f 指向新结点的 next 域赋值为 p，q 指向结点的 next 域赋值为 f，具体操作为：f->next=p; q->next=f。但这种情况只是一般情形。

在扫描单链表过程中，还可能碰到 p、q 可能为 NULL 的情况，此时需要进行特殊处理。具体来说，可以分为如下几种情况。

（1）p、q 同时为空，意味着往空表中插入第一个结点。

（2）仅 p 为空，q 不为空，尾部插入，即数据插入单链表的尾部。

（3）仅 q 为空，p 不为空，首部插入，即插入的数据作为单链表的第一个结点。

（4）p、q 均不为空，在 p 与 q 之间插入一个新结点。

在算法中，以上这几种情况都需要被考虑到，才能保证算法的正确性。这个算法的分支比较多，这里用一个插入算法流程图来说明算法的思想，如图 2.22 所示。

图 2.22 中流程图的左边是通过 p、q 两个指针从头指针开始扫描单链表，扫描过程中判断比较结点数据域值与插入结点数据域值；如果找到，就停止扫描，进行流程图右边的操作——将指针 f 指向新插入的结点，接下来判断 p、q 两个指针是否为空，分为①、②、③、④ 4 个分支（其中，①代表空表插入；②代表尾部插入；③代表首部插入；④代表一般插入），然后针对 4 种不同的情况分别采取不同的操作。根据以上的分析，得到如下生成不带头结点递增有序单链表的算法（不包括 0）。

```
node* InsertList1(node *head,int e)
{    node* q=NULL;
     node* p=head;                      //通过 q、p 扫描，查找插入位置
     while(p && e>p->data)              //未扫描完，且 e 大于当前结点
     { q=p; p=p->next;}                 //q、p 后移，查下一个位置
     node* f=(node *)malloc(LENG);      //生成新结点
     f->data=e;                         //装入元素 e
```

```
        if(p==NULL){
            f->next=NULL;
            if(q==NULL)              //对空表的插入
                head=f;
            else q->next=f;}         //作为最后一个结点插入
        else if(q==NULL)             //作为第一个结点插入
            {f->next=p; head=f;}
        else
            {f->next=p; q->next=f;}  //一般情况插入新结点
        return head;}
```

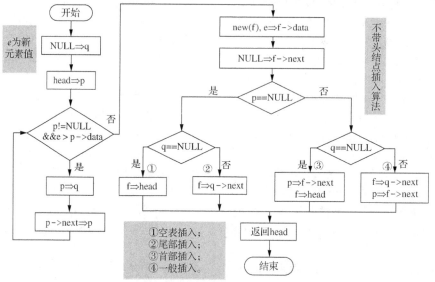

图2.22 不带头结点插入算法流程图

InsertList1算法是针对递增有序单链表插入一个新的元素，那么对输入的一组数生成一个递增有序的单链表只需要在主函数中调用此算法即可。每输入一个数，就调用此函数生成一个递增有序单链表，直到输入0为止。此主函数算法如下。

```
void main(void)
{
    node *head;                      //定义头指针
    head=NULL;                       //置为空表
    int e;
    scanf("%d",&e);                  //输入整数
    while(e!=0)                      //不为0，未结束
    {
    head=InsertList1(head,e);        //插入递增有序单链表
    scanf("%d",&e);                  //输入整数
    }
}
```

如果要生成带表头结点的递增有序单链表，那该如何处理呢？

首先从头指针head开始扫描单链表，按q=head;p=head->next进行初始化，然后根据待插入整数值的大小确定插入位置，用q、p两个指针来指向可能要插入的位置。由于在此情况下该递增有序

单链表一定有一个不为空的头结点 head，因此在确定插入位置后，q 永远不为空。此时处理比生成不带表头结点的递增有序单链表简单得多，在带头结点的递增有序单链表中插入元素的算法如下。

```
void InsertList2(node *head,int e)
{
    node* q=head;
    node* p=head->next;                //通过 q、p 扫描，查找插入位置
    while(p && e>p->data)              //未扫描完，且 e 大于当前结点
    {
        q=p;
        p=p->next;                    //q、p 后移，查下一个位置
    }
    node* f=(node *)malloc(LENG);     //生成新结点
    f->data=e;                        //装入元素 e
    f->next=p; q->next=f;             //插入新结点
}
```

InsertList2 算法是针对递增有序单链表插入一个新的元素，那么对输入的一组数生成一个递增有序的单链表只需在主函数中不断调用此算法。每输入一个数，就调用此函数把该整数插入该递增有序单链表中，直到输入 0 为止。此主函数算法如下。

```
void main(){
    node* head=( node *)malloc(LENG);  //生成表头结点
    head->next=NULL;                   //置为空表
    int e;
    scanf("%d", &e);                   //输入整数
    while(e!=0)                        //不为 0，未结束
    {
        InsertList2(head, e);          //插入递增有序单链表 head
        scanf("%d", &e);               //输入整数
    }
}
```

讨论题

生成不带表头的递增有序单链表有进一步简化的空间吗？

2.5.2 单链表插入、删除算法

单链表插入算法是在单链表的指定位置插入新元素，其中输入参数主要包括头指针 L、位置 i、数据元素 e，而输出为成功返回 OK，否则 ERROR。首先分析这个算法，在指定位置 i 上插入一个新的元素，使得插入的元素成为链表中的第 i 个元素，那么需要运用指针 p 从头扫描单链表，并对所访问的结点进行计数。想一想，计数是在第 i 个位置上结束吗？如果在此结束，指针 p 指向第 i 个位置，新元素就要插入指针 p 指向的结点之前；之前分析过，如果插入某个结点之前，就需要另一个辅助指针 q 来指向指针 p 的前驱结点。

单链表的删除

实际上，我们是可以简化此过程的，即计数到 $i-1$ 的时候就停止，指针 p 指向这个结点，然后新元素插入指针 p 所指向结点的后面就达到目的了。扫描的过程即是执行 p=L，当指针 p 指向的结点不为空时，则需执行 p=p->next 指令 $i-1$ 次，从而定位到第 $i-1$ 个结点。当 $i<1$ 或指针 p 所

指向的结点为空时，则插入点错是错误的，否则新结点加到 p 指向结点之后，如图 2.23 所示。

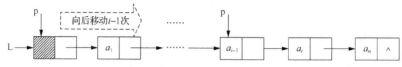

图 2.23   在单链表的指定位置插入新元素示意图

根据以上的分析过程，可以得知在指定位置插入一个新结点的算法如下。

```
Status insert( Linklist L,int I,ElemType e)
{
    node* p=L;
    int j=1;
    while(p && j<i)
    {
        p=p->next;                    //p 后移，指向下一个位置
        j++;
    }
    if(i<1 || p==NULL)                //插入点错误
            return ERROR;
    node* f=(node *) malloc(LENG);    //生成新结点
    f->data=e;                        //装入元素 e
    f->next=p->next;p->next=f;        //插入新结点
    return OK;
}
```

上文中的几个单链表应用算法均是与在单链表中插入元素的操作相关，下面举例说明在单链表中如何删除元素。在单链表中删除某个结点，一定先找到将要被删除的结点，还要找到其前驱结点。例如，单链表中有 3 个结点，分别是 *A*、*B*、*C*，q 指针指向数据域为 *A* 的结点，p 指针指向数据域为 *B* 的结点。如果删除数据域为 *B* 的结点，首先执行 q->next=p->next;，即 *A* 的 next 域指向的地址（*B* 的 next 域），然后执行 free(p);释放 p 所指向的结点空间。

第一个删除算法是在带表头结点的单链表中删除元素值为 *e* 的结点，那么首先来分析此算法的思想。第一步扫描此单链表以找到元素值为 *e* 的结点，由于删除此结点需要运用到此结点的前驱结点，那么在扫描过程中需要用到一对指针 q 和 p 来记录找到的结点和它的前驱结点，一般用如下语句表示。

```
q=head;p=head->next;      //通过 q、p 扫描
while(p && p->data!=e)    //查找元素为 e 的结点
{
    q=p;                  //记住前一个结点
    p=p->next;            //查找下一个结点
}
```

这段代码执行后，要么 p 指针为空，要么 p 所指向结点数据域的值为 *e*。

找到要删除的结点后，就可以进行删除操作了。删除操作的代码如下：

```
if(p)                     //有元素为 e 的结点
{
    q->next=p->next;      //删除该结点
    free(p);              //释放结点所占的空间
    return YES;
}
```

第二个算法是在单链表中删除指定位置的元素。在这个 Delete 算法中，删除第 i 个元素时，该结点的前驱结点同样重要，因此定位结点也是定位在 i-1 这个位置上，即执行 p=L;，L 是头指针，当 p->next 不为空时执行 p=p->next; i-1 次，从而定位到第 i-1 个结点。接着，判断 i 值，当 i<1 或 p->next 为空时删除点位置出错，否则 p 指向后继结点的后继，从而将第 i 个元素结点从单链表中删除。

```
Status Delete( Linklist L,int i)
{
  node* p=L;
  int j=1;
  while(p->next && j<i)          //循环结束时 p 不可能为空
  {   p=p->next;                 //p 后移，指向下一个位置
      j++;
  }
  if(i<1 || p->next==NULL)       //删除点错误
      return ERROR;
  node* q=p->next;               //q 指向删除结点
  p->next=q->next;               //从链表中删除
  free(q);                       //释放结点空间
  return OK;
}
```

2.5.3 单链表合并算法

现用一个例子来说明两个有序单链表的合并算法。

例 2-9：将两个带表头结点的有序单链表 La 和 Lb 合并为有序单链表 Lc，该算法利用原单链表的结点。单链表合并示意图如图 2.24 所示。

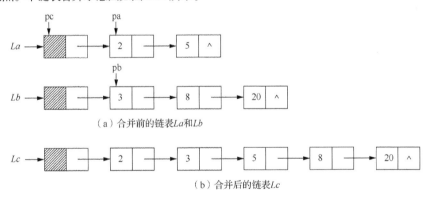

（a）合并前的链表 La 和 Lb

（b）合并后的链表 Lc

图 2.24　单链表合并示意图

单链表 La 有元素 2、5，Lb 有元素 3、8、20，在合并中要用到 3 个指针 pa、pb、pc。其中 pa 用来扫描单链表 La，pb 用来扫描单链表 Lb，pc 用来指向合并过程中得到的链表 Lc 的当前表尾结点，合并操作就是通过这 3 个指针的变化来完成的。开始时，Lc 中还没有结点，所以尾结点就是表头结点，pc 首先指向 La 的表头结点，pa、pb 分别指向单链表 La 和 Lb 的首结点。然后比较 pa 和 pb 所指向两个结点的数据域值大小，如果 pa 指向结点的数据域值小，就将 pa 指向的结点插入 pc 指向的结点后面，pc 指向刚插入的结点，pa 往后面移动，否则就将 pb 指向的结点插入 pc 指向的结点后面，pc 指向刚插入的结点，pb 往后面移动。接着不断按照这种模式比较 pa 和 pb 所指向结点的数据域值大小，pa、pb、pc 指针根据不同的情况发生变化，直到 pa 或 pb 为空为止。如果 pa 为空，表示链表

La 已经扫描结束，则将 pb 指向的结点以及后面所有结点链接在 pc 指向的结点之后；反之，如果 pb 为空，表示链表 *Lb* 已经扫描结束，则将 pa 指向的结点以及后面所有结点链接在 pc 指向的结点之后。

首先是表头结点的征用，即使用 *La* 的表头结点，释放 *Lb* 的表头结点，可表示为：

```
struct node *pa,*pb,*pc;
pa=La->next;                //pa 指向表 La 的首结点
pb=Lb->next;                //pb 指向表 Lb 的首结点
pc=La;                      //使用表 La 的表头结点，pc 为尾指针
free(Lb);                   //释放表 Lb 的表头结点
```

接下来，就是比较 pa 和 pb 指向结点的数据域值大小。pa、pb、pc 指针根据不同的情况发生变化，直到 pa 或 pb 为空为止。

```
while(pa && pb)             //表 La、表 Lb 均有结点
 if(pa->data<=pb->data)     //取表 La 的一个结点
 {   pc->next=pa;           //插在表 Lc 的尾结点之后
     pc=pa;                 //变为表 Lc 新的尾结点
     pa=pa->next;           //移向表 La 下一个结点
 }
 else                       //取表 Lb 的一个结点
 {   pc->next=pb;           //插在表 Lc 的尾结点之后
     pc=pb;                 //变为表 Lc 新的尾结点
     pb=pb->next;           //移向表 Lb 下一个结点
 }
```

若 pa 或 pb 不为空，则将剩余的结点插入表 *Lc* 的尾部。假定 *La* 和 *Lb* 两个单链表的表长分别是 *m* 和 *n*，由于合并过程中每个单链表的结点最多被访问一次，因此算法的时间复杂度为 $O(m+n)$。

讨论题

合并递增有序单链表时，要用到几个辅助指针？

2.5.4 单链表的逆置

例 2-10：假定以单链表作为线性表 $L=(a_1,a_2,\cdots,a_n)$ 的存储结构，现要求设计算法，将线性表逆置为 $L=(a_n,a_{n-1},\cdots,a_1)$。这个问题就涉及将一个单链表中结点翻转的操作，下面给出该问题求解的 4 种算法，并进行效率分析。

1. 递归算法一

采用递归的思想完成逆置操作。当为空单链表时，作为递归出口，直接返回；对非空单链表，首先将最后一个结点从单链表中移出，将剩下长度减一的单链表翻转过来，再将刚移出的结点作为首结点插入这个单链表中。该递归求解算法描述如下。

```
void reverse1(LinkList L)
{
 LinkList p,q;
 if(L->next==NULL) return;   //空表时返回递归出口
   p=L;    q=L->next;         //移出最后一个结点
   while(q->next)
   {
```

```
            p=q;
            q=q->next;
    }
    p->next=NULL;              //被移出的最后一个结点被 q 指向
    reverse1(L);               //递归调用,将剩余的链表结点翻转
    q->next=L->next;           //被移出的结点再插入作为首结点
    L->next=q;
}
```

该算法每次为了移出最后一个结点,需要对单链表遍历一次,共需要做 n 次移出结点操作,平均每次访问结点的个数为 $n/2$,所以算法的时间复杂度 $T(n)=O(n^2)$;递归深度为 n,每一次递归调用时,都会在运行时逻辑空间的栈空间中分配单元,所以空间复杂度 $S(n)=O(n)$。

2. 递归算法二

同样是采用递归算法,这里换一种移出结点的方法。当单链表结点个数不大于 1 时,作为递归出口,直接返回;对有 2 个或 2 个以上结点的单链表,首先将第一个结点从单链表中移出,将剩下长度减一的单链表翻转过来,再将刚移出的结点作为尾结点插入单链表。这个改变看似与第一个递归算法没什么区别,但仔细分析一下会发现,移出第一个结点不需要遍历单链表。同时将移出的结点作为尾结点插入翻转之后的长度减一单链表中也不需要遍历单链表,因为递归后移出的结点指针所指向的结点正好是尾结点。递归求解算法描述如下。

```
void reverse2(LinkList L)
{
    LinkList p=L->next;        //获得首元素结点
    //空单链表或只剩一个结点时返回递归出口
    if(L->next==NULL || p->next==NULL)
        return;
    L->next=p->next;
    reverse2(L);               //剩余链递归
    p->next->next=p;
    p->next=NULL;
}
```

该算法每次为了移出和插入一个结点,都不需要对单链表遍历,共需要做 n 次移出插入结点操作,所以算法的时间复杂度 $T(n)=O(n)$;递归深度为 n,所以空间复杂度 $S(n)=O(n)$。

3. 折半与递归算法

同时利用折半和递归的思想将一个长度大于 1 的单链表分成两个等长的子单链表,并分别进行翻转,再合并在一起;单链表长度小于或等于 1 作为递归出口处理。为了方便将单链表一分为二,使用了 p 和 q 这两个一慢一快的指针,快指针 q 每向后移动两次,p 才移动一次,这样当 q 为空时,p 正好指向前一半的最后一个结点,再增加一个 $L1$ 指向的头结点作为后一半结点单链表的头结点,完成单链表的一趟拆分。折半与递归求解算法描述如下。

```
Linklist reverse3(Linklist L)
{
    node* p, *q;
    if(!L->next || !L->next->next)
        return L;    //递归出口
    node* L1=(node*)malloc(LENG);
    p=q=L;
    while(q)
```

```
    {
        q=q->next;
        if(q) {
            q=q->next;
            p=p->next;
        }
    }
    q=p->next;
    L1->next=q;
    p->next=NULL;
    L=reverse3(L);
    L1=reverse3(L1);
    q->next=L->next;
    free(L);
    L=L1;
    return L;
}
```

该算法大约进行 $\log_2 n$ 趟拆分，能将各子单链表结点的个数减少到 1。每趟拆分时，要遍历全部 n 个结点，所以算法的时间复杂度 $T(n)=O(n\log n)$；递归深度为 $\log_2 n$，则空间复杂度 $S(n)=O(\log n)$。

4. 优化算法

上述 3 种算法中，第二种算法的时间复杂度最高，为 $O(n)$。由于逆置过程中必须访问所有结点，因此我们可以认为时间复杂度为 $O(n)$ 已经是最优了，但其空间复杂度为 $O(n)$，这样说明该算法还有优化的空间。优化算法思想是：用一个指针 p 指向首结点，再将头指针的指针域赋值为空，变成一个空单链表，接着通过 p 依次取原单链表中的结点，用首插法将每个结点再插入回单链表中作为首结点，从而完成单链表的逆置。优化算法描述如下。

```
void reverse4(LinkList L)
{
    LinkList p,q;
    p=L->next;
    L->next=NULL;
    while(p)
    {
        q=p->next;
        p->next=L->next;
        L->next=p;
        p=q;
    }
}
```

该优化算法在逆置过程中，每个结点都被处理 1 次，所以时间复杂度 $T(n)=O(n)$；空间复杂度 $S(n)=O(1)$。由于使用的空间对于问题规模来说是常量，因此优化算法为单链表的就地逆置，也可称为原地工作。

讨论题

思考一下还有什么方法能够实现单链表逆置？

2.6 本章小结

本章主要讲解与线性表相关的知识，线性表是最基本、最简单、最常用的一种数据结构。通过对线性表的学习，读者能够充分理解何为逻辑结构、何为存储结构。存储结构中何时选取连续空间、何时选取链式空间，读者可以灵活根据需要来完成相应的数据结构设计。初步养成解决实际问题的算法思维—凝练数据关系—明确逻辑结构—设计存储结构—理清算法思路—运用高级程序设计语言进行实现是读者需要具备的能力。

线性表有两种存储结构：顺序存储结构（数组）和链式存储结构（链表）。顺序存储结构是指用一段连续的存储单元依次存储数据元素的结构。它查找数据元素时的时间复杂度都是 $O(1)$，且无须为数据元素之间的逻辑关系而耗费新的空间。但其存在如下缺点：①在进行增加元素、删除元素时，时间复杂度为 $O(n)$，不方便数据元素的增、删；②需要在创建时确定长度，但在实际项目中很多时候一开始很难确定线性表的大小；③需要占用整块连续的内存空间，容易造成存储空间的碎片化。线性表的链式存储结构由两个部分组成：数据域（用来存放数据的存储空间）和指针域（存储下一个结点或上一个结点地址的存储空间）。单链表是动态存储结构，不需要事先分配好存储空间，大小不受限制，而且可以灵活利用内存的存储空间；单链表插入和删除的时间复杂度为 $O(1)$，比顺序存储结构领先了两个级别，但是单链表元素查找的时间复杂度为 $O(n)$。

姚期智（Andrew Chi-Chih Yao，1946 年 12 月 24 日—），男，汉族，祖籍湖北孝感，生于上海，中国计算机科学家，现任北京清华大学理论计算机科学研究中心主任等。他因对计算理论包括伪随机数生成、密码学与通信复杂度的突出贡献，曾获美国计算机协会（ACM）2000 年图灵奖。

本章习题

一、选择题

1. 线性表是具有 n 个 ＿＿＿＿ 的有限序列。
   A. 表元素　　　　　B. 字符　　　　　C. 数据元素　　　D. 数据项
2. 关于线性表的正确说法是 ＿＿＿＿＿。
   A. 每个元素都有一个前驱和一个后继元素
   B. 线性表中至少有一个元素
   C. 表中元素的排列顺序必须是由小到大或由大到小
   D. 除首元素和尾元素外，其余元素有且仅有一个直接前驱和一个直接后继元素
3. 线性表采用链表存储时，其存放各个元素的单元地址是 ＿＿＿＿＿。
   A. 必须连续的　　　　　　　　　B. 一定不连续的
   C. 部分地址必须连续的　　　　　D. 连续与否均可以

4. 线性表的静态链表存储结构与顺序存储结构相比，优点是 _____。

    A. 所有的操作算法实现简单   B. 便于随机存取

    C. 便于插入和删除   D. 便于利用零散的存储器空间

5. 设线性表中有 n 个元素，以下_____ 操作在单链表上实现要比在顺序表上实现效率高。

    A. 删除指定位置元素的后一个元素

    B. 在第 n 个元素的后面插入一个新元素

    C. 顺序输出前 k 个元素

    D. 交换第 i 个元素和第 $n-i+1$ 个元素的值

6. 在单链表中，增加一个头结点的目的是_____。

    A. 使单链表至少有一个结点   B. 标识链表中重要结点的位置

    C. 方便运算的实现   D. 说明单链表是线性表的链式存储结构

7. 在一个双链表中，在*p 结点之后插入结点*q 的操作是 _____。

    A. q->prior=p;p->next=q;p->next->prior=q;q->next =p->next;

    B. q->next=p->next;p ->next->prior=q;p->next=q;q->prior=p;

    C. p->next=q;q->prior=p;q->next=p->next;p ->next->prior=q;

    D. p->next->prior=q;q->prior=p;p->next=q;q->next=p->next;

8. 在一个双链表中，在*p 结点之前插入结点*q 的操作是 _____。

    A. p->prior=q;q->next=p;p->prior->next=q; q->prior=p->prior;

    B. q->prior=p-> prior;p->prior->next=q;q->next=p;p->prior =q->next;

    C. q->next=p;p->next=q;q->prior->next=q;q->next=p;

    D. p->prior->next=q;q->next=p;q->prior=p->prior;p->prior=q;

9. 在一个双链表中，删除*p 结点的操作是 _____。

    A. p->prior->next=p->next;p->next->prior =p->prior;

    B. p->prior=p->prior->prior;p->prior->prior=p;

    C. p->next->prior=p;p->next=p->next->next;

    D. p->next=p->prior->prior;p->prior=p->next->prior;

10. 在一个双链表中，删除*p 结点之后的一个结点，其时间复杂度为_____。

    A. $O(n\log_2 n)$ B. $O(1)$ C. $O(n)$ D. $O(n^2)$

11. 在长度为 n 的 _____ 上，删除第一个元素，其算法的时间复杂度为 $O(n)$。

    A. 只有表头指针的、不带表头结点的循环单链表

    B. 只有表尾指针的、不带表头结点的循环单链表

    C. 只有表尾指针的、带表头结点的循环单链表

    D. 只有表头指针的、带表头结点的循环单链表

12. 下面关于线性表的叙述错误的是 _____。

    A. 线性表采用顺序存储必须占用一片连续的存储空间

    B. 线性表采用链式存储不必占用一片连续的存储空间

    C. 线性表采用链式存储便于插入和删除操作的实现

    D. 线性表采用顺序存储便于插入和删除操作的实现

13. 在双链表的两个结点之间插入一个新结点时，需要修改 _____ 个指针域。

    A. 1   B. 2   C. 3   D. 4

14. 在单链表中，要删除某一指定的结点，必须找到该结点的 _____ 结点。

    A. 后继   B. 头   C. 前驱   D. 尾

15. 一个单链表长度算法的时间复杂度为 _____。

    A. $O(\log_2 n)$ B. $O(n)$ C. $O(1)$ D. $O(n^2)$

二、判断题

1. 线性表中每个元素都有一个前驱元素和一个后继元素。（　　）

2. 静态链表既有顺序存储结构的优点，又有动态链表的优点，所以利用它存取第 i 个元素的时间与元素个数 n 无关。（　　）

3. 静态链表与动态链表在元素的插入、删除方面类似，不需要做元素的移动。（　　）

4. 在循环单链表中，从任一结点出发都可以通过前后移动操作遍历整个循环链表。（　　）

5. 在双链表中，可以从任一结点开始沿着同一方向查找到任何其他结点。（　　）

三、算法设计题

1.【2018 统考真题】给定一个含 n（$n \geq 1$）个整数的数组，请设计一个在时间上尽可能高效的算法，找出数组中未出现的最小正整数。例如，数组{-5,3,2,3}中未出现的最小正整数是 1；数组{1,2,3}中未出现的最小正整数是 4。要求：

（1）给出算法的基本设计思想；

（2）根据设计思想，采用 C 或 C++语言描述算法，关键之处给出注释；

（3）说明你所设计算法的时间复杂度和空间复杂度。

2.【2019 统考真题】设线性表 $L=(a_1,a_2,a_3,\cdots,a_{n-2},a_{n-1},a_n)$ 采用带头结点的单链表保存，链表中的结点定义如下。

```
typedef struct node
{
  int data;
  struct node *next;
}NODE;
```

请设计一个空间复杂度为 $O(1)$ 且时间上尽可能高效的算法，重新排列 L 中的各结点，得到线性表 $L'=(a_1,a_n,a_2,a_{n-1},a_3,a_{n-2},\cdots)$。要求：

（1）给出算法的基本设计思想；

（2）根据设计思想，采用 C 或 C++语言描述算法，关键之处给出注释；

（3）说明你所设计算法的时间复杂度。

3.【2009 统考真题】已知一个带有表头结点的单链表，结点结构为 | data | link |，假设该链表只给出头指针 list。在不改变链表的前提下，请设计一个尽可能高效的算法，查找链表中倒数第 k 个位置上的结点（k 为正整数）。若查找成功，算法输出该结点 data 域的值，并返回 1，否则，只返回 0。要求：

（1）描述算法的基本设计思想；

（2）描述算法的详细实现步骤；

（3）根据设计思想和实现步骤，采用程序设计语言描述算法（使用 C、C++或 Java 语言实现），关键之处请给出简要注释。

4.【2012 统考真题】假定采用带头结点的单链表保存单词，当两个单词有相同的后缀时，则可共享相同的后缀存储空间，例如，"loading" 和 "being" 的存储映像如图 2.25 所示。

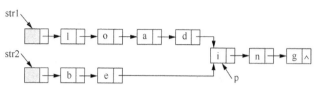

图 2.25　"loading" 和 "being" 的存储映像

设 str1 和 str2 分别指向两个单词所在单链表的头结点，链表结点结构为 | data | next |，请设计一个时间上尽可能高效的算法，找出由 str1 和 str2 所指向两个链表共同后缀的起始位置（如图 2.25 中字符 i 所在结点的位置为 p）。要求：

（1）给出算法的基本设计思想；

（2）根据设计思想，采用 C、C++或 Java 语言描述算法，关键之处给出注释；

（3）说明你所设计算法的时间复杂度。

5.【2013 统考真题】已知一个整数序列 A $(a_0, a_1, \cdots, a_i, \cdots, a_{n-1})$，其中 $0 \leq a_i < n$（$0 \leq i < n$）。若存在 $a_{p_1}=a_{p_2}=a_{p_k}=a_{p_m}=x$ 且 $m>n/2$（$0 \leq p_k < n$，$1 \leq k \leq m$），则称 x 为 A 的主元素。例如 $A=(0,5,5,3,5,7,5,5)$，则 5 为主元素；又如 $A=(0,5,5,3,5,1,5,7)$，则 A 中没有主元素。假设 A 中的 n 个元素保存在一个一维数组中，请设计一个尽可能高效的算法，找出 A 的主元素。若存在主元素，则输出该元素，否则输出-1。要求：

（1）给出算法的基本设计思想；

（2）根据设计思想，采用 C、C++或 Java 语言描述算法，关键之处给出注释；

（3）说明你所设计算法的时间复杂度和空间复杂度。

6．请设计一个算法，将两个升序链表合并为一个新的升序链表并返回。新链表是通过拼接所给定两个链表的所有结点而成。

7．请设计一个算法，给一个链表的头结点 head，判断链表中是否有环。

8．请设计一个算法，给一个链表，删除链表的倒数第 i 个结点，并且返回链表的头结点。

9．请设计一个算法，给一个链表数组，每个链表都已经按升序排列，请将所有链表合并到一个升序链表中，返回合并后的链表。

10．请设计一个算法，给一个链表的头结点 head，旋转链表，将链表每个结点向右循环移动 k 个位置。

11．请设计并实现一个满足 LRU（最近最少使用）缓存约束的数据结构，即实现 LRUCache 函数。

（1）LRUCache(int capacity)：以正整数作为容量 *capacity* 初始化 LRU 缓存。

（2）int get(int key)：如果关键字 *key* 存于缓存中，则返回关键字的值，否则返回-1。

（3）void put(int key, int value)：如果关键字 *key* 已经存在，则变更其数据值 *value*；如果不存在，则向缓存中插入该组 *key-value*。如果插入操作导致关键字数量超过 *capacity*，则应该逐出最久未使用的关键字。

12．请设计一个算法，给链表的头结点 head，将其按升序排列并返回排序后的链表。

13．请设计一个算法，给链表的头结点 head 和一个整数 k，交换链表正数第 k 个结点和倒数第 k 个结点的值后，返回链表的头结点（链表从 1 开始索引）。

14．请设计一个算法，给一个链表，每 k 个结点一组进行翻转并返回翻转后的链表。

15．请设计并实现时间复杂度为 $O(n)$ 的算法，给定一个未排序的整数数组 *nums*，找出数字连续的最长序列（不要求序列元素在原数组中连续）的长度。

3

第 3 章　栈与队列

● **学习目标**

（1）了解栈的基本概念及操作

（2）掌握栈的存储结构

（3）了解栈的应用

（4）掌握队列的存储结构

（5）掌握链式队列和顺序队列的基本运算及实现

（6）分析应用实例

● **本章知识导图**

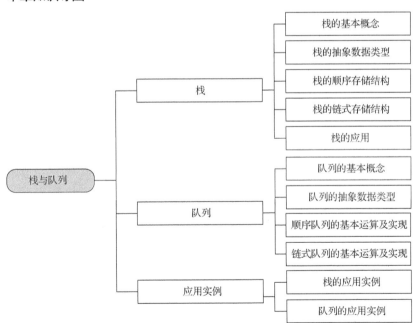

栈与队列虽然在逻辑上是线性结构，但它们是插入、删除操作受限的线性表，因为一般线性表并不限制元素插入操作和元素删除操作的位置。也就是说，给定线性表 $L=(a_1,a_2,\cdots,a_n)$，我们可以在 L 的任意位置 i 插入新元素（$i=1,2,\cdots,n,n+1$）或删除任意元素 a_i（$i=1,2,\cdots,n$）；如果线性表 $L=(a_1,a_2,\cdots,a_n)$ 被定义为栈或队列，那么 L 只能在特定位置插入元素或删除特定位置的元素。

3.1 栈

3.1.1 栈的基本概念

栈是限定在表尾做插入、删除操作的线性表。向栈中插入元素叫作进栈，从栈中删除元素叫作出栈，栈的表头叫作栈底，栈的表尾叫作栈顶。

$$(a_1,a_2,\cdots,a_n) \leftarrow 插入元素（进栈）$$

↑ ↑ ↘删除元素（出栈）

表头 表尾

（栈底）（栈顶）

为了明晰栈底和栈顶的概念，通常使用"井"状图形表示一个栈，如图 3.1 所示。

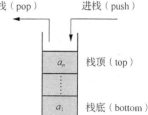

图 3.1　栈的示意图

栈的相关概念包括以下几个。

进栈：向栈中插入一个元素。其也称为入栈、推入、压入、push。

出栈：从栈删除一个元素。其也称为退栈、上托、弹出、pop。

栈顶：允许插入、删除元素的一端（表尾）。

栈顶元素：处在栈顶位置的元素（表尾元素）。

栈底：表中不允许插入、删除元素的一端（表头）。

空栈：不含元素的栈。

栈中元素的进出原则："后进先出"（Last In First Out）。

栈的别名："后进先出"表、LIFO 表、反转存储器、堆栈。

3.1.2 栈的抽象数据类型

栈的抽象数据类型如下。

```
ADT Stack
{    数据对象：D={a_i|a_i∈ElemSet, i=1,2,…,n, n≥0}
     数据关系：R1={<a_{i-1},a_i>|a_{i-1},a_i∈D, i=2,…,n}，其中 a_1 端为栈底，a_n 端为栈顶
     基本操作：

     InitStack(&S)          //初始化栈 S
     DestroyStack(&S)       //销毁栈 S
     ClearStack(&S)         //清空栈 S
     StackLength(S)         //求栈 S 的长度
     Push(&S, e)            //在栈 S 的栈顶插入元素 e
     Pop(&S, &e)            //删除栈 S 的栈顶元素，并赋予变量 e
     GetTop(S, &e)          //将栈 S 的栈顶元素复制到变量 e
     StackEmpty(S)          //判断栈 S 是否为空栈

}
End ADT
```

3.1.3 栈的操作特性

下面以火车调度站为例来理解栈的操作特性。假定火车调度站满足栈的插入、删除规则（见图 3.2），列车只能在一端进站、出站，现有 3 辆列车 A、B、C 依次进入火车调度站，那么列车 A、

B、C 的出站顺序会有哪几种不同组合呢?

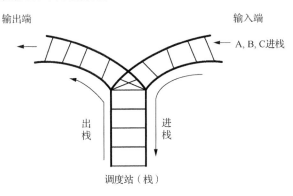

图 3.2　模拟火车调度站（栈）

　　第一种组合：输入顺序为 A,B,C，产生输出为 A,B,C。其过程为：A 进栈→A 出栈→B 进栈→
B 出栈→C 进栈→C 出栈。在此进、出栈顺序下，列车出站顺序（栈的输出序列）即为 A,B,C。进、
出栈过程演示如图 3.3 所示。

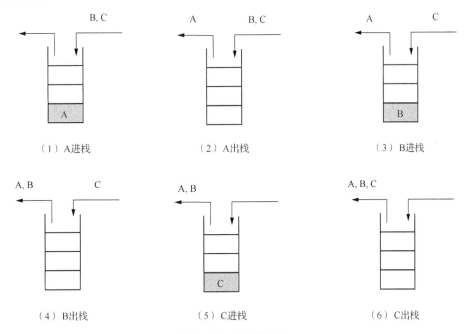

图 3.3　进、出栈过程演示 1

　　第二种组合：输入顺序为 A,B,C，产生输出为 C,B,A。其过程为：A 进栈→B 进栈→C 进栈→
C 出栈→B 出栈→A 出栈。在此进、出栈顺序下，列车出站顺序（栈的输出序列）即为 C,B,A。进、
出栈过程演示如图 3.4 所示。

　　第三种组合：输入顺序为 A,B,C，产生输出为 B,C,A。其过程为：A 进栈→B 进栈→B 出栈→
C 进栈→C 出栈→A 出栈。在此进、出栈顺序下，列车出站顺序（栈的输出序列）即为 B,C,A。进、
出栈过程演示如图 3.5 所示。

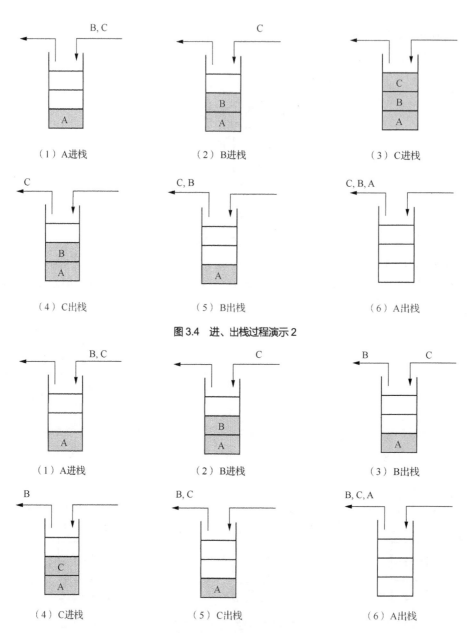

图 3.4　进、出栈过程演示 2

图 3.5　进、出栈过程演示 3

　　类似地，可以得出另外两种组合：A,C,B 和 B,A,C。然而，以 A,B,C 为输入序列时，无论采用何种进、出栈顺序都无法产生 C,A,B 的输出序列。其原因为：C 的输出需要以 C 的进栈为前提，输出 C 之前，所有尚未输出的、C 的前序元素（A 和 B）都需要存储在栈中（见图 3.6），而输出 C 之后，所有尚未输出的、C 的前序元素均应以逆序顺序输出（即 C,B,A），故无法输出序列 C,A,B。

　　扩展上述结论可知，以$(\cdots,a_i,\cdots,a_j,\cdots,a_k,\cdots)$作为栈的输入序列时，无法得到输出序列$(\cdots,a_k,\cdots,a_i,\cdots,a_j,\cdots)$。

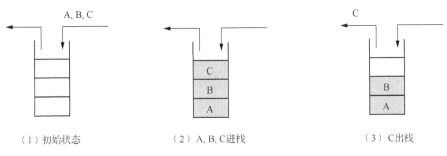

（1）初始状态　　　　　　　（2）A，B，C进栈　　　　　　　（3）C出栈

图 3.6　进、出栈过程演示 4

讨论题

给定 4 个元素，在元素入栈顺序已知的前提下，能够得出多少种不同的出栈序列？

3.1.4　栈的顺序存储结构

栈的存储结构

上文讲述了栈的基本概念、抽象数据类型和栈的操作特性，下面分析栈的顺序存储结构。首先，介绍如何采用顺序存储结构实现栈的存储。使用顺序存储结构构建的栈称为顺序栈。对顺序栈进行操作时，需要考虑以下几点。

（1）存储空间的分配方式：是静态分配还是动态分配。

（2）栈顶标识 top：top 是指向栈顶元素还是指向栈顶元素下一位置（进栈操作时新元素插入位置）。

（3）满栈和空栈的条件：是 top 指向栈顶元素情况下的满栈、空栈条件还是 top 指向栈顶元素下一位置情况下的满栈、空栈条件。

假定 top 始终指向栈顶元素（见图 3.7），任意栈 s 的特征如下。

（1）非空栈条件：top>=0。

（2）满栈条件：top= =maxlength−1，如图 3.8 所示。

图 3.7　非空栈操作示意图（top 指向栈顶元素）　　　图 3.8　满栈操作示意图（top 指向栈顶元素）

（3）空栈条件：top= =−1，如图 3.9 所示。

（4）进栈过程：先对 top 加 1，使 top 指向栈顶元素下一空位置，然后将待插入数据赋予 s[top]，完成进栈操作。

（5）出栈过程：先取出栈顶元素 s[top]，然后对 top 减 1，使 top 指向新的栈顶元素，完成出栈操作。

当 top 始终指向栈顶元素下一位置时（见图 3.10），任意栈 s 的特征如下。

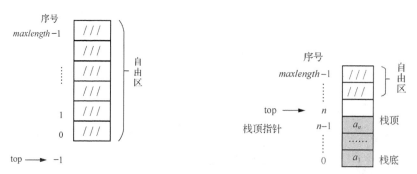

图 3.9　空栈操作示意图（top 指向栈顶元素）　　图 3.10　非空栈操作示意图（top 指向栈顶元素下一位置）

（1）非空栈条件：top>=1。

（2）满栈条件：top= =maxlength，如图 3.11 所示。

（3）空栈条件：top= =0，如图 3.12 所示。

图 3.11　满栈操作示意图（top 指向栈顶元素下一位置）　　图 3.12　空栈操作示意图（top 指向栈顶元素下一位置）

（4）进栈过程：先将待插入数据赋予 s[top]，然后对 top 加 1，使 top 指向栈顶元素下一空位置，完成进栈操作。

（5）出栈过程：对 top 减 1，使 top 指向原来的栈顶元素。

注意

无论使用何种 top 标志，处理进、出栈过程中都需要确认栈中元素个数，并判断是否会发生"溢出"或"下溢"情况。

接下来，介绍顺序栈的静态分配与动态分配。其中，静态分配时需要定义栈的空间和栈顶标识；动态分配需要定义栈的首地址、栈顶标识和当前栈空间的大小。具体分配方式如下。

（1）静态分配

```
typedef struct {
    ElemType elem[maxlength];    //栈元素空间
    int top;                     //栈顶标识
} SqStack;                       //SqStack 为结构类型
SqStack s;                       //s 为结构类型变量
```

（2）动态分配

对比线性表静态（动态）分配方式与栈的静态（动态）分配方式可知，在栈的分配方式中，使用了栈顶标识 top 替代线性表分配方式中的表长。其原因为：通过基于 top 的简单计算，可以得出栈中元素的个数（即得出表长）。

根据上述分析，约定 top 指向栈顶元素下一位置，给出如下动态分配顺序栈的基本操作算法。

例 3-1：设计动态分配顺序栈的初始化算法——InitStack 函数。首先，调用 malloc 函数为顺序栈分配存储空间，然后为栈顶标识 top 和当前空间大小 stacksize 赋值。

```
#define STACK_INIT_SIZE 100
#define STACKINCREMENT 10
typedef struct {
        ElemType *base;          //指向栈元素空间
        int top;                 //栈顶标识
        int stacksize;           //栈元素空间大小，相当于 maxlength
        } SqStack;               //SqStack 为结构类型
void InitStack(SqStack &S) {
    S.base=(ElemType *)malloc(STACK_INIT_SIZE*sizeof(ElemType));
    S.top=0;                     //初始化为空栈
    S.stacksize=STACK_INIT_SIZE;
```

例 3-2：设计进栈算法——Push 函数。首先，判断栈是否已满，如果栈已满，就运用 realloc 函数重新开辟更大的栈空间。如果 realloc 函数返回值为空，提示"溢出"，则更新栈的地址以及栈的当前空间大小。最终，新元素入栈，栈顶标识 top 加 1。

```
Status Push(SqStack &S, ElemType e) {
    if(S.top>=S.stacksize) {              //发生溢出，扩充
        ElemType *newbase=(ElemType *)realloc(S.base,
        (S.stacksize+STACKINCREMENT)*sizeof(ElemType));//寻找更大空间
        if(!newbase) {
            printf("溢出");               //找不到，提示"溢出"
            return ERROR;
        }
        S.base=newbase;                   //新地址
        S.stacksize+=STACKINCREMENT;      //栈空间扩大
    }
    S.base[S.top]=e;                      //装入元素 x
    S.top++;                              //修改顶指针
    return OK;
}
```

例 3-3：设计出栈算法——Pop 函数。首先，根据栈顶标识 top 判断当前栈是否是一个空栈，如果当前栈是一个空栈，提示"下溢"，否则，更新栈顶标识，取出栈顶元素。

```
Status Pop(SqStack &S, ElemType &e) {
    if(S.top==0){
        printf("下溢");
        return ERROR;                     //空栈
    }
    else {
        S.top--;                          //修改栈顶指针
        e=S.base[S.top];                  //取出栈顶元素
        return OK;                        //成功退栈，返回 OK
    }
}
```

上述的 3 个基本算法 InitStack、Push 和 Pop 都可以在主函数中进行调用。假如要对一个栈 S

进行操作，首先对其进行类型定义，然后调用 InitStack 初始化栈，再进行进栈 Push 与退栈 Pop 操作，具体代码如下。

```
int main() {
    SqStack S;
    ElemType e;
    InitStack(S);
    Push(S, 10);
    if(Push(S, 20)==ERROR)        //最好能判断其返回值，做出相应处理
        printf("进栈失败! ");
    if(Pop(S, e)==OK) {
        printf("退栈成功! e=%d", e);
    } else {
        printf("退栈失败! ");
    }
    return 0;
}
```

讨论题

动态分配栈时，如果发现满栈，有机会推元素进栈吗?

3.1.5　栈的链式存储结构

对于栈的链式存储结构，通常只考虑采用单链表作为栈的存储结构。首先对结点进行如下定义。

```
struct node {
    ElemType data;          //data 为抽象元素类型
    struct node *next;      //next 为指针类型
} *top=NULL;                //初始化，置 top 为空栈
```

假定元素进栈顺序为 $a_1,a_2,\cdots,a_n$，如果用普通无头结点的单链表表示，按其元素输入顺序表示元素间的线性关系，每个新进入的元素结点应链接在表尾，这样构造得到的链式栈如图 3.13 所示。

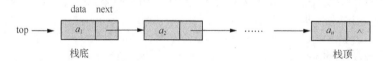

图 3.13　非空链式栈示意图 1

作为栈的存储结构，它的确正确地保存了栈的所有元素以及元素间的关系。但在栈的操作上，这种形式就有点问题：如果进栈，需要扫描整个链表到尾结点，再插入元素；如果出栈，也需要扫描整个链表到尾结点并进行删除。因此，进、出栈的时间开销大，时间复杂度为 $O(n)$。

为了解决这一问题以提高进、出栈的效率，我们可以将结点指针顺序颠倒过来，即每个元素结点的指针由原来的指向逻辑上直接后继元素结点改成指向逻辑上直接前驱元素的结点，如将 top 指向 a_n（见图 3.14），同样也能够正确地维护元素间的线性关系。这样进栈时只是简单地将新结点作为首结点，出栈时删除首结点即可，因为栈具有"后进先出"的特性。那么进、出栈不需要遍历整个链表，时间开销就为常数，时间复杂度为 $O(1)$。

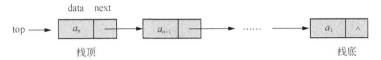

图 3.14 非空链式栈示意图 2

例 3-4：设计链式栈的进栈算法。链式栈的进栈即是压入元素 e 到以 top 为栈顶指针的链式栈，相当于将新元素 e 插入栈顶元素之前。该操作遵循单链表中插入元素的操作方法：首先为新元素分配存储空间，用一个指针 p 指向它 "p=(struct node *)malloc(length));"，然后对新元素结点的数据域进行赋值 "p->data=e;"，再对新元素结点的指针域进行赋值，指向首结点 "p->next=top;"，最后修改 top 指针指向新元素结点 "top=p;"，使其成为新的首结点。

```
struct node *Push_link(struct node *top, ElemType e) {
    struct node *p;
    int length=sizeof(struct node);    //确定新结点空间的大小
    p=(struct node *)malloc(length);   //生成新结点
    p->data=e;                         //装入元素 e
    p->next=top;                       //插入新结点
    top=p;                             //top 指向新结点
    return top;                        //返回指针 top
}
```

例 3-5：设计链式栈的出栈算法。链式栈的退栈，即将首元素删除。首先，运用一个新指针指向栈顶结点"p=top;"，然后修改 top 指针，使其指向第二个结点，从而删除栈顶结点"top=top->next;"，最后释放原栈顶结点占据的存储空间 "free(p);"。

```
struct node *Pop_link(struct node *top, ElemType *e) {
    struct node *p;
    if(top==NULL) return NULL;         //首先判断是否空栈，如果是，则返回 NULL
    p=top;                             //p 指向原栈的栈顶结点
    (*e)=p->data;                      //取出原栈的元素送(*e)
    top=top->next;                     //删除原栈的栈顶结点
    free(p);                           //释放原栈顶结点的空间
    return top;                        //返回新的栈顶指针 top
}
```

讨论题

链式栈的栈顶元素是最后输入进来的元素吗?

3.1.6 栈的应用

栈的"后进先出"特性在实际操作中应用非常广泛。例如，在高级语言中允许函数之间的嵌套调用和函数的递归调用，编译程序就是通过栈这种数据结构来完成这些执行顺序的控制的；借助栈也可以将一些递归算法改写成非递归算法，从而提高算法效率。一般情况下，如果访问到的数据在后续处理中还需继续被访问，此时就需要用某种数据结构将其保存起来。在后续重复访问这些数据时，其顺序是"后保存的数据先被访问，先保存的数据后被访问"，这种情况下可运用栈这个数据结构来保存这些数据和控制相关数据的访问顺序。下面详细列举几个栈的应用实例。

1. 数制转换

此处数制转换是针对将十进制数转换为八进制数的转换。例如，给定十进制数 N=1348，将它转换为八进制数 R。这里需要运用一个栈来存储运算的中间结果，步骤如下。

（1）依次把数字除以 8，求余数，并送入栈中，直到商为 0。

① $r1$=1348%8=4   //求余数推入栈中

    $n1$=1348/8=168   //求商

② $r2$=$n1$%8=168%8=0   //前面的结果再除以 8 求余数，推入栈中

    $n2$=$n1$/8=168/8=21   //求商

③ $r3$=$n2$%8=21%8=5   //前面的结果再除以 8 求余数，推入栈中

    $n3$=$n2$/8=21/8=2   //求商

④ $r4$=$n3$%8=2%8=2   //前面的结果再除以 8 求余数，推入栈中

    $n4$=$n3$/8=2/8=0   //求商

（2）依次退栈，得 R=2504。

例 3-6：设计十进制转换为八进制算法。这个案例充分体现了栈的特性，即后推入栈中的数先退栈，这个数对应的是所得八进制数的高位。

```c
char* base_convert(int x, int base) {
    SqStack S; int e;InitStack(S);
    while(x!=0) {                   //为了使算法过程清晰，此处 x 为正数
        Push(S, x % base);          //求余数推入栈中
        x/=base;                    //求商
    }
    char* res=(char*)malloc((S.top+1) * sizeof(char));   //以字符串形式返回
    int i=0;
    while(Pop(S, e)==OK)
        res[i++]=(char)e+48;
    res[i]='\0';
    return res;
}
```

2. 括号匹配

括号匹配算法用于判断表达式中的括号是否匹配。括号的一般形式如下所示。

① {…(…()…)…}

② […{…()…()…}…]

不管是小括号、中括号还是大括号，左、右括号均要求匹配出现，并要求遵循"先出现的左括号，后被其同类右括号匹配"的原则。

有多种形式括号不匹配的表达式，例如：

① (…{…{…}…}   //缺右小括号

② {…)…}…(//右小括号先出现，前面没有与它配对的左小括号

③ (…{…(…)…}…}   //配对次序错，应该是第二个左大括号先配对

括号匹配的表达式中，左、右括号都是成对出现的，并且左括号先出现，其对应匹配的右括号后出现。这种特性使得堆栈的数据结构可以用在判断表达式中括号是否完全匹配。

该括号匹配算法的思想如下。

（1）每碰到一个左括号，让左括号进栈。

（2）每碰到一个右括号，让当前栈顶元素出栈，检查其是否为跟右括号匹配的左括号。如果

是，则继续，否则，返回 false，表示括号不匹配。

例 3-7：括号匹配算法。

```
int bracket_match(char brackets[]) {
    SqStack S;
    ElemType e;
    InitStack(S);
    for(int i=0; i<strlen(brackets); i++) {
        char c=brackets[i], x;
        switch(c) {    //每碰到一个右括号，让当前栈顶元素出栈并进行匹配
            case ')':
                if(Pop(S, x)==OK && x=='(') break;
                else return false;
            case ']':
                if(Pop(S, x)==OK && x=='[') break;
                else return false;
            case '}':
                if(Pop(S, x)==OK && x=='{') break;
                else return false;
            default:
                Push(S, c); //每碰到一个左括号，让左括号进栈
        }
    }
    return StackEmpty(S);        //表达式遍历完成后，判断栈是否为空
}
```

3. 表达式求值

运用栈来对表达式求值，四则混合运算的规则如下。

（1）先乘除，后加减。

（2）先括号内，后括号外。

（3）同类运算，从左至右。

表达式求值

在这里，约定在运算过程中，当两个运算符相邻出现时，$\theta1$ 表示左运算符，$\theta2$ 表示右运算符。另外，新增一个运算符 "#" 作为一个表达式的开始符和结束符，即将待求值的表达式表示为：#待求值的表达式#。

根据求值规则来设定运算符优先级关系，并用一个表来表示，如表 3.1 所示。表 3.1 的构造方法源于编译技术中对运算符优先级的分析，在这里不做深入介绍。运算符的优先级关系表在运算过程中非常重要，它是判定进栈、出栈的重要依据。

表 3.1　运算符的优先级关系表

$\theta1$ \ $\theta2$	+	-	*	/	(	)	#
+	>	>	<	<	<	>	>
-	>	>	<	<	<	>	>
*	>	>	>	>	<	>	>
/	>	>	>	>	<	>	>
(	<	<	<	<	<	=	
)	>	>	>	>		>	>
#	<	<	<	<	<		=

运算符的优先级关系表中，纵向 $\theta 1$ 这列对应着相邻两运算符中的左运算符；横向 $\theta 2$ 这行对应着相邻两运算符中的右运算符；在表体中对应的表项表示两运算符一前一后时，它们之间的优先级关系；表体中空白的表项表示两运算符不能相邻出现，否则报错。例如，表 3.1 中的第一行纵向 $\theta 1$ 对应的是左运算符 "+"，它的优先级比右运算符 "+" "-" ")" 和 "#" 高，比右运算符 "*" "/" 和 "(" 低。在讲解实例过程中会通过查找运算符的优先级来进行不同的操作。

下面以分析表达式 4+2*3-12/(7-5) 为例来说明求解过程，从而总结出表达式求值的算法。

求解中设置两个栈：操作数栈和运算符栈。从左至右扫描表达式：# 4+2*3-12/(7-5) #，最左边是开始符，最右边是结束符。表达式求值的过程如表 3.2 所示。

表 3.2 表达式求值的过程

步骤号	操作数栈	运算符栈	输入串	下步操作说明
0		#	4+2*3-12/(7-5)#	操作数进栈
1	4	#	+2*3-12/(7-5)#	p(#)<p(+)，进栈
2	4	#+	2*3-12/(7-5)#	操作数进栈
3	42	#+	*3-12/(7-5)#	p(+)<p(*)，进栈
4	42	#+*	3-12/(7-5)#	操作数进栈
5	423	#+*	-12/(7-5)#	p(*)>p(-)，退栈 op=*
6	423	#+	-12/(7-5)#	操作数退栈，b=3
7	42	#+	-12/(7-5)#	操作数退栈，a=2
8	4	#+	-12/(7-5)#	a*b 得 c=6，进栈
9	46	#+	-12/(7-5)#	p(+)>p(-)，退栈 op=+
10	46	#	-12/(7-5)#	操作数退栈，b=6
11	4	#	-12/(7-5)#	操作数退栈，a=4
12		#	-12/(7-5)#	a+b 得 c=10，进栈
13	10	#	-12/(7-5)#	p(#)<p(-)，进栈
14	10	#-	12/(7-5)#	操作数进栈
15	10 12	#-	/(7-5)#	p(-)<p(/)，进栈
16	10 12	#-/	(7-5)#	p(/)<p(()，进栈
17	10 12	#-/(	7-5)#	操作数进栈
18	10 12 7	#-/(	-5)#	p(()<p(-)，进栈
19	10 12 7	#-/(-	5)#	操作数进栈
20	10 12 7 5	#-/(-	)#	p(-)>p())，退栈 op=-
21	10 12 7 5	#-/(	)#	操作数退栈，b=5
22	10 12 7	#-/(	)#	操作数退栈，a=7
23	10 12	#-/(	)#	a-b 得 c=2，进栈
24	10 12 2	#-/(	)#	p(()=p())，去括号
25	10 12 2	#-/	#	p(/)>p(#，退栈 op=/
26	10 12 2	#-	#	操作数退栈，b=2
27	10 12	#-	#	操作数退栈，a=12
28	10	#-	#	a/b 得 c=6，进栈
29	10 6	#-	#	p(-)>p(#)，退栈 op=-
30	10 6	#	#	操作数退栈，b=6
31	10	#	#	操作数退栈，a=10
32		#	#	a-b 得 c=4，进栈
33	4	#	#	p(#)=p(#)，算法结束

通过观察表 3.2 中对一个表达式的求解过程，我们可以发现：扫描到的操作数总是会被推入操作数栈；扫描到的运算符 $\theta2$，一般会与运算符栈的栈顶元素 $\theta1$ 进行优先级比较，再依据优先级的大小进行不同的操作，直到表达式只剩结束符、运算符栈只剩开始符。操作数栈的元素即是最后表达式的求值。算法的主要思想如下。

设 $s1$——操作数栈，存放暂不参与运算的数和中间结果；

$s2$——运算符栈，存放暂不参与运算的运算符。

（1）置 $s1$、$s2$ 为空栈；开始符#进 $s2$。

（2）从表达式读取 w，w 可为操作数或运算符。

（3）当 $w!='\#' \| s2$ 的栈顶运算符 $!= '\#'$ 时，重复以下操作。

① 若 w 为操作数，则 w 进 $s1$，读取下一 w。

② 若 w 为运算符 $\theta2$，则：

- prior($s2$ 的栈顶运算符 $\theta1$) < prior($w(\theta2)$)时，w 进 $s2$；读取下一 w；

- prior($s2$ 的栈顶运算符 $\theta1$)=prior($w(\theta2)$)，且 $w=')$ '时，去括号，Pop($s2$)；读取下一 w；

- prior($s2$ 的栈顶运算符($\theta1$))>prior($w(\theta2)$)时，Pop($s1$,a);Pop($s1$,b);Pop($s2$,op); c=b op a;Push($s1$,c); /*op 为 $\theta1$*/

- $\theta1$ 和 $\theta2$ 没定义优先级关系，表达式有语法错误，会报错。

（4）$s1$ 的栈顶元素为表达式的值。

例 3-8：设计表达式求值算法。

```
int eval(char *s) {
    SqStack_Int s1;    //操作数栈
    SqStack_Char s2;    //运算符栈
    InitStack(s1);InitStack(s2);
    int i=-1, result;
    Push(s2, s[++i]);
    char w=s[++i], e;
    while(w != '#' || (GetTop(s2, e)==OK && e != '#')) {
        if('0'<=w && w<='9') {    //操作数可能为多位数
            int num=0;
            while('0'<=w && w<='9') {
                num=num*10+(w-'0'); w=s[++i];
            }
            Push(s1, num);
        } else {
            GetTop(s2, e);int res=prior(e, w);
            if(res==-1) {    //s2 栈顶元素优先级小于 w，则 w 入栈
                Push(s2, w);w=s[++i];
            } else if(res==0 && w==')') { //s2 栈顶元素优先级等于 w，去括号
                Pop(s2, e);w=s[++i];
            } else if(res==1) {    //s2 栈顶元素优先级等于 w，则进行运算
                int a=0,b=0;
                Pop(s2, e);Pop(s1, b);Pop(s1, a);
                switch(e) {
                    case'+': Push(s1, a+b); break;
                    case '-': Push(s1, a-b); break;
                    case '*': Push(s1, a*b); break;
```

```
                        case '/': Push(s1, a/b); break;
                }
        } else {    //s2栈顶元素和w没定义优先级关系，表达式有语法错误
                printf("表达式有语法错误。\n");exit(-1);
        }
    }
}
GetTop(s1, result);return result;
}
/*  返回运算符a和b之间的优先级，定义如下。
    -1 : a<b
     0 : a=b
     1 : a>b
    -2 : 未定义优先级    */
int prior(char a, char b) {
    if(a=='+'||a=='-') {
        if(b=='*'||b=='/'||b=='(' return-1;
        else return 1;
    } else if(a=='*'||a=='/') {
        if(b=='(')return-1;
        else return 1;
    } else if(a=='(') {
        if(b==')')return 0;
        else if(b=='#')return-2;
        else return-1;
    } else if(a==')') {
        if(b=='(')return-2;
        else return 1;
    } else if(a=='#') {
        if(b=='#') return 0;
        else if(b==')')return-2;
        else return-1;
    }
    return-2;
}
```

讨论题

如何运用栈进行递归算法到非递归算法的转换?

3.2 队列

3.2.1 队列的基本概念

队列的存储结构

队列也是插入和删除操作位置受限的线性表，只允许在表的一端删除元素，在另一端插入元素。

与队列有关的概念包括以下几个。

空队列：不含元素的队列。

队首：队列中只允许删除元素的一端。其一般称为 head、front。

队尾：队列中只允许插入元素的一端。其一般称为 rear、tail。

队首元素：处于队首的元素。

队尾元素：处于队尾的元素。

进队：插入一个元素到队列中。其也称为入队。

出队：从队列中删除一个元素。

与栈的元素进出原则不同，队列的元素进出原则是"先进先出"（First In First Out）。队列的别名是"先进先出"表、FIFO 表、queue 等。

队列的进队是将新元素插入队尾，出队是将队首元素删除。最常见的一个实际例子是排队买票。买票队伍就相当于一个队列，新来的人只能排在后面，买完票的人就从队伍前面离开，如图 3.15 所示。

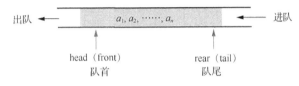

图 3.15　队列示意图

3.2.2　队列的抽象数据类型

队列的抽象数据类型如下。

```
ADT Queue
{    数据对象: D={aᵢ|aᵢ∈ElemSet, i=1,2,…,n, n>=0}
     数据关系: R1={<aᵢ₋₁,aᵢ>| aᵢ₋₁,aᵢ∈D, i=2,…,n}, 其中 a₁ 端为队首, aₙ 端为队尾
     基本操作:
     InitQueue(&Q)             //初始化队列 Q
     DestroyQueue(&Q)          //销毁队列 Q
     ClearQueue(&Q)            //清空队列 Q
     QueueLength(Q)            //求队列 Q 的长度
     EnQueue(&Q, e)            //将 e 插入队列 Q 的尾端
     DeQueue(&Q, &e)           //取走队列 Q 的队首元素，放入 e
     GetHead(Q, &e)            //读取队列 Q 的队首元素，放入 e
     QueueEmpty(Q)             //判断队列 Q 是否为空队列

}
End ADT
```

3.2.3　顺序队列的基本运算及实现

顺序队列是指用一片连续的地址空间来存储元素的队列。同样地，为了方便进队和出队操作，我们需要设置两个标识，分别代表队首和队尾。例如，一维数组 $Q[5]$ 表示顺序队列，设置两个标识 f 和 r，约定 f 指向队首元素，r 指向队尾元素后的一个空单元。这样 r 减去 f 就正好表示队列中元素的个数；当 f=r 时，表示队列为空。进队操作，先将新元素保存在 r 所标识的单元中，然后向后移动 r；出队操作，先取出 f 指向的队首元素，然后向后移动 f，如图 3.16 所示。

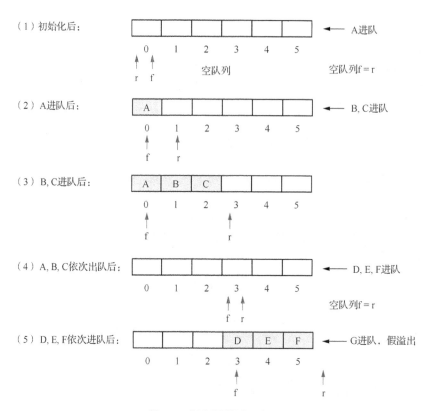

图 3.16　顺序队列操作示意图

（1）初始化后，空队列中 f 和 r 均指向 0 单元，此时 f=r，表示空队列。

（2）A 进队后，f 指向 0 单元，r 往后移动一位，即指向 1 单元。

（3）B,C 进队后，f 依旧指向 0 单元，r 依次往后移动，即指向 3 单元。

（4）A,B,C 依次出队后，f 往后移动，与 r 一起指向 3 单元，此时回归到空队列，f=r。

（5）D,E,F 依次进队后，r 往后移动，r 就会指向 5 单元后面的单元。如果此时有元素 G 进队，就会判断队列已满而出现"溢出"的情况。但这种"溢出"是假溢出，因为其实队列里面还有空单元 $Q[0]$、$Q[1]$ 和 $Q[2]$ 可以用来存放元素。

解决假溢出的问题有以下两种解决方案。

第一种解决方案是移动元素。在上面的例子中，如果 G 想进队，就先将 D,E,F 整体往队列前端空单元处移动，f 也移动到指向队首单元；G 进队后，r 往后移动指向 4 单元。

这种方法比较费时，移动元素的开销较大，需要考虑其他更有效的方案避免元素移动，提高进队与出队的效率。

第二种解决方案是将队列 Q 当循环表使用，从而使得队列成为一个循环队列。接着上面的例子，D,E,F 进队后，r 循环地指向第 0 单元；G 进队后存储在 0 单元，r 往后移动，并指向 1 单元，如图 3.17 所示。

循环队列可以被看成是一个首尾相连的环。接着上面的例子，目前队列中有 D、E、F 3 个元素，f 指向 3 单元，r 指向 1 单元。如果此时 H,I 进队，r 往后移动，并指向 3 单元，而 f 也指向 3 单元，那么 f=r，如图 3.18 所示。

前文中，f=r 是空队列的条件，但这里 f=r 表示满队列，这样就会出现二义性，违反算法的基本特性。

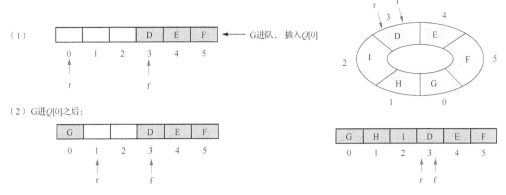

图 3.17　循环队列操作示意图 1　　　　　　　　　图 3.18　循环队列操作示意图 2

解决循环队列的二义性问题有两个方案：方案一是增加一个标识变量，例如用一个变量表示队列中元素的个数来区分是满队列还是空队列；方案二是留出一个单元位置不使用，作为元素进队前测试之用，即若(r+1)% *maxlength* ==f，表明还剩最后一个单元可用，此时可以认为队列已满（*maxlength* 是队列最大元素个数）。若队列为 Q[*maxlength*-1]，即系统会为循环队列 Q 分配 *maxlength* 个元素的空间，但只能存储 *maxlength*-1 个元素。方案二比较直观，循环队列的入队算法基本采取这种方式。

分析采用方案二时，循环队列的满队列和空队列条件，如图 3.19 所示。

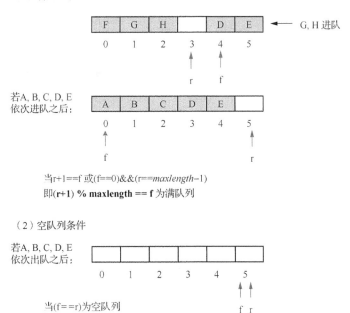

图 3.19　循环队列操作示意图 3

假定 f 指向队首元素位置，r 指向队尾元素的下一个位置。若 A,B,C,D,E 依次进队后，f 指向 0 单元，r 指向 5 单元，由于要留一个空单元，那么满队列条件是(r+1)% *maxlength* ==f，*maxlength* 是分配的单元个数。

空队列条件依然是 f==r。上述例子中 A,B,C,D,E 依次出队后，f==r，此时队列为空队列。

下面在分析循环队列特性的基础上，说明顺序循环队列的入队算法和出队算法。首先，对队列的结构类型 SeQueue 进行如下定义。

```
#define MAXLENGTH 100
typedef struct {
    ElemType elem[MAXLENGTH];
    int front, rear;
} SeQueue;
SeQueue Q;   //定义结构变量 Q 表示队列
```

其中定义 MAXLENGTH 为 100，即分配给队列的存储空间为可保存 100 个元素的存储单元；这里采取静态分配的顺序存储方式，用一维数组来定义数据类型；两个标识 front 和 rear 分别指向队首结点和队尾结点后的一个空单元；队列 Q 被定义为 SeQueue 类型。

例 3-9：设计循环队列进队算法 En_Queue。假设用 Q 表示顺序队列，头指针 front 指向队头元素，rear 指向尾元素的后一个空位，e 为进队元素。首先要判断队列是否为满队列，如果队列已满，则退出；如果队列不是满队列，则插入新元素；rear 往后移动一个位置；由于是循环队列，还需对分配的存储空间大小取余。

```
Status En_Queue(SeQueue &Q, Elemtype e) {
    if((Q.rear+1) % MAXLENGTH==Q.front)     //若 Q 已满，退出
        return ERROR;
    Q.elem[Q.rear]=e;                       //装入新元素 e
    Q.rear++;                               //尾指针后移一个位置
    Q.rear=Q.rear % MAXLENGTH;              //为循环队列
    return OK;
}
```

例 3-10：设计循环队列出队算法 De_Queue。用 Q 表示顺序队列，头指针 front 指向队头元素，rear 指向尾元素的后一个空位。

首先判断队列是否为空队列，如果队列为空，则退出，否则，取出队头元素，并放在 e 中。front 往后移动一个位置，并且由于是循环队列，因此 front 往后移动时还需对存储空间大小取余。

```
Status De_Queue(SeQueue &Q, Elemtype &e) {
    if(Q.front==Q.rear)                     //Q 为空队列，退出
        return ERROR;
    e=Q.elem[Q.front];                      //取出队头元素，放在 e 中
    Q.front=(Q.front+1) % MAXLENGTH;        //循环后移到一个位置
    return OK;
}
```

讨论题

循环队列的空间可以采用动态分配的方式吗？

3.2.4　链式队列的基本运算及实现

链式队列是用链式结构存储的队列。一般用带表头结点的单链表来表示队列，但队列的头指针与单链表的头指针有所不同。队列的插入和删除在两端，为提高插入、删除的效率，头指针中设置了 Q.front 和 Q.rear 两个指针。Q.front 是队首指针，指向表头结点；Q.rear 是队尾指针，指向

队尾结点。注意 Q.front->data 没有定义，其中不放元素。

空队列：Q.front 和 Q.rear 均指向表头结点，表头结点的指针域为空，如图 3.20 所示。

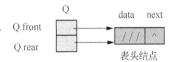

图 3.20　空队列示意图

非空队列：Q.front->next 指向队首结点 a_1，Q.rear 指向队尾结点，如图 3.21 所示。

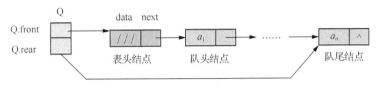

图 3.21　非空队列示意图

存放元素的结点类型定义（此定义与单链表结点类型定义一致，其包括数据域和指针域）如下。

```
typedef struct Qnode {
    ElemType data;          //数据域 data 为抽象元素类型
    struct Qnode *next;     //指针域 next 为指针类型
} Qnode, *QueuePtr;         //Qnode 为结点类型；QueuePtr 为指向 Qnode 的指针类型
```

由头、尾指针组成的结点类型定义如下。

```
typedef struct {
    Qnode *front;       //头指针
    Qnode *rear;        //尾指针
} LinkQueue;            //链式队列类型
```

例 3-11：设计生成空队列算法，即初始化队列算法 InitQueue。

```
#define LENGTH sizeof(Qnode)             //结点所占的单元数
void InitQueue(LinkQueue &Q) {           //此算法生成仅带表头结点的空队列 Q
    Q.front=Q.rear=(QueuePtr)malloc(LENGTH);  //生成表头结点
    Q.front->next=NULL;                  //表头结点的 next 为空指针
}
```

初始化队列后，可进行插入和删除等基本操作。首先讲解插入操作，如果在空队列中插入一个新元素 x，此结点既为队列的首结点又为尾结点，此时 Q.rear 指针就不能再指向表头结点，而应该指向新插入的结点，如图 3.22（a）所示。经过此操作，队列就是非空队列。如果再插入一个新元素 y，新插入结点应该插入队尾结点之后，Q.rear 指针指向新的队尾结点，如图 3.22（b）所示。

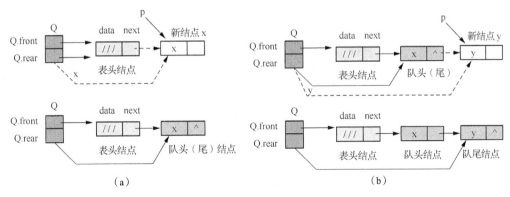

（a）　　　　　　　　　　　　　　　　　（b）

图 3.22　队列插入操作示意图

例 3-12：设计队列插入算法。根据以上的分析过程，编写出插入元素 e 的算法 EnQueue 如下。

```
Status EnQueue(LinkQueue &Q, ElemType e) {
    Qnode *p;                        //说明变量 p
    p=(Qnode *)malloc(LENGTH);       //生成新元素结点
    if(!p)return ERROR;
    p->data=e;                       //装入元素 e
    p->next=NULL;                    //设置为队尾结点
    Q.rear->next=p;                  //插入新结点
    Q.rear=p;                        //修改尾指针
    return OK;
}
```

主函数可以调用 InitQueue 函数进行初始化，然后调用 EnQueue 函数进行元素的插入。例如定义一个队列 que，初始化后可插入一个新元素 10。

```
int main() {
    LinkQueue que;           /*定义一个队列*/
    InitQueue(que);
    EnQueue(que, 10);
    return 0;
}
```

下面分析删除操作，注意队列删除元素是删除队首元素。如果队列有两个或者两个以上的结点，只需要变化表头结点的指针即可完成删除操作。表头结点的指针指向队首结点，定义一个指针 p 指向此结点 "p=Q.front->next;"，然后为删除队首结点变化表头结点的指针，表头结点的指针指向首结点的后继结点 "Q.front->next=p->next;"，最后释放点原首结点所占据的空间，即 "free(p);"。

如果队列只有一个结点，除了变化表头结点的指针，还需考虑队尾指针（因为队列只有一个结点，删除该结点后的队列就是空队列）。具体操作方法为：首先删除首结点 "Q.front->next=p->next;"，然后释放首结点的空间 "free(p);"，再将尾指针指向表头结点，表明队列是一个空队列 "Q.rear=Q.front;"。

例 3-13：设计队列删除算法。根据上述分析，编写出删除队列元素 e 的算法 DeQueue 如下。

```
Status DeQueue(LinkQueue &Q, ElemType &e) {
    if(Q.front==Q.rear)    //若原队列为空
        return ERROR;
    Qnode *p;                //声明变量 p
    p=Q.front->next;         //p 指向队头结点
    e=p->data;               //取出元素，e 指向它
    Q.front->next=p->next;   //删除队头结点
    if(Q.rear==p)            //若原队列只有 1 个结点
        Q.rear=Q.front;      //修改尾指针
    free(p);                 //释放被删除结点的空间
    return OK;               //返回出队后的 Q
}
```

讨论题

链式队列的尾指针在删除操作中需要变化吗?

3.3 应用实例

3.3.1 栈的应用实例

编码是信息传输中一种常见的操作。现有一种简易的编码规则为"*k*[*encoded_string*]",它表示其中方括号内部的 *encoded_string* 正好重复 *k* 次。*encoded_string* 中的基本字符为小写英文字母;数字 *k*(*k* 必须为正整数)表示对应字符重复出现的次数。利用该编码规则,可以求返回解码后的字符串。例如,字符串 2[ab]3[c]def,表示 ab 出现 2 次、c 出现 3 次、def 出现 1 次,解码后返回的字符串为 ababcccdef。

另外,这种编码允许嵌套的表达形式,解码的过程需要由里向外、从左到右进行解码。例如,字符串 3[a2[bc]]2[d],先对里层的 2[bc] 进行解码得到 3[abcbc]2[d],再对 3[abcbc]解码得到 abcbcabcbcabcbc2[d],最后解码得到的字符串为 abcbcabcbcabcbcdd。

通过分析上述解码过程可知,我们可以借助栈来实现嵌套编码的解码。其算法思想如下。

(1)初始化两个栈,分别为记录重复次数的数字栈 *s*1 和记录字符串的字符串栈 *s*2。

(2)扫描待解码的字符串。

① 若当前字符为数字,解析出完整的数字并入栈 *s*1。

② 若当前字符为字母或左中括号,入栈 *s*2。

③ 若当前字符为右中括号,*s*2 开始出栈,直到左中括号出栈,并将出栈序列反转后拼接成一个字符串,然后 *s*1 出栈,它即为此字符串重复的次数;根据这个次数和字符串构造出新的字符串并入栈 *s*2。

(3)扫描完待解码的字符串后,*s*2 栈底到栈顶的元素拼接起来即为解码后的字符串。

例3-14:设计前述编码规则的解码算法。

```
string decode(string str) {
    SqStack_Int s1;        //数字栈 s1
    SqStack_String s2;     //字符串栈 s2
    InitStack(s1);InitStack(s2);
    for(int i=0;i<str.length();i++) {
        char c=str[i];
        int num=0;
        if('0'<=c && c<='9') {
            while('0'<=c && c<='9') {         //重复次数可能为多位数
                num=num*10+(c-'0');
                c=str[++i];
            }
            Push(s1, num);
            i--;
        } else if(('a'<=c && c<='z') || c=='[') {
                                    //当前字符为字母或左中括号,入栈 s2
            Push(s2, string(1, c));
        } else if(c==']') {            //当前字符为右中括号
            Pop(s1, num);              //s1 记录的重复次数出栈
            string top="", tmp="", repeat="";
            while(Pop(s2, top) && top !="[") {
                tmp=top+tmp;           //s2 出栈至左中括号出栈,并反转出栈序列
            }
```

```
            while(num--)repeat+=tmp;    //由重复次数和出栈构造新字符串
            Push(s2, repeat);
        }
    }
    string res="", tmp="";
    while(Pop(s2, tmp))res=tmp+res;        //s2栈底到栈顶的元素拼接即为结果
    return res;
}
```

3.3.2 队列的应用实例

本小节以银行排队叫号服务为例来对队列进行介绍。在银行办理业务时，客户依次取号进入客户队列排队，然后根据银行广播提示，到指定的空闲窗口办理业务。

Customer（客户）的结构体定义如下。其中 *index* 为客户序号；*window* 为客户办理业务窗口号；*time* 为客户业务的模拟时长。

```
typedef struct Customer {
    int index;
    int window;
    int time;
} Customer;
```

银行排队叫号服务中有一个由客户依次取号生成的客户队列，客户的进队、出队事件可分别由 EnQueue()和 DeQueue()操作模拟。

银行排队叫号服务的算法思想如下。

（1）初始化客户队列，根据算法传入的窗口数定义相应客户窗口并预分配内存，将全部窗口置为空闲状态。

（2）以单位时间为间隔进行如下循环，直至服务时间结束、时间结束时客户队列为空且所有窗口处于空闲状态。

① 服务时间结束前，客户在每一单位时间按一定的概率抵达，给客户分配号码并设置客户业务的模拟时长，之后，客户进入客户队列，执行 EnQueue()。

② 依次访问各个窗口状态。

a. 若当前窗口忙碌，则将当前窗口客户的业务时长减少一个单位时间；若时长减为 0，则意味着该客户已完成了相应的业务，故应离开窗口并将窗口状态置为空闲。

b. 若当前窗口空闲且客户队列非空，则队首客户从客户队列出队到当前窗口办理业务，执行 DeQueue()。

表 3.3 所示为银行排队叫号服务算法的求解过程。该表中，以<*index, time*>的形式表示客户序号和客户业务的模拟时长，并且每经过一个时刻，窗口客户的业务时长减少一个单位。这里设银行窗口数为 3、总服务时间为 10，从时刻 10 开始停止客户取号并处理完队列和窗口剩余的客户。

表 3.3 银行排队叫号服务算法的求解过程

时刻	入队	窗口号			说明
		1	2	3	
0	<1, 3>	<1, 3>			1 号客户到 1 号窗口办理业务
1	<2, 1>	<1, 2>	<2, 1>		2 号客户到 2 号窗口办理业务
2	<3, 5>	<1, 1>	<3, 5>		2 号客户离开 2 号窗口并由 3 号客户接替

时刻	入队	窗口号			说明
		1	2	3	
3	<4, 4>	<4, 4>	<3, 4>		1 号客户离开 1 号窗口并由 4 号客户接替
4	<5, 5>	<4, 3>	<3, 3>	<5, 5>	5 号客户到 3 号窗口办理业务
5	<6, 1>	<4, 2>	<3, 2>	<5, 4>	6 号客户入队，等待被叫号
6	<7, 3>	<4, 1>	<3, 1>	<5, 3>	7 号客户入队，等待被叫号
7	<8, 2>	<6, 1>	<7, 3>	<5, 2>	8 号客户入队，等待被叫号； 4 号客户离开 1 号窗口并由 6 号客户接替； 3 号客户离开 2 号窗口并由 7 号客户接替
8	<9, 3>	<8, 2>	<7, 2>	<5, 1>	9 号客户入队，等待被叫号； 6 号客户离开 1 号窗口并由 8 号客户接替
9	<10, 2>	<8, 1>	<7, 1>	<9, 3>	10 号客户入队，等待被叫号； 5 号客户离开 3 号窗口并由 9 号客户接替
10		<10, 2>		<9, 2>	8 号客户离开 1 号窗口并由 10 号客户接替； 7 号客户离开 2 号窗口
11		<10, 1>		<9, 1>	
12					10 号客户离开 1 号窗口； 9 号客户离开 3 号窗口

例 3-15：设计银行排队叫号服务模拟算法。

```
void bank_service(int n, int serviceTime) {
    LinkQueue wait_queue; InitQueue(wait_queue);    //客户队列
    Customer *windows[n];        //为客户窗口预分配内存
    for(int i=0;i<n;i++) windows[i]=(Customer *)malloc(sizeof(Customer));
    int windowStatus[n];        //窗口状态：为 0 表示空闲，为 1 表示忙碌
    for(int i=0; i<n; i++) windowStatus[i]=0;
    int idx=0;
    for(int t=0; t<serviceTime || !QueueEmpty(wait_queue) ||
            !AllWindowsEmpty(windowStatus, n); t++) {
        printf("当前时刻为%d\n", t);
        if(t<serviceTime) {        //服务时间结束前，客户可以取号
            if(rand()%(1+n)) {  //客户以 n/(n+1)的概率到达
                Customer c; c.index=++idx; c.time=1+rand()%5;
                EnQueue(wait_queue, c);
                printf("%d 号客户入队，其业务模拟时长为：%d\n",
                    c.index, c.time);
            }
        }
        for(int i=0; i<n; i++) {                 //依次访问各个窗口状态
            if(windowStatus[i]==1) {            //当前窗口忙碌
                if(--windows[i]->time<=0) {    //当前窗口客户的时长减 1
                    printf("%d 号客户离开窗口%d。\n", windows[i]->index,
                            windows[i]->window);
                    windowStatus[i]=0;        //客户离开，置窗口为空闲
                }
            }
```

```
                    //当前窗口空闲且客户队列非空，客户出队到当前窗口办理业务
                    if(windowStatus[i]==0 && !QueueEmpty(wait_queue)) {
                            DeQueue(wait_queue, *windows[i]);
                            windows[i]->window=i+1; windowStatus[i]=1;
                            printf("请%d号客户到%d号窗口办理业务。\n",
                                    windows[i]->index, windows[i]->window);
                    }
            }   printf("\n");
        }
        for(int i=0; i<n; i++) free(windows[i]);    //释放为窗口分配的内存
}
```

例 3-15 中，判断所有窗口处于空闲状态的 AllWindowsEmpty 函数实现如下。

```
int AllWindowsEmpty(int windowStatus[], int n) {
        for(int i=0; i<n; i++) {
                if(!(windowStatus[i]==0)) return FALSE;    //存在非空闲的窗口
        }
        return TRUE;
}
```

3.4 本章小结

本章讲解了两种特殊的线性表结构——栈和队列。读者要重点理解栈的"先进后出"原则和队列的"先进先出"原则，并体会两种特殊线性表结构的应用场景；此外，读者要重点掌握栈与队列的定义和特性、顺序栈与顺序队列的基本运算及实现、链式栈与链式队列的基本运算及实现、栈与队列的实际应用。

栈和队列都是线性结构，插入操作都是限定在表尾进行，都可以通过顺序结构和链式结构实现，插入与删除的时间复杂度都是 $O(1)$，在空间复杂度上两者也一样。但是，队列先进先出，栈先进后出；删除数据元素的位置不同，栈的删除操作在表尾进行，队列的删除操作在表头进行；遍历数据速度不同，栈只能从头部取数据，也就是说，最先入栈的数据等需要遍历整个栈才能取出来，且在遍历数据时还得为数据开辟临时空间，保持数据在遍历前的一致性，而队列基于地址指针进行遍历，且可以从头部或尾部开始遍历，但不能同时遍历，无须开辟临时空间，因为在遍历的过程中不影响数据结构，速度要快得多；应用场景不同，常见栈的应用场景包括括号问题的求解、表达式的求值、函数调用和递归实现、深度优先遍历等，常见队列的应用场景包括计算机系统中各种资源的管理、消息缓冲器的管理和广度优先遍历等；顺序栈能够实现多栈空间共享，而顺序队列不能。

计算机领域名人堂

约翰·霍普克罗夫特（John Edward Hopcroft），男，美国国籍，计算机科学家，他于 1939 年 10 月出生在美国华盛顿州西雅图，1964 年获美国斯坦福大学博士学位，曾获 ACM 图灵奖（1986）、IEEE 冯·诺依曼奖（2010）、美国工程院西蒙雷曼奖创始人奖（2017），现为美国康奈尔大学教授，并为美国国家科学院（2009）、国家工程院（1989）、国家艺术与科学院（1987）院士，曾为美国总统国家科学委员会成员（1992—1998），现还为北京大学讲席教授、图灵班

指导委员会主任，上海交通大学校长特别顾问、访问讲席教授，华中科技大学名誉教授，组建 John Hopcroft 实验室。2017 年 11 月，当选中国科学院外籍院士。同年 12 月，受聘为北京大学信息技术高等研究院名誉院长。霍普克罗夫特的研究领域是算法及数据结构设计和分析，他在算法设计方面的著作 *The Design and Analysis of Computer Algorithms* 和 *Formal Languages and Their Relation to Automata* 成为计算机科学的经典教材，深深地影响了计算机科技工作者对算法的理解和应用。

本章习题

一、选择题

1. 经过以下运算后，x 的值是 _____。

   InitStack (s); Push(s, a); Push(s, b); Pop(s, x); GetTop(s,x);
   A．a   B．b   C．1   D．0

2. 经过以下栈运算后，StackEmpty(s)的值是 _____。

   InitStack (s); Push(s, a); Push(s, b); Pop(s, x); Pop(s,y);
   A．a   B．b   C．1   D．0

3. 设一个栈的输入序列为 A、B、C、D，则借助一个栈所得的输出序列不可能是_____。
   A．ABCD   B．DCBA   C．ACDB   D．DABC

4. 一个栈的进栈序列是 abcde，则栈的不可能输出序列是 _____。
   A．edcba   B．decba   C．dceab   D．abcde

5. 已知一个栈的进栈序列是 $1,2,3,\cdots,n$，其输出序列是 $p_1,p_2,\cdots,p_n$，若 $p_1=n$，则 p_i 的值是_____。
   A．i B．$n-i$ C．$n-i+1$ D．不确定

6. 设 n 个元素的进栈序列是 $p_1,p_2,\cdots,p_n$，其输出序列是 $1,2,3,\cdots,n$，若 $p_n=1$，则 p_i（$1\leqslant i\leqslant n-1$）的值是_____。
   A．$n-i+1$ B．$n-i$ C．i D．不确定

7. 【2010 统考真题】若元素 a、b、c、d、e、f 依次进栈，允许进栈、退栈的操作交替进行，但不允许连续 3 次退栈工作，则不可能得到的出栈序列是 _____。
   A．dcebfa   B．cbdaef   C．bcaefd   D．afedcb

8. 【2017 统考真题】下列关于栈的叙述中，错误的是_____。
   Ⅰ．采用非递归方式重写递归程序时必须使用栈
   Ⅱ．函数调用时，系统要用栈保存必要的信息
   Ⅲ．只要确定了入栈次序，即可确定出栈次序
   Ⅳ．栈是一种受限的线性表，允许在其两端进行操作
   A．仅Ⅰ   B．仅Ⅰ、Ⅱ、Ⅲ
   C．仅Ⅰ、Ⅲ、Ⅳ   D．仅Ⅱ、Ⅲ、Ⅳ

9. 设 n 个元素的进栈序列是 $p_1,p_2,\cdots,p_n$，其输出序列是 $1,2,3,\cdots,n$，若 $p_3=3$，则 p_1 的值是_____。
   A．可能是 2   B．一定是 2   C．不可能是 1   D．以上都不对

10. 设有 5 个元素的进栈序列是 a,b,c,d,e，其输出序列是 c,e,d,b,a，则该栈的容量至少是 _____。

    A. 1   B. 2   C. 3   D. 4

11.【2018 统考真题】若栈 $S1$ 中保存整数，栈 $S2$ 中保存运算符，函数 $F()$ 依次执行下述各步操作。

（1）从 $S1$ 中依次弹出两个操作数 a 和 b。

（2）从 $S2$ 中弹出一个运算符 op。

（3）执行相应的运算 b op a。

（4）将运算结果压入 $S1$ 中。

假定 $S1$ 中的操作数依次是 5,8,3,2（2 在栈顶），$S2$ 的运算符依次是 *、−、+（+在栈顶）。调用 3 次 $F()$ 后，$S1$ 栈顶保存的值是_____。

    A. −15   B. 15   C. −20   D. 20

12. 判定一个顺序栈 st（元素个数最多为 $MaxSize$）为空的条件为 _____。

    A. st.top= =−1   B. st.top!=−1

    C. st.top!=MaxSize   D. st.top =MaxSize

13. 判定一个顺序栈 st（元素个数最多为 $MaxSize$）为栈满的条件为_____。

    A. st.top! ==−1   B. st.top=−1

    C. st.top!=MaxSize−1   D. st.top =MaxSize−1

14. 表达式 a*(b+c)−d 的后缀表达式是 _____。

    A. a b c d * + −   B. a b c + * d −   C. a b c * + d −   D. − + * a b c d

15. 若一个栈用数组 data[n]存储，初始栈顶指针 top 为 n，则以下元素 x 进入栈的正确操作是 _____。

    A. top++; data[top]=x;   B. data[top]=x;top++;

    C. top−−; data[top]=x;   D. data[top]=x;top−−;

16. 若一个栈用数组 data[n]存储，初始栈顶指针 top 为 0，则以下元素 x 进入栈的正确操作是 _____。

    A. top++; data[top]=x;   B. data[top]=x;top++;

    C. top−−; data[top]=x;   D. data[top]=x;top−−;

17. 以下各链表均不带有头结点，其中最不适合用作链栈的链表是 _____。

    A. 只有表头指针、没有表尾指针的循环双链表

    B. 只有表尾指针、没有表头指针的循环双链表

    C. 只有表尾指针、没有表头指针的循环单链表

    D. 只有表头指针、没有表尾指针的循环单链表

18. 循环队列 qu 的队满条件（front 队首指针指向队首元素的前一位置，rear 队尾指针指向队尾元素）是 _____。

    A. (qu.rear+1)%maxsize= =(qu.front+1)%maxsize

    B. (qu.rear+1)%maxsize= =qu.front+1

    C. (qu.rear+1)%maxsize= =qu.front

    D. qu.rear= =qu.front

19. 最适合用作链队列的不带表头结点链表是 _____。

    A. 带首结点指针和尾结点指针的循环单链表

    B. 只带尾结点指针的非循环单链表

C．只带首结点指针的非循环单链表

D．只带尾结点指针的循环单链表

20．若用一个大小为 6 的数组来实现循环队列，且当前 rear 和 front 的值分别是 0 和 3，当从队列中删除一个元素，再加入两个元素后，rear 和 front 的值分别是_____。

A．1 和 5　　　　　B．2 和 4　　　　　C．4 和 2　　　　　D．5 和 1

二、问答题

1．有 5 个元素，其入栈次序为 A,B,C,D,E，在各种可能的出栈次序中，第一个出栈元素为 C 且第二个出栈元素为 D 的出栈序列有哪几个？

2．【2019 统考真题】请设计一个队列，要求满足：①初始时队列为空；②入队时，允许增加队列占用空间；③出队后，出队元素所占用的空间可重复使用，即整个队列所占用的空间只增不减；④入队操作和出队操作的时间复杂度始终保持为 $O(1)$。试回答下列问题。

（1）该队列是应选择链式存储结构，还是应选择顺序存储结构？

（2）画出队列的初始状态，并给出判断队空和队满的条件。

（3）画出第一个元素入队后的队列状态。

（4）给出入队操作和出队操作的基本过程。

三、算法设计题

1．假设一个算术表达式中包含小括号、方括号和大括号 3 种括号，编写一个算法来判别表达式中的括号是否配对，以字符"\0"作为算术表达式的结束符。

2．设有两个栈 $s1$、$s2$ 都采用顺序栈方式，并共享一个存储区[0,…,$Maxsize$-1]；为了尽量利用空间、减少溢出的可能，这里可采用栈顶相向、迎面增长的存储方式。试设计 $s1$、$s2$ 有关入栈和出栈的操作算法。

3．请设计算法，仅使用两个栈实现先入先出队列。队列应当支持一般队列支持的所有操作（push、pop、peek、empty）。

4．请设计算法，仅使用两个队列实现一个后入先出（LIFO）的栈，并支持普通栈的 4 种操作（push、top、pop 和 empty）。

5．请设计算法，实现循环队列。循环队列是一种线性数据结构，其操作表现基于 FIFO（先进先出）原则且队尾被连接在队首之后以形成一个循环，它也被称为"环形缓冲器"。循环队列的一个好处是我们可以利用这个队列之前用过的空间。在一个普通队列中，一旦一个队列满了，就不能插入下一个元素，即使在队列前面仍有空间。但是使用循环队列，我们能使用这些空间去存储新的值。该算法需支持如下操作。

MyCircularQueue(k)：构造器，设置队列长度为 k。

Front：从队首获取元素。如果队列为空，返回-1。

Rear：获取队尾元素。如果队列为空，返回-1。

enQueue(value)：向循环队列插入一个元素。如果成功插入，则返回真。

deQueue()：从循环队列中删除一个元素。如果成功删除，则返回真。

isEmpty()：检查循环队列是否为空。

isFull()：检查循环队列是否已满。

6．请设计算法，实现循环双端队列。该算法需支持以下操作。

MyCircularDeque(k)：构造函数，双端队列的大小为 k。

insertFront()：将一个元素添加到双端队列头部。如果操作成功，则返回 true。

insertLast()：将一个元素添加到双端队列尾部。如果操作成功，则返回 true。

deleteFront()：从双端队列头部删除一个元素。如果操作成功，则返回 true。

deleteLast()：从双端队列尾部删除一个元素。如果操作成功，则返回 true。

getFront()：从双端队列头部获得一个元素。如果双端队列为空，则返回-1。

getRear()：获得双端队列的最后一个元素。如果双端队列为空，则返回-1。

isEmpty()：检查双端队列是否为空。

isFull()：检查双端队列是否满了。

7. 请设计算法，实现前、中、后队列。该算法支持在前、中、后 3 个位置的 push 操作和 pop 操作，还需支持以下操作。

FrontMiddleBack()：初始化队列。

void pushFront(int val)：将 val 添加到队列的最前面。

void pushMiddle(int val)：将 val 添加到队列的正中间。

void pushBack(int val)：将 val 添加到队的最后面。

int popFront()：将最前面的元素从队列中删除并返回值；如果删除之前队列为空，那么返回-1。

int popMiddle()：将正中间的元素从队列中删除并返回值；如果删除之前队列为空，那么返回-1。

int popBack()：将最后面的元素从队列中删除并返回值；如果删除之前队列为空，那么返回-1。

8. 请设计一个基本计算器算法，实现给一个字符串表达式 s，此基本计算器能计算并返回 s 的值。

9. 请设计一个算法支持 push、pop、top 操作，并能在常数时间内检索到最小元素的栈。

push(x)：将元素 x 推入栈中。

pop()：删除栈顶的元素。

top()：获取栈顶的元素。

getMin()：检索栈中的最小元素。

10. 请设计一个算法，实现给一个以字符串表示的非负整数 num 和一个整数 k，移除这个数中的 k 位数字，使得剩下的数字最小。请以字符串形式返回这个最小的数字。

11. 请设计一个算法，实现给一个整数数组 nums，需要找出一个连续子数组；如果对这个子数组进行升序排列，那么整个数组都会变为升序排列。请找出符合题意的最短子数组，并输出它的长度。

12. 请设计一个队列并实现函数 max_value 以得到队列中的最大值，要求函数 max_value、push_back 和 pop_front 的均摊时间复杂度都是 $O(1)$。若队列为空，pop_front 和 max_value 需要返回-1。

4

第4章 字符串、多维数组与广义表

- ● **学习目标**
- （1）掌握字符串的逻辑结构定义和存储结构
- （2）掌握数组的逻辑结构定义和存储结构
- （3）了解矩阵的压缩存储
- （4）掌握广义表的逻辑结构定义和存储结构
- ● **本章知识导图**

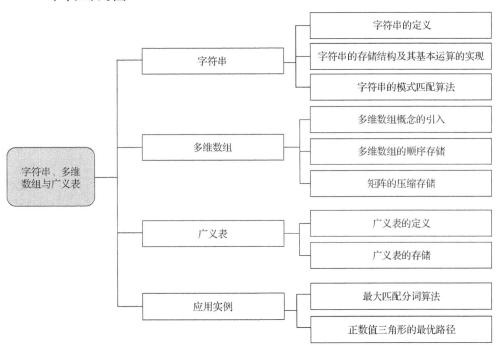

4.1 字符串

　　字符串（简称串）是一种特殊的线性表，它的每个元素由一个字符组成。在早期的程序设计语言中，字符串作为输入/输出常量形式出现，这样只是简单地将其字符序列保存，不需要参加运算。随着计算机应用面越来越广泛，大量的信息都以字符串的形式存在，如姓名、工作单位、通信方式等，很多应用系统中存在着大量的对字符串操作的需求，如信息管理系统、自然语言翻译等，程序设计语言中也就自然地出现了字符串数据类型，提供了字符串数据的处理功能。

4.1.1 字符串的定义

字符串是由零个或者多个字符组成的有限序列，一般记为：

$$S="a_1 a_2 \cdots a_n" \quad (n \geq 0)$$

其中 S 是字符串的名称；双引号（" "）括起来的字符序列为串值，双引号本身不属于串值，只是代表串的起止标记；序列中的 a_i（$1 \leq i \leq n$）可以是字母、数字和其他字符，i 称为字符 a_i 在该串中的**位置**；n 表示**串的长度**，即串中包含的字符个数，当 $n=0$ 时，称为空串（null string）；仅含若干个空格的串称为**空格串**。

例如，设 A、B、C 和 D 分别为：

$A=$ "Wuhan" $\qquad B=$ "data structure and database"
$C=$ "   " $\qquad D=$ ""

这里 A 和 B 两个字符串的长度分别为 5、27；C 是一个空格串，串长为 4，它包含 4 个空格字符；D 是一个空串，长度为 0。

将字符串中任意个连续字符组成的子序列称为该串的**子串**，对应地，将包含子串的串称为**主串**。子串在主串中的位置是指子串的第一个字符在主串中的位置。例如，设 E 和 F 分别为 $E=$ "data"，$F=$ "data and data"，则 E 是 B 的一个子串，E 在 B 中出现了 2 次，其中第 1 次出现时，E 的第一个字符在主串中的位置为 1，因此 E 在 B 中的序号为 1；尽管 F 中的所有字符都在 B 中出现了，并且相对次序也是一样，但不是连续出现的，所以 F 不是 B 的子串，B 不是 F 的主串。

从串的定义上来看，串是线性表的一个特例，其特殊性体现在每一个数据元素就是一个字符，因此完全可以沿用线性表定义的操作、线性表的存储方案。然而，在实际应用中，对字符串的处理较少涉及对单个字符的处理，一般都是涉及对串进行整体操作。例如，在文本处理中需要查找某种单词在文本中什么地方出现以进行准确定位时，就会用到判断子串的操作以及将文本中的某个子串全部替换成另外一个字符串，这些都是对字符串的整体操作。基于这个原因，给出如下串的抽象数据类型定义。

```
ADT String
{
    数据对象: D={a_i|a_i∈字符集合, i=1,2,…,n, n≥0}
    数据关系: R_i={<a_{i-1},a_i>|a_{i-1},a_i∈D, i=2,…,n}
    基本操作:
    StrAssign(&T,S)          //根据串常量 S，创建串 T
    StrDestroy(&S)           //销毁串 S
    StrCopy(&T,S)            //将串 S 复制到串 T
    StrLength((S)            //求串 S 的长度
    StrComp(S,T)             //比较串 S 和串 T 的值
    StrSub(&T,S,pos,len)     //从串 S 位置 pos 取长度为 len 的子串赋予 T
    StrConcat(&T,S)          //串 S 的字符连接到 T 的尾部
    StrIndex(S,T,pos)        //求串 T 在 S 中位置 pos 后第一次出现的位置
    StrInsert(&T,S,pos)      //将串 S 插入串 T 的第 pos 个字符之前
    StrDelete(&S,pos,len)    //将串 T 位置 pos 开始的长度为 len 的子串删除
}
End ADT
```

与前面章节的抽象数据类型定义一样，对基本操作的定义通常没有一个绝对统一的标准。我们可以将字符串的基本操作定义成一个字符串操作的最小完备子集，即这些基本操作是不能由其他基本操作来代替的；基本操作之外的操作，利用基本操作协作来实现其功能。但实际定义时，我们也可以依据应用背景，为了方便应用，适当进行裁剪，或者为了提高某些操作的效率，允许一些冗余的定义。

例如，判断串是否为空，我们可以利用求串长非常方便地实现；稍复杂一点的，对于替换操作 StrReplace(&S,T,V)，将 S 中所有与 T 相等的不重叠子串替换成串 V，如果在应用中这个操作使用得非常频繁，我们就可以将其定义成串的基本操作，否则可以用现有的基本操作来实现它。其算法思想是：首先将 i 设置为 S 的起始位置 1，利用 StrIndex 求串 T 在串 S 中位置 i 后首次出现的位置，将该位置值赋予 i，如果 i 等于 0 就结束，否则使用 StrDelete 将 S 中当前首次出现的子串 T 删除，再使用 StrInsert 将串 V 插入 S 的位置 i 之前，修改 i，跳到刚插入的串 V 的后一个字符位置，完成了一次替换；再继续进行与前面一样的操作，使用 StrIndex 进行定位，直到求出的 T 在 S 中的位置 i 为 0，完成所有的替换。

例 4-1：串替换算法如下。

```
void StrReplace(SeqString* S, SeqString T, SeqString V)
{
  int i=1, len_T=StrLength(T), len_V=StrLength(V);
  while((i=StrIndex(*S, T, i))!=0)
  {
    StrDelete(S,i,len_T);
    StrInsert(S, V, i);
    i=i+len_V;
  }
}
```

讨论题

在实际应用中，还有哪些字符串的操作是经常被用到？

4.1.2 字符串的存储结构及其基本运算的实现

由于字符串是特殊的线性表，因此字符串的存储结构类似线性表的存储结构。但也需要考虑串的特点以及应用背景，对字符串的存储结构做出相应的处理。在实际应用中，我们充分考虑未来对字符串要进行的操作及其特点，选择一个恰当的存储结构。

与线性表类似，通常字符串也有顺序存储和链式存储两大类，对应的有**顺序串**和**链串**。而顺序存储又可以细分为静态存储分配和动态存储分配，这样字符串的存储结构就可以分为 3 类。

1. 静态存储分配的顺序串

该存储结构就是通过字符数组的方式分配连续的存储空间来保存串值。数组的存储空间是在编译时确定的，并且运行时不能改变连续空间的大小，这样能表示的字符串长度最大值就固定下来了，所以这种形式表示的串也称为串的**定长顺序存储表示**。例如：

```
#define MAXLENGTH 256
typedef unsigned char SeqString[MAXLENGTH];
SeqString S;
```

由这个定义可知，S 就是一个大小为 256 的字符数组，最多能存放 256 个字符。如果用它来表示串，我们就需要明确指示串的尾部在什么位置。一般需要 1 个字符的单元来表示这个边界，还剩下 255 个字符单元，所以 S 能够表示的串最大长度就是 255，如果超过这个最大值，我们就必须截取，丢弃超长部分，造成数据的丢失。不同高级语言中会采用不同的方式表示这个边界，如 C 语言中以"\0"表示串的结束；再如，Pascal 语言用第一个字符的单元记录长度，即用 S[0]记录串长。这样分别对应方式一和方式二两种形式的顺序串，如图 4.1 所示。

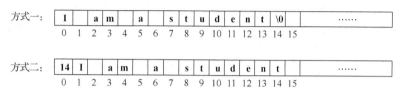

图 4.1 静态存储分配的顺序串

下面就以方式二的顺序串存储方式为例，实现串的插入操作和比较操作。

（1）串插入操作 StrInsert(&T,S,pos)

假定 T 和 S 都是类型为 SeqString 的串变量，现要将串 S 插入串 T 的第 pos 个位置之前。首先验证插入点是否正确，T 是一个长度为 T[0]的串，插入位置 pos 的取值范围应该是 1 ~ T[0]+1；接着判断 T 的空闲空间是否足够大，能否再增加 S[0]个字符；如果这些条件都满足，此时就将 T 中从第 pos 个字符开始直到最后一个字符区间内的所有字符向后移动 S[0]个字符位置，最后将 S 的串值从 T 的位置 pos 开始复制到 T 中，完成插入操作。

例 4-2：串插入算法如下。

```
status StrInsert(SeqString T,SeqString S,int pos)
{
  if(pos<1 || pos>T[0]+1) return ERROR;
  if(T[0]+S[0]>=MAXLENGTH) return ERROR;
  int j;
  for(j=T[0];j>=pos;j--)
      T[j+S[0]]=T[j];
  for(j=0;j<S[0];j++)
      T[pos+j]=S[j+1];
  T[0]=T[0]+S[0];
  return OK;
}
```

（2）串比较操作 StrComp(S,T)

串比较操作是将两个字符串进行比较，即：如果 S>T，返回一个正整数；如果 S 与 T 相等，返回 0，否则返回负整数。该操作算法实现时，首先需要将 S 和 T 对应位置上的字符进行比较，这时需要计算 S[0]和 T[0]间的较小值并赋予 m，表示 S 和 T 在位置 1 ~ m 上的字符可进行比较，如果在位置 i 上出现不相等的情况，即 S[i]≠T[i]时，返回 S[i]-T[i]，结果为正就表示 S>T，为负表示 S<T。如果位置 1 ~ m 上的字符都对应相等，就会出现 3 种情况：第一种就是 S[0]=T[0]，表示两个串对应位置上的字符完全相等，则两个串相等，返回 0；第二种情况是 S[0]>T[0]，表示 T 中的字符都比较过了，而 S 中还有若干个字符，在 T 中没有对应位置的字符可进行比较，所以 S>T，返回正整数；剩下的第三种情况就是 S[0]<T[0]，需要返回一个负整数，这 3 种情况很容易合并在一起，返回值用 S[0]-T[0]即可。

例4-3：串比较算法如下。

```
int StrComp(SeqString S,SeqString T)
{
    int i, m=S[0]<T[0]?S[0]:T[0];
    for(i=1;i<=m;i++)
        if(S[i]!=T[i]) return S[i]-T[i];
      return S[0]-T[0];
}
```

静态存储分配的顺序串还可以沿用线性表中的静态存储分配的顺序表，其定义如下。

```
typedef struct {
    unsigned char ch[MAXLENGTH];
    int length;
} SeqString;
```

这个类型定义用 SeqString 说明变量表示的串，最大长度为 256。两种定义方式只是形式上的差异，本质上是相同的。

2. 动态存储分配的顺序串

由于定长顺序串的空间是在编译阶段就确定的，运行阶段不能够改变空间大小，这样就会出现一些常见的问题：预留空间太大、串长较小而造成空间的浪费；如果空间不是足够大，在做插入、联接操作时可能会舍弃超长部分，造成数据的丢失。为此，我们可以考虑采用线性表中动态存储分配的顺序表，利用动态分配函数 malloc，根据串长来申请分配串需要的空间，并用 free 函数来释放串空间。通过这种方式，就能有效地避免前述静态存储分配顺序串的缺陷。由于使用 malloc 函数申请内存空间时是在程序运行时逻辑空间中的堆空间（heap space）进行的，所以动态存储分配的顺序串也被称为串的**堆存储分配表示**。其数据类型的定义如下。

```
typedef struct {
    unsigned char *ch;
    int length;
} HString;
```

这样，通过 HString S 定义的变量 S 来表示串"I am a student"时，就可以根据串长在堆空间分配内存单元，地址保存在 S.ch，串长记录在 S.length 中，如图 4.2 所示。

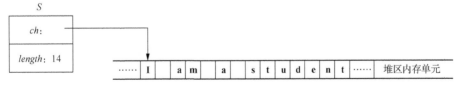

图 4.2　堆存储分配的顺序串

下面就以动态存储分配的顺序串为例，实现串赋值操作、求子串操作和串联接操作。

（1）串赋值操作 StrAssign(&T,S)

假定 T 是类型为 HString 的串，S 是以"\0"结束的串常量。赋值操作后，T 原来的值会被替换掉，所以操作前需要判断 T 是否为空串，非空串就需要释放原有串的空间；接着计算 S 的串长，根据 S 串长为 T 分配存放串值的空间，并将 S 的串值复制到 T 中，修改 T 的 length 属性，完成串赋值操作。

例4-4：串赋值算法如下。

```
status StrAssign(HString *T,char *S)
{
  int i;
```

```
    for(i=0;*(S+i);i++);
        char* new_ch;
    if(!i) new_ch=NULL;
    else if(!(new_ch=(unsigned char *)malloc(i*sizeof(char))))
        return OVERFLOW;
    if(T->ch) free(T->ch);
    T->ch=new_ch;
    T->length=i;
    for(i=0;i<T->length;i++)
        T->ch[i]=S[i];
    return OK;
}
```

（2）求子串操作 StrSub(&*T*, *S*, *pos*, *len*)

假定 *T* 和 *S* 是类型为 HString 的串，现要从 *S* 的位置 *pos* 取长度为 *len* 的子串赋予 *T*。首先要判断 *pos* 是否为 *S* 中一个正确的位置，以及从位置 *i* 开始，在 *S* 中是否能取到一个长度为 *len* 的子串。如果正确，就从 *S* 位置 *pos* 开始读取 *len* 个字符得到子串，并将其赋予 *T*。

例 4-5：求子串算法如下。

```
status StrSub(HString *T,HString S,int pos,int len)
{
    if(pos<1 || pos>S.length || len<0 || S.length-pos+1<len )
        return ERROR;
    char* new_ch;
    if(!len) new_ch=NULL;
    else if(!(new_ch=(unsigned char *)malloc(len*sizeof(char))))
        return OVERFLOW;
    if(T->ch) free(T->ch);
    T->ch=new_ch;
    T->length=len;
    int j;
    for(j=0;j<len;j++)
        T->ch[j]=S.ch[pos+j-1];
    return OK;
}
```

（3）串联接操作 StrConcat(&*T*, *S*)

假定 *T* 和 *S* 是类型为 HString 的串，如果 *S* 是一个非空串，就需要为 *T* 重新分配一个更大的空间，将 *T* 和 *S* 联接，结果保存在 *T*。

例 4-6：串联接算法如下。

```
status StrConcat(HString *T,HString S)
{
    if(S.length) {
        int len=T->length+S.length;
        char* new_ch;
        if(!(new_ch=(unsigned char*)realloc(T->ch, len * sizeof(char)))) {
            return OVERFLOW; }
        T->ch=new_ch;
        int i;
        for(i=0; i<S.length; i++) {
```

```
          T->ch[T->length+i]=S.ch[i];}
     T->length=len;
     return OK;
   }
}
```

3．串的链式存储

与线性表类似，串也可以采用链式存储结构来表示，如使用单链表，串的链式存储结构也称为**链串**，如图 4.3（a）所示。使用链式存储结构能方便地进行插入与删除等操作，且能避免大量移动字符。链式存储结构类型定义如下。

```
typedef struct node{
    char data;
    struct node *next;
} LinkStrNode,*LinkString;
```

在链式存储结构中，首先引入一个存储密度的概念，其公式为：

$$存储密度=\frac{串值所占存储字节数}{实际分配存储字节数}\times100\%$$

如果在一个结点存放 1 个字符，占 1 字节，在 32 位系统中指针需要占 4 字节，所以链串的存储密度为 20%，存储密度是相当低的；如果是 64 位系统，存储密度会更低。为了提高存储密度，这里可以考虑在一个结点中存放多个字符，比如放 4 个字符，如图 4.3（b）所示。通常将一个结点数据域存放的字符数定义为**结点大小**。对于一个非空串，由于串的长度不一定正好是结点大小的整数倍，因此在最后一个结点需要填充特殊的符号，代表串的结束。对于结点大小大于 1 的链式存储，其类型定义的一般形式如下。

```
#define NODESIZE 4
typedef struct node{
    char data[NODESIZE];
    struct node *next;
} LinkStrNode,*LinkString;
```

虽然通过调大结点能够提高存储密度，但同时串的操作会变得复杂，串的插入和删除操作同样会移动大量的字符。例如，在图 4.3（b）所示的串位置 3 之前插入串" XYZ "，就需要将位置 3 后续所有结点中的字符进行移动，其中一些字符还是跨结点移动，结果如图 4.3（c）所示。由此可见，当使用结点大小大于 1 的链式串存储时，对一些串的操作会变得不太方便，不如顺序串的操作简单和灵活。

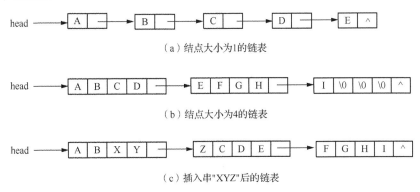

（a）结点大小为1的链表

（b）结点大小为4的链表

（c）插入串"XYZ"后的链表

图 4.3 串的链式存储

讨论题

如果大量使用到字符串联接操作，应如何合理地选择存储结构呢？

4.1.3 字符串的模式匹配算法

子串定位操作 StrIndex(S,T,pos)，求串 T 在 S 中第 pos 个字符后第一次出现的位置。此操作应用非常广泛，是较为重要的串操作之一。在各种文本处理系统中，一个好的定位算法能够极大地提升系统的响应性能。

子串定位操作也称为串的**模式匹配**，其中主串 S 称为**目标串**，子串 T 称为**模式串**。假定目标串 S 的长度为 n，模式串 T 的长度为 m，S 和 T 分别表示如下。在实际应用中，通常 m 远小于 n，即 $m \ll n$。

$$S="s_1s_2 \cdots s_n" \quad T="t_1t_2 \cdots t_m"$$

串模式匹配操作就是在目标串 S 中找到一个与模式串 T 相等的子串"$s_is_{i+1} \cdots s_{i+m-1}$"，这里 i 取符合条件的最小值（$pos \leqslant i \leqslant n-m$）。如果存在这样的 i，表示**匹配成功**，否则表示**匹配失败**，模式串 T 不是目标串 S 的子串。

1. 朴素的模式匹配算法

假设目标串 S 和模式串 T 都采用定长顺序存储结构，用指示变量 i 来表示每次进行匹配时目标串 S 的起点位置，初始值为 pos。每次匹配从目标串 S 第 i 个字符开始，与模式串 T 的字符依次比较，如果 $S[i] \cdots S[i+m-1]$ 与 $T[1] \cdots T[m]$ 依次对应相等，则匹配成功，返回 i 值，否则 i 加 1，测试下一个匹配起点，进行下一次匹配。如果所有可能的匹配起点测试后都没有匹配成功，返回 0。

一旦选定目标串 S 一个匹配起点位置 i 后，使用指示变量 j 来表示模式串 T 中字符的位置，j 的初始值为 1。接着 i 和 j 同步向后移动，进行 S[i] 与 T[j] 的比较。这里需要说明的是，尽管在匹配比较过程中 i 的值发生了改变，但一旦需要，利用 j 的值可使得 i 恢复到本次匹配的起始值。匹配过程中如果 $S[i] \neq T[j]$，表示本次匹配出现对应位置上字符不相等的情况，匹配失败，需要使 i 回到本次匹配的起点位置（即 $i=i-j+1$），i 再加 1 得到下一次的匹配起点，否则当前目标串 S 与模式串 T 对应位置上的字符是相等的，接着需要分析本次匹配过程是否结束。如果 j=T[0]，表示模式串 T 中所有字符都与目标串 S 中的字符对应相等，本次匹配成功，函数返回值为本次匹配起点，否则本次匹配还需要继续，i 和 j 同步加 1，取下一对需要比较的字符。

例 4-7：模式匹配算法如下。

```
int StrIndex(SeqString S,SeqString T,int pos)
{
  int i,j;
  for(int i=pos,j=1;i<=S[0]-T[0]+1;i++,j++)
    if(S.ch[i]!=T.ch[j])  {
         i=i-j+1;
         j=0;  }        //i回溯到本次匹配起点，准备下次匹配
    else if(j==T.ch[0]){
         return i-j+1;}    //匹配成功，返回本次匹配起始位置
  return 0;              //匹配失败
}
```

该算法采用的是暴力求解方式，该算法也称为**朴素的模式匹配算法**。假设 *pos* 为 1，该算法可以形象地将模式串 *T* 看成滑动条，分别用指示变量 *i* 和 *j* 指示每次需要比较的目标串 *S* 和模式串 *T* 的字符位置，即每次都是 $S[i]$ 与 $T[j]$ 进行比较。第 1 次匹配时，将 *i* 和 *j* 赋值为 1 使得模式串 *T* 的第 1 个字符与目标串 *S* 的第 1 个字符对齐，开始第 1 次匹配，通过控制 *i* 和 *j* 的值将 $S[i]$ 与 $T[j]$ 进行比较，并判断是否匹配成功；匹配成功则算法结束，一旦出现 $S[i] \neq T[j]$，表示本次匹配失败，则将模式串 *T* 向后滑动 1 个字符，使模式串 *T* 的第 1 个字符与目标串 *S* 的第 2 个字符对齐，*j* 恢复为 1，准备开始第 2 次匹配，*i* 从比较不相等的位置，回退到第 2 次匹配的起点，也就是 2，开始第 2 次匹配……；一般情况，第 *k* 次匹配操作，就是滑动模式串 *T*，使其第 1 个字符与目标串 *S* 的第 *k* 个字符对齐，*j* 又恢复为 1，*i* 回退到当前对齐的位置 *k*，开始进行第 *k* 次匹配，依此类推，直到求出结果。对该算法按最坏情况分析，即模式串 *T* 不是目标串 *S* 的子串，且每次匹配过程中都是对模式串 *T* 的最后一个字符进行比较时才出现不相等，导致匹配失败。这样，该算法在最坏情况下，需要进行 $n-m+1$ 次匹配，每次需要比较 *m* 对字符，通常 *m* 远小于 *n*，所以算法时间复杂度为 $O(m \times n)$。

假定目标串为 S="abadabcd"，模式串为 T="abc"，采用朴素的模式匹配算法进行求解，需要进行 5 次匹配过程。图 4.4 展示了朴素的模式匹配算法执行过程。

```
第1次匹配    S= a b a d a b c d    i=3  匹配失败
                || || ≠
             T= a b c              j=3

第2次匹配    S= a b a d a b c d    i=2  匹配失败
                  ≠
                T= a b c            j=1

第3次匹配    S= a b a d a b c d    i=4  匹配失败
                    || ≠
                  T= a b c          j=2

第4次匹配    S= a b a d a b c d    i=4  匹配失败
                      ≠
                  T= a b c          j=1

第5次匹配    S= a b a d a b c d    i=7  匹配成功
                        || || ||
                      T= a b c      j=3
```

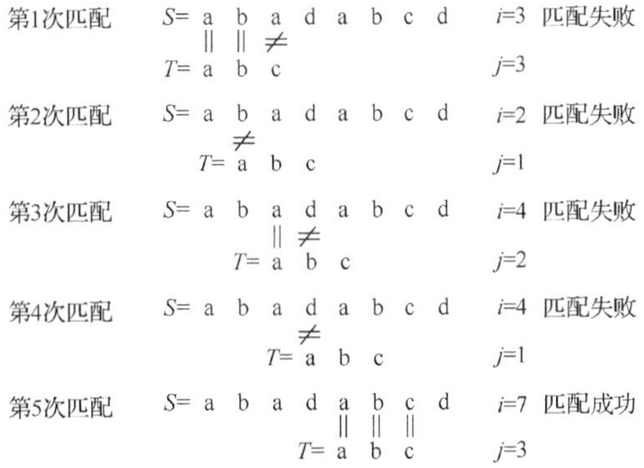

图 4.4　朴素的模式匹配算法执行过程

2. 一种改进的模式匹配算法

采用朴素的模式匹配算法进行匹配的过程中，一旦出现 $S[i] \neq T[j]$，就结束本次匹配过程，将模式串 *T* 向后滑动 1 个字符的位置，*j* 回到 1，*i* 回到下一轮匹配的起点，开始新的一轮匹配。这种算法思想简单明了，很容易理解。但由于没有充分地分析模式串 *T* 的特征，所以该算法的效率不高。不少学者在模式匹配算法优化方面做了大量的研究工作，提出不少效率较高的算法，其中 **KMP 算法**就是一个有代表性的改进算法，它是由 D.E.Knuth、J.H.Moriss 和 V.R.Pratt 同时提出的。

在模式匹配过程中，一旦 $S[i] \neq T[j]$，就会出现一次失败的模式匹配如图 4.5 所示。为了表示方便，图 4.5 中用 s_i 表示 $S[i]$，t_j 表示 $T[j]$。

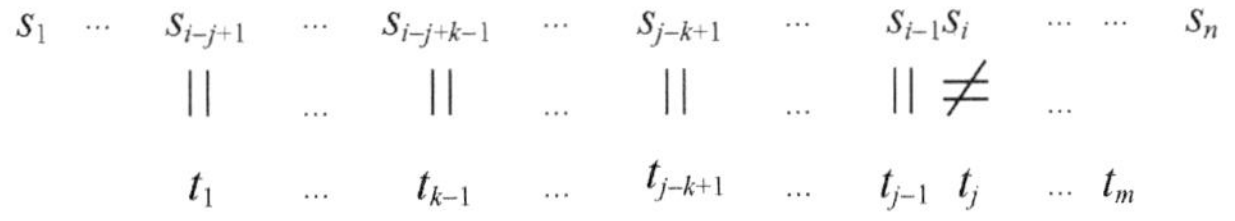

```
s₁ … s_{i-j+1} … s_{i-j+k-1} … s_{j-k+1} … s_{i-1} s_i … s_n
     ||          ||             ||          || ≠

t₁ … t_{k-1}  … t_{j-k+1}   … t_{j-1} t_j … t_m
```

图 4.5　一次失败的模式匹配

对于模式串 *T* 的字符 t_j，如果存在一个 *k*（$1 < k < j$），使"$t_1 t_2 \cdots t_{k-1}$"="$t_{j-k+1} t_{j-k+2} \cdots t_{j-1}$"，即模式串 *T* 的前 *k*−1 个字符组成的子串与 $T[j]$ 之前 *k*−1 个字符组成的子串是相等的，根据匹配过程，有"$s_{j-k+1} s_{j-k+2} \cdots s_{j-1}$"="$t_{j-k+1} t_{j-k+2} \cdots t_{j-1}$"，所以可以推导出"$s_{j-k+1} s_{j-k+2} \cdots s_{j-1}$"="$t_1 t_2 \cdots t_{k-1}$"。有了这个结论后，就没有必要让 *j*

恢复到 1，*i* 回到本次匹配的起点之后，需要做的就是通过将 *k* 赋予 *j* 实现滑动模式串 *T*，使 *T*[*k*]（对应 *t_k*）与 *S*[*i*]（对应 *s_i*）对齐；将模式串 *T* 的第 *k* 个字符（也是 *T*[*j*]）与 *S*[*i*] 继续比较即可，避免了对模式串 *T* 的前 *k*-1 个字符做重复比较。这个处理方式中，*i* 没有回退动作，*j* 也不一定回到模式串 *T* 的起点，显然提高了匹配效率。

基于上述思想，在进行匹配之前，首先需要对模式串 *T* 进行分析，对模式串 *T* 的每一个位置 *j* 需要求出一个满足上述性质的 *k* 值，记作 *next*[*j*]=*k*。这样，在匹配过程中，一旦出现 *S*[*i*]≠*T*[*j*]，就可以通过修改 *j* 值为 *k*，实现滑动模式串 *T* 的动作，继续进行比较。*next*[*j*] 的公式如下。

$$next[j]=\begin{cases} \max\ \{k|1<k<j\ \text{且}"t_1t_2\cdots t_{k-1}"="t_{j-k+1}t_{j-k+2}\cdots t_{j-1}"\} \\ 0 \quad j=1 \\ 1 \quad \text{其他情况} \end{cases}$$

next[*j*] 的本质，就是求解满足"*t₁t₂…t_{k-1}*"="*t_{j-k+1}t_{j-k+2}…t_{j-1}*"的最大真子串"*t₁t₂…t_{k-1}*"，即最大 *k* 值，使得一旦出现 *S*[*i*]≠*T*[*j*] 时，通过赋值操作 *j*=*k*，将模式串 *T* 向后滑动 *j*-*k* 字符的位置，*T*[*k*] 与 *S*[*i*] 对齐，最大限度减少重复比较次数，从而提高算法效率。当 *j*=1，函数值为 0，表示将 *T*[0] 与 *S*[*i*] 对齐，而字符 *T*[0] 逻辑上是不存在的，结果就是要将 *T*[1] 与 *S*[*i*+1] 对齐，表示当模式串 *T* 的第一个字符与 *S*[*i*] 不相等时，本次匹配失败，模式串 *T* 向后滑动 1 个字符的位置，开始下一次匹配。其他情况下，没有满足"*t₁t₂…t_{k-1}*"="*t_{j-k+1}t_{j-k+2}…t_{j-1}*"的子串，就一次性地将模式串 *T* 向后滑动 *j*-1 个字符的位置，使 *T*[1] 与 *S*[*i*] 对齐，避免了朴素匹配算法中的 *j*-2 次无意义比较。

假定模式串为 *T*="ababaadd"，按 *next*[*j*] 的公式，首先手工分析得到模式串 *T* 的 *next*[*j*] 值，如表 4.1 所示。

表 4.1 模式串 *T* 的 *next*[*j*] 值

位置 *j*	1	2	3	4	5	6	7	8
模式串	a	b	a	b	a	a	d	d
next[*j*]	0	1	1	2	3	4	2	1

当完成模式串 *T* 的 *next*[*j*] 值计算后，就可以利用它来优化模式匹配算法。首先初始化 *i* 和 *j* 的值，将 *pos* 赋予 *i*，将 1 赋予 *j*，然后开始重复进行 *S*[*i*] 与 *T*[*j*] 的比较，一直到匹配成功或 *i*、*j* 中某一个越界（*j* 越界表示匹配成功，否则仅 *i* 越界表示模式串 *T* 不是目标串 *S* 的子串）。在 *S*[*i*] 与 *T*[*j*] 的比较过程中，如果 *S*[*i*]=*T*[*j*]，*i*、*j* 同时加 1 并向后移动，接着判断 *j* 是否超过模式串 *T* 的尾部越界，是则表示匹配成功，返回匹配起点位置序号，否则继续比较；如果 *S*[*i*]≠*T*[*j*]，就需要滑动模式串 *T*，将 *S*[*i*] 与 *T*[*next*[*j*]] 对齐（通过 *j*=*next*[*j*] 来实现），继续 *S*[*i*] 与 *T*[*j*] 的比较，这时会有两种情况：一种就是滑动后，*S*[*i*]=*T*[*j*]，*i*、*j* 可以同时加 1 并向后移动，继续后续的比较；另一种情况就是滑动后还是 *S*[*i*]≠*T*[*j*]，只要 *j*>0，就需要继续利用 *next*[*j*] 进行滑动模式串 *T* 操作，直到出现 *S*[*i*]=*T*[*j*] 或 *j*=0。对于 *j*=0 的情况，根据前面对 *next*[*j*] 含义的解释，这时候需要将 *S*[*i*+1] 与 *T*[1] 进行比较，所以一旦出现 *j*=0 的情况，就需要 *i*、*j* 同时加 1。

例 4-8：KMP 算法如下。

```
int StrIndex_KMP(SeqString S,SeqString T,int pos)
{
    int i, j;
    for(i=pos,j=1;i<=S[0]-T[0]+1;i++)
    {
        while(j>0 && S.ch[i]!=T.ch[j])
            j=next[j];                          //T 向后滑动
```

```
            if(j==0 || S.ch[i]==T.ch[j])
                j++;                       //i、j 移动到下一比较位置
            if(j>T.ch[0])
                return i-T.ch[0]+1;        //j 越界, 匹配成功
        }
        return 0;                          //i 越界, T 不是 S 的子串
    }
```

该算法是一个两重循环, 其内层的 while 循环次数没有规则。为了方便对其进行分析, 假定 pos 为 1, 使用了一种称为摊销法的思路。首先, 内循环体通过 next[j]修改 j 的值, 根据 next[j]的含义, 每执行一次都使 j 的值减小, 但 j 不会小于 0; 再则外层循环体中, 只有 j++能对 j 进行增加, 但总的对 j 加 1 的次数不会多于 S[0]（即 n 次）。综合这两点, 内循环执行次数小于 n 次, 内循环体执行的总次数不大于 n 次, 摊平就是每次执行内循环时, 内循环体最多只执行了一次。所以在除去 next[j]值计算的时间开销后, KMP 算法时间复杂度为 $T(n)=O(n)$。

下面开始介绍对模式串 T 进行分析, 求 next[j]值的算法。该算法采用递推的思想, 根据 next[1],…,next[j]的值来求解 next[j+1]。首先, 由 next[j]的公式已知 next[1]=0; 再假设 next[j]=k, 表示"$t_1t_2 \cdots t_{k-1}$"="$t_{j-k+1}t_{j-k+2} \cdots t_{j-1}$", 考察 t_k 和 t_j, 如果 $t_k=t_j$, 则表示"$t_1t_2 \cdots t_{k-1}t_k$"="$t_{j-k+1}t_{j-k+2} \cdots t_{j-1}t_j$", 故 next[j+1]=k+1, 否则需要利用 next[k]求 next[j+1], 假定 next[k]=k_1, 如果 k_1 不等于 0, 则表示"$t_1t_2 \cdots t_{k_1-1}$"="$t_{j-k_1+1}t_{j-k_1+2} \cdots t_{j-1}$", 再考察 t_{k_1} 和 t_j, 如果 $t_{k_1}=t_j$, 则 next[j+1]= k_1+1, 否则继续利用 next[k_1] 求 next[j+1]; 依此类推, 直到存在一个满足"$t_1t_2 \cdots t_{k_p-1}$"="$t_{j-k_p+1}t_{j-k_p+2} \cdots t_{j-1}$"的 k_p, 且 $t_{k_p}=t_j$, 求得 next[j+1]=k_p+1; 或者出现 k_p=0, 表示 t_{j+1} 前没有两个串"$t_1t_2 \cdots t_q$"和"$t_{j-q+1}t_{j-q+2} \cdots t_j$"是相等的, 这里 0<q<j, 按 next[j]公式, next[j+1]= 1=k_p+1。依据这个递推过程, 求 next 值算法如下。

```
void GetNext(SeqString T,int next[])
{
    next[1]=0;
    int j=1; k=0;        //对每个 j, 循环开始时, k 存放的是 next[j]的值
    while(j<T.ch[0]) //根据 next[j]计算 next[j+1]
    {
        while(k>0 && T.ch[j]!=T.ch[k])
        {
            k=next[k];
            ++j; ++k;
            next[j]=k;
        }
    }
}
```

类似 KMP 匹配算法, 可以观察循环中 k 的变化, 每执行一次++k 使 k 值加 1, 执行一次 k=next[k], 使 k 的值至少减 1。算法外层循环体执行 T[0]（即 m）次, 所以++k 共执行了 m 次, k 的最大值不大于 m; 内层循环执行次数为 m 次, 这样内层循环体语句 k=next[k]的平均执行次数不超过 1 次, 否则会使 k 的值变负。最后得到该算法的时间复杂度为 $T(m)=O(m)$。

将这两个算法综合在一起, 得到 KMP 算法的时间复杂度为 $T(n,m)=O(n+m)$, 算法效率优于朴素的模式匹配算法。

讨论题

为什么说模式匹配算法是字符串的最重要操作之一?

4.2 多维数组

前面章节所介绍的各种线性结构都有一个共同的特征：数据元素具有原子性，即每个数据元素的值不能再进一步分解。本节重点要讨论的多维数组可以被看成是线性表的一种扩展，即线性表中的数据元素本身也可以是一种数据结构，如是同质的线性表，从整体来看，它们就是一个数据结构的嵌套形式。

几乎在所有的程序设计语言中都把数组设置成一种固有类型，通过语法规则提供对数组的支持，例如，在 C 语言中可以定义符合 C 语言语法规则的多维数组，C 编译程序为数组的全部元素分配一片连续的存储单元，我们可以通过下标变量形式或寻址公式对数组元素进行随机访问。在数据结构课程中，将系统、全面地介绍数组这个抽象数据类型的逻辑特征、存储结构，并重点讨论数组元素的存储和访问方式。数组存储空间的地址可以是连续的，也可以是不连续的；数组存储空间可以保存全部数组元素，也可以根据数组的实际情况对数组进行压缩存储，只保存部分数据元素；对数组元素的访问可能是随机访问，也可能只能顺序访问。

4.2.1 多维数组概念的引入

线性表、栈、队列和串都有一个共同的逻辑特征，即每个元素至多有一个直接前驱和一个直接后继元素。而在多维数组中，数据元素可以有多组直接前驱和直接后继元素。下面通过对数组定义的解析来理解数组的概念。

一维数组是一个定长的线性表，具有 n 个数据类型相同的数据元素，记为：

$$A=(a_1,a_2,\cdots,a_n)$$

这里 a_i（$1\le i\le n$）是同类型的数据元素，它至多有一个直接前驱和一个直接后继元素；n 是一个固定值，数组一旦定义，n 的值不能改变。

有了一维数组的定义后，我们可依据一维数组定义二维数组，直至定义任意维数组。二维以上的数组称为**多维数组**。二维数组也可以被看成是一个定长的线性表，它的每个元素不是原子类型，而是同类型的一维数组。用一个 $m\times n$ 的矩阵来表示二维数组 A，如图 4.6 所示。

$$A_{mn}=\begin{bmatrix} a_{11} & a_{12} & \cdots & a_{1n} \\ a_{21} & a_{22} & \cdots & a_{2n} \\ \vdots & \vdots & \cdots & \vdots \\ a_{m1} & a_{m2} & \cdots & a_{mn} \end{bmatrix}$$

图 4.6 二维数组的矩阵表示

我们可以把 A 表示为 $A=(\alpha_1,\alpha_2,\cdots,\alpha_m)$，这里每个元素 α_i 代表矩阵的一个行向量：$\alpha_i=(a_{i1},a_{i2},\cdots,a_{in})$，如图 4.7（a）所示；同样地，也可以把 A 表示为 $A=(\beta_1,\beta_2,\cdots,\beta_n)$，这里每个元素 β_j 代表矩阵的一个列向量：$\beta_j=(a_{1j},a_{2j},\cdots,a_{mj})$，如图 4.7（b）所示。

$$A_{mn}=\begin{bmatrix} (a_{11} & a_{12} & \cdots & a_{1n}) \\ (a_{21} & a_{22} & \cdots & a_{2n}) \\ \vdots & \vdots & \cdots & \vdots \\ (a_{m1} & a_{m2} & \cdots & a_{mn}) \end{bmatrix} \qquad A_{mn}=\begin{bmatrix} a_{11} & a_{12} & \cdots & a_{1n} \\ a_{21} & a_{22} & \cdots & a_{2n} \\ \vdots & \vdots & \cdots & \vdots \\ a_{m1} & a_{m2} & \cdots & a_{mn} \end{bmatrix}$$

（a）二维数组的行关系   （b）二维数组的列关系

图 4.7 二维数组的行列关系

数据结构（C语言 微课版）——从概念到算法

需要强调的是，二维数组中的每一个数据元素 a_{ij} 有两个方向的关系：第一是行关系，数据元素 a_{ij} 在第 i 个行向量 α_i 中，有它的直接前驱和直接后继；第二是列关系，数据元素 a_{ij} 在第 j 个列向量 β_j 中，有它的直接前驱和直接后继。

按此定义方式，可以给出多维数组的一般性递归定义：n 维数组是一个元素为 $n-1$ 维数组的定长线性表。其中每一个基本的数据元素 $a_{i_1 i_2 \cdots i_n}$ 有 n 个方向的关系或约束。数组一旦定义，它的维数和每一维的长度就确定了，不能再改变。

数组每一维下标的取值可以定义在一个连续整数序列内，例如，第 j 维一般形式为 $j_{low}j_{low}+1,\cdots,$ j_{high}，第 j 维的长度为 $j_{high}-j_{low}+1$。在本教材中，为了叙述方便和不失一般性，假定 $j_{low}=1$，这样第 j 维的下标取值范围就是 $1\sim b_j$。对一个 n 维数组，有 n 个关系，可表示为 $R=\{R_1, R_2,\cdots, R_n\}$，即每一维上都有一类关系。具体到每个元素，就是任意一个元素在第 j 维上都有 b_j 个元素成线性关系。图 4.8 所示为一个 $3\times4\times2$ 的三维数组逻辑示意图。

$$A_{3\cdot4\cdot2}=\begin{bmatrix} a_{111} & a_{112} \\ a_{121} & a_{122} \\ a_{131} & a_{132} \\ a_{141} & a_{142} \end{bmatrix} \times \begin{bmatrix} a_{211} & a_{212} \\ a_{221} & a_{222} \\ a_{231} & a_{232} \\ a_{241} & a_{242} \end{bmatrix} \times \begin{bmatrix} a_{311} & a_{312} \\ a_{321} & a_{322} \\ a_{331} & a_{332} \\ a_{341} & a_{342} \end{bmatrix}$$

第1页　　　　第2页　　　　第3页

图 4.8　三维数组逻辑示意图

该数组中的任意一个元素，例如 a_{222}，第一维大小为 3，所以 3 个元素(a_{122},a_{222},a_{322})呈线性关系，a_{222} 直接前驱是 a_{122}，直接后继是 a_{322}；第二维大小为 4，4 个元素($a_{212},a_{222},a_{232},a_{242}$)呈线性关系，$a_{222}$ 直接前驱是 a_{212}，直接后继是 a_{232}；第三维大小为 2，2 个元素(a_{221},a_{222})呈线性关系，a_{222} 直接前驱是 a_{221}，没有直接后继。

通过分析上述列举的数组例子，我们清楚了数组的逻辑特征。下面给出数组的抽象数据类型定义。

```
ADT Array{
  数据对象: D={a_{i₁i₂}⋯i_j⋯i_n|a_{i₁i₂}⋯i_j⋯i_n∈ElemSet}
          i_j 是第 j 维的下标, 1≤i_j≤b_j
          1≤j≤n, b_j 是第 j 维的长度
  数据关系: R={R₁,R₂,⋯,R_n}
          R_j={<a_{i₁i₂}⋯i_j⋯i_n,a_{i₁i₂}⋯i_{j+1}⋯i_n>是第 j 维 b_j 个元素的关系}
          1≤j≤n, 1≤i_j≤b_j-1, b_j 是第 j 维的长度
  基本操作:
     ArrayInit(&A,dim,bounds[])        //初始化 dim 维数组 A, 每维长度 bounds
     ArrayDestroy(&A)                  //销毁数组 A
     ArrayAssign(&A, e, index[])       //将 e 赋予数组 A 下标为 index 的元素
     ArrayValue(A, &e, index [])       //将数组 A 下标 index 的元素值赋予 e
}
End ADT
```

根据数组的定义，数组是定长的线性表，所以就有了长度上的限制，如不允许通过元素的增加或删除来改变线性表的长度。于是，定义数组抽象数据类型时，通常只定义以上这 4 种基本操作。

讨论题

数组除了定义上述的基本操作外，还能定义哪些合法的操作？

4.2.2 多维数组的顺序存储

在给出数组的抽象数据类型描述后，考虑数组的存储结构时应包括两个因素：①分配连续的存储单元或非连续的存储单元；②保存全部的数组元素或部分的数组元素。同时根据具体存放形式，分析对元素的访问方式。

本小节介绍分配连续的存储单元，保存全部的数组元素，即**数组的顺序表示**。在顺序表示中，要考虑的有这样几个问题：①需要多大的空间；②如何来放置数组的元素；③如何管理这个连续的空间；④如何访问数组元素。

一维数组 $A=(a_1,a_2,\cdots,a_n)$ 需要一个能存储 n 个元素的连续空间，并依据元素的逻辑次序 a_1 到 a_n，将元素依次存放到这个连续空间中。为了管理这些数据元素，还需要一个结构变量 A，如图 4.9 所示。该结构变量中要包含连续空间起始地址、数组的维数、每一维的下界和上界。

假定 b 为连续单元的起始地址，每个元素占 L 个存储单元，则元素 a_i 前面有 $i-1$ 个元素，占有的单元数为 $(i-1)L$，所以元素 a_i 的地址计算公式为：

$$LOC(i)=b+(i-1)L=LOC(1)+(i-1)L$$

这个公式也称为**寻址公式或映像函数**。通过寻址公式，当下标 i 合法时，可以随机地访问元素 a_i。也就是说，数组的顺序存储支持对元素的随机访问。

对于图 4.6 中二维数组的顺序存储，首先计算需要分配多大的连续空间，显然，这里需要能存放 $m\times n$ 个元素的连续空间。至于存放方式，二维以上的多维数组就会涉及一个存放次序的问题。

第一种方式称为**行序优先**，即将二维数组的元素逐行地保存在连续存储空间中，存放结果如图 4.10 所示。

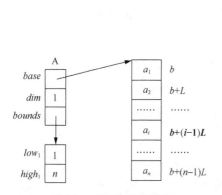

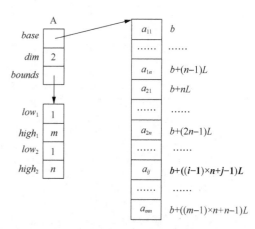

图 4.9　一维数组的顺序存储　　　　图 4.10　二维数组的顺序存储（行序优先）

在行序优先的存储方式中，因为 a_{ij} 的地址等于连续空间起始地址 b 加上 a_{ij} 前面的元素占用的单元数，所以要点就是分析出 a_{ij} 前面要存放多少个元素。首先 a_{ij} 前面有 $i-1$ 行，每行有 n 个元素，共有 $(i-1)\times n$ 个元素；同时在第 i 行中，a_{ij} 前面还需要存放 $j-1$ 个元素。这样在前面存放元素的总个数是 $(i-1)\times n+j-1$。所以 a_{ij} 的地址计算公式为：

$$LOC(i,j)=b+((i-1)\times n+j-1)L=LOC(1,1)+((i-1)\times n+j-1)L$$

第二种方式称为**列序优先**，即将二维数组的元素逐列地保存在连续存储空间中，存放结果如图 4.11 所示。同理分析出列序优先时 a_{ij} 的地址计算公式为：

$$LOC(i,j)=b+((j-1)\times m+i-1)L=LOC(1,1)+((j-1)\times m+i-1)L$$

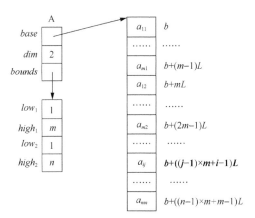

图 4.11　二维数组的顺序存储（列序优先）

以上非常直观地介绍了二维数组的行序优先和列序优先的顺序存储方式及地址计算公式。一般情况下，对于一个各维长度依次为 d_1、$d_2 \cdots d_n$ 的 n（$n \geq 2$）维数组 A，需要分配 $d_1 \times d_2 \times \cdots \times d_n$ 个元素的连续存储空间存储全部数组元素。行序优先的存储方式是：将 A 看成 d_1 个各维长度依次为 $d_2 \cdots d_n$ 的 $n-1$ 维数组，顺序地将这 d_1 个 $n-1$ 维数组按行序优先的方式存储到连续空间中，每个 $n-1$ 维数组占用 $d_2 \times \cdots \times d_n$ 个元素空间；再将每个 $n-1$ 维数组看成 d_2 个各维长度依次为 $d_3 \cdots d_n$ 的 $n-2$ 维数组，顺序地将这 d_2 个 $n-2$ 维数组按行序优先的方式存储到对应的连续空间中，每个 $n-2$ 维数组占用 $d_3 \times \cdots \times d_n$ 个元素空间；按此步骤，直到分解成长度为 d_n 的一维数组，存储到对应的 d_n 个元素空间中。

求 n 维数组 A 的元素 $a_{i_1 i_2 \cdots i_n}$ 的地址，也是使用与二维数组相同的分析方法，需要计算出按行序优先方式存储时有多少个元素保存在该元素前面，最后得到其行序优先存放的地址计算公式为：

$$LOC(i_1, i_2, \cdots, i_n) = LOC(1,1,\cdots,1) + ((i_1-1)d_2 d_3 \cdots d_n + (i_2-1)d_3 \cdots d_n$$
$$+ \cdots + (i_{n-1}-1)d_n L + (i_n-1))L$$
$$= LOC(1,1,\cdots,1) + \sum_{j=1}^{j=n} c_j(i_j-1)$$

其中 $c_n = L$，$c_{j-1} = d_j \cdot c_j$，$1 < j \leq n$。数组一旦定义好后，c_j 的值就是一个常数，其被称为**映像函数的常数**。

同理分析列序优先，将 A 看成 d_n 个各维长度依次为 $d_1 \cdots d_{n-1}$ 的 $n-1$ 维数组，顺序地将这 d_n 个 $n-1$ 维数组按列序优先的方式存储到连续空间，可得元素 $a_{i_1 i_2 \cdots i_n}$ 的地址计算公式为：

$$LOC(i_1, i_2, \cdots, i_n) = LOC(1,1,\cdots,1) + (d_1 d_2 \cdots d_{n-1}(i_n-1) + d_1 d_2 \cdots d_{n-2}(i_{n-1}-1)$$
$$+ \cdots + d_1(i_2-1) + (i_1-1))L$$

明确数组的顺序存储方式后，再进一步以行序优先的方式为例进行分析。当一个数组的每一维下标下界（如是 0 或者 1）确定后，那么只要保存每一维长度就能很方便地得到每一维下标的上界。同时，为了提高计算地址的效率，我们也需要把 n 个映像函数的常数值预先计算出来并保存，此时 n 维数组的行序优先顺序存储结构如图 4.12 所示。

对应顺序存储结构的数据类型定义如下。

```
typedef struct {
    ElemType *base;          //存储数组元素空间基地址
    int dim;                 //数组维数
    int *bounds;             //每一维长度
    int *consts;             //dim 个映像函数的常数
} Array;
```

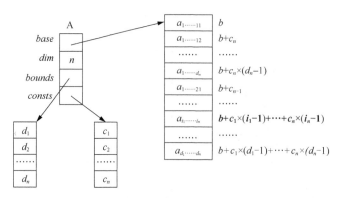

図4.12 n 维数组的顺序存储（行序优先）

如果采用顺序存储结构存储数组 A，初始化数组 A 时需分配空间保存参数给出的各维大小和计算出的映射函数常量，并为数组元素分配连续存储空间。

例4-9：初始化数组算法如下。

```
status ArrayInit(Array *A,int dim, int bounds[]){
   A->dim=dim;                              //确定数组维数
   if(!(A->bounds=(int *)malloc(dim*sizeof(int))))
       return OVERFLOW;
   int i;
   for(i=0;i<dim;i++)
   {
       if(bounds[i]<1) {free(A->bounds);return ERROR;}
       A->bounds[i]=bounds[i];              //检查和保存每一维长度
   }
   if(!(A->consts=(int *)malloc(dim*sizeof(int))))
       {free(A->bounds); return OVERFLOW;}
   A->consts[dim-1]=1;                      //计算 dim 个映射函数常量
   for(i=dim-2;i>=0;i--)
       A->consts[i]=A->consts[i+1]*A->bounds[i+1];
   A->base=(ElemType *)malloc(A->consts[0]* A->bounds[0]); //分配元素空间
   if(!A->base)
       {free(A->bounds); free(A->consts); return OVERFLOW;}
   return OK;
}
```

对数组进行赋值操作时，根据参数中给出的数组元素下标 *index*，利用数组 A 中保存的各维大小和映射函数常量，按照地址公式计算出元素的地址，将元素 *e* 写到对应的单元中。

例4-10：数组元素赋值算法如下。

```
status ArrayAssign(Array *A, ElemType e, int index[])
{
    ElemType* addr=A->base;//指向数组首地址
    int i;
    for(i=0; i<A->dim; i++)
    {   //根据各维下标，利用地址公式计算数组元素地址 addr
        if(index[i]<1 || index[i]>A->bounds[i]) return ERROR;
        addr+=A->consts[i]*(index[i]-1);
    }
```

```
        *addr=e;
        return OK;
}
```

读者可参照上述两个基本操作的实现，自行实现剩下的两个基本操作。

讨论题

为一个二维数组 $A[l_1 \cdots h_1][l_2 \cdots h_2]$ 需要分配多大的空间，并给出其寻址公式。

4.2.3 矩阵的压缩存储

矩阵广泛地应用于科学与工程计算领域中。通常，在高级语言中，使用二维数组来表示矩阵，并通过对二维数组的操作来完成相应的矩阵运算。对于一些规模不大的矩阵，使用二维数组的顺序存储方式，通常是能够有效地完成计算的。但在实际应用中，往往会出现一些阶数很高的矩阵，同时矩阵中可能会出现很多值相同的元素或零元素，这时，如果还采用顺序存储方式，存储开销就会很大，甚至系统无法满足存储要求。基于这个原因，我们对这类矩阵需要进行压缩存储。对值相同的元素只分配一个元素的存储单元，对零元素则不需要保存，这种存储方式称为**矩阵的压缩存储**。矩阵的压缩存储有两类：一类是特殊矩阵的压缩存储；另一类是稀疏矩阵的压缩存储。

1. 特殊矩阵的压缩存储

在特殊矩阵中值相同的元素或零元素，其分布都有着一定规律。考虑其特殊性，不一定要保存全部的数据元素，如只保存部分数据元素，没有保存的数据元素可以通过分析它们与已保存数据元素之间的关系进行访问。这种矩阵的存储方式称为**特殊矩阵的压缩存储**。

特殊矩阵的压缩存储

（1）对称矩阵

一个 n 阶方阵 A 中的元素如果满足 $a_{ij}=a_{ji}$（$1\leqslant i, j\leqslant n$），则称方阵 A 为对称矩阵。

图 4.13 所示为一个 6 阶方阵且为对称矩阵。考虑图 4.13 中元素之间的对称性，这里可以保存约一半多的数据元素；剩下未保存的利用其对称性进行访问。下面开始讨论如何完成对称矩阵的压缩存储。

首先，需要明确对一个对称矩阵需要保存哪些数据元素，以及有多少个元素。由其对称性可知 a_{ij} 等于 a_{ji}，所以对称元素只需要保存其中一个，访问 a_{ij} 等价于访问 a_{ji}，反之亦然。这样就只需保存对角线以下的所有数据元素（含对角线），即下三角部分；或

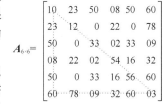

$$A_{6\times 6}=\begin{bmatrix} 10 & 23 & 50 & 08 & 50 & 60 \\ 23 & 12 & 0 & 22 & 0 & 78 \\ 50 & 0 & 33 & 02 & 33 & 09 \\ 08 & 22 & 02 & 54 & 16 & 32 \\ 50 & 0 & 33 & 16 & 56 & 60 \\ 60 & 78 & 09 & 32 & 60 & 03 \end{bmatrix}$$

图 4.13 对称矩阵示例

者只需保存对角线以上的所有数据元素（含对角线），即上三角部分。这里选定存储下三角部分元素，即图 4.13 中虚线三角形区域内的元素。对于 $n\times n$ 方阵，下三角部分元素个数为 $n(n+1)/2$ 个。同时，如果元素 a_{ij} 的下标满足条件 $i\geqslant j$，则该元素在下三角处，否则在上三角处。

如图 4.14 所示，以行序优先的方式将下三角存储到一维数组 SA 中，其中 a_{ij} 对应存储在 $SA[k]$。

	a_{11}	a_{21}	a_{22}	a_{31}	a_{32}	a_{33}	……	a_{ij}	……	a_{nn}
0	1	2	3	4	5	6	……	k	……	$n(n+1)/2$

图 4.14 对称矩阵的压缩存储

k 与 i、j 存在如下一一对应的映射关系。

$$k = \begin{cases} \dfrac{i(i-1)}{2} + j & i \geq j \\[2mm] \dfrac{j(j-1)}{2} + i & i < j \end{cases}$$

基于此映射关系，访问对称矩阵中的任意一个元素 a_{ij}，等价于对 $S[k]$ 的访问，即给出数组元素 a_{ij} 的下标 i 与 j 后，利用此对应关系的公式计算出该元素在 SA 中的下标 k，即可完成对数组元素的访问。所以尽管对称矩阵采用压缩存储，只保存部分数组元素，但我们仍可以对其进行随机访问。

（2）三对角矩阵

图 4.15 所示为三对角矩阵。除其对角线上的元素外，其他元素值都是 0（也可以都是取某一个特殊值的数）。

$$A_{n \times n} = \begin{bmatrix} a_{11} & a_{12} & 0 & & & \cdots & & 0 \\ a_{21} & a_{22} & a_{23} & 0 & & & & 0 \\ 0 & a_{32} & a_{33} & a_{34} & 0 & \cdots & & 0 \\ & & & \vdots & & & & \\ \vdots & \vdots & \vdots & a_{ij} & \vdots & & \vdots & \vdots \\ & & & \vdots & & & & \\ 0 & \cdots & & 0 & a_{n-2\,n-3} & a_{n-2\,n-2} & a_{n-2\,n-1} & 0 \\ 0 & & \cdots & & 0 & a_{n-1\,n-2} & a_{n-1\,n-1} & a_{n-1\,n} \\ 0 & & \cdots & & & 0 & a_{n\,n-1} & a_{nn} \end{bmatrix}$$

图 4.15 三对角矩阵

三对角矩阵，只需要存储 3 条对角线上的元素，零元素不需要保存或只保存一个。当 i 和 j 满足 $|i-j| \leq 1$ 时，元素 a_{ij} 在对角线上，需要存储的元素个数为 $3n-2$ 个。

图 4.16 以行序优先的方式将对角线上元素存储到一维数组 SA 中，其中 a_{ij} 对应存储在 $SA[k]$，零元素（或某一个特殊值的数）存储在 $SA[0]$ 中。

0	a_{11}	a_{12}	a_{21}	a_{22}	a_{23}	a_{32}	……	a_{ij}	……	a_{nn}
0	1	2	3	4	5	6	……	k	……	$3n-2$

图 4.16 三对角矩阵的压缩存储

k 与 i、j 存在如下对应关系。

$$k = \begin{cases} 2i + j - 2 & |i-j| \leq 1 \\ 0 & \text{其他} \end{cases}$$

讨论题

如何对上三角矩阵和下三角矩阵进行压缩存储？

2. 稀疏矩阵的压缩存储

实际应用中，常常会遇到一种矩阵，其零元素很多，非零元素很少，且非零元素在矩阵中的位置没有特定的规律，称这种矩阵为稀疏矩阵。稀疏矩阵没有一个明确的定义，只是从形式上看，非零元素的个数占元素总数的比例低于某特定的阈值。图 4.17 中矩阵 M 和其转置矩阵 N 各有 42 个数组元素，其中只有 8 个是非零元素。

稀疏矩阵的转置算法

$$M=\begin{bmatrix} 10 & 0 & 0 & 0 & 0 & 16 \\ 0 & 0 & 0 & 0 & 0 & 0 \\ 0 & 12 & 0 & 36 & 0 & 0 \\ 0 & 0 & 0 & 0 & 0 & 0 \\ 0 & 28 & 0 & 0 & 0 & 0 \\ 0 & 0 & 89 & 0 & 0 & 0 \\ 0 & 0 & 0 & 51 & 66 & 0 \end{bmatrix} \qquad N=\begin{bmatrix} 10 & 0 & 0 & 0 & 0 & 0 & 0 \\ 0 & 0 & 12 & 0 & 28 & 0 & 0 \\ 0 & 0 & 0 & 0 & 0 & 89 & 0 \\ 0 & 0 & 36 & 0 & 0 & 0 & 51 \\ 0 & 0 & 0 & 0 & 0 & 0 & 66 \\ 0 & 0 & 0 & 0 & 0 & 0 & 0 \\ 16 & 0 & 0 & 0 & 0 & 0 & 0 \end{bmatrix}$$

图 4.17　稀疏矩阵

由于图 4.17 中非 0 元素很少，因此只需保存这些非零元素，没有保存的都是零元素。为了标明每个非零元素在矩阵中的位置，可以用(行,列,值)的三元组形式来表示非零元素。将所有的非零元素，按行序优先的方式排列起来，就得到一个三元组的线性表，再加上稀疏矩阵的行数和列数这两个属性值组成的二元组，得到的这种特殊线性表称为三元组表。由三元组表能唯一地确定稀疏矩阵。图 4.17 中矩阵 *M* 的三元组表如下所示。

(1,1,10) (1,6,16) (3,2,12) (3,4,36) (5,2,28) (6,3,89) (7,4,51) (7,5,66) (7,6)

三元组表的概念，实际上可以理解为将稀疏矩阵转换成三元组表的形式，稀疏矩阵的存储转换成三元组表的存储。三元组表这种特殊线性表参照线性表的存储结构，既可以采用顺序存储结构，也可以采用链式存储结构。

（1）三元组顺序表

以顺序存储结构来表示三元组表，得到稀疏矩阵的一种压缩存储方式，我们称这种存储方式为三元组顺序表。数据类型定义如下。

```
#define MAXSIZE 10000
typedef struct {
    int i, j;                //非零元素行、列下标
    ElemType v;              //非零元素值
} Triple;                    //定义三元组类型
typedef struct {
    Triple data[MAXSIZE+1];
    int m,n,t;               //稀疏矩阵的行数、列数和非零元素个数
} TriSeqList;                //定义三元组顺序表类型
```

有了三元组顺序表类型 TriSeqList 的定义后，就可以使用它定义结构变量来表示一个稀疏矩阵的三元组表。表 4.2 所示为图 4.17 中矩阵 *M* 和 *N* 的三元组顺序表。

表 4.2　稀疏矩阵 *M* 和 *N* 的三元组顺序表

（a）*M* 的三元组顺序表

行号	列号	值
1	1	10
1	6	16
3	2	12
3	4	36
5	2	28
6	3	89
7	4	51
7	5	66
……	……	……
7	6	8

（b）*N* 的三元组顺序表

行号	列号	值
1	1	10
2	3	12
2	5	28
3	6	89
4	3	36
4	7	51
5	7	66
6	1	16
……	……	……
6	7	8

下面讨论在三元组顺序表形式下稀疏矩阵的转置运算。转置运算就是由一个 m 行 n 列的矩阵 M 得到一个 n 行 m 列的矩阵 N，其中 $M(i,j)=N(j,i)$，$1 \leq i \leq m$，$1 \leq j \leq n$。以表 4.2 中矩阵 M 的三元组顺序表为例，首先根据转置运算的定义，直接由 M 的三元组顺序表生成 N 的三元组顺序表，处理方式就是把 M 的行数和列数交换保存在 N 的三元组顺序表中，同时简单地把 M 的三元组顺序表中的每个三元组行号和列号交换，值不变，保存在 N 的三元组顺序表，得到 N 的三元组顺序表如表 4.3 所示。

表 4.3　稀疏矩阵 M 的三元组顺序表行列交换结果

行号	列号	值
1	1	10
6	1	16
2	3	12
4	3	36
2	5	28
3	6	89
4	7	51
5	7	66
……	……	……
6	7	8

很显然，根据表 4.3 的三元组顺序表能够唯一地确定矩阵 M 的转置矩阵 N，所以说这个结果是没错的，但是没错不代表好。表 4.3 的三元组顺序表不是按行序优先的方式存储三元组，这样某行或某列的三元组会分散出现在三元组表中，从而使得稀疏矩阵的其他运算（例如，执行矩阵加法、乘法运算），每次要获取运算对象时都会在整个三元组表范围中进行查找，很大程度上影响了算法效率，所以说表 4.3 不是一个好的三元组顺序表。一个好的存储结构，既要有效地保存元素以及元素间的关系，同时也要便于高效算法的实现。基于这个原则，就要求设计矩阵转置算法时，应该在三元组顺序表中按行序优先方式存储三元组。下面介绍两个满足此要求的稀疏矩阵转置算法。

① 第一种转置算法的思想是：首先将矩阵 M 的行数、列数和非零元素个数分别赋予转置矩阵 N 的列数、行数和非零元素个数，接着就是多次遍历矩阵 M 的三元组顺序表，依次查找矩阵 M 的第 1 列、第 2 列……一直到第 $M.n$ 列的三元组（也是转置矩阵 N 的第 1 行到第 $N.n$ 行的三元组），将行列序号互换后得到的三元组依次写到 N 的三元组顺序表中。

例 4-11：转置矩阵算法如下。

```
TriSeqList TansMat(TriSeqList M)
{
    TriSeqList N;
    N.m=M.n; N.n=M.m; N.t=M.t;
    if(M.t)
    {
        int q=1, col, p;
        for(col=1;col<=M.n;col++)
            for(p=1;p<=M.t;p++)
                if(M.data[p].j==col)
                {
                    N.data[q].j=M.data[p].i;
                    N.data[q].i=M.data[p].j;
                    N.data[q++].v=M.data[p].v;
                }
    }
}
```

```
    return N;
}
```

该算法对 *M* 中长度为 *M.t* 的三元组表每扫描一遍，找出某一列中的三元组，那么 *M.n* 列就需要扫描 *M.n* 次，所以算法的时间复杂度为 $O(M.t \times M.n)$。

② 第二种转置算法是一种快速的转置算法，是对第一种算法的改进。该算法只需要对 *M* 中的三元组表扫描两遍：第一遍扫描统计 *M* 中每一列（*N* 的每一行）的非零元素个数，计算出 *N* 的每一行非零元素起始位置；在第二遍扫描中每遇到一个非零元素的三元组，借助第一遍扫描后得到的 *N* 的每一行非零元素起始位置，可以将每个三元组直接存储到 *N* 的目标位置。

该算法需要定义两个长度为 *M.n* 的一维整型数组：第一个数组是 *num*，它记录 *M* 每一列中非零元素个数，初始值为 0，对 *M* 中的三元组表进行第一遍扫描，每遇到一个三元组，将其列号 *j* 作为下标，对 *num*[*j*] 加 1，第一遍扫描结束即完成统计工作，时间复杂度为 $O(M.n+M.t)$；第二个数组是 *cpot*，它记录 *M* 的三元组顺序表中，每列（实际上对应的是 *N* 的每行）第一个非零元素在 *N* 的三元组顺序表中应存储的目标位置。我们可使用递推算法来求解 *cpot* 数组的元素值。显然，*M* 第 1 列的第一个非零元素应该存储到 *N* 的第一个位置，即 *cpot*[1]=1；假定已经计算出 *M* 第 *col*-1 列的第一个非零元素在 *N* 中的存储位置 *cpot*[*col*-1]，由于第 *col*-1 列共有 *num*[*col*-1]个非零元素，因此 *M* 第 *col* 列的第一个非零元素在 *N* 中的存储位置为 *cpot*[*col*-1]+*num*[*col*-1]。这个算法的时间复杂度为 $O(M.n)$，递推公式为：

$$cpot[col] = \begin{cases} 1 & col = 1 \\ cpot[col-1] + num[col-1] & col > 1 \end{cases}$$

对稀疏矩阵 *M* 计算出的 *num* 和 *cpot* 这两个数组的值如表 4.4 所示。

表 4.4 稀疏矩阵 *M* 的 *num* 和 *cpot* 值

col	1	2	3	4	5	6
num[col]	1	2	1	2	1	1
cpot[col]	1	2	4	5	7	8

借助 *cpot* 对 *M* 的三元组顺序表扫描第二遍，每遇到一个三元组，假定其列号为 *col*，将该三元组的行列序号互换后存储到 *N* 的目标位置 *copt*[*col*]中，同时 *copt*[*col*]加 1，为 *M* 第 *col* 列（*N* 的第 *col* 行）的下一个非零元素提供目标位置，第二遍扫描过程的时间复杂度为 $O(M.t)$。

例 4-12：快速转置矩阵算法如下。

```
TriSeqList FastTansMat(TriSeqList M)
{
    TriSeqList N; int num[M.n], cpot[M.n];
    N.m=M.n;N.n=M.m; N.t=M.t;
    if(M.t)
    {
        int col, t, p, q;
        for(col=1;col<=M.n;col++)num[col]=0;
        for(t=1;t<=M.t;t++)  ++num[M.data[t].j];
        cpot[1]=1;                       //计算数组 cpot
        for(col=2;col<=M.n;col++)
            cpot[col]=cpot[col-1]+num[col-1];
        for(p=1;p<=M.t;++p)              //扫描 M 三元组表
        {
```

```
            col=M.data[p].j;                    //确定 M 当前元素列号
            q=cpot[col];                        //确定在 T 的存放位置
            N.data[q].j=M.data[p].i;
            N.data[q].i=M.data[p].j;
            N.data[q].v=M.data[p].v;
            ++cpot[col];                        //修改 N 当前行下一元素的存放位置
        }
    }
    return N;
}
```

综合算法的各个处理阶段，算法的时间复杂度为 $O(M.n+M.t)$。

（2）十字链表

以链式存储结构来表示三元组表，得到稀疏矩阵的另一种压缩存储方式。由于二维数组元素有行关系和列关系，因此三元组的结点需要两个指针来维护这两个关系，于是有了带两个指针的三元组结点。

采用三元组表的链式存储结构时，首先是每行非零元素的三元组结点构成一个单链表，然后需要一个行头指针数组来保存所有行的头指针，同样需要一个列头指针数组。为了管理这两个头指针数组，同时提供完整的矩阵信息，使用一个结构型数据（包含两个头指针数组的信息及稀疏矩阵的行、列数等），这种存储结构称为十字链表。该存储结构非常形象地表示了每个非零元素水平方向的关系（行关系）及垂直方向的关系（列关系）。这两种关系十字交叉，所以称为十字链表。图 4.18 所示为稀疏矩阵 M。

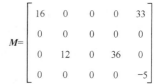

$$M=\begin{bmatrix} 16 & 0 & 0 & 0 & 33 \\ 0 & 0 & 0 & 0 & 0 \\ 0 & 12 & 0 & 36 & 0 \\ 0 & 0 & 0 & 0 & -5 \end{bmatrix}$$

图 4.18　稀疏矩阵 M

稀疏矩阵 M 的十字链表存储结构如图 4.19 所示。可见，每行的非零元素结点构成一个单链表，其中结点中的列号递增有序；每列的非零元素结点也构成一个单链表，其中结点中的行号递增有序。

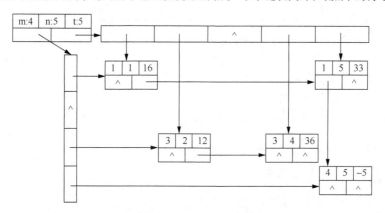

图 4.19　稀疏矩阵 M 的十字链表存储结构

十字链表的数据类型定义如下。

```
typedef struct TriNode{                //三元组结点定义
    int i, j;
    ElemType  v;
    struct TriNode *right, *down;   //行列关系指针
} TriNode, *TriLink;
typedef struct {                       //十字链表类型定义
```

```
        TriLink *rhead, *chead;          //行列头指针数组
        int m, n, t;                     //稀疏矩阵的行数、列数和非零元素个数
    } CrossLinkList;
```

下面讨论在十字链表形式下稀疏矩阵的转置运算。该算法是依据 *M* 的十字链表构造转置矩阵 *N* 的十字链表，构造过程中依次取 *M* 的第 *M.m* 行到第 1 行的单链表，根据单链表中的每个结点 *p* 生成一个新结点 *q*，将 *p* 的行列序号交换（值不变）后得到的三元组写到 *q* 结点中，*q* 结点需要插入 *N* 的两个单链表（对应的行和列单链表）中，并且为满足 *N* 中每行单链表的列序号递增及每列单链表中行序号递增，需要用首插法将 *q* 结点插入 *N* 的对应行单链表中，用尾插法将 *q* 结点插入 *N* 的对应列单链表中。

例 4-13：基于十字链表的转置矩阵算法如下。

```
CrossLinkList TansMat_CLL(CrossLinkList M) {
    CrossLinkList N;
    N.m=M.n;N.n=M.m; N.t=M.t;
    if(!(N.rhead=(TriLink *)calloc(N.m,sizeof(TriLink))))
            exit(OVERFLOW);
    if(!(N.chead=(TriLink *)calloc(N.n,sizeof(TriLink))))
            exit(OVERFLOW);
            if(M.t)
            int row; TriLink p;
    for(row= M.m-1;row>=0;row--)
            for(p=M.rhead[row];p;p=p->right) { //获取M各行链表头指针
                TriLink r,q=(TriNode *)malloc(sizeof(TriNode)); //产生新结点
                q->i=p->j;  q->j=p->i;  q->v=p->v; //用首插法将q结点插到对应行单链表
                q->right=N.rhead[q->i-1]; N.rhead[q->i-1]=q;
                q->down=NULL;                    //用尾插法将q结点插到对应列单链表
                if(N.chead[q->j-1]==NULL)
                  N.chead[q->j-1]=q;
                else  {
                   TriLink r;
                   for(r= N.chead[q->j-1];r->down;r= r->down);
                     r->down=q; }
            }
    return N;
}
```

讨论题

访问三元组顺序表的元素是顺序访问还是随机访问？

4.3 广义表

4.3.1 广义表的定义

广义表是线性表的推广，其也称为**列表**。广义表是 n（$n \geq 0$）个元素的有限序列，记为：

$$LS = (a_1, a_2, \cdots, a_n)$$

其中，LS 表示广义表名；n 表示广义表 LS 的长度；元素 a_i（$1 \leq i \leq n$）或者是数据元素，或者是广义表（通常约定用大写字母表示广义表的名称，小写字母表示数据元素）。当广义表的元素是一个数据元素时，称其为原子，否则称该元素为广义表或子表。广义表有别于线性表，线性表中的元素仅限于原子项，而广义表中的元素既可以是原子项，也可以是一个广义表这样的数据结构。所以广义表是线性表的推广，线性表是广义表的特例。

当广义表非空时，称第一个元素 a_1 为广义表 LS 的表头（head），称其余元素组成的表 $(a_2,\cdots,a_n)$ 为广义表 LS 的表尾（tail）。在人工智能等领域中广泛使用的 LISP 语言，它的程序就是一系列的广义表。

下面通过一些广义表的例子，进一步理解什么是广义表。

（1）A=（）：A 是一个空广义表，其长度为 0。

（2）B=(x,y)：B 是一个长度为 2 的广义表。由于其元素都是原子，因此它也是线性表。

（3）C=(a,(b,c))：C 是一个长度为 2 的广义表。其第一个元素是原子，第二个元素是广义表。

（4）D=(A,B,C)：D 是一个长度为 3 的广义表。其每个元素都是广义表，将 A、B 和 C 带入后，D=((），(x,y)，(a,(b,c)))。

（5）E=(A,D)：E 是一个长度为 2 的广义表。其每个元素都是广义表，其中 A 也是 D 的元素。这个例子表明广义表允许共享子表。

（6）F=(a,F)：F 是一个长度为 2 的广义表。其第一个元素是原子，第二个元素是广义表自身。展开后，F=(a,(a,(a,…)))就是一个无限的广义表。这个例子表明广义表允许递归定义。

除了按元素的序列形式定义广义表外，还可以用图形的方式表示广义表，如用小圆圈表示广义表，如果广义表有名称，则将广义表名称附在小圆圈内；用小正方形表示原子。广义表结点用箭头依次指向它的各个元素。例如，上面给出的 D、E、F 这 3 个广义表对应的图形表示如图 4.20 所示。

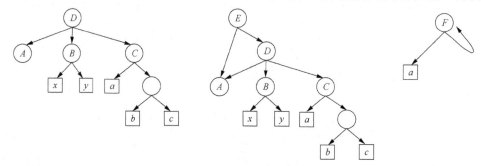

图 4.20 广义表对应的图形表示

称形状像一棵倒长着树的广义表（如广义表 D）为**纯表**，允许结点共享的广义表（如广义表 E）为**再入表**，形如广义表 F 的称为**递归表**。由广义表的图形表示可知，广义表中的元素不仅有次序的关系，还有层次关系；广义表的图形表示也可以用来作为树的一种逻辑表示。

由于广义表是线性表的推广，因此广义表的很多操作和线性表的操作类似，这里不系统地对广义表的基本操作进行定义，只重点介绍两个基本操作：取广义表的表头 *head* 和表尾 *tail*。根据广义表表头和表尾的定义，一个广义表的表头既可能为原子也可能为广义表，表尾一定为一个广义表。例如：

head(B)=x   tail(B)=(y)

head(D)=A=（）   tail(D)=(B,C)=((x,y), (a,(b,c)))

head 和 tail 也可以进行复合运算操作，例如：

head(tail(D))=head(((x,y), (a,(b,c))))=(x,y)

tail(head((( ),( )),( ))))= tail((( ),( )))=（ ）

4.3.2　广义表的存储

由于广义表的元素既可以是原子也可以是广义表，每个元素所需的空间大小无法统一，很难用一种有效的顺序存储结构表示，因此通常采用链式结构表示。

根据元素的类型不同，广义表中的结点可分为两种：一种是原子结点，它包括两个属性值，即结点类型和原子的值；另一种是广义表结点，由于广义表非空时可以分解成表头和表尾，这样广义表结点包括 3 个属性值，即结点类型、表头指针和表尾指针。

为了统一管理这两种结点，我们可以采用联合形式来为这两种结点定义结点类型。在这个类型中，公共部分是结点类型，用以识别当前结点是原子结点还是广义表结点。根据结点类型确定对结点的访问方式，如果是原子结点，联合成员 *atom* 有效，否则就是联合成员 *ptr* 有效，它包含表头和表尾两个指针。

这里给出广义表结点数据结构的定义如下。

```
typedef enum {ATOM,LIST} ElemTag;    //ATOM 表示原子结点，LIST 表示广义表结点
typedef struct GLNode{
    ElemTag tag;                      //标识域，用以区分原子结点和广义表结点
    union { AtomType atom;            //原子结点属性 atom
        struct { struct GLNode *hp,*tp;} ptr;    //表结点属性 ptr
    };
} *GList;
```

这样，可通过 GList 定义一个广义表结点的指针变量来表示一个广义表。根据这个定义，以广义表 *A*、*B*、*C* 和 *D* 为例，其链式存储结构示意图如图 4.21 所示。

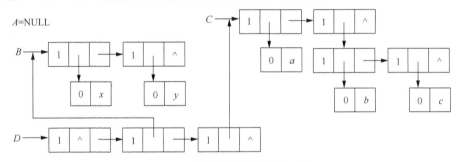

图 4.21　广义表的链式存储结构示意图

这里 *A* 是一个空广义表，所以 *A* 就是一个空指针；*B* 是一个长度为 2 的广义表，*B* 指向一个广义表结点，因为表头是 *x*，所以表头指针指向原子结点 *x*，表尾指针指向表尾的广义表 (*y*) 的结点，广义表 (*y*) 的表头指针指向原子结点 *y*，表尾指针为空；*C* 的存储结构构造方式与 *B* 类似；*D* 是长度为 3 的广义表，第一个元素是 *A*，*A* 是空表，所以表头指针为空，后两个元素分别是 *B* 和 *C*，对应的后续就有两个广义表结点，其表头指针分别指向 *B* 和 *C* 的起点，实现共享子表。

当广义表的存储结构确定后，就可以实现广义表的基本操作。下面就介绍几个常用基本操作的递归算法实现。

（1）创建广义表

假定将广义表定义形式表示成一个字符串，根据这个字符串构造广义表的链式存储结构。该算法有两个递归出口：一个是字符串为 "( )" 时，生成空广义表；另一个是字符串只包含一个字符时，表示原子元素的值，需要生成原子结点。对非空广义表形式的字符串进行递推处理，首先

生成一个广义表结点，取广义表字符串的表头和表尾字符串，分别由这两个字符串构造链式存储结构作为广义表结点的表头和表尾。

例4-14：创建广义表算法如下。

```
status SplitHeadTail(char head[],char tail[],char glist[])
{   //取广义表glist的表头和表尾保存到head和tail中
    int i=0,j,k,len=strlen(glist); char c;
    k=0;                            //k记录未匹配的左括号数
    do
    {   i++;
        if(glist[i]=='(') k++;
        if(glist[i]==')') k--;
    } while(!(glist[i]==',' && k==0 || glist[i]==')' && k==-1)) ;
    for(j=1,k=0;j<i;j++,k++) //取表头字符串
        head[k]=glist[j];
    head[k]='\0';
    for(j=(glist[i]==','?i+1:i),k=1;j<=len;j++,k++)  //取表尾字符串
        tail[k]=glist[j];
    tail[0]='(';
    return OK;
}
GList CreateGList(GList L,char S[])
{
    if(strcmp(S,"()")==0)
        L=NULL;                 //生成空广义表
    else{
        L=(GList)malloc(sizeof(struct GLNode));
        if(strlen(S)==1)
        {
            L->tag=ATOM;     //生成原子结点
            L->atom=S[0];    //存储原子元素值
        } else {
            char head[MAXSIZE]; char tail[MAXSIZE];
            L->tag=LIST;                    //生成广义表结点
            SplitHeadTail(head,tail,S);    //取S的表头和表尾
            L->ptr.hp=CreateGList(L->ptr.hp,head);  //构造表头链式结构
            L->ptr.tp=CreateGList(L->ptr.tp,tail);  //构造表尾链式结构
        }}
    return L;
}
```

（2）广义表的输出

广义表的输出需要根据广义表的链式存储结构，输出其字符串的定义形式。该算法有两个递归出口：一个是对空广义表，输出字符串"()"；另一个是对原子结点，显示原子元素值。对广义表结点，需要采用递推处理，先输出表头，再输出表尾。

图4.22展示了输出广义表L的过程。其中，用虚线表示遍历路线，在遍历的虚线旁标记着虚线矩形框，该虚线框中的字符是算法中指针L指向相应结点时要输出的字符：①开始时L指向的是整个广义表，输出左小括号；②当广义表结点表头指针指向一个原子结点时，输出原子元素值，如 a；③当广义表结点表头指针指向广义表结点时，输出左小括号（特别地，当广义表结点表头

指针为空时,对应输出是一个小括号);④当广义表结点表尾指针指向广义表结点时,输出逗号;⑤当广义表结点表尾指针为空时,输出右小括号。这样图 4.22 的输出结果为$(a,(b,c,()))$。

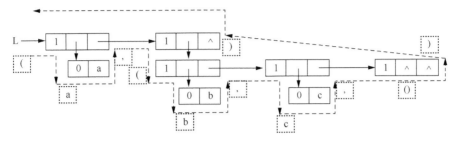

图 4.22　输出广义表的遍历过程

例 4-15:输出广义表算法如下。

```
void DisplayGList0(GList L)
{
    if(!L)
        printf("()");
    else if(L->tag==ATOM)
         printf("%c", L->atom);
    else{
        if(L->ptr.hp && L->ptr.hp->tag==LIST)
            printf("(");
        DisplayGList0(L->ptr.hp);
        if(L->ptr.tp==NULL) printf(")");
        else{
            printf(",");
            DisplayGList0(L->ptr.tp);
        }
    }
}
void DisplayGList(GList L)
{
    if(!L)
        printf("()");
    else
    {
        printf("(");
        DisplayGList0(L);
    }
}
```

(3)求广义表的深度

广义表 $LS=(a_1,\cdots,a_i,\cdots,a_n)$($1\leq i\leq n$)的深度为广义表括号的重数,它是广义表的一种量度。其采用的递归思想是:首先给出一个直观的递归出口,一个空广义表的深度为 1;再就是在遍历过程中遇到原子结点,对广义表的深度没任何影响,于是得到第二个递归出口,当结点为原子结点时,深度为 0。最后考虑递推情况,对广义表 LS 依次访问它的 n 个元素,可以得到 n 个深度值,这样 LS 的深度等于这 n 个深度值中的最大值加 1。计算广义表深度的公式为:

$$GListDepth(L) = \begin{cases} 1 & L\text{是空广义表} \\ 0 & L\text{是原子结点} \\ 1 + \max(a_i\text{的深度}) & L\text{是非空广义表} \end{cases}$$

例4-16：基于上述公式的广义表深度计算算法如下。

```c
int GLisitDepth(Glist L)
{
    int depth, max;
    if(!L) return 1;
    if(L->tag==0) return 0;
    for(max=0,p=L; p; p=p->ptr.tp)
    {
        depth=GLisitDepth(p->ptr.hp);
        if(dep>max)max=depth;
    }
    return max+1;
}
```

讨论题

根据广义表的链式结构求广义表长度，需要遍历所有结点吗？

4.4 应用实例

串的匹配

4.4.1 最大匹配分词算法

随着计算机应用的普及，人类社会进入高度信息化时代。互联网上信息成爆炸式的增长，各种语言的网页、电子出版物等与日俱增。如何能方便读者在网上快速地找到自己感兴趣的资料，这样就要求搜索引擎有较强的语言处理能力，如能把各种电子文档中的关键词语分离出来是对其最基础的要求之一。在自然语言处理中，词是语言的最小成分，一个句子是由若干个词连接起来的。而汉语与英语等比起来，有着自身的特点。英语、法语等欧美语言在书写时以空格将单词分隔开来，非常方便单词的识别；汉语在书写时，句子就是一个汉字序列，从形式上词与词之间没有明确的分隔符号。为此，在汉字语言处理中，如何准确地将汉字序列分离成一个个具有实际意义的词是其最基础、最重要的功能之一，这个功能称为**中文分词**。通常中文分词算法可分为三大类：基于字符串匹配的分词算法、基于理解的分词算法和基于统计的分词算法。在基于字符串匹配的分词算法中，中文分词需要借助词典来实现，词典的结构以及查找算法的设计往往对分词算法的效率有很大影响。

基于字符串匹配的分词通常采用最大匹配法算法，它能够保证将词典中存在的最长复合词在句子中切分出来。最大匹配法算法又分为正向最大匹配法和逆向最大匹配算法两种。

（1）正向最大匹配算法

正向最大匹配算法（Maximum Matching Method），简称MM算法。具体策略是在计算机中存放一个已知的词典，假定词典中的最长词有k个汉字，则在对句子进行分词时，首先取句子的前k个汉字作为匹配串，在词典中查找。若词典中存在一个长度为k个汉字的词与之相等，则匹配成功，将匹配串作为一个词从句子中切出来，对句子剩余部分继续按MM算法进行分词处理；如果词典中找不到这样一个长度为 k 个汉字的词，则匹配失败，再取句子的前 k-1 个汉字作为匹配串，继续在词典中进行匹配处理，如此进行下去，直到匹配成功，或者匹配串的长度为 1（注意我们可以默认单个汉字就是一个词，即使在词典中没有也算一个词）。将该词从句子中切分出来，再对句子剩余部分继续按 MM 算法进行分词处理，直到句子剩余部分为空，完成句子的分词。

（2）逆向最大匹配算法

逆向最大匹配算法（Reverse Maximum Matching Method），简称 RMM 算法。具体策略与 MM 算法相同，两者区别是 RMM 切词时，扫描方向是从句子的右到左取匹配串进行匹配。

以句子"华中科技大学今日开学"为例，从中文的角度看，这里面各种各样的词可以组合成多种形式，如华中科技大学、华中、华中科技、科技大学、科技、大学等。采用正向最大匹配算法分词时，首先查以"华"字开头的词，这里假定字典中的词最长为 10，这时就要取出前 10 个汉字的匹配串"华中科技大学今日开学"在词典中查找，查找失败后再取前 9 个汉字的匹配串"华中科技大学今日开"在词典中查找，……匹配串的长度不断减 1，到了 6 时，匹配成功得到第一个词"华中科技大学"；然后将其从句子中去掉，剩下部分为"今日开学"，假定词典中没有这个词，但有"今日"和"开学"，按算法思想，最终得到分词结果为：华中科技大学/今日/开学。

显然，这个算法有很大的盲目性，词库中词的最大长度不好确定，太大明显影响算法效率，太小则难以正确完成分词；另外，在取出匹配串后，可能要与相应汉字开头的所有字符串进行比较，效率大打折扣。为此，需要在词典的存储结构和算法流程上进行综合考虑，以提高分词的效率。

首先考虑词典的存储结构。在词典中，将第一个汉字相同的词按长度递减的方式进行存放。为了消除词库中词的最大长度对匹配串提取的影响，以及避免不必要的字符串比较，每个词的存放格式是词的长度和词的汉字序列，最后需要一个结束标记（比如 0）代表某汉字开头的词到此结束，后续是其他汉字开头的词。同时建立一个索引表，每个表项包含一个汉字和该汉字开头的词在词典中的起始位置。图 4.23 就是按这样方式组织的词典存储结构。

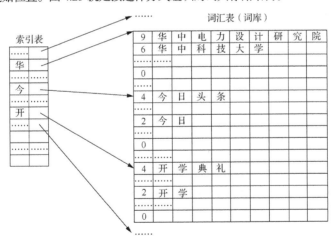

图 4.23　词典存储结构示意图

这里需要特殊说明的是，图 4.23 只是一种示意性的存储结构，词库 *LexTable* 可以被看成一个二维数组（或为一个定长字符串类型 SeqString 的数组），*LexTable*[*i*]表示为一个词，词的长度为 *LexTable*[*i*][0]。具体实现时，为了提高存储效率，我们可以在一片大的连续存储空间中将词典中的词顺序地进行存放；或者考虑词典的动态性，可能会有词的增加或删除操作，采用链式存储结构。具体采用什么方式取决于实际的应用背景。

算法实现时，消除词库中词的最大长度这个属性值对算法的影响，根据实际情况来取出匹配串进行比较，可以避免盲目取匹配串进行比较操作。给定一个待分词的句子 S，依据词库 LexTable 进行分词，词库的索引表为 indexTable，算法流程如下。

（1）当 S 非空时，用 S 的长度初始化分词长度 LexLen，转步骤（2），否则算法结束。

（2）取 S 的第一个汉字到 word0，根据 word0 通过 indexTable 查找得到以 word0 中词开头的词在词库中的起始位置 i。如果 i 不为-1，转步骤（3），否则表示词库中没有以 word0 中词开头的词，此时可以单独将 word0 中词作为一个词，显示 word0，并从 S 中删除 word0，转步骤（1）。

（3）根据 S 长度计算 S 最大可能取出的汉字序列长度 LexLen，通过与 LexTable[i]表示的词长度 LexTable[i][0]进行比较，跳过词库中所有以 word0 开头且长度大于 LexLen 的词，定位到第一个长度不大于 LexLen 的词，避免不必要的比较。

（4）当 i 定位到第一个长度不大于 LexLen 的词 LexTable[i]后，根据该词的长度在 S 中取一个长度为 LexTable[i][0]的汉字序列赋予匹配串 word，为匹配串 word 进行初始化，同时修改当前匹配串的实际长度 LexLen=LexTable[i][0]，准备开始匹配。

（5）如果词库当前词的长度 LexTable[i][0]不为 0 时，需要比较字符串是否匹配，进入循环操作，转步骤（6），否则表示词库中所有以 word0 中词开头的词都比较结束，无一匹配成功，退出循环，转步骤（9）。

（6）如果 LexLen 大于 LexTable[i][0]，表示需要更新匹配串 word。此时，在 S 中取一个长度为 LexTable[i][0]的汉字序列赋予 word，完成匹配串长度的更新，修改 LexLen=LexTable[i][0]，使匹配串的长度逐步递减。

（7）将匹配串 word 与词库的当前词 LexTable[i]进行比较。如果相等，匹配成功，退出循环，转步骤（10）。

（8）i 加 1，表示在词库中找下一个词，转步骤（5）。

（9）如果 LexTable[i][0]等于 0，表示词库中无以 word0 中词开头的词能匹配成功，就将其自动理解为单字词，将 LexLen 置为 1。

（10）在 S 中取一个长度为 LexLen 汉字序列的词显示，并将这个词从 S 中删除，转步骤（1）。

例 4-17：最大匹配分词算法如下。

```
struct IndexTable{                        //定义索引表类型
    struct {
        char key[3];
        int pos;
    } data[MAXWORD];
    int length;
};
/*参数说明：S 代表待分词的字符串，LexTable 代表字库，indexTable 代表索引表*/
status MaxMatchSegmentation(char S[],SeqString LexTable[],struct IndexTable
indexTable)
{
    int LexLen,i;SeqString word0,word;
    while(LexLen!=strlen(S))               //S 非空，表示还有待分词字符串，继续分词
    {
        StrSub(word0,S,1,2);               //取出 S 的第一个汉字到 word0
        i=searchIndex(indexTable,word0);   //在词库索引表中查找 word0，返回位序
        if(i==-1)LexLen=1;                 //没有以 word0 中词开头的词，默认为单字词
        else{
            LexLen/=2;                     //句子汉字长度
            i=indexTable.data[i].pos;      //获取词库中第一个以 word0 中词开头词的位置
```

```
        while(LexLen<LexTable[i][0])      //跳过词库中长度大于S长度的词
         i++;
        LexLen=LexTable[i][0];            //初始化匹配串长度
        StrSub(word,S,1,LexLen*2);        //取匹配串到word
        while(LexTable[i][0]) {           //词库中词长度为 0 结束
          if(LexTable[i][0]<LexLen) {     //词库出现更短的词，需更新匹配串
            LexLen=LexTable[i][0];        //调整匹配串长度
            StrSub(word,S,1, LexLen*2); }
          if(!StrComp(word,LexTable[i]))  //成功匹配一长度为 LexLen 的词
            break;
          i++;}
        if(LexTable[i][0]==0) LexLen=1;   //单独成词的情况，将word0 作为一个词
     }
     printf("/%s",word);                  //输出切出来的词
     strDelete(S,1,LexLen *2);            //删除切出来的词
   }
 }
```

4.4.2 正数值三角形的最优路径

正数值三角形由 n 行数字组成，第 1 行 1 个数值，第 2 行 2 个数值，第 n 行 n 个数值。这些数值组成了一个正三角形，每条三角边上有 n 个数，例如，当 n=7 时，图 4.24 所示为一个 7 行的正数值三角形。通常 n 行正数值三角形中的数字可以随机生成。

现在的问题就是对一个 n 行的正数值三角形由第 1 行的数值开始，或者向左下移动，或者向右下移动，直至底层，要求解出一条从第 1 行到第 n 行的最优路径，路径上的数值之和具有最小值。

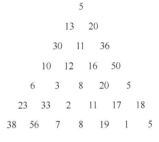

```
            5
         13  20
       30  11  36
     10  12  16  50
    6   3   8  20   5
  23  33   2  11  17  18
38  56   7   8  19   1   5
```

图 4.24　正数值三角形

首先，这个 n 行正数值三角形需要用一个二维数组表示出来，显然其可以对应一个 n 阶下三角形 a，第 1 行元素为 a[0][0]，且任意一个元素 a[i][j] 的左下元素与右下元素对应为 a[i+1][j] 和 a[i+1][j+1]。为了求解该问题，我们需要两个同样规模的辅助整数数组 s 和字符数组 d，s[i][j] 表示数值 a[i][j] 向下到第 n 行路径上数值之和的最小值，d[i][j] 表示 a[i][j] 向下移动时的方向，向左、向右分别用 'L'、'R' 表示。

因为第 n 行下面没有数值，所有 s[n][j] 直接取 a[n][j] 的值。一般情况下，s[i][j] 与左下 s[i+1][j] 和右下 s[i+1][j+1] 较小值有关，递推关系为：

$$s(i,j)=\begin{cases} a(i,j) & i=n,1\leqslant j\leqslant n \\ a(i,j)+s(i+1,j) & s(i+1,j)<s(i+1,j+1) \\ a(i,j)+s(i+1,j+1) & s(i+1,j)>s(i+1,j+1) \end{cases}$$

这里后两个公式中，$1\leqslant i\leqslant n-1$，$1\leqslant j\leqslant i$。

$$d(i,j)=\begin{cases} 'L' & s(i+1,j)<s(i+1,j+1) \\ 'R' & s(i+1,j)>s(i+1,j+1) \end{cases}$$

这里也是 $1\leqslant i\leqslant n-1$，$1\leqslant j\leqslant i$。

依据此递推式，由第 n 行一直倒推到第 1 行，求出的 s(1,1) 就是最优路径上的数值之和，利用数组 d 分析出最优路径上的数值序列和下行方向。由于 a、s 和 d 都是下三角矩阵，因此这里可以采用矩阵的压缩存储。

例 4-18：最优路径算法如下。

```c
int main()
{
    int *a,*s,n,i,j,gap=3;
    char *d,LR;
    printf("输入n: ");
    scanf("%d",&n);
    a=(int*)malloc(sizeof(int)*(n*(n+1)/2+1));//为正数值三角形分配压缩空间
    s=(int*)malloc(sizeof(int)*(n*(n+1)/2+1));
    d=(char*)malloc(sizeof(char)*(n*(n+1)/2+1));
    srand(time(0));
    for(i=0;i<n;i++)
    {   //随机生成正数值三角形数据，我们也可以将其修改成其他输入方式，并输出三角形
        printf("%*c",gap*(n-i)+1,' ');
        for(j=0;j<=i;j++)
        {
            printf("%*d%*c",gap,*(a+i*(i+1)/2+j)=rand()%100+1,gap,' ');
            if(i==n-1)  *(s+i*(i+1)/2+j)=*(a+i*(i+1)/2+j);
        }
        printf("\n");
    }
    for(i=n-2;i>=0;i--)               //递推求最优路径长度和下行方向
        for(j=0;j<=i;j++)
            if(*(s+(i+1)*(i+2)/2+j)>*(s+(i+1)*(i+2)/2+j+1))
            {
                *(s+i*(i+1)/2+j)=*(a+i*(i+1)/2+j)+*(s+(i+1)*(i+2)/2+j+1);
                *(d+i*(i+1)/2+j)='R';
            }
            else
            {
                *(s+i*(i+1)/2+j)=*(a+i*(i+1)/2+j)+*(s+(i+1)*(i+2)/2+j);
                *(d+i*(i+1)/2+j)='L';
            }
    printf("最优路径长度=%d\n 最优路径: %4d",*s,*a);
    for(i=0,j=0;i<n-1;i++){  //输出最优路径
        if(*(d+i*(i+1)/2+j)=='R')
            LR='R',j++;
        else LR='L';
        printf(" %s%d",LR=='L'?"(向左) ":"(向右) ",*(a+(i+1)*(i+2)/2+j)); }
    printf("\n");
    return 0;
}
```

4.5 本章小结

本章系统地介绍了字符串、数组和广义表的概念与相关术语，以及存储结构。

字符串是特殊的线性表，它是实际应用中经常会遇到的数据结构。通常，在程序设计语言中都有字符串和数组的数据类型。在本章数据结构中则系统地介绍字符串的概念、相关运算以及多

种存储结构，并重点介绍模式匹配算法。其中 KMP 模式匹配算法是一种高效的算法。

数组也是实际应用中经常会遇到的数据结构，它是线性表的推广。较之程序设计语言中对数组的介绍，本章数据结构中则更全面且更深层次地介绍数组的基本运算、数组元素的逻辑特征以及各种存储结构。当需要保存数组中的全部元素时，采用顺序存储结构，使用寻址公式可对元素进行随机访问；对特殊矩阵可进行压缩存储，使用映射函数也可对元素进行随机访问；对稀疏矩阵采用三元组顺序表或十字链表的形式进行压缩存储后，只能对元素进行顺序访问。本章还重点介绍了稀疏矩阵压缩存储后的转置算法。

广义表也是一种线性表的推广，所以广义表的很多操作类似线性表。本章没有系统地对广义表进行定义，而是重点讨论了广义表的存储结构和几种运算的实现。由于广义表定义具备递归特征，因此广义表运算的实现大多采用递归算法。

总的来说，读者需要深刻地领会本章各数据结构的逻辑特征、掌握存储结构如何正确地表示逻辑关系，并需要重点掌握字符串的基本操作、多维数组的存储方式和寻址公式、矩阵压缩存储和元素的访问方式、广义表的存储结构。

计算机领域名人堂

唐纳德·尔文·克努斯（Donald Ervin Knuth，1938 年 1 月 10 日—），出生于美国密尔沃基，知名计算机科学家，斯坦福大学计算机系荣誉退休教授。唐纳德教授为现代计算机科学的先驱人物，创造了算法分析的领域，在数个理论计算机科学分支做出基石般的贡献，并在计算机科学及数学领域发表了多部具广泛影响的论文和著作，他为 1974 年图灵奖得主。

唐纳德所写的《计算机程序设计的艺术》（*The Art of Computer Programming*）一书是计算机科学界最受高度敬重的参考书籍之一。他也是排版软件 TeX 和字体设计系统 METAFONT 的发明人。他曾提出文学编程的概念，并创造了 WEB 与 CWEB 软件作为文学编程开发工具。此外，他还提出了 KMP 算法，其核心是利用匹配失败后的信息，尽量减少模式串与主串的匹配次数以达到快速匹配的目的。

本章习题

一、选择题

1. 设主字符串为 T ="abcacababbc"，模式字符串为 S="ababb"，采用 KMP 算法进行模式匹配，需要进行_____次单个字符间的比较。

    A. 12   B. 13   C. 14   D. 15

2. 设有一个 10×10 的对称矩阵 M，将其上三角部分的元素 a_{ij}（$1 \leq i \leq j \leq 10$）按行序优先存入大小为 55 的 C 语言一维数组 N 中，元素 a_{36} 在 N 中的下标是_____。

    A. 22   B. 23   C. 24   D. 25

3. 数组 A 中的元素 a_{ij}（$1 \leq i \leq 6$，$1 \leq j \leq 5$）以列序优先依次存储在起始地址为 1000 的连续存储空间中，每个元素占 2 个存储单元，则 a_{34} 的地址是_____。

    A. 1026   B. 1038   C. 1040   D. 1046

4. 设有一个 10 行 10 列的矩阵 A，采用行序优先存储方式。如果 a_{00} 为第一个元素，其存储地址为 1000，a_{23} 的存储地址为 1069，则存储一个元素需要的单元数是_____。

    A. 1   B. 2   C. 3   D. 4

5. 下列不能够对数据元素进行随机访问的物理结构是_____。

    A. 数组的顺序存储   B. 三元组顺序表

    C. 三对角矩阵的压缩存储   D. 对称矩阵的压缩存储

6. 某稀疏矩阵 A 采用三元组顺序表作为存储结构，对于矩阵元素的赋值运算 Assign(A,e,i,j)，不可能_____。（在 Assign(A,e,i,j) 中，e 是元素的值，i 和 j 分别为矩阵 A 中元素 a_{ij} 的行号和列号，完成将 e 赋予 a_{ij} 的操作）

    A. 插入一个新的三元组   B. 修改某个三元组的元素值

    C. 修改某个三元组的行号或列号   D. 删除一个三元组

7. 有一个 10 阶的三对角矩阵 M，其元素 a_{ij}（$1 \leq i \leq 10$，$1 \leq j \leq 10$）按行优先次序压缩存入一个大小为 28、下标从 0 开始的一维数组 N 中，N 中的元素值依次为 $1 \sim 28$，则 M 中元素 a_{54} 和元素 a_{57} 的值分别是_____。

    A. 0,0   B. 12,15   C. 13,0   D. 12,0

8. 对稀疏矩阵进行压缩存储的方法一般有两种，分别为___。

    A. 三元组顺序表和十字链表   B. 对角矩阵和散列表

    C. 三元组和对称矩阵   D. 散列和十字链表

9. 对广义表 $G=((a, (( ),b)), ((( ),(c,d)),( )))$ 执行 tail(head(head(tail(G)))) 操作的结果是___。

    A. ( )   B. c C. (c,d) D. $((c,d))$

10. 广义表 $((a,()),(b,(c)),(()))$ 的深度是___。

    A. 3   B. 4   C. 5   D. 6

二、填空题

1. 字符串是一种特殊的线性表，其特殊性体现在_____。

2. 设目标字符串为 S="xyzabxabacaa"，模式字符串为 T="abac"，使用朴素模式匹配算法，匹配成功需要_____次单字符的比较。

3. 数组 $A[l_1 \cdots h_1][l_2 \cdots h_2]$ 按行序优先进行存放，元素 $A[i][j]$（$l_1 \leq i \leq h_1, l_2 \leq j \leq h_2$）前有_____个元素。

4. 通常多维数组的顺序存储有_____和_____两种存储次序。

5. 设有 n 阶的对称矩阵 A，按照行的顺序将矩阵下三角中的元素（包括对角线上元素）存放在 $n(n+1)/2$ 个连续的存储单元中，则 $A[i][j]$ 与 $A[0][0]$ 之间有_____个数据元素，这里 $i<j$。

6. 设有一个 5 行 5 列的矩阵 A，采用行序优先存储方式，存储全部数据需要 100 字节的空间。如果 a_{00} 为第一个元素，其存储地址为 1000，则 a_{24} 的地址为_____。

7. _____是指具有相同值的非零元素或零元素的分布有一定规律的矩阵。

8. 设 10×10 的对称矩阵下三角保存在 $SA[55]$（下标为 $1 \sim 55$）中，其中 $A[1][1]$ 保存在 $SA[1]$ 中，$A[5][3]$ 保存在 $SA[k]$ 中，这里 k 等于_____。

9. 广义表 $(a,(b,c),d)$ 的表长是_____。

10. 广义表 $((a,b),(c),(d))$ 的表尾是_____。

三、问答题

1. 设字符串 s="I AM A STUDENT"，t="GOOD"，q="WORKER"，求下列函数的值（这里 StrSub 返回取出的子串）。

① StrLength(s)；② StrLength(t)；③ StrSub (s,8,7)、

④ StrSub (t,2, 1)；⑤ StrIndex(s, "A")；⑥ StrIndex(s,t)、

⑦ StrConcat(StrSub(s,6,2), Concat(t,StrSub (s,7,8)));

⑧ StrReplace(s,"STUDENT", q)。

2. 简述多维数组与线性表的区别。

3. 简述广义表与线性表的区别。

4. 图 4.25 所示 $n \times (2n-1)$ 的特殊矩阵以第 n 列为中线对称，即 $a_{i\,n-k}=a_{i\,n+k}$（这里 $1 \leqslant i \leqslant n$, $1 \leqslant k \leqslant n-1$），现需要将该矩阵压缩存储到一维数组 $SA[m]$ 中，并回答以下问题。

（1）试描述压缩存储方案，求 m 的最小值。

（2）对在三角内的数组元素 a_{ij}，试写出 i、j 应满足的条件。

（3）假定待压缩数组元素按行序优先保存在 $SA[k]$ 中，其中 b 单独保存在 $SA[0]$ 中，试写出下标(i,j)到 k 的转换公式。

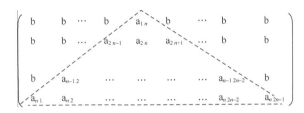

图 4.25 特殊矩阵

5. 特殊矩阵和稀疏矩阵在压缩存储后，是否能进行随机访问？

6. 试分别画出图 4.26 所示稀疏矩阵 M 的三元组顺序表和十字链表。

7. 试根据图 4.27 的广义表存储结构示意图给出广义表的定义。

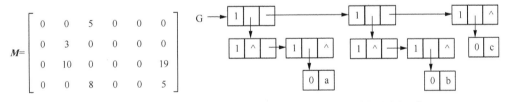

图 4.26 稀疏矩阵   图 4.27 广义表存储结构示意图

8. 试画出广义表 $A=((\,a,b),c,d,(()))$ 的存储结构示意图。

四、算法设计题

1. 编写算法实现定长存储表示的字符串的替换操作（Replace(&S,T,V)）。

2. 编写算法判断一个堆存储表示的字符串是否为回文。

3. 编写算法判断一个结点大小为 1 的链式串是否为回文。

4. 对压缩存储的 n 阶三对角矩阵编写算法显示该三对角矩阵。

5. 已知 n 阶下三角矩阵 M 压缩存储在 $SM[n(n+1)/2]$（下标从 1 起）中，试编写程序将其转置矩阵 N 保存在 $SN[n(n+1)/2]$（下标从 1 起）中。

6. 编写算法实现以三元组顺序表存储的稀疏矩阵 A 和 B 的加法运算，结果保存在 C 中。

7. 编写算法实现以十字链表存储的稀疏矩阵 A 和 B 的加法运算，结果保存在 C 中。

8. 试编写算法求一个广义表的镜像广义表。例如，广义表 $A=(a,((b,c),(d,e)),f)$，其镜像广义表为 $A'=(f,((e,d),(c,b)),a)$。

5

第 5 章　树与二叉树

● **学习目标**

（1）熟悉树的概念与抽象数据类型

（2）掌握树的存储结构

（3）掌握二叉树的概念、特性及二叉树抽象数据类型

（4）掌握二叉树的存储结构及二叉树的遍历

（5）了解二叉树的应用

● **本章知识导图**

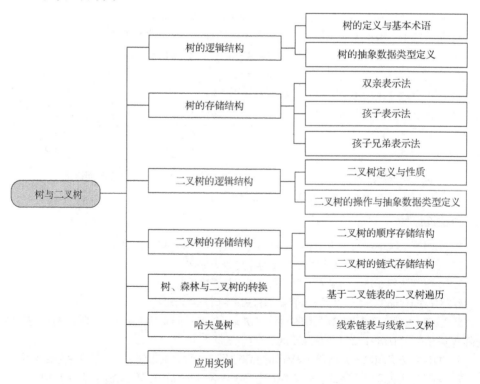

5.1 实际应用中的树

前面几章介绍了几种典型的线性结构，其主要特征在于元素之间具有一对一的线性关系，即一般情况下，一个元素只有唯一的直接前驱与直接后继元素。但在某些现实应用中，元素之间不具有前述线性关系特征。例如，要表示中国古典名著《红楼梦》的人物关系，线性表结构就不太适用。如果把贾家的主要人物（数据元素）按照辈分层次由高到低画出来，就形成了一种典型的树结构（见图 5.1）。其中，树根为先祖贾公爵，其有两个儿子贾源与贾演，属水字辈；代字辈的贾代善，其子女属文字辈，主要人物为贾赦、贾政与贾敏。

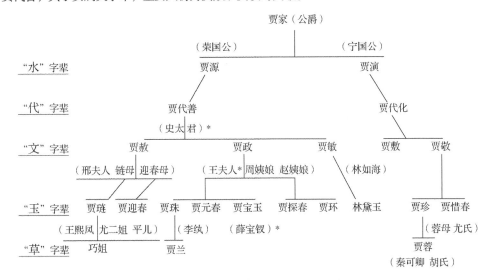

图 5.1 《红楼梦》人物关系树结构

上面的例子显示了树结构的特点：数据元素之间具有一对多的层次关系。树的应用非常广泛，它不仅可以方便地表示人物家谱结构，还可以用来表示社会组织结构、文件目录结构、HTML 文档结构等。例如，本书的结构可表示为图 5.2 所示的树结构。

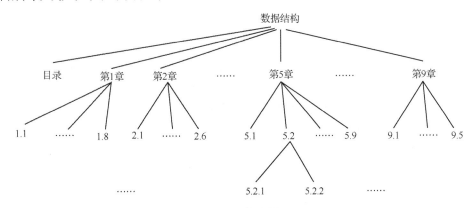

图 5.2 本书树结构

在图 5.2 树结构中，"数据结构"作为树根，它含目录、第 1 章……第 9 章等分支；每一章又分为若干节，如第 5 章有 5.1……5.9 等节；每节又分为若干小节，如 5.2 节分为 5.2.1 与 5.2.2 两小节。树结构很好地表示了本书章节的层次关系。

再如，Linux 操作系统的文件目录结构也可以表示为以根目录/root 为根的一棵文件目录结构树（见图5.3），该树表示了目录与子目录间的层次对应关系。读者可以使用Linux 操作系统的 tree 命令来具体了解这一目录树结构。

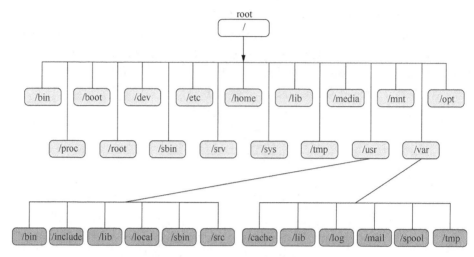

图 5.3　Linux 文件目录结构树

总之，树可以表示许多现实应用中实体之间的逻辑关系；在计算机世界中，你也可以看到它广泛的存在。那么，从数据结构的观点来看，什么是树呢？

5.2　树的逻辑结构

在树中，数据元素对应于结点（Node），数据元素间的逻辑关系对应于结点间一对多的层次关系。下面基于树的定义来描述结点间的逻辑关系，刻画树的逻辑结构。

5.2.1　树的定义与基本术语

树（Tree）是由 n（$n \geqslant 0$）个结点构成的有限集合，可表示为 T。当 $n=0$ 时，T 为空树；而任一非空树必满足：

（1）有唯一的特定结点，其称为树 T 的根（Root）；

（2）当 $n>1$ 时，T 中除根之外的 $n-1$ 个结点分为 m（$m>0$）个互不相交的有限集 $T_1,T_2,\cdots,T_m$，其中每个集合 T_i（$1 \leqslant i \leqslant m$）又是一棵树，且称为根的子树（SubTree）。

上述树的定义是一种递归形式的描述，下面举例说明。

例如，在图 5.4 中，T_a 为只有根结点的树，$T_b=\{A,B,C,D,E,F,G,H,I,J,K,L,M,N,O,P\}$ 为含 16 个结点的树，其根结点为 A，其余结点分为 3 个互不相交的子集：$T_1=\{B,C,D,E,F\}$、$T_2=\{G,H\}$ 和 $T_3=\{I,J,K,L,M,N,O,P\}$。T_1、T_2 和 T_3 构成根结点 A 的 3 棵子树（如图 5.4 中 3 个虚线框所示）。递归地，T_1 本身也是一棵树，B 是其根结点，T_1 的其余结点又分为两个不相交的集合：$T_{11}=\{C,D,E\}$ 和 $T_{12}=\{F\}$，它们构成根 B 的两棵子树，且子树 T_{12} 只有根结点 F，而 T_{11} 则可类似地向下层递归分解。

需要特意指出的是，对于一棵树而言，其根结点的子树之间是互不相交的。图 5.4 中的 T_c 不符合树的定义，它是一种非树结构。

实际上，树的结点是一个数据元素与若干指向其子树的分支构成的结合体。为了进一步描述树结构的特征和方便后续应用，下面引入几个典型的术语。

结点的度（Degree of Node）：某个结点所含子树的棵数称为该结点的度。

树的度（Degree of Tree）：树中各结点度的最大值称为该树的度。

例如，在上述树 T_b 中，结点 A 的度为 3，结点 G 的度为 1，结点 J 的度为 4，结点 P 的度为 0，且该树的度为 4。

叶子（Leaf）：指度为 0 的结点，也称为**终端结点**（Terminal Node）。

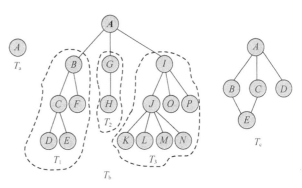

图 5.4　树与非树结构示例

分支结点（Branch Node）：指度不为 0 的结点，也称为非终端结点。

在树 T_b 中，共有 10 个叶子结点（即 D,E,F,H,K,L,M,N,O,P），其余 6 个结点都是分支结点。

孩子结点（Children Node）：称某结点 P 子树的根结点 C 为其孩子结点；相应地，该结点 P 称为孩子结点 C 的**双亲结点**（Parent Node）；具有相同双亲的结点之间互称为**兄弟结点**（Siblings Node）。

在图 5.4 的树 T_b 中，结点 C 是结点 B 的孩子结点，结点 B 是结点 C 的双亲结点；结点 C 与 F 互为兄弟结点，结点 H 没有兄弟结点。将结点的这些关系推广，引入祖先与子孙的概念。

结点的祖先（Ancestors）**结点**：指从根结点到该结点所经分支路径上的所有结点。

结点的子孙（Descendants）**结点**：指以该结点为根的子树中的所有结点。

在树 T_b 中，结点 M 的祖先为 A,I,J，结点 B 的子孙为 C,D,E,F。

结点的层（Level）：根结点为第一层；任意非根结点的层数比其双亲结点的层数多一。

树的深度（Depth）：指树中所有结点的最大层数。

在树 T_b 中，根结点 A 的层数为 1，我们可依次递推出其他结点的层数，如 B 的层数为 2，C 的层数为 3，D 的层数为 4，故 T_b 的深度为 4。在树中，其双亲结点处于同一层的结点互称为**堂兄弟结点**，如树 T_b 中，结点 H 与 C,F,J,O,P 互称为堂兄弟结点。

如果树中结点的各子树之间具有次序性，称这种树为**有序树**，否则就为**无序树**。对于有序树，交换某结点子树间的次序之后则变成另一棵不同的有序树。

森林（Forest）：指 m（$m \geqslant 0$）棵互不相交树的集合。

借助森林，可以把任一棵非空树表示为二元组：$Tree=(root,F)$，其中 $root$ 是该树的根结点，F 表示根的子树森林。如图 5.4 中的树 T_b 可表示为：$T_b=(A,\{\,T_1,T_2,T_3\,\})$。

根据树的定义，其主要特征在于，除根之外的结点只有唯一的双亲结点，任意结点可能有多个孩子结点，结点之间构成一对多的层次关系，这一点区别于线性结构中一对一的线性关系。线性结构与树结构的区别如表 5.1 所示。

表 5.1　线性结构与树结构的区别

线性结构		树结构	
第一个数据元素	（无前驱）	根结点	（无双亲）
最后一个数据元素	（无后继）	多个叶子结点	（无孩子）
其他数据元素（一个直接前驱、一个直接后继）		其他结点　　（一个双亲、多个孩子）	

5.2.2 树的抽象数据类型定义

与线性表类似，树的主要操作可以划分为 3 类：查找类、插入类与删除类。查找类包括判断树是否为空、求树的深度、求树的根、求给定结点的值、求给定结点的双亲结点、求给定结点的某个孩子结点、求给定结点的某个兄弟结点、遍历树等；插入类操作包括树的初始化、树的创建、子树的插入等；删除类操作包括树的销毁、删除子树等。

树中表示的数据对象是某种具有相同特性数据元素的集合。树的抽象数据类型定义如下。

```
ADT Tree
{
    数据对象：D={a_i|a_i∈ElemSet, i=1,2,…,n, n≥0}
    数据关系：若 D 非空，则 D 中存在唯一数据元素对应于根结点，且所有元素之间具有一对多的层次关系
    基本操作：
    InitTree(&T)                  //初始化树，构造空树 T
    CreateTree(&T, defintion)     //根据树的定义信息 defintion 创建树 T
    DestroyTree(&T)               //若 T 存在，则销毁树 T
    TreeEmpty(T)                  //若 T 存在且为空返回 TRUE，否则返回 FALSE
    TreeDepth(T)                  //若 T 存在，返回其深度
    Value(T, cur_e)               //树 T 存在，返回 T 中当前结点 cur_e 的值
    Assign(T, cur_e, value)       //树 T 存在，当前结点 cur_e 赋值为 value
    Parent(T, cur_e)              //树 T 存在，返回非根结点 cur_e 的双亲结点
    LeftChild(T, cur_e)           //树 T 存在，返回非叶子结点 cur_e 的最左孩子结点
    RightSibling(T, cur_e)        //树 T 存在，返回结点 cur_e 的右兄弟结点
    InsertChild(&T, &p, i, c)     //将以 c 为根的树插入 T 且作为结点 p 的第 i 棵子树
    DeleteChild(&T, &p, i)        //树 T 存在，删除 T 中结点 p 的第 i 棵子树
    TraverseTree(T, Visit())      //用 Visit() 结点处理函数对树 T 进行遍历
}
End ADT
```

在树的基本操作中，遍历树是其他运算的基础。树的遍历是指按某种方式访问（处理）树的全部结点，且每个结点只能访问（处理）一次的操作。由于树结构的元素之间形成一对多的非线性关系，不能像线性表那样按元素之间本身的线性关系依序访问，算法需要依据特定规则构造遍历过程的搜索路径。具体内容将在 5.6 节介绍。

> **讨论题**
>
> **如何设计树的遍历规则，以实现可访问树的每个结点且每个结点只访问一次？**

5.3 树的存储结构

设计树的存储结构时，主要考虑如何物理表示结点之间的逻辑关系。在树中，结点之间最直接的关系主要有双亲与孩子关系、兄弟关系。树的几种典型存储结构主要体现在存储这几种关系的方式不同，下面分别进行介绍。

5.3.1 双亲表示法

树的双亲表示法利用数组存储每个结点及其双亲位置信息，即采用结构体数组实现，该表示

法也叫作数组表示法。树的结点对应的结构体包含数据元素 data 与双亲结点位置 parent 两个成员，如图 5.5 所示。

data	parent

图 5.5　树的双亲表示法结点结构

图 5.6 给出了一棵树及其双亲表示法示意图，其根结点对应的下标 $r=0$ 及结点总数 $n=7$ 为两个总体信息。

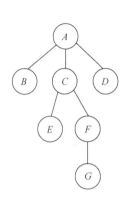

	data	parent
0	A	−1
1	B	0
2	C	0
3	D	0
4	E	2
5	F	2
6	G	5

图 5.6　树及其双亲表示法示意图

由此，树的双亲表示法的存储结构定义如下。

```
#define MAX_TREE_SIZE 100
typedef struct PTNode {
    TElemType data;          //data 为结点数据元素
    int parent;              //parent 为该结点的双亲位置，用数组下标表示
} PTNode;
typedef struct {
    PTNode nodes[MAX_TREE_SIZE];
    int r, n;                //根结点位置，树中结点个数
} PTree;
```

在树的双亲存储结构中，易于求当前结点的双亲结点，但是要求当前结点的孩子结点或兄弟结点，则需要循访数组全部元素。对某些应用而言，其效率不高。

5.3.2　孩子表示法

为方便访问当前结点的孩子结点，此时需要直接存储其孩子结点的位置信息。基于链式存储结构，我们可以在结点结构中设置指针，直接指向其孩子结点。我们可采用以下两种方式实现这种表示。

第一种方式是采用多重链表，即在每个结点中设置若干指针域，分别指向其孩子结点，结点指针域的个数等于该结点的度。由于树中不同结点的孩子结点个数可能不同，因此结点的指针域个数也可能不同，结点大小不固定。多重链表结点结构如图 5.7 所示。

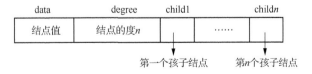

图 5.7　多重链表结点结构

图 5.8 给出了一棵树及其多重链表表示法示意图，指针 root 指向树的根结点 A。

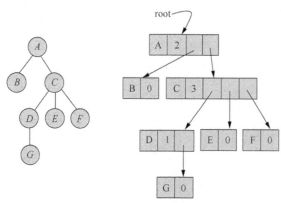

图 5.8　树及其多重链表表示法示意图

上述多重链表表示法中，结点大小不固定。如果树中每个结点的指针域个数都按树的度统一设置，则所有结点大小一致，此时多重链表中可能存在许多空指针域。

第二种方式是采用单链表，即每个结点的所有孩子结点排列而成的一个单链表，称为该结点的孩子链表；n 个结点的树共有 n 个孩子链表（其中叶子结点的孩子链表为空链表），我们可以把对应的 n 个孩子链表头指针组织成线性表，并用顺序结构实现而构成表头数组，这种表示法称为**树的孩子链表表示法**。

在树的孩子链表表示法中，有两类结点：一类是表头结点，由结点值/数据元素 data 与对应的孩子链表头指针 firstchild 构成（见图 5.9（a））；另一类是孩子结点，由孩子位置 child 与指向下一个孩子结点的指针 next 构成（见图 5.9（b））。

图 5.9　树的孩子链表表示法的结点结构

图 5.10 给出了一棵树及其孩子链表表示法示意图，其根结点对应的下标 r=0 及结点总数 n=11 为对应的两个总体信息。

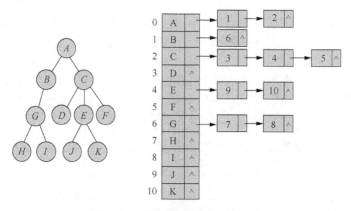

图 5.10　树及其孩子链表表示法示意图

树的孩子链表表示法的存储结构定义如下。

```
#define MAX_TREE_SIZE 100
typedef struct CTNode {              //孩子结点结构
    int child;
    struct CTNode *next;
} *ChildPtr;
typedef struct {                     //表头/双亲结点结构
    TElemType data;                  //data 为结点数据元素
    ChildPtr firstchild;             //孩子链表头指针
} CTBox;
typedef struct {
    CTBox ndes[MAX_TREE_SIZE];
    int r, n;                        //根结点位置，树中结点个数
} CTree;
```

在树的孩子链表表示法中，易于访问当前结点的孩子结点，但不便于访问当前结点的双亲结点，这与双亲表示法相反。因此，我们可以将这两种表示法相结合，即在孩子链表表示法的基础上，将其表头结点增加一个双亲位置域，形成一种带双亲的孩子链表表示法，其表头结点结构如图 5.11 所示。对图 5.10 给出的树，读者可自行画出其带双亲的孩子链表表示法存储结构图。

图 5.11　树的带双亲孩子链表表示法表头结点结构

5.3.3　孩子兄弟表示法

树的**孩子兄弟表示法**又称为**二叉链表表示法**，即树的链表结点结构中，除了结点数据域 data 之外，还包含两个指针域：指向该结点的第一个孩子结点（左孩子）的指针 firstchild 与下一个兄弟结点（右兄弟）的指针 nextsibling。树的孩子兄弟表示法结点结构如图 5.12 所示。

图 5.12　树的孩子兄弟表示法结点结构

树的孩子兄弟表示法的存储结构定义如下。

```
typedef struct CSNode {              //孩子兄弟链表结点结构
    TElemType data;                  //data 为结点数据元素
    struct CSNode *firstchild, *nextsibling;
} CSNode,*CSTree;
CSTree root;                         //树的根指针
```

对于图 5.13（a）的树，其孩子兄弟表示法示意图如图 5.13（b）或图 5.13（c）所示。孩子兄弟表示法易于实现树的主要操作，例如，访问当前结点 C 的全部孩子：先通过 C 的 firstchild 指针访问到其第一个孩子结点 D，然后从 D 开始，不断沿着结点的 nextsibling 指针可依次访问结点 E 与 F。

讨论题

在树的孩子兄弟链表中，树的根结点与叶子结点有什么特征？

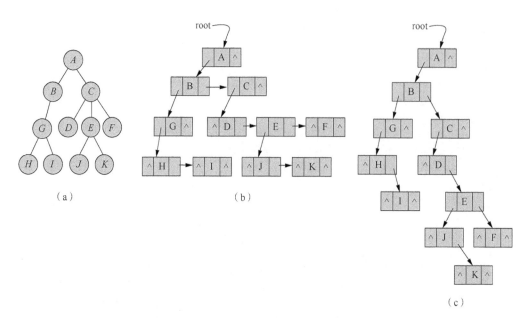

图 5.13　树及其孩子兄弟表示法示意图

5.4　二叉树的逻辑结构

树中结点具有一对多的层次关系，二叉树是另一种重要的具有层次结构特征的非线性数据结构。在二叉树中，每个结点至多有两棵子树，且子树有左、右之分。二叉树与树是不同的数据结构，但树可以转换成对应的二叉树来处理，因此二叉树是学习的重点。

5.4.1　二叉树的定义

二叉树（Binary Tree）是由 n（$n \geq 0$）个结点构成的有限集。它或者为空二叉树（$n=0$），或者由一个根结点以及两棵互不相交的、分别被称为根的左子树与右子树的二叉树组成。图 5.14 是一棵二叉树的例子。其中，A 为其根结点，其左、右子树的根分别为结点 B 与 C；结点 C 只有右子树，它的左子树为空；E、F 与 H 为叶子结点。

二叉树具有如下特征。

（1）每个结点至多有两棵子树，因此在二叉树中不存在度大于 2 的结点。

（2）二叉树的子树有左、右之分，且其次序不能任意颠倒。

根据二叉树的上述特点，二叉树可分为 5 种形态：空二叉树、仅有根结点的二叉树、右子树为空的二叉树（如图 5.14 中结点 C 的右子树）、左子树为空的二叉树（如结点 A 的右子树）、根的左右子树均非空的二叉树（如结点 A 的左子树）。

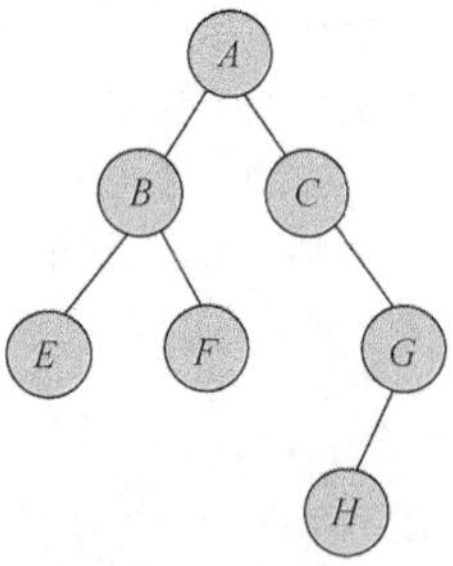

在二叉树中，也存在与树类似的如下概念：结点的度、叶子结点、分支结点、孩子结点、双亲结点、结点的祖先与子孙结点、结点的层与二叉树的深度等。

图 5.14　二叉树示例

讨论题

只有 3 个结点的不同形态二叉树与树分别有哪几种?

5.4.2 二叉树的性质

性质 5.1 在二叉树的第 i 层上至多有 2^{i-1} 个结点（ $i \geq 1$ ）。

证明：使用归纳法证明如下。

（1）当 $i=1$，即第一层只有一个根结点，显然 $2^{i-1}=2^0=1$ 成立。

（2）假设对所有的 j（$1 \leq j < i$）上述性质成立，即第 j 层上至多有 2^{j-1} 个结点（$1 \leq j < i$）。

（3）要证明 $j=i$ 时，命题也成立。

由归纳假设：第 $i-1$ 层上至多有 2^{i-2} 个结点，又由于二叉树每个结点的度至多为 2，因此第 i 层上结点总数最多为第 $i-1$ 层上结点数的 2 倍，即 $2 \times 2^{i-2}=2^{i-1}$。

根据归纳原理，性质 5.1 成立。

性质 5.2 在深度为 k 的二叉树中，最多有 2^k-1 个结点。

证明：由性质 5.1，第 j 层上至多有 2^{j-1} 个结点（$1 \leq j \leq k$），故深度为 k 的二叉树最大结点数为

$$\sum_{j=1}^{k} 2^{j-1} = 2^k - 1$$

性质 5.3 在一棵非空二叉树中，若其叶子结点数为 n_0，度为 2 的结点数为 n_2，则有 $n_0=n_2+1$。

证明：设非空二叉树的结点数为 n，n_1 表示度为 1 的结点数，则有：

$$n = n_0 + n_1 + n_2 \tag{5.1}$$

除根结点外，每个结点都是另一结点的孩子，故孩子数 $= n-1$；而度为 i（$i=0,1,2$）的结点有 i 个孩子，则孩子数 $=2n_2 + n_1$；由此可得：

$$n-1 = 2n_2 + n_1 \tag{5.2}$$

由式（5.1）与式（5.2）左右两边相减可推得：$n_0=n_2+1$。

下面介绍两种特殊形态的二叉树，并讨论它们的性质。

满二叉树（Full Binary Tree）：对于深度为 k 的二叉树，如果其结点数为 2^k-1，即达到最大值，则称其为满二叉树。图 5.15 分别为深度从 1 到 4 的 4 棵满二叉树。

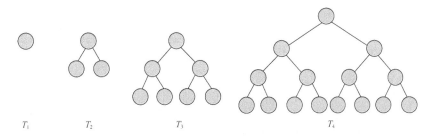

图 5.15　不同深度的 4 棵满二叉树

满二叉树的特点有：①叶子只出现在最下层；②只含度为 0 与 2 的结点。

完全二叉树（Complete Binary Tree）：一棵深度为 k 有 n 个结点的二叉树，对其全部结点从根开始，按层序从上到下、从左到右进行连续编号，如果编号为 i（$1 \leq i \leq n$）的结点与同深度的满二叉树中编号为 i（$1 \leq i \leq n$）的结点在二叉树中的位置完全相同，则称这棵二叉树为完全二叉树。显然，一棵满二叉树一定是一棵完全二叉树。图 5.16 分别为不同深度的 5 棵完全二叉树，其中 T_1、T_5 还是一棵满二叉树。图 5.17 为 4 棵非完全二叉树。

完全二叉树的特点是：①叶子结点只可能出现在最下两层，如果删除最下层的叶子结点，则变成满二叉树；②对任意结点 i，其左、右子树的深度分别表示为 Lh_i 与 Rh_i，则 $Lh_i - Rh_i= 0$ 或 1；③至多有一个度为 1 的结点，且度为 1 的结点只有左孩子结点。

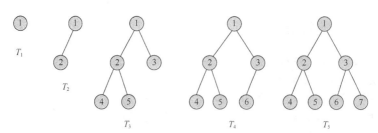

图 5.16 不同深度的 5 棵完全二叉树

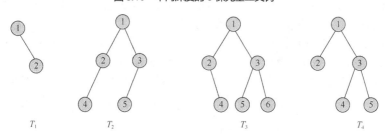

图 5.17 4 棵非完全二叉树

性质 5.4 具有 n 个结点完全二叉树的深度为 $\lfloor \log_2 n \rfloor + 1$。

证明： 假设深度为 k，则由性质 5.2 和完全二叉树定义有 $2^{k-1} - 1 < n \leq 2^k - 1$ 或 $2^{k-1} \leq n < 2^k$，于是有 $k-1 \leq \log_2 n < k$，因为 $k-1$ 和 k 均为整数，显然有 $\lfloor \log_2 n \rfloor = k-1$，故 $k = \lfloor \log_2 n \rfloor + 1$。

类似地，可以证明深度也等于 $\lceil \log_2 (n+1) \rceil$。

性质 5.5 对一棵含 n 个结点的完全二叉树，按层序自上至下、从左至右，由 1 开始连续编号，则对序号为 i（$1 \leq i \leq n$）的结点（称为结点 i），有：

（1）若 $i=1$，则该结点是二叉树的根，无双亲结点，否则，结点 $\lfloor i/2 \rfloor$ 为其双亲结点；

（2）若 $2i > n$，则结点 i 无左孩子（为叶子）结点，否则，结点 $2i$ 为其左孩子结点；

（3）若 $2i+1 > n$，则结点 i 无右孩子结点，否则，结点 $2i+1$ 为其右孩子结点。

证明：（1）可由（2）与（3）推出，下面先使用归纳法证明（2）与（3）。

当 $i=1$ 时，结点 i 为根，无双亲结点；由完全二叉树的定义，其左孩子结点为结点 2，若 $2 > n$，即不存在结点 2，此时结点 i 无左孩子结点；结点 i 的右孩子结点为 3，若 $2i+1=3 > n$，则结点 i 无右孩子结点。

假设 $i=k$ 时（2）与（3）成立，下面证明 $i=k+1$ 时（2）与（3）也成立。

当 $i=k+1$ 时，由完全二叉树的定义，若其左孩子结点存在，则其左孩子结点的编号一定为结点 k 的右孩子结点编号加 1，结合归纳假设知，结点 i 的左孩子编号 $=(2k+1)+1=2(k+1)=2i$，且有 $2i \leq n$；反之，若 $2i > n$，则结点 i 无左孩子结点。又若结点 i 的右孩子结点存在，则其右孩子结点的编号为其左孩子结点编号加 1，即右孩子结点编号 $=2i+1$，且有 $2i+1 \leq n$；若 $2i+1 > n$，则结点 i 无右孩子结点。

根据归纳原理，（2）与（3）得证。

补充说明（1），当 $i > 1$ 时，设结点 i 的双亲结点编号为 p，若结点 i 是双亲结点的左孩子结点，根据（2）有 $i=2p$，即 $p=i/2$；若结点 i 是双亲结点的右孩子结点，根据（3）有 $i=2p+1$，即 $p=i/2-1/2$；总之，$p=\lfloor i/2 \rfloor$。

讨论题

一棵含 1000 个结点的完全二叉树中，叶子结点与度为 1 的结点各有多少个？

5.4.3 二叉树的操作与抽象数据类型定义

与树类似，二叉树的主要操作也可以划分为 3 类：查找类、插入类与删除类。查找类操作包括判定二叉树是否为空、求二叉树的深度、求二叉树的根、求给定结点的位置、求给定结点的双亲/左孩子/右孩子/兄弟结点，以及二叉树的遍历；插入类操作包括二叉树的初始化、二叉树的创建、插入子树及给当前结点赋值等；删除类操作包括二叉树的销毁、删除子树等。

二叉树中表示的数据对象是某种具有相同特性数据元素的集合。对二叉树的抽象数据类型定义如下。

```
ADT BinaryTree
{
    数据对象：D={aᵢ|aᵢ∈ElemSet, i=1,2,…,n, n≥0}
    数据关系：若二叉树的数据对象 D 非空，则 D 中存在唯一称为根的数据元素 root，且 D-{root}
             被划分为两个互不相交的子集。它们是符合本关系的两棵二叉树，分别是 root 的左
             子树与右子树。
    基本操作：
    InitBiTree(&T)                 //初始化二叉树，构造空二叉树 T
    CreateBiTree(&T, defintion)    //根据定义信息 defintion 创建二叉树 T
    DestroyBiTree(&T)              //若 T 存在，则销毁二叉树 T
    BiTreeEmpty(T)                 //若 T 存在且为空，返回 TRUE，否则返回 FALSE
    BiTreeDepth(T)                 //若二叉树 T 存在，返回其深度
    LocateNode(T, cur_e)          //二叉树 T 存在，返回 T 中结点 cur_e 的位置
    Value(T, cur_e)               //二叉树 T 存在，返回 T 中当前结点 cur_e 的值
    Assign(T, cur_e, value)       //二叉树 T 存在，当前结点 cur_e 赋值为 value
    Parent(T, cur_e)              //二叉树 T 存在，返回结点 cur_e 的双亲结点
    LeftChild(T, cur_e)          //二叉树 T 存在，返回结点 cur_e 的左孩子结点
    RightChild(T, cur_e)         //二叉树 T 存在，返回结点 cur_e 的右孩子结点
    LeftSibling(T, cur_e)        //二叉树 T 存在，返回结点 cur_e 的左兄弟结点
    RightSibling(T, cur_e)       //二叉树 T 存在，返回结点 cur_e 的右兄弟结点
    InsertChild(T, p, LR, c)     //将以 c 为根的二叉树插入 T 且为结点 p 的左或右子树
    DeleteChild(T, p, LR)        //二叉树 T 存在，删除 T 中结点 p 的左或右子树
    PreOrderTraverse(T, Visit())  //用 Visit() 结点访问函数对 T 进行先序遍历
    InOrderTraverse(T, Visit())   //用 Visit() 结点访问函数对 T 进行中序遍历
    PostOrderTraverse(T, Visit()) //用 Visit() 结点访问函数对 T 进行后序遍历
    LevelOrderTraverse(T, Visit())//用 Visit() 结点访问函数对 T 进行层序遍历
}
End ADT
```

在二叉树 ADT 中，遍历二叉树是其他运算的基础。**遍历二叉树**（Traversing Binary Tree）是指按某种方式访问二叉树的全部结点，且每个结点只能访问一次的操作。由于二叉树结构中结点与其左、右子树之间的非线性关系需要依据特定规则来构造遍历过程的搜索路径，二叉树的遍历可分为先序、中序、后序与层序 4 种主要方式。函数 Visit( ) 可依据实际应用需要具体定义，它可能只是简单地输出结点信息，或者对结点数据进行一定的修改，也可能是对结点执行相关的复杂处理。二叉树遍历操作的具体内容将在 5.5 节介绍。

定位操作 LocateNode(*T, cur_e*)：初始条件为二叉树 *T* 存在，*cur_e* 为数据元素的值或结点的标识；操作结果是若 *T* 中存在与 *cur_e* 对应的结点，则返回其存储位置，否则返回"空"。

插入操作 InsertChild(*T, p, LR, c*)：初始条件为二叉树 *T* 存在，且 *p* 为 *T* 中某个结点，*LR* 为 0 或 1，

以 c 为根的非空二叉树与 T 不相交，并且 c 的右子树为空；操作结果是根据 LR 取 0 或 1，将 c 为根的二叉树插入 T 中，成为结点 p 的左子树或右子树，p 结点的原有左子树或右子树则成为 c 的右子树。

删除操作 DeleteChild(T,p,LR)：初始条件为二叉树 T 存在，且 p 为 T 中某个结点，LR 为 0 或 1；操作结果是根据 LR 取 0 或 1，删除 T 中结点 p 的左子树或右子树。

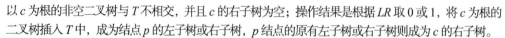

讨论题

二叉树的数据关系与树的数据关系有何不同？

5.5　二叉树的存储结构

存储二叉树的关键在于如何物理表示结点之间的相互关系，即双亲结点与左、右孩子结点间的关系。二叉树的存储结构要有效地支持从当前结点能直接地访问其左、右孩子结点，或者双亲结点。下面介绍几种典型的基于顺序结构与链式结构的二叉树存储结构。

5.5.1　二叉树的顺序存储结构

二叉树的顺序存储结构是用一维数组来存储二叉树的结点及其相互关系，其中结点的存储位置（数组下标）蕴含着结点间的逻辑关系，即双亲结点与孩子结点的关系（简称父子关系）。

首先考虑完全二叉树的顺序存储，把完全二叉树的结点按层序方式自上至下、从左至右进行编号（根结点编号为 1），然后按编号顺序将结点依次存储到一维数组中。根据性质 5.5，在完全二叉树中，i 号结点如果有双亲结点，则双亲结点的编号为 $\lfloor i/2 \rfloor$；如果有左、右孩子结点，则左、右孩子结点的编号分别为 $2i$ 与 $2i+1$。基于此，结点在数组的存储位置就间接地表示了相关结点的父子关系。具体实现时，可将编号为 1 的根结点存储在数组 0 号单元或 1 号单元。图 5.18（a）的完全二叉树 T_1 可以用数组按图 5.18（b）中的形式存储。

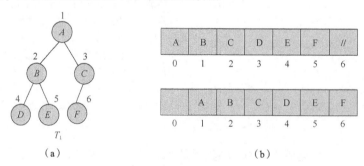

图 5.18　完全二叉树 T_1 及其顺序存储结构示意图

对于一般二叉树，如果直接按层序方式对结点进行编号，然后按编号顺序存储到一维数组中，此时结点的存储位置不能表示结点间的逻辑关系。为此，在二叉树中添加虚结点，使之成为完全二叉树的形态，再按层序对结点进行编号并按顺序存储到一维数组中。图 5.19 的二叉树 T_2 添加了 5 个虚结点，在数组中用 0 表示。

顺序存储结构对于完全二叉树较为适用，对一般二叉树存储效率不一定高，且插入、删除操作不便。最坏情况下，一棵深度为 k 且只有 k 个结点的右单枝树（非叶结点有且只有右子树）用顺序结构表示，需要长度为 2^k-1 的一维数组。当 $k=10$ 时，空间利用率约为 0.98%。

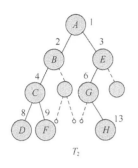

T_2的顺序存储结构

图 5.19 　一般二叉树及其顺序存储结构示意图

下面给出二叉树的顺序存储结构定义。

```
#define MAX_TREE_SIZE 100                      //二叉树的最大结点数
typedef TElemType sqBiTree[MAX_TREE_SIZE];    //0号或1号单元存储根结点
sqBiTree bt;
```

5.5.2　二叉树的链式存储结构

在二叉树的链式存储结构中，为表示结点与其双亲、左孩子、右孩子结点间的关系，可设置相应的指针来实现。除了表示结点信息的数据域 data 外，链表结点还需设置左、右孩子两个指针域 lchild 与 rchild，称二叉树的这种链式存储结构为二叉链表（Binary Linked List）。为方便访问当前结点的双亲结点，我们可增设一个双亲指针域 parent，二叉树的这种含 3 个指针域的链表结构称为三叉链表（Trident Linked List）。图 5.20（a）与图 5.20（b）分别为二叉链表、三叉链表的结点结构示意图。

图 5.20　二叉链表、三叉链表的结点结构示意图

图 5.21 为二叉树 T_1 及其二叉链表、三叉链表存储结构示意图。其中 root 为指向根结点的指针，它可被视为链表头指针。

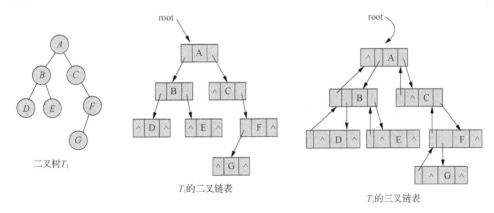

图 5.21　二叉树及其二叉链表、三叉链表存储结构示意图

注意在二叉树的二叉链表中有许多空指针域，它们可以用来存储其他有用信息，例如后面将用来构造一种线索链表存储结构。

性质 5.6 在含 n 个结点二叉树对应的二叉链表中，共有 $n+1$ 个空指针域。

证明：在二叉链表的 n 个结点中共有 $2n$ 个指针域，除根结点之外，每个结点有一个链指针指向它，故共有 $n-1$ 个非空指针域，因此空指针域共有 $n+1$ 个。

下面给出二叉链表存储结构定义，仿此易于给出三叉链表存储结构定义。

```
typedef struct BiTNode {                    //链表结点结构
    TElemType data;                         //data 为结点数据元素
    struct BiTNode *lchild, *rchild;        //左、右孩子指针
} BiTNode, *BiTree;
BiTree T;                                   //根指针或二叉链表头指针
```

当然，二叉链表或三叉链表也可以用一维数组实现，即采用静态链表的方式。下面给出三叉链表的静态链表存储结构定义。

```
#define MAX_TREE_SIZE 100
typedef struct SBiTNode {                   //链表结点结构
    TElemType data;                         //data 为结点数据元素
    int parent, lchild, rchild;             //双亲与左、右孩子位置
} SBiTree[MAX_TREE_SIZE+1];                 //0 号单元不用，根在 1 号单元
```

在实际应用时，采用何种二叉树存储结构，需要根据应用的数据处理需求与操作特征加以选择。

讨论题

试分析二叉树几种典型存储结构各自的优缺点?

5.5.3 基于二叉链表的二叉树遍历

基于二叉链表存储结构，下面讨论二叉树中包括遍历等基本操作的具体实现。首先给出二叉树几种不同遍历操作的定义。

先序遍历二叉树：若二叉树为空，则执行空操作并返回，否则执行下述步骤。

（1）访问根结点。

（2）先序遍历根的左子树。

（3）先序遍历根的右子树。

中序遍历二叉树：若二叉树为空，则执行空操作并返回，否则执行下述步骤。

（1）中序遍历根的左子树。

（2）访问根结点。

（3）中序遍历根的右子树。

后序遍历二叉树：若二叉树为空，则执行空操作并返回，否则执行下述步骤。

（1）后序遍历根的左子树。

（2）后序遍历根的右子树。

（3）访问根结点。

层序遍历二叉树：若二叉树为空，则执行空操作并返回，否则从第一层（根结点）开始，从上至下逐层遍历，同一层按从左到右的顺序依次访问每个结点。

以图 5.21 中二叉树 T_1 为例，其先序遍历序列为 *ABDECFG*，中序遍历序列为 *DBEACGF*，后序遍历序列为 *DEBGFCA*，层序遍历序列为 *ABCDEFG*。通过遍历得到二叉树结点的某种线性序列。根结点在先序序列的首位，在后序序列的末位，而居于中序序列的左子树序列与右子树序列之间。

虽然对给定的二叉树及某种遍历操作，其遍历序列是唯一的，但由二叉树的某一种遍历序列并不能唯一确定这棵二叉树。然而，由先序与中序两种遍历序列则能唯一确定一棵二叉树。例如，已知二叉树的先序遍历序列与中序遍历序列分别为 *EABCDFG* 与 *BACDEGF*，可以基于递推的方法逐步确定这棵二叉树。第一步，由先序序列可知，二叉树的根结点为 *E*，再根据中序序列，*E* 的左子树结点为 *B, A, C, D*、右子树结点为 *G, F*（见图 5.22（a）），进而可分解为两个子问题：① 由先序序列 *ABCD* 与中序序列 *BACD* 确定 *E* 的左子树；②由先序序列 *FG* 与中序序列 *GF* 确定 *E* 的右子树。第二步，对两个子问题类似求解，依此类推最终可确定该二叉树（见图 5.22（b））。

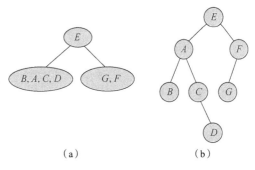

图 5.22　由两种遍历序列构造一棵二叉树

显然，由二叉树的后序遍历序列与中序遍历序列也可唯一确定这棵二叉树。

讨论题

若二叉树的先序与后序遍历序列分别为 *ADEBC*、*EDCBA*，能唯一确定该二叉树吗?

下面基于二叉树的二叉链表存储结构，分别给出遍历操作的实现算法。首先定义相关符号常量、结点数据元素类型、结点访问函数 Visit( )及遍历等基本操作的函数原型声明。

```
//二叉树的二叉链表实现
#define TRUE 1
#define FALSE 0
#define OK 1
#define ERROR 0
#define INFEASTABLE -1
#define OVERFLOW -2
#define MAX_TREE_SIZE 100
typedef int Status;              //函数结果状态常量
typedef struct
{
    char name[20];               //姓名
    char phone_number[20];       //电话
} TElemType;                     //结点数据元素类型定义
typedef struct BiTNode
{
    TElemType data;              //结点数据元素
    struct BiTNode *lchild, *rchild;
} BiTNode, *BiTree;              //二叉链表结点及结点类型的指针

Status Visit(TElemType e)        //一个简单的结点访问函数
{
    printf("学生姓名: %s\n", e.name);
    printf("学生电话: %s\n", e.phone_number);
    return OK;
}
```

```
//遍历等基本操作的函数原型声明
Status CreateBiTree(BiTree &T);
Status DestroyBiTree(BiTree &T);
Status PreOrderTraverse(BiTree T, Status(*Visit)(TElemType e));
Status InOrderTraverse(BiTree T, Status(*Visit)(TElemType e));
Status PostOrderTraverse(BiTree T, Status(*Visit)(TElemType e));
Status LeverOrderTraverse(BiTree T, Status(*Visit)(TElemType e));
```

1. 先序遍历递归算法

由二叉树先序遍历操作的定义,易于设计先序遍历递归算法。

例 5-1:先序遍历的递归算法如下。

```
//先序遍历的递归算法
Status PreOrderTraverse(BiTree T, Status(* Visit)(TElemType e))
{
    if(T)
    {
        Visit(T->data);                      //访问根结点
        PreOrderTraverse(T->lchild, Visit); //先序递归遍历其左子树
        PreOrderTraverse(T->rchild, Visit); //先序递归遍历其右子树
    }
    return OK;
}
```

假定二叉树有 n 个结点,估计上述算法的时间复杂度 $T(n)$ 时,先考虑根的左、右子树结点均衡分布的特殊情况,n 充分大时有如下近似关系:

$$T(n)=O(1)+2T(n/2)$$

可推得 $T(n)=O(n)$;另外,当二叉树为一般形态时,我们也可以分析推得同样的结果。递归处理需要用到递归工作栈,算法的空间复杂度在最好与最坏情况下分别为 $O(\log n)$、$O(n)$。

2. 中序遍历递归算法

由二叉树中序遍历操作的定义也易于设计中序遍历递归算法。与先序遍历递归算法不同之处在于,其根结点的访问操作位于递归遍历左、右子树之间。

例 5-2:中序遍历的递归算法如下。

```
//中序遍历的递归算法
Status InOrderTraverse(BiTree T, Status(* Visit)(TElemType e))
{
    if(T)
    {
        InOrderTraverse(T->lchild, Visit);  //中序递归遍历 T 的左子树
        Visit(T->data);                     //访问根结点
        InOrderTraverse(T->rchild, Visit);  //中序递归遍历 T 的右子树
    }
    return OK;
}
```

3. 后序遍历递归算法

由二叉树后序遍历操作的定义,调整前面递归遍历算法中根结点访问与子树遍历的执行次序,便可得到二叉树后序遍历的递归算法。

例 5-3：后序遍历的递归算法如下。

```
//后序遍历的递归算法
Status PostOrderTraverse(BiTree T, Status(* Visit)(TElemType e))
{
    if(T)
    {
        PostOrderTraverse(T->lchild, Visit);    //后序递归遍历 T 的左子树
        PostOrderTraverse(T->rchild, Visit);    //后序递归遍历 T 的右子树
        Visit(T->data);                         //访问根结点
    }
    return OK;
}
```

4. 递归遍历算法分析

在二叉树的先序、中序与后序遍历过程中，虽然所得的结点遍历序列可能不同，但它们的搜索路径实际是一致的。在遍历时，搜索总是始于根结点，也终于根结点。任意结点在遍历过程中都会被遇到 3 次：第一次遇到后，递归地进入其左子树并对左子树遍历；当左子树遍历完，递归处理返回到该结点时，第二次再遇到它，然后又递归地进入其右子树并对右子树进行遍历；当右子树遍历完递归处理再次返回到该结点时，第三次又遇到该结点。3 种遍历的不同之处在于，搜索中结点访问的时机与先后顺序不同。对于一个结点，先序遍历是在第一次遇到该结点时就对其访问；中序遍历是在第二次遇到它时对其访问；后序遍历则是在第三次又遇到该结点时才访问。

为了更好地理解递归遍历算法及其具体执行过程，下面对图 5.21 中的二叉树 T_1 进行中序遍历，并结合递归工作栈（内含局部变量：结点指针）与当前根指针的变化来具体解释中序遍历递归执行过程，如表 5.2 所示（为简化描述，指针均以对应结点表示，如指向结点 A 的指针简述为指针 A）。

表 5.2　二叉树中序遍历递归算法的执行过程

步骤	访问结点	栈状态	根指针	解释
初始		空	A	root 指向 A，执行 InOrderTraverse(root, Visit)
1		A	A	指针 A 进栈，准备遍历 A 的左子树
2		A,B	B	指针 B 进栈，准备遍历 B 的左子树
3		A,B,D	D	指针 D 进栈，准备遍历 D 的左子树∧
4		A,B,D,∧	∧	指针∧进栈，D 的左子树为空
5		A,B,D	D	递归返回，指针∧退栈，D 的左子树遍历完毕
6	D	A,B,D	D	访问 D，准备遍历 D 的右子树∧
7		A,B,D,∧	∧	指针∧进栈，D 的右子树为空
8		A,B,D	D	递归返回，指针∧退栈，D 的右子树遍历完毕
9		A,B	B	递归返回，指针 D 退栈，B 的左子树遍历完毕
10	B	A,B	B	访问 B，准备遍历 B 的右子树
11		A,B,E	E	指针 E 进栈，准备遍历 E 的左子树∧
12		A,B,E,∧	∧	指针∧进栈，E 的左子树为空
13		A,B,E	E	递归返回，指针∧退栈，E 的左子树遍历完毕
14	E	A,B,E	E	访问 E，准备遍历 E 的右子树∧
15		A,B,E,∧	∧	指针∧进栈，E 的右子树为空
16		A,B,E	E	递归返回，指针∧退栈，E 的右子树遍历完毕
17		A,B	B	递归返回，指针 E 退栈，B 的右子树遍历完毕
18		A	A	递归返回，指针 B 退栈，A 的左子树遍历完毕

步骤	访问结点	栈状态	根指针	解释
19	A	A	A	访问 A，准备遍历 A 的右子树
20		A,C	C	指针 C 进栈，准备遍历 C 的左子树 $\wedge$
21		$A,C,\wedge$	$\wedge$	指针 $\wedge$ 进栈，C 的左子树为空
22		A,C	C	递归返回，指针 $\wedge$ 退栈，C 的左子树遍历完毕
23	C	A,C	C	访问 C，准备遍历 C 的右子树
24		A,C,F	F	指针 F 进栈，准备遍历 F 的左子树
25		A,C,F,G	G	指针 G 进栈，准备遍历 G 的左子树 $\wedge$
26		$A,C,F,G,\wedge$	$\wedge$	指针 $\wedge$ 进栈，G 的左子树为空
27		A,C,F,G	G	递归返回，指针 $\wedge$ 退栈，G 的左子树遍历完毕
28	G	A,C,F,G	G	访问 G，准备遍历 G 的右子树 $\wedge$
29		$A,C,F,G,\wedge$	$\wedge$	指针 $\wedge$ 进栈，G 的右子树为空
30		A,C,F,G	G	递归返回，指针 $\wedge$ 退栈，G 的右子树遍历完毕
31		A,C,F	F	递归返回，指针 G 退栈，F 的左子树遍历完毕
32	F	A,C,F	F	访问 F，准备遍历 F 的右子树 $\wedge$
33		$A,C,F,\wedge$	$\wedge$	指针 $\wedge$ 进栈，F 的右子树为空
34		A,C,F	F	递归返回，指针 $\wedge$ 退栈，F 的右子树遍历完毕
35		A,C	C	递归返回，指针 F 退栈，C 的右子树遍历完毕
36		A	A	递归返回，指针 C 退栈，A 的右子树遍历完毕
结束			A	遍历结束，InOrderTraverse 执行完毕，指针 A 退栈

5. 中序遍历非递归算法

递归算法虽然简明、精炼，但一般其执行效率不高。因此，有时需要将其转换为非递归算法，下面讨论如何设计中序遍历的非递归算法。

二叉树中序遍历访问的首结点是处于最左下角的那个结点，但遍历时需要从根出发，沿着结点的左链域一直搜索到该结点（其左孩子指针为空）；为了在遍历完每个结点的左子树后能返回到对应结点以对其进行访问，并能进入其右子树对右子树进行中序遍历，必须依次保存搜索路径中遇到的结点序列。借鉴中序遍历递归算法执行过程中递归工作栈的原理，非递归处理中可以设置一个指针栈，暂存搜索路径中的结点指针。

二叉树遍历的非递归算法

非递归算法采用循环结构，算法思想可描述如下。

初始化指针栈 S，根指针 T 进栈，栈不空时循环执行以下操作：①读取栈顶指针，若指针非空，从所指结点沿左链域搜索至最左下结点，搜索路径上的结点指针依次入栈 S；②最左下结点指针退栈，访问该结点；③将访问结点的右孩子指针入栈，开始对其右子树进行遍历。

例5-4：中序遍历的非递归算法如下。

```
//中序遍历的非递归算法
Status InOrderTraverse(BiTree T, Status(* Visit)(TElemType e))
{
    BiTree stack[MAX_TREE_SIZE];    //定义指针栈
    int top=0;                      //初始化顺序栈
    stack[top++]=T;                 //根指针进栈
    while(top)
    {
        T=stack[top-1];             //读取栈顶指针
```

```
        while(T)
        {
            T=T->lchild;                    //向左走到尽头
            stack[top++]=T;                 //根指针进栈
        }
        top--;                              //空指针退栈
        if(top)
        {
            T=stack[--top];                 //根指针退栈
            Visit(T->data);                 //访问根结点
            stack[top++]=T->rchild;         //右孩子指针进栈,进入右子树
        }
    }
    return OK;
}
```

对于含 n 个结点的二叉树,利用非递归算法进行中序遍历,每个结点分别进、出栈各一次,且执行访问操作一次,故算法的时间复杂度为 $O(n)$,空间复杂度为 $O(MAX\_TREE\_SIZE)$ 或 $O(n)$。

6. 层序遍历算法

由二叉树层序遍历操作的定义可知,在进行层次遍历时,当对某一层结点访问后,需按这些结点访问的次序对各个结点在下层的左、右孩子进行顺序访问,即满足先访问的结点其左、右孩子也要先访问。为了在访问上层结点时按次序保存在下层待要访问的结点,我们需要设计合理的存储结构来实现这一目标。显然,队列先进先出的特性能满足这一要求。

利用队列实现层序遍历的算法思想如下。

初始化指针队列 Q,非空根指针 T 进队,队列不空时循环执行以下操作:①队头结点出队,并访问该结点;②将访问结点的非空左、右孩子指针依次进队。

例5-5:层序遍历算法如下。

```
//层序遍历算法
Status LeverOrderTraverse(BiTree T, Status(*Visit)(TElemType e))
{
    BiTree Queue[MAX_TREE_SIZE];    //定义指针队列
    int front=0, rear=0;            //初始化顺序队列
    if(T) Queue[rear++]=T;          //根指针非空,则进队
    while(front !=rear)             //队非空
    {
        T=Queue[front++];           //队首结点出队
        Visit(T->data);             //访问结点
        if(T->lchild) Queue[rear++]=T->lchild;    //左孩子进队
        if(T->rchild) Queue[rear++]=T->rchild;    //右孩子进队
    }
    return OK;
}
```

上述层序遍历算法的特点可概括为:出队即访问,访问后其左、右孩子依次进队。含 n 个结点的二叉树在层序遍历过程中,每个结点分别进、出队各一次,且执行访问操作一次,故算法的时间复杂度 $O(n)$,空间复杂度为 $O(MAX\_TREE\_SIZE)$ 或 $O(n)$。

前面介绍了二叉树的 4 种遍历及其算法,"遍历"是二叉树其他操作的基础,例如,通过遍历

求二叉树某个结点的双亲、孩子结点，求二叉树的深度；在遍历的过程中生成结点而建立二叉树的二叉链表存储结构；在遍历的过程中删除结点而销毁一棵二叉树等。下面基于遍历处理逻辑来讨论二叉树的创建与销毁操作。

7. 创建二叉树算法

创建二叉树，即通过二叉树的某种定义信息生成对应的二叉树并建立其二叉链表存储结构。定义一棵二叉树有多种形式，如已知二叉树的先序与中序遍历序列可定义二叉树，或者已知二叉树的后序与中序遍历序列也可定义二叉树。虽然只给出二叉树的先序序列不能定义一棵二叉树，但如果在先序遍历序列中插入空格符，则由带空格符的先序遍历序列可唯一确定一棵二叉树。例如，给定先序遍历序列$ADΦEFΦΦGΦΦBΦCΦΦ$（其中$Φ$为空格符，它表示对应的结点为空（虚结点）），其附带虚结点的二叉树如图5.23（a）所示，其对应的二叉树如图5.23（b）所示，而该二叉树对应的二叉链表示意图如图5.23（c）所示。

二叉链表的创建

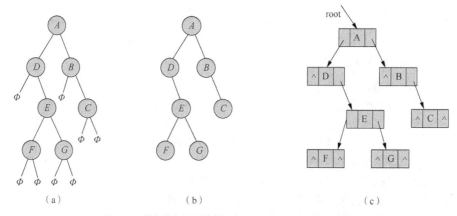

图5.23　带虚结点和不带虚结点二叉树及其二叉链表示意图

对于带defintion参数的创建操作函数CreateBiTree(&T, defintion)，读者可根据不同的defintion定义，自行去思考与设计相应的算法。这里假定从终端输入带空格符的先序序列，创建操作函数简化为CreateBiTree(&T)。显然，创建二叉树可以分为3步：①生成根结点；②创建根的左子树；③创建根的右子树。这与二叉树的先序遍历处理逻辑一致。

例5-6：基于先序遍历的创建二叉树递归算法如下。

```
//基于先序遍历的创建二叉树递归算法
Status CreateBiTree(BiTree &T)
{
    char ch;                    //本算法中将TElemType简化为char类型
    scanf("%c", &ch);
    if(ch=='Φ')T=NULL;
    else
    {
        if(!(T=(BiTNode *)malloc(sizeof(BiTNode)))) exit(OVERFLOW);
        T->data=ch;             //生成根结点
        CreateBiTree(T->lchild); //构造左子树
        CreateBiTree(T->rchild); //构造右子树
    }
```

```
        return OK;
    }
```

注意 n 个结点的二叉链表中有 $n+1$ 个空链域，故在 CreateBiTree 算法中输入序列中除 n 个结点字符外，应含对应的 $n+1$ 个空格符。

8. 销毁二叉树算法

正如创建算法所示，二叉链表是基于动态内存分配而建立的。当二叉树处理完后，我们需销毁对应的二叉树，释放其二叉链表的存储空间。销毁二叉树可分为 3 步：①销毁根的左子树；②销毁根的右子树；③释放根结点。这与二叉树的后序遍历处理逻辑一致。

例 5-7：基于后序遍历的销毁二叉树递归算法如下。

```
//基于后序遍历的销毁二叉树递归算法
Status DestroyBiTree(BiTree &T)
{
    if(T)
    {
        DestroyBiTree(T->lchild);    //销毁左子树
        DestroyBiTree(T->rchild);    //销毁右子树

        free(T);
        T=NULL;                       //释放根结点
    }
    return OK;
}
```

讨论题

简述基于哪种遍历，易于求二叉树的深度。

5.5.4　线索链表与线索二叉树

1. 线索链表存储结构

二叉树是一种非线性结构，但是通过遍历可以得到结点的线性序列，因此遍历二叉树就是按某种规则将非线性结构的二叉树结点线性化。在遍历所得的结点线性序列中，一个结点存在唯一的直接前驱与直接后继结点，但是二叉链表并没有表示这种关系，而是只保存左、右孩子指针信息。如果在二叉链表结点中直接增设指向前驱与后继结点的指针域，则会显著降低存储效率。考虑到 n 个结点的二叉链表中有 $n+1$ 个空链域，若某结点无左孩子结点，此时可令其 lchild 域指向其前驱；若某结点无右孩子结点，此时可令其 rchild 域指向其后继。为区分结点链域究竟是指向左、右孩子还是前驱、后继，需在二叉链表结点中增设两个标志位 LTag 与 RTag（具体含义描述如下），形成含有 5 个域的结点结构，如图 5.24 所示。

$$LTag = \begin{cases} 0 & \text{lchild 指向结点的左孩子结点} \\ 1 & \text{lchild 指向结点的前驱} \end{cases} \qquad RTag = \begin{cases} 0 & \text{rchild 指向结点的右孩子结点} \\ 1 & \text{rchild 指向结点的后继} \end{cases}$$

lchild	Ltag	data	Rtag	rchild

图 5.24　线索链表结点结构

以上述这种结点结构构成的二叉链表称为二叉树的**线索链表**（Threaded Linked List），指向结点前驱与后继的指针称为**线索**（Thread），加上线索的二叉树则称为**线索二叉树**（Threaded Binary Tree）。显然，线索信息只有通过遍历二叉树才可以确定，对二叉树按某种方式遍历使其变成线索二叉树的过程称为二叉树的**线索化**。图 5.25（a）为二叉树 *T*，其中序遍历序列为 *B,D,C,E,A,F,G*，对应的中序线索二叉树与中序线索链表分别如图 5.25（b）和图 5.25（c）所示。

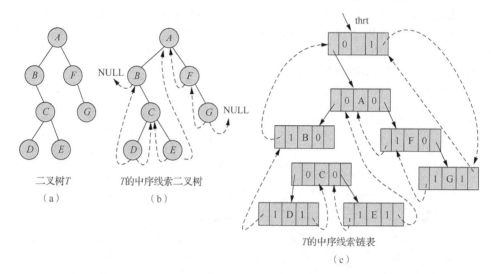

图 5.25　二叉树 *T* 及其中序线索二叉树与中序线索链表（虚线表示线索）

由于在二叉树的遍历序列中首结点无前驱、尾结点无后继、对应的两个线索悬空，因此在中序线索链表中设置一个头结点（见图 5.25（c），头结点指针为 thrt），使之成为首结点的前驱、尾结点的后继。注意头结点的 LTag=0，lchild 指向二叉树的根结点；头结点的 RTag=1，rchild 指向遍历序列的尾结点，data 域为空。空二叉树的线索链表如图 5.26 所示。

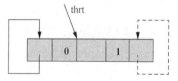

图 5.26　空二叉树的线索链表

一棵二叉树可以有多种方式的线索化，如利用先序遍历与后序遍历可得到**先序线索二叉树**与**后序线索二叉树**，图 5.27（a）中的二叉树 *T* 对应的先序线索二叉树与后序线索二叉树如图 5.27（b）和图 5.27（c）所示。当然，我们也可以在线索二叉树中只设置一种线索，如在后序线索二叉树中只设置后继线索，称其为**后序后继线索二叉树**。

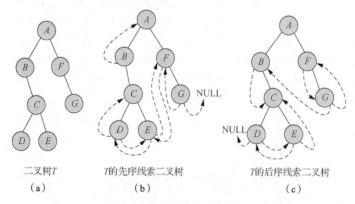

图 5.27　二叉树 *T* 及其先序线索二叉树与后序线索二叉树

下面给出线索链表的存储结构定义。

```
typedef enum { Link, Thread } PointerTag;     //Link==0（指针），Thread==1（线索）
typedef struct BiThrNode
{
    TElemType data;
    struct BiThrNode *lchild, *rchild;         //左、右孩子指针
    PointerTag LTag, RTag;                      //左、右标志
} BiThrNode, *BiThrTree;
```

2. 线索链表的基本操作

二叉树的线索链表可以被看作是一个双向线索链表，该表既允许从遍历序列首结点出发来沿后继线索进行遍历，又允许从遍历序列的尾结点出发来沿前驱线索对二叉树进行逆向遍历。在线索链表上对二叉树进行遍历一般要比在普通二叉链表上遍历更方便。下面以两种情况来讨论。

基于先序线索链表的二叉树遍历。在头指针为 T 的先序线索链表上对非空二叉树进行先序遍历的算法思想是：①通过 T->lchild 访问首结点，即二叉树根结点；②循环访问后继结点，若指针 p 指向当前已访问结点，如它有左孩子结点，即 p->LTag=0，则左孩子 p->lchild 为其访问的后继结点；若 p 结点无左孩子结点，无论 p->RTag=0 或 1，p->rchild 指向右孩子结点或表线索，均指示其访问的后继结点。

例 5-8：基于先序线索链表的二叉树遍历算法如下。

```
//基于先序线索链表的二叉树遍历算法
Status PreOrderTraverse_Thr(BiThrTree T, Status(*Visit)(TElemType e))
{
    BiThrTree p=T->lchild;
    while(p!=T)                    //二叉树非空或遍历未结束
    {
        Visit(p->data);
        if(p->LTag==Link)          //有左孩子时，p 移向左孩子结点
            p=p->lchild;
        else                       //p 移向右孩子或右线索指向的结点
            p=p->rchild;
    }
    return OK;
}
```

基于中序线索链表的二叉树遍历。在中序线索链表上对非空二叉树进行中序遍历的算法思想是：①搜索首结点，该结点处于二叉树最左下，算法可从根结点出发，不断沿着左孩子指针（此时 LTag=0）搜索，直至 LTag=1，便达到最左下结点，设 p 指向该结点；②访问 p 结点；③访问后继结点，若 p->RTag=1，则 p->rchild 为其后继结点，访问该结点，p 移向该结点，并重复这一过程直至 p->RTag=0，此时 p->rchild 非线索，而是指向 p 的右孩子结点，这时，p 结点的后继是 p 右子树的最左下结点，于是，回到①进行搜索，开始下一轮循环。

读者可结合图 5.25 理解上述处理思想，关键点可概括为：有后继线索则直接找后继，无后继线索则找右子树的最左子孙。

例 5-9：基于中序线索链表的二叉树遍历算法如下。

```
//基于中序线索链表的二叉树遍历算法
Status InOrderTraverse_Thr(BiThrTree T, Status(*Visit)(TElemType e))
{
```

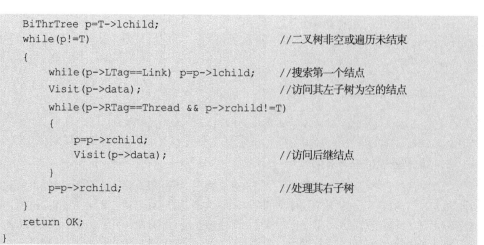

```
    BiThrTree p=T->lchild;
    while(p!=T)                                    //二叉树非空或遍历未结束
    {
        while(p->LTag==Link) p=p->lchild;          //搜索第一个结点
        Visit(p->data);                            //访问其左子树为空的结点
        while(p->RTag==Thread && p->rchild!=T)
        {
            p=p->rchild;
            Visit(p->data);                        //访问后继结点
        }
        p=p->rchild;                               //处理其右子树
    }
    return OK;
}
```

可见，上述中序遍历算法虽然时间复杂度仍为 $O(n)$，但比基于二叉链表的中序遍历非递归算法计算量少，且无须使用栈。因此，我们需要反复遍历二叉树或查找遍历序列中的前驱与后继时，则应采用线索链表作为二叉树的存储结构。那么，如何对二叉树进行线索化而建立对应的线索链表呢？下面以中序线索化为例加以讨论。

中序线索链表的建立。中序线索化是在二叉树的中序遍历过程中完成的，所以我们可以利用二叉树的中序遍历递归处理逻辑设计二叉树的中序线索化过程。中序线索链表的建立可按如下步骤处理：①建立头结点；②左子树线索化；③处理根结点，如修改标记域与线索；④右子树线索化。

如果不考虑头结点，上述步骤②～步骤④与中序遍历递归处理完全一致，只是访问结点的处理在于修改当前结点及其前驱结点的标记域与线索域。若 p 指向当前访问结点，pre 指向其刚访问的前驱结点，则结点处理任务可具体描述如下。

（1）若 p->lchild=NULL，则{p->Ltag=1; p->lchild=pre;}

（2）若 pre->rchild=NULL，则{pre->Rtag=1; pre->rchild=p;}

即每次只可能修改前驱结点的右指针（后继）和当前结点的左指针（前驱）。把步骤②～步骤④结合为一个操作 InThreading(BiThrTree &pre, BiThrTree p)，实现对以 p 为根的非空二叉树进行中序线索化。

例 5-10：首先给出 InThreading 算法，然后基于该算法描述中序线索链表的完整建立算法。InThreading 算法定义如下。

```
//二叉树的中序线索化
void InThreading(BiThrTree &pre, BiThrTree p) {
    //对以 p 为根指针的二叉树线索化，pre 初始为指向其前驱结点指针
    if(p) {
        InThreading(pre, p->lchild);    //左子树线索化
        if(!p->lchild) {                //建前驱线索
            p->LTag=Thread;
            p->lchild=pre;
        }
        if(!pre->rchild) {              //建后继线索
            pre->RTag=Thread;
            pre->rchild=p;
        }
        pre=p;                          //保持 pre 指向 p 的前驱
```

```
                InThreading(pre, p->rchild);  //右子树线索化
    }                                         //退出时，pre 指向中序遍历的最后结点
}
```

InThreading 算法并没有建立头结点及其与相关结点的联系，下面基于该算法给出建立二叉树线索链表的完整算法。

```
//中序线索链表的创建算法
Status InOrderThreading(BiThrTree &Thrt, BiThrTree T) {
    //对以 T 为根指针的二叉树线索化，Thrt 为线索链表头指针
    if(!(Thrt=(BiThrTree)malloc(sizeof(BiThrNode)))) exit(OVERFLOW);
    Thrt->LTag=Link;
    Thrt->RTag=Thread;
    Thrt->rchild=Thrt;              //添加头结点
    if(!T)Thrt->lchild=Thrt;        //T 为空二叉树
    else {
        Thrt->lchild=T;
        BiThrTree pre=Thrt;         //pre 初始指向头结点
        InThreading(pre, T);
        pre->rchild=Thrt;           //处理最后一个结点
        pre->RTag=Thread;
        Thrt->rchild=pre;
    }
    return OK;
}
```

讨论题

如何在后序线索链表中访问当前结点在后序序列的后继、在后序序列的前驱？哪一种更方便？

5.6 树、森林与二叉树的转换

树的孩子兄弟表示法实际上是一种二叉链表存储结构，其结点的两个指针分别指向第一个孩子与右兄弟结点。在二叉树的二叉链表存储结构中，对结点指针的含义则有不同的解释，两个指针分别指向结点的左孩子与右孩子结点。虽然解释不同，但物理结构可认为是相同的。基于相同的二叉链表存储结构可以实现树与二叉树之间的相互转换，从而将树的有关操作转换为对对应二叉树的操作来实现。

5.6.1 树与二叉树的转换

1. 树转换成二叉树

根据树的二叉链表特征，我们可以按以下规则把一棵树转换成二叉树。

（1）加线：在树的相邻兄弟结点之间依次加一连线。

（2）抹线：对每个结点（除了其最左孩子结点外）抹去它与其余孩子结点之间的连线。

（3）旋转：以树的根结点为轴心，将树按顺时针旋转 45°，使其成为二叉树层次结构。

图 5.28 为一棵树转换成二叉树的处理过程。可以发现，在转换后的二叉树中根结点的右子树一定为空；结点与其右分支上的各结点原来在树中是兄弟关系。

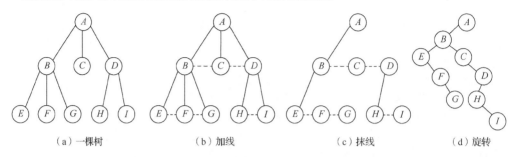

（a）一棵树　　　　　（b）加线　　　　　（c）抹线　　　　　（d）旋转

图 5.28　树转换成二叉树的处理过程

2. 二叉树转换成树

对树转换成二叉树过程中的加线、抹线进行逆操作便可以将二叉树转换成树，其具体规则如下。

（1）加线：若某结点是双亲结点的左孩子结点，则将该结点的右孩子结点、右孩子的右孩子结点以及沿分支找到的所有右孩子结点都与双亲结点用线连起来。

（2）抹线：抹掉原二叉树中所有的双亲与右孩子结点之间的连线。

（3）调整：将结点按层次排列，形成树结构。

图 5.29 为将一棵二叉树转换成树的处理过程。

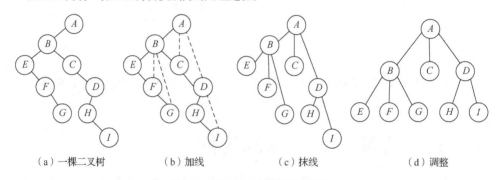

（a）一棵二叉树　　　　　（b）加线　　　　　（c）抹线　　　　　（d）调整

图 5.29　二叉树转换成树的处理过程

5.6.2　森林与二叉树的转换

在某些应用中，可能需要对森林进行处理。前面介绍了树与二叉树的转换规则，下面讨论森林与二叉树的转换规则。

1. 森林转换成二叉树

把森林转换成一棵二叉树的具体规则如下。

（1）把森林中各棵树分别转换成二叉树。

（2）把每棵二叉树的根结点用线相连。

（3）把连成整体的结构以第一棵树根结点为二叉树的根，再以该根结点为轴心，顺时针旋转，构成二叉树结构。

图 5.30 为将含 3 棵树的森林转换成一棵二叉树的处理过程。可以看到，二叉树的根及其左子

树源于第一棵树；根结点及其右分支上根结点个数就是森林中树的棵数。

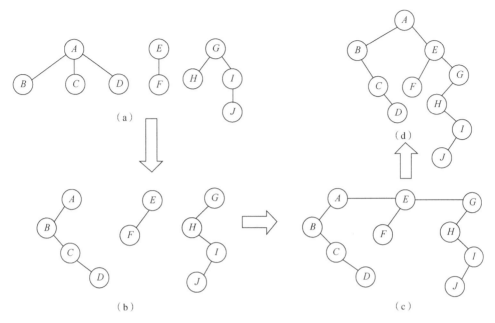

图 5.30　森林转换为二叉树的处理过程

2．二叉树转换成森林

对森林转换成二叉树的处理过程进行逆变换易于将一棵二叉树转换成森林，具体规则如下。

（1）连线、抹线：把二叉树中根结点与其右孩子结点连线，并将沿右分支搜索到的所有右孩子结点间连线全部抹掉，使其分割成若干棵孤立的二叉树。

（2）还原：利用二叉树转换成树的规则分别把孤立的二叉树还原成树，从而形成森林。

例如，对刚才图 5.30 中的 3 棵二叉树分别转换成树，便得到一个森林。

通过图 5.30 可以说明上述转换过程，即由图 5.30 中右上角的二叉树通过抹线得到左下角的 3 棵二叉树，然后分别将这 3 棵二叉树转换成树，便得到左上角的森林。

3．森林与二叉树相互转换的形式化描述

已知森林 $F = \{ T_1, T_2, \cdots, T_m \}$ 和二叉树 $T = (root, LB, RB)$，现根据前面所介绍的森林与二叉树之间的转换规则，基于符号表示来描述两者之间的转换规则。

（1）森林 F 转换成二叉树 T 的规则

若 $F = \Phi$，则 B 为空二叉树，否则，把 F 的第一树 T_1 表示为 $T_1 = (root, T_{11}, T_{12}, \cdots, T_{1k})$，那么：

① 由 $ROOT(T_1)$ 得到对应二叉树 T 的根 $root$；

② 由 T_1 根结点的子树森林 $F_1 = \{ T_{11}, T_{12}, \cdots, T_{1k} \}$ 可转换得到对应 T 的 LB；

③ 由森林 $F' = \{ T_2, T_3, \cdots, T_m \}$ 可转换得到对应 T 关于根的右子树 RB。

（2）二叉树 T 转换成森林 F 的规则

若 B 为空二叉树，则 $F = \Phi$，否则：

① 由 B 的根 $root$ 对应得到 $ROOT(T_1)$；

② 由 LB 对应得到 $F_1 = \{ T_{11}, T_{12}, \cdots, T_{1k} \}$，即 $T_1 = (root, T_{11}, T_{12}, \cdots, T_{1k})$；

③ 由 RB 转换得到 F 中除 T_1 之外其余树组成的森林 $F' = \{ T_2, T_3, \cdots, T_m \}$。

根据上述两种基于递归的转换规则，读者可设计相应的转换算法。

5.6.3 树与森林的遍历

二叉树有先序、中序、后序与层序 4 种遍历方式，树与森林都可以转换成一棵二叉树。下面介绍树与森林的遍历，讨论树与森林的遍历和对应二叉树的遍历有何关系。

1. 树的遍历

根据树的结构特征，树可定义两种典型的遍历方式：先根遍历与后根遍历。

（1）先根遍历规则

若树为空，则执行空操作，返回，否则执行以下步骤。

① 访问树的根结点。

② 依次先根遍历根的每棵子树。

（2）后根遍历规则

若树为空，则执行空操作，返回，否则执行以下步骤。

① 依次后根遍历根的每棵子树。

② 访问树的根结点。

对图 5.28（a）的树进行先根遍历和后根遍历所得的序列分别为：

$$ABEFGCDHI; EFGBCHIDA$$

可以看到，上述序列分别与对应的二叉树进行先序和中序遍历结果一致，即树的遍历可转换为对树所对应的二叉树进行先序遍历或中序遍历。

2. 森林的遍历

森林是由若干棵树组成的，树也可以看作由根及其子树森林构成。森林可定义两种遍历方式：先序遍历与中序遍历。

（1）先序遍历森林

若森林为空，则执行空操作，返回，否则执行以下步骤。

① 访问第一棵树的根结点。

② 先序遍历第一棵树中根结点的子树森林。

③ 先序遍历除去第一棵树后余下的树构成的森林。

（2）中序遍历森林

若森林为空，则执行空操作，返回，否则执行以下步骤。

① 中序遍历第一棵树根结点的子树森林。

② 访问第一棵树的根结点。

③ 中序遍历除第一棵树后余下的树构成的森林。

对图 5.30 中的森林进行先序与中序遍历所得的序列分别为：

$$ABCDEFGHIJ; BCDAFEHJIG$$

它们分别与对森林所对应的二叉树进行先序和中序遍历的结果一致，即森林的遍历可转换为对森林所对应的二叉树进行先序遍历或中序遍历。

讨论题

依次对森林的每棵树进行后根遍历所得的序列与森林的哪种遍历一致？

5.7　哈夫曼树

哈夫曼树

哈夫曼（Huffman）树是一种具有重要特性的二叉树，它在数据通信与数据压缩中有广泛的应用。本节介绍其概念、实现方法与应用。

5.7.1　哈夫曼树与哈夫曼算法

在介绍哈夫曼树之前，首先引入关于树的路径与路径长度等的概念。

路径（Path）：从树中一个结点到另一个结点之间的分支构成这两个结点之间的路径。

路径长度（Path Length）：路径上的分支数量。

树的路径长度：从树根到每一结点的路径长度之和。

以上这些概念对二叉树仍适用。显然，对含 n 个结点的二叉树，当其为完全二叉树时，路径长度最短；当其为单枝树（每层只有一个结点）时，路径长度最长。当每个结点赋有权值时，可以给出如下概念。

树的带权路径长度（Weighted Path Length）：其每个叶子的权值与根到该叶子的路径长度的乘积之和，记作 WPL。它可表示为如下公式。

$$WPL = \sum_{k=1}^{n} w_k l_k$$

其中，n 表示叶子数量；w_k 表示第 k 个叶子的权值；l_k 则表示树或二叉树的根到第 k 个叶子的路径长度。

在给定叶子及其权值的前提下，我们可以构造出多个不同形态的二叉树。例如，二叉树有 4 个叶子结点 a、b、c、d，其权值分别为 8、5、1、3，图 5.31 给出了 3 个不同形态的二叉树，它们具有不同的带权路径长度。

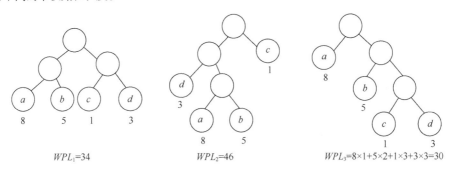

图 5.31　4 个叶子与 3 棵不同 WPL 的二叉树

哈夫曼树（Huffman Tree）：在具有 n 个相同叶子的各二叉树中，带权路径长度 WPL 最小的二叉树称为哈夫曼树或**最优二叉树**（Optimal Binary Tree）。

在图 5.31 中，第一棵是完全二叉树，但它并非是哈夫曼树；第三棵的 WPL 最小，它刚好是一棵哈夫曼树。在哈夫曼树中，权值越大的叶子结点离根越近；另外，在叶子结点给定的前提下，哈夫曼树并不唯一，但所有哈夫曼树的 WPL 都一定相等且达到最小值。

如何构造一棵最优二叉树呢？1952 年，David Huffman 发明了一个贪心算法，即**哈夫曼算法**，其算法思想描述如下。

（1）由给定的 n 个权值 $\{w_1, w_2, \cdots, w_n\}$ 构造 n 棵二叉树，并构成一个二叉树的集合 $F = \{T_1, T_2, \cdots, T_n\}$，

第 5 章　树与二叉树

每棵二叉树 T_i 仅有一个结点，即根结点（权值为 w_i，$i=1,2,\cdots,n$）。

（2）在 F 中选取两棵根结点权值最小的二叉树作为左、右子树构造一棵新二叉树，并且置新二叉树根结点权值为左、右子树上根结点的权值之和。

（3）从 F 中删除这两棵二叉树，同时将新二叉树加入 F 中。

（4）重复（2）和（3），直到 F 中只含一棵二叉树为止，这棵树就是 Huffman 树。

图 5.32 给出从 5 个权值按哈夫曼算法构造一棵哈夫曼树的过程。

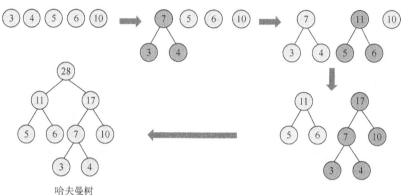

哈夫曼树

图 5.32　5 个叶子的哈夫曼树构造过程

从哈夫曼算法中可以看出，哈夫曼树中不存在度为 1 的结点，因此含 n 个叶子的哈夫曼树共有 $2n-1$ 个结点。在多分支判定问题中，我们可以以各个判定分支的概率为权值生成一棵哈夫曼树，从而构造一棵最优判定树，以优化判定程序的执行效率。哈夫曼树的典型应用是实现哈夫曼编码与数据压缩。在哈夫曼树的应用中，常需要访问当前结点的双亲结点，因此哈夫曼树一般采用三叉链表表示，且以静态链表的方式实现。链表结点除了 parent、lchild、rchild 3 个指针域外，还设置一个权值域 weight。下面给出哈夫曼树的存储结构定义。

```
typedef struct {
    unsigned int weight;                        //权值分量
    unsigned int parent, lchild, rchild;        //双亲和左、右孩子位置
} HTNode, *HuffmanTree;                          //用动态数组存储 Huffman 树
```

例 5-11：基于上述存储结构的哈夫曼树构造算法。

```
//构造哈夫曼树的哈夫曼算法
void CreateHuffmanTree(HuffmanTree &HT, int * w, int n) {
    //w 存放 n 个权值（均大于 0），构造哈夫曼树 HT
    int m=2*n-1;                        //哈夫曼树结点的总数
    HuffmanTree p;
    int i, s1, s2 ;                     //s1 与 s2 表示权值最小的两个结点序号
    if(n<=1)return;
    HT=(HuffmanTree)malloc((m+1)*sizeof(HTNode)); //动态分配，0 号单元未用
    if(!HT)exit(-1);
    for(p=HT+1, i=1; i<=n;++p,++i) {    //初始化叶子结点，0 号结点为空
        p->weight=*(w+i-1);
        p->parent=0;
        p->lchild=0;
        p->rchild=0;
    }
```

```
    for(;i<=m;++i,++p)p->parent=0;          //初始化其余结点的 parent 为 0
    for(i=n+1;i<=m;++i) {                    //n-1 步合并
        Select(HT,i-1,&s1,&s2);
        //在 HT 的 1～i-1 单元中找出 parent 为 0 且权值最小的两个结点序号
        HT[s1].parent=HT[s2].parent=i;       //找出双亲结点
        HT[i].lchild=s1;                     //找出双亲结点的两个孩子结点
        HT[i].rchild=s2;
        HT[i].weight=HT[s1].weight+HT[s2].weight;  //计算出双亲结点的权值
    }
}
```

在上述算法中，对于 Select 函数，读者可自行编写，如基于小根堆（参考 7.5 节）实现高效的选择与处理。对于图 5.32 的哈夫曼树构造实例，如果应用 CreateHuffmanTree 算法，构造过程中静态链表存储结构的初始状态与最终状态如图 5.33（a）和图 5.33（b）所示。

	weight	parent	lchild	rchild			weight	parent	lchild	rchild
0						0				
1	3	0	0	0		1	3	6	0	0
2	4	0	0	0		2	4	6	0	0
3	5	0	0	0		3	5	7	0	0
4	6	0	0	0		4	6	7	0	0
5	10	0	0	0		5	10	8	0	0
6		0				6	7	8	1	2
7		0				7	11	9	3	4
8		0				8	17	9	6	5
9		0				9	28	0	7	8
	(a)						(b)			

图 5.33　哈夫曼树构造过程中存储结构的初始状态与最终状态

讨论题

请举一个判定问题的例子，说明如何利用哈夫曼树设计最佳判定算法。

5.7.2　哈夫曼编码

对文本数据的传输与压缩通常需要使用编码技术。文本数据可以被看作是字符序列，把每个字符转换成一个二进制位串，称为**编码**（Coding）；当每个字符都编码为长度相同的二进制位串时，我们称这种编码为**等长编码**（Equal-length Code）；每个字符编码后对应二进制位串的长度称为**码长**（Code Length）。当每个字符在文本中出现的频率相同时，等长编码具有最高的编码效率（文本经编码后，其二进制串长整体最短）。例如，标准 ASCII 码把每个字符分别用 7 位二进制数表示，其用最短的码长表示 ASCII 码中 128 个字符。编码后，当不同字符的码长不都相等时，称为**不等长编码**（Unequal-length Code）。当文本中字符出现的频率不均等时，采用不等长编码使频率高的字符码长短、频率低的字符码长稍长，这样可以提高编码效率。

前缀编码（Prefix Code）：一种字符编码方式，其任一字符的编码都不是另一个字符编码的前缀。前缀编码使译码具有唯一性。例如，假定字符 A、B、C、D 分别编码为 0、00、1 和 01，收到的码文为 "000011010"，译码时第一个字符既可以是 A 也可以是 B，不具有唯一性，该编码不属于前缀编码。

哈夫曼树可以用来构造有效的不等长编码方案，其具体编码规则如下。

（1）若待编码文本字符集为 $\{c_1,c_2,\cdots,c_n\}$，它们在文本中出现的频率为 $\{w_1,w_2,\cdots,w_n\}$，以 $c_1,c_2,\cdots,c_n$ 为叶子结点，$w_1,w_2,\cdots,w_n$ 分别为它们的权值，来构造一棵哈夫曼树。

（2）规定该哈夫曼树的左分支代表 0、右分支代表 1，则从根到每个叶子结点路径所形成的 0 和 1 序列就是对应叶子结点字符的编码，这种编码就称为**哈夫曼编码**（Huffman Code）。

在上述哈夫曼编码中，如果字符 c_i 的码长为 l_i，l_i 也等于从根到该叶子结点的路径长度。于是，文本编码后的二进制串总长为 $\sum\limits_{i=1}^{n} w_i l_i$，即是哈夫曼树的带权路径长度，它说明编码后文本对应的二进制串长最短，而且编码是一种前缀编码，保证了译码的唯一性。

图 5.34 给出一组字符及其在文本中出现的频率和构造的哈夫曼树与编码结果。

字符	A	D	E	F	T	R
频度	7	1	2	2	3	3
编码	0	1010	1011	100	110	111

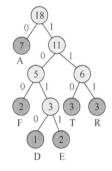

图 5.34　字符及其对应的哈夫曼树与编码结果

根据图 5.34 中的编码结果，若收到码文 "00100011101010101011110"，则其译文为：AAFARADET。译码时，可以根据收到的二进制编码串，从哈夫曼编码树的根沿分支走到叶子，若当前位是 0，则沿左分支向下搜索，否则沿右分支搜索。编码时，从每个叶子开始，沿着 parent 指针上行至根结点，记录上行路径上的左、右分支信息，便可获得对应叶子字符的编码。由于哈夫曼编码是不等长码，因此实现时可用动态数组表示。在 5.7.1 小节哈夫曼树存储结构定义及哈夫曼树构造算法 CreateHuffmanTree 的基础上，下面给出编码表存储结构定义及编码与译码操作声明（译码实现时哈夫曼树叶子结点需补充对应的字符信息），有兴趣的读者可自行编写这两个操作的实现程序。

```
typedef char **HuffmanCode;    //动态数组存储 Huffman 编码表

void HuffmanCoding(HuffmanTree HT, HuffmanCode &HC, int n);
//动态申请内存空间存放所有非叶子结点的编码

void HuffmanDecoding(HuffmanTree HT);
//终端输入二进制文本串，输出译码后的字符串
```

讨论题

哈夫曼编码有哪些特点？

5.8 应用实例

树与二叉树数据结构具有广泛的应用，本节通过表达式二叉树实例来说明二叉树的数据建模能力，并展示基于二叉树数据结构的问题求解过程。

5.8.1 表达式二叉树的概念

一个只含二元运算的简单算术表达式，如 A+B*C-D/(E-F)，可以表示成图 5.35 所示的二叉树，即表达式二叉树。在表达式二叉树中，叶子结点为操作数（Operand），如常数或变量；其他结点为运算符（Operator）。我们可以对表达式二叉树进行递归描述。

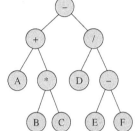

图 5.35 一棵表达式二叉树

表达式二叉树（Expression Binary Tree）：它是一棵二叉树，其中非叶子结点表示一个运算符，且其左、右子树也是表达式二叉树，它们的值分别为该运算符的左操作数与右操作数；叶子结点表示操作数。

对表达式二叉树可以进行遍历，其先序、中序与后序遍历序列分别为表达式的前缀表示（Prefix Expression，也称为波兰式）、中缀表示（Infix Expression）与后缀表示（Postfix Expression，也称为逆波兰式）。基于栈，输入表达式的后缀表示易于计算表达式的值。图 5.35 中的表达式二叉树对应的前缀表示、中缀表示与后缀表示分别为：

$$-+A*BC/D-EF; \quad A+B*C-D/E-F; \quad ABC*+DEF-/-$$

5.8.2 表达式二叉树的实现

表达式二叉树的主要操作有创建表达式二叉树（Construct Expression Tree）、计算表达式的值（Evaluate Expression）、输出表达式（Display Expression）等，下面基于二叉链表定义表达式二叉树的存储结构及其主要操作声明。

```
typedef struct node {
    char data;                    //data 为运算符或为整型操作数
    struct node *lchild, *rchild;    //左、右孩子指针
} node, *ExpressionTree;
ExpressionTree ConstructExpressionTree(char postfix[]);
                                //由后缀表示建立表达式二叉树
int EvaluateExpression(ExpressionTree root);    //由表达式二叉树计算表达式的值
```

由后缀表示建立表达式二叉树的算法思想是：初始化指针栈，循环执行，读入表达式符号，若为操作数，则创建单结点树，其指针入栈；若为操作符，则创建结点 p，并以 p 为根合并左、右子树，即连续退栈两次，分别把它们赋予 p->rchild 与 p->lchild，然后根指针 p 入栈。

当输入的后缀表示为 A B C * + D E F - / - 时，图 5.36 给出执行表达式二叉树创建算法的部分过程，其中显示了子树的生成与指针栈的状态变化。

例5-12：创建表达式二叉树算法如下。

```
//输入后缀表示，创建表达式二叉树算法
ExpressionTree ConstructExpressionTree(char postfix[]) {
    ExpressionTree root, p, stack[100];    //根指针、工作指针及指针栈
    int i, top=-1;                         //初始化栈顶指针
    char c;                                //当前字符
    for(i=0; postfix[i]!='\0'; i++) {      //处理后缀表示的每个字符
```

```
        p=(ExpressionTree) malloc(sizeof(struct node));      //创建结点
        c=p->data=postfix[i];
        p->lchild=p->rchild=NULL;
        if(c!='+'&& c!='-'&& c!='*' && c!='/') stack[++top]=p; //c 为操作数
        else {                                                //c 为运算符
            p->rchild=stack[top--];
            p->lchild=stack[top--];
            stack[++top]=p;
        }
    }
    root=stack[top--];
    return root;                              //返回根指针
}
```

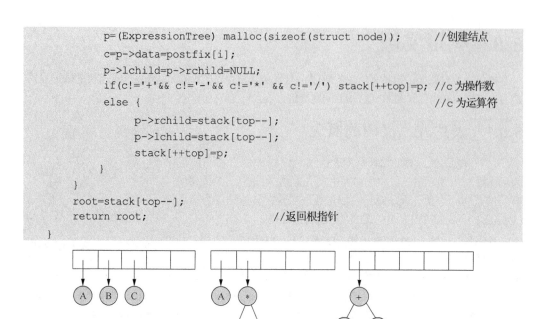

（a）读入A,B,C　　　　　（b）读入*　　　　　（c）读入+

图 5.36　表达式二叉树创建过程（部分）

易于描述基于递归处理求表达式值的算法思想是：如果表达式二叉树非空，且根结点为操作数，则返回该操作数；如果根结点为运算符 op，则分别递归计算左、右表达式的值为 L_value 和 R_value，然后返回 L_value op R_value 的计算结果。

例 5-13：基于表达式二叉树计算表达式值的递归算法如下。

```
//基于表达式二叉树计算表达式值的递归算法
#include<stdlib.h>
int EvaluateExpression(ExpressionTree root)
{
  char c, operand[1];
  int result, L_value, R_value;
  if(root) {                                        //表达式二叉树非空
    c=root->data;
    if(c!='+' && c!='-' && c!='*' && c!='/')        //根结点为操作数
      { operand[0]=c;  result=atoi(operand); }      //字符转换为整数
    else {                                          //根结点为运算符
        L_value=EvaluateExpression(root->lchild);   //计算左表达式的值
        R_value=EvaluateExpression(root->rchild);   //计算右表达式的值
        switch(c) {                                 //支持加、减、乘、除运算
        case'+':
          result=L_value+R_value; break;
        case '-':
          result=L_value-R_value; break;
        case '*':
```

```
                result=L_value * R_value ; break;
            case '/':
                result=L_value / R_value ; break; }
        }
    }
    return result;
}
```

讨论题

请讨论并完成图 5.36 中创建表达式二叉树的剩余步骤。

5.9　本章小结

在科学技术与现实应用中，数据之间的非线性关系广泛存在。本章介绍了具有一对多层次关系的非线性数据结构树与二叉树，树与二叉树之间可以相互转换。二叉树是本章的重点，本章内容也是本课程的学习重点。本章的主要内容包括：树的逻辑结构、存储结构与树的遍历；二叉树的逻辑结构与存储结构、二叉树的遍历与线索化；森林与二叉树的相互转换、森林的遍历；二叉树的典型应用。树的常用存储结构有 3 种：双亲数组表示法、孩子链表表示法与孩子兄弟表示法（或二叉链表表示法）。树的遍历包括先根遍历与后根遍历。二叉树是与树不同的数据结构，每个结点至多有两棵子树，且有左右之分。满二叉树与完全二叉树是两种特殊的二叉树。二叉树具有一些重要的特性，二叉树常用的存储结构为二叉链表和三叉链表。二叉树有先序、中序、后序和层序 4 种遍历方式，读者应掌握其中的递归算法与非递归算法。二叉树线索化后可以建立线索链表存储结构，使二叉树的多次遍历与搜索更有效。树与二叉树均可以采用二叉链表存储结构，基于此可以实现树、森林与二叉树的相互转换，因而对森林与树的处理可以转换为对对应的二叉树进行处理。哈夫曼树是最优二叉树，它可以用于求解哈夫曼编码。另外，二叉树也可以表示表达式，表达式二叉树是二叉树的典型应用实例。

计算机领域名人堂

　　罗伯特·恩卓·塔扬（Robert Endre Tarjan，1948 年 4 月 30 日—），生于美国加州波莫纳，计算机科学家，为 1986 年图灵奖得主。他发现了解决最近公共祖先（LCA）问题、强连通分量问题、双连通分量问题的高效算法，参与了开发斐波那契堆、伸展树（Splay Tree），分析并查集的工作。其中，罗伯特·恩卓·塔扬提出的伸展树是一种能够自我平衡的二叉查找树，它能在均摊 $O(\log n)$ 的时间内完成基于伸展树的插入、查找、修改和删除操作。

一、填空题

1. 由 3 个结点所构成的二叉树有_____种形态。

2. 一棵深度为 6 的满二叉树有_____个分支结点和_____个叶子。

3. 一棵具有 257 个结点的完全二叉树，它的深度为_____。

4.【2011 统考真题】设某完全二叉树有 768 个结点，则其叶结点个数是_____。

5. 设一棵完全二叉树具有 1000 个结点，则此完全二叉树有_____个叶子结点，有_____个度为 2 的结点，有_____个结点只有非空左子树，有_____个结点只有非空右子树。

6. 一棵含有 n 个结点的 k 叉树，可能达到的最大深度为_____、最小深度为_____。

7.【2010 统考真题】在一棵度为 4 的树 T 中，若有 20 个度为 4 的结点、10 个度为 3 的结点、1 个度为 2 的结点、10 个度为 1 的结点，则树 T 的叶结点个数是____。

8.【2015 统考真题】若森林 F 有 15 条边、25 个结点，则 F 包含树的个数是_____。

9. 若已知一棵二叉树的先序序列是 $BEFCGDH$、中序序列是 $FEBGCHD$，则它的后序序列必是_____、层序遍历序列是_____。

10. 二叉树中序遍历序列为 A,B,C，这样的二叉树有_____棵。

11. n 个结点二叉树中序遍历递归算法的时间复杂度为_____、空间复杂度为_____。

12.【2009 统考真题】已知二叉树如图 5.37 所示，若遍历后的结点序列是 3,1,7,5,6,2,4，则其遍历方式是____。

13.【2017 统考真题】已知一棵二叉树的树形如图 5.38 所示，其后序序列为 e,a,c,b,d,g,f，树中与结点 a 同层的结点是_____。

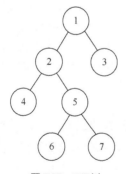

图 5.37　二叉树

图 5.38　二叉树的树形

14.【2019 统考真题】若将一棵树 T 转换为对应的二叉树 BT，则对 BT 的_____遍历中，其遍历序列与 T 的后根遍历序列相同。

15. 用 5 个权值{3, 2, 4, 5, 1}构造的哈夫曼树带权路径长度是_____。

16.【2017 统考真题】已知字符集{a,b,c,d,e,f,g,h}，若各字符的哈夫曼编码依次是 0100、10、0000、0101、001、011、11、0001，则编码序列 010001100100101111010101 的译码结果是_____。

17.【2019 统考真题】对 n 个互不相同的符号进行哈夫曼编码，若生成的哈夫曼树共有 115 个结点，则 n 的值是_____。

二、问答题

1. 一棵度为 2 的树与一棵二叉树有何区别？

2. 在一棵含有 n 个结点的树中，只有度为 k 的分支结点与度为 0 的叶子结点，试求其叶子结点的数量。

3. 试证明一棵 k 叉树上的叶子结点数 n_0 与非叶子结点数 n_1 满足 $n_0=(k-1)n_1+1$。

4. 【2016 统考真题】如果一棵非空 k（$k \geqslant 2$）叉树 T 中每个非叶结点都有 k 个孩子结点，则称 T 为正则后 k 树。请回答下列问题并给出推导过程。

（1）若 T 有 m 个非叶结点，则 T 中的叶结点有多少个？

（2）若 T 的高度为 h（单结点的树 $h=1$），则 T 的结点数最多为多少个？最少为多少个？

5. 【2016 统考真题】设一棵非空完全二叉树 T 的所有叶结点均位于同一层，且每个非叶结点都有 2 个子结点。若 T 有 k 个叶结点，试求 T 的结点总数。

6. 试写出图 5.39 所示二叉树分别按先序、中序、后序遍历时得到的结点序列。

7. 【2017 统考真题】找出所有满足下列条件的二叉树：①先序与后序遍历序列相同；②后序与中序遍历序列相同；③先序与后序遍历序列相同。

8. 已知二叉树的以下两种遍历序列，试画出二叉树，并简述求解思想。

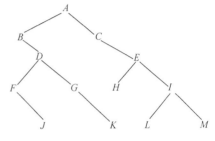

图 5.39　二叉树

前序遍历序列：D,A,C,E,B,H,F,G,I；

中序遍历序列：D,C,B,E,H,A,G,I,F。

9. 设图 5.40 所示二叉树 T 的存储结构为二叉链表，root 为根指针、结点结构为(lchild,data,rchild)（其中 lchild、rchild 分别为指向左、右孩子的指针；data 为字符型），试回答下列问题。

（1）对二叉树 T，执行下列算法 traversal(root)，求其输出结果。

（2）假定二叉树 T 共有 n 个结点，试分析算法 traversal(root)的时间复杂度。

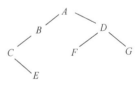

图 5.40　二叉树 T（1）

C 的结点类型定义如下。

```
struct node{
  char data;
  struct node *lchild, rchild;
};
```

C 算法如下。

```
void traversal(struct node *root){
  if(root)
  {
  printf("%c", root->data);
  traversal(root->lchild);
  printf("%c", root->data);
  traversal(root->rchild);
  }
}
```

10. 已知图 5.41 所示二叉树 T，请画出与其对应的中序线索二叉树。

11. 在二叉树的中序线索链表上，p 为指向某一数据结点的指针，分析如何查找 p 结点在中序遍历序列中的后继。

12. 对图 5.42 所示的树，画出其孩子兄弟链表存储结构，并画出转换成的二叉树。

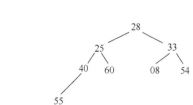

图 5.41 二叉树 T

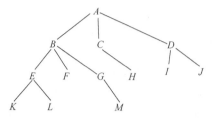

图 5.42 待转换成二叉树的树

13．画出与图 5.43 二叉树相应的森林。

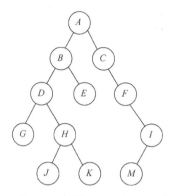

图 5.43 待转换成森林的二叉树

14．【2014 统考真题】将森林 F 转换成对应的二叉树 T，试分析 F 中叶结点的个数与 T 中哪类结点数相同？

15．试证明在结点数多于 1 的哈夫曼树中不存在度为 1 的结点。

16．【2013 统考真题】已知三叉树 T 中 6 个叶结点的权值分别是 2、3、4、5、6、7，试分析 T 的带权路径长度最小值。

17．【2018 统考真题】已知字符集{a, b, c, d, e, f}，若各字符出现的次数分别为 6、3、8、2、10、4，试求对应字符集中各字符的哈夫曼编码。

18．假设用于通信的电文仅由 8 个字母组成，字母在电文中出现的频率分别为 0.07、0.19、0.02、0.06、0.32、0.03、0.21、0.10，试为这 8 个字母设计哈夫曼编码。除哈夫曼编码以外，使用 0～7 的二进制表示形式是另一种编码方案。对于上述实例，比较两种方案的优缺点。

三、算法设计题

1．以二叉链表为存储结构，编写递归算法，求二叉树中叶子结点的数量。

2．以二叉链表为存储结构，编写求二叉树深度的算法。

3．基于二叉链表存储结构，不使用栈，编写二叉树中序遍历的非递归算法。

4．基于二叉链表存储结构，编写递归算法求二叉树在先序序列中第 k 个结点的值。

5．基于二叉链表存储结构，编写递归算法求将二叉树中所有结点的左、右子树互换。

6．基于二叉链表存储结构，编写递归算法：对二叉树中元素值为 x 的结点删除以它为根的子树，并释放相应的空间。

7．基于二叉链表存储结构，编写二叉树后序遍历的非递归算法（每个结点需进栈两次，可设置标志加以区分进栈时机）。

8．已知一棵具有 n 个结点的完全二叉树被顺序存储于一维数组 A 中，试编写一个算法输出编号为 i 结点的双亲结点和所有的孩子结点。

9. 已知一棵具有 n 个结点的完全二叉树被顺序存储于一维数组 A 中，试编写算法建立其对应的二叉链表存储结构。

10. 以二叉链表为存储结构，编写算法判断给定二叉树是否为完全二叉树。

11. 基于孩子链表表示法，编写算法计算树的深度。

12. 基于孩子兄弟链表表示法，编写算法计算树的深度。

13. 基于双亲表示法，编写算法计算树的深度。

14. 给定树的双亲表示法存储结构，编写算法建立其孩子兄弟链表。

15. 已知二叉树的定义信息为先序序列与后序序列，并分别存于一维数组 prelist 与 inlist 中，试编写算法建立其对应的二叉链表。

16. 试编写算法在二叉树的中序线索链表上删除值为 x 结点的左孩子结点。

17. 基于孩子兄弟链表表示法，求树中结点 x 的第 i 个孩子结点。

18. 以二叉链表为存储结构，编写算法求二叉树中结点 x 的双亲。

19. 编写算法：输入带括号的算术表达式，建立对应表达式二叉树的二叉链表存储结构。

20.【2014 统考真题】二叉树的带权路径长度（WPL）是二叉树中所有叶结点的带权路径长度之和。给定一棵二叉树 T，采用二叉链表存储，结点结构为：

left	weight	right

其中叶结点的 weight 域保存该结点的非负权值。设 root 为指向 T 的根结点的指针，请设计求 T 的 WPL 的算法，要求：①给出算法的基本设计思想；②使用 C 或 C++ 语言，给出二叉树结点的数据类型定义；③根据设计思想，采用 C 或 C++ 语言描述算法，关键之处给出注释。

21.【2017 统考真题】请设计一个算法，将给定的表达式树（二叉树）转换为等价的中缀表达式（通过括号反映操作符的计算次序）并输出。例如，当图 5.44 所示两棵表达式树作为算法的输入时，输出的等价中缀表达式分别为(a+b) * (c * (−d))和(a * b)+(−(c−d))。

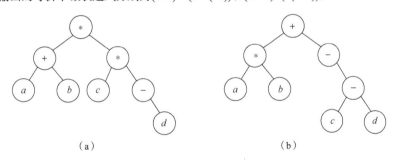

（a）　　　　　　　　　　　　　（b）

图 5.44　表达式树

二叉树结点定义如下。

```
typedef struct node
{    char data[10];       //存储操作数或操作符
    struct node * left,*right;
} BTree;
```

要求：①给出算法的基本设计思想；②根据设计思想，采用 C 或 C++ 语言描述算法，关键之处给出注释。

6

第 6 章　图

- 学习目标
- (1) 熟悉图的逻辑结构定义和存储结构
- (2) 掌握图的遍历和图的连通性
- (3) 掌握最小生成树
- (4) 掌握图的最短路径
- (5) 了解有向无环图及其应用

- 本章知识导图

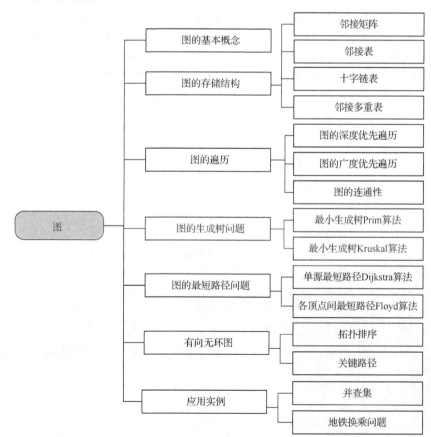

6.1 实际应用中的图

图是关系最复杂的一种数据结构。在线性表中，数据元素是一对一的关系；在树状结构中，数据元素是一对多的关系；而在图结构中，任意两个数据元素之间都可能相关联。实际上，线性表和树中的数据元素关系都可以用图结构来进行表示，所以我们可以把线性表和树看成图的特例来看待。

在实际应用中，图的应用面比线性表和树更为广泛，如在数学、物理、化学、生物工程、人工智能等科学领域中都有着极其广泛的应用。

在日常生活中，图结构也有着广泛的应用，如社交网络中包含节点、关系、群组和社区这些元素。其中，节点是指网络中的个体，为活动的参与者；关系是指网络中节点与节点间的连接。在社交网络中，参与者通过不同的关系互相联系。从个体层面来讲，人与人之间的同学关系、同事关系、朋友关系、血缘关系或具有某种共同兴趣爱好形成的关系等都可以称为关系。此时，我们就可以建立数学模型，用顶点表示节点，用关系表示顶点之间的某种联系，然后在此基础上进行好友推荐、社区发现、定向精准广告投放等。

随着经济的发展，城市规模越来越大。在一些大的城市中，公交网络密布，极大地方便了市民的日常出行。但线路过多也会给市民在出行乘车线路的选择上，造成一定的困难。即使一个在某城市生活多年的人要规划两个地点之间的乘车方案，往往也很难给出一个理想方案。通常市民出行有着不同的需求，有希望费用最省的、有希望用时最短的、有希望转乘次数最少的，以及出于某些综合因素的考虑等。这些单纯地靠一张纸质的公交线路图是无法满足要求的，需要依靠一个高效的查询系统。

类似以上的问题在各个领域中还有很多，比如在一个大的居民区建超市的选址问题、景区导游线路的规划等。要有效地解决这些问题，首先需要建立好数学模型，这些问题都能用图结构模型非常直观地表示出来，并借助于图结构中的一些经典算法对问题进行求解；此外，还有一些问题看似不能直观地用图结构模型来表示，如交通路口的信号灯管理，但通过对问题进行分析，发现也能够用图结构的数学模型来表示问题域中的数据和关系。

6.2 图的基本概念

6.2.1 图的定义和基本术语

首先，给出图的定义：一个图 G 可以定义为集合 V 和 VR 构成的二元组，记为 $G=(V,VR)$。其中 V 是具有相同特征数据元素的非空集合，在图中数据元素通常称为**顶点**（Vertex），因此 V 称为**顶点集**；VR 是顶点之间的**关系集**。

下面给出在后续章节中要使用到的一些有关图的术语。

有向图（Directed Graph）。如果顶点间的关系是有序对，且可表示为 $<a,b>\in VR$，则该有序对表示从顶点 a 到顶点 b 有一条弧（Arc）。这里 a 是弧的初始点，简称**弧尾**；b 是弧的终端点，简称**弧头**。此时，由顶点集合和弧集合组成的图称为有向图。例如，当 $V=\{v_1,v_2,v_3,v_4,v_5\}$，$VR=\{<v_1,v_2>, <v_1,v_4>,<v_2,v_4>,<v_3,v_1>,<v_3,v_5>,<v_4,v_3>,<v_5,v_4>\}$，则顶点集合 V、关系集合 VR 构成有向图 $G_1=(V,VR)$，如图 6.1（a）所示。

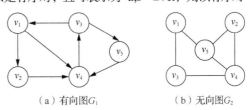

（a）有向图 G_1 （b）无向图 G_2

图 6.1　有向图和无向图的示例（1）

无向图（Undirected Graph）。如果顶点间的关系是无序对，且可表示为$(a,b) \in VR$，则该无序对表示顶点 a 与顶点 b 的一条边（Edge）。此时，由顶点集合和边的集合组成的图称为无向图。例如，当 $V=\{v_1,v_2,v_3,v_4,v_5\}$，$VR=\{(v_1,v_3),(v_1,v_5),(v_2,v_4),(v_2,v_5),(v_3,v_4),(v_4,v_5)\}$，则顶点集合 V、关系集合 VR 构成图 6.1（b）所示的无向图 G_2。

在无向图中，如果顶点 v_i 和 v_j 有边，就称 v_i 和 v_j 互为**邻接顶点**（Adjacent）；该边依附于顶点 v_i 和 v_j，或者说该边与 v_i 和 v_j **相关联**。

完全图（Completed Graph）。习惯上，用 n 表示顶点的数量，e 表示边或弧的数量。对一个有 n 个顶点的无向图，e 的取值范围为 $0 \sim n(n-1)/2$。如果任意两个顶点间都有边，则 e 可以达到最大值，一共有 $n(n-1)/2$ 条边，这样的无向图称为完全图。

有向完全图。对一个有 n 个顶点的有向图，e 的取值范围为 $0 \sim n(n-1)$。如果有向图中的任意两个顶点 v_i 和 v_j 之间有弧（从 v_i 到 v_j 有弧，同时从 v_j 到 v_i 也有弧），则一共有 $n(n-1)$ 条弧，这样的有向图称为有向完全图。

如果图中的边或弧的数量很少，例如 $e<n\log n$，称这类图为**稀疏图**，否则称为**稠密图**。

有向网、无向网。有时，在边或弧上标注**权值**可以表示顶点间的距离、时间或费用等各种开销，称这样的图为**网**（Network）。称带权值的有向图为有向网，称带权值的无向图为无向网，如图 6.2（a）所示。这样总共就有了 4 种类型的图：有向图、有向网、无向图和无向网。

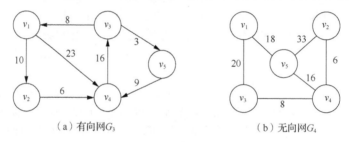

（a）有向网 G_3 （b）无向网 G_4

图 6.2　有向网和无向网的示例（2）

顶点的度（Degree）。与顶点 v 相关联边或弧的数量称为顶点 v 的度，记为 $TD(v)$ 或 $D(v)$。

求顶点的度需要区分无向图与有向图。在一个无向图中，与顶点 v 关联的边的数量称为顶点的度，无向图某个顶点的度表示该顶点的邻接顶点数量。例如，在图 6.1（b）的无向图 G_2 中，$D(v_1)=2$，$D(v_5)=3$。

在一个有向图中，一个顶点 v 的度是由**出度**（Outdegree）和**入度**（Indegree）组成的，分别记为 $OD(v)$ 和 $ID(v)$。顶点 v 的出度等于以 v 作为弧尾的弧的数量，入度等于以 v 作为弧头的弧的数量。例如，在图 6.1（a）有向图 G_1 中，$OD(v_1)=2$，$ID(v_1)=1$，所以 $TD(v_1)=OD(v_1)+ID(v_1)=3$。

子图（Subgraph）。对于两个图 $G=(V,VR)$ 和 $G'=(V',VR')$，如果 $V' \subseteq V$ 且 $VR' \subseteq VR$，则称 G' 是 G 的一个子图。

路径（Path）。顶点 v_i 到 v_j 有路径是指存在顶点序列 $v_i,v_{i1},v_{i2},\cdots,v_{ik},v_j$，其中 (v_i,v_{i1})、$(v_{i1},v_{i2})\cdots\cdots(v_{ik},v_j)$ 是图的边或 $<v_i,v_{i1}>$、$<v_{i1},v_{i2}>\cdots\cdots<v_{ik},v_j>$ 是图的弧。称第一个和最后一个顶点相同的路径为**回路或环**（Cycle）；无重复顶点的路径为**简单路径**。对于无向图，如果顶点 v_i 到 v_j 有路径，则**顶点 v_i 和 v_j 是连通的**。

路径长度（Path Length）。对于有向图和无向图，路径长度是指路径上包含的边或弧的条数；对于有向网和无向网，路径长度是指路径上包含的边或弧上的权值之和。

如图 6.3（a）所示，有向图 G_5 中的路径 $v_6 \rightarrow v_5 \rightarrow v_4 \rightarrow v_3 \rightarrow v_1 \rightarrow v_2$ 是一个简单路径，长度为 5；路径 $v_1 \rightarrow v_2 \rightarrow v_4 \rightarrow v_1$ 是一个环。如图 6.3（b）所示，无向图 G_6 中的路径 $A \rightarrow E \rightarrow B \rightarrow F \rightarrow D$ 是一个简单路径，长度为 4；路径 $C \rightarrow H \rightarrow I \rightarrow C$ 是一个环。

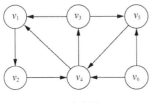

（a）有向图G_5　　　　　　　　　　（b）无向图G_6

图6.3　有向图和无向图的示例（3）

连通图（Connected Graph）。对于无向图，如果任意两个顶点 v_i 到 v_j 都有路径，即顶点 v_i 和 v_j 是连通的，则称该图为连通图。

连通分量（Connected Component）。连通分量是指无向图中的极大连通子图。连通图的连通分量就是其自己，非连通图会有多个连通分量。例如，图 6.3（b）中的无向图 G_6，由于 C 和 D 不是连通的，不符合连通图的定义，因此无向图 G_6 不是连通图。它有图 6.4（b）所示的两个连通分量 $G_{6\text{-}1}$ 和 $G_{6\text{-}2}$。

强连通图（Strongly Connected Graph）。对于有向图，如果任意两个顶点 v_i 和 v_j 都满足 v_i 到 v_j 有路径，同时顶点 v_j 到 v_i 也有路径，则称该有向图为强连通图。

强连通分量（Strongly Connected Components）。有向图的极大强连通子图称为强连通分量。强连通图的强连通分量就是其自己，非强连通图会有多个强连通分量。例如，图 6.3（a）中的有向图 G_5，由于所有顶点到顶点 v_6 都不存在路径，不符合强连通图的定义，因此有向图 G_5 不是强连通图。它有图 6.4（a）所示的两个强连通分量 $G_{5\text{-}1}$ 和 $G_{5\text{-}2}$。

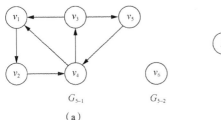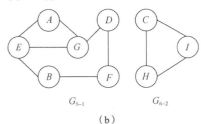

（a）　　　　　　　　　　（b）

图6.4　连通分量与强连通分量的示例

生成树、生成森林。一个连通图的极小连通子图称为生成树（Span Tree），生成树是一个包含图的 n 个顶点和 $n-1$ 条边的连通子图，这里 n 为图的顶点数。图 6.5 为无向连通图 G_7 和它的一棵生成树 $G_{7\text{-}1}$。如果是非连通图，则每个连通分量可以得到一棵连通分量的生成树，合在一起就是该非连通图的生成森林。

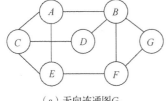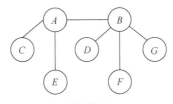

（a）无向连通图G_7　　　　　　　　（b）生成树$G_{7\text{-}1}$

图6.5　无向连通图与生成树的示例

讨论题

体会一下连通分量和强连通分量的定义。

155

6.2.2 图的操作定义

图是一种数据元素之间具有多对多关系的复杂数据结构，通常图的基本操作需要包含图的创建与销毁、图中顶点的增加与删除、关系的增加与删除、查找与读写顶点数据、图的遍历算法等。下面将图的数据结构和基本操作组合在一起，给出图这个抽象数据类型的完整描述。

```
ADT Graph{
    数据对象: V={vi|vi∈ElemSet, i≥1}
    数据关系: VR={<vi,vj>|vi, vj∈ElemSet,
                <vi,vj> 表示 vi 到 vj 的弧, P(vi,vj)为弧上的信息 }
    基本操作:
    GraphCreate(&G,V,VR)          //由 V和 VR 创建图 G
    GraphDestroy(&G)             //销毁图 G
    LocateVex(G,u)              //根据 u 查找顶点
    PutVex(&G,u,value)          //将值 value 赋予 u 表示的顶点
    FirstAdjVex(G,u)           //求顶点 u 的第一个邻接顶点
    NextAdjVex(G,u,w)          //求顶点 u 相对于 w 的下一个邻接顶点
    InsertVex(&G,v)            //插入顶点 v
    DeleteVex(&G,u)            //删除顶点 u
    InsertArc(&G,u,w)          //插入顶点 u 到顶点 w 的弧
    DeleteArc(&G,u,w)          //删除顶点 u 到顶点 w 的弧
    DFSTraverse(G,visit())     //深度优先遍历
    BFSTraverse(G,visit())     //广度优先遍历
}
End ADT
```

上述基本操作中的参数部分，u 和 w 或者与图中顶点具有相同特征，或者是顶点的关键属性（也称为关键字），依据 u 和 w 能区分不同的顶点；v 与图中顶点具有完全相同特征；visit 是一个对顶点访问的函数，用户可根据实际要求自行定义，例如显示顶点的值。

6.3 图的存储结构

本节开始介绍图的存储结构。因为图的任意两个顶点都可能存在关系，所以无法像线性表一样，通过顶点存放的位置来确定顶点间的关系。通常，我们采用不同的存储方法进行组合的方式来满足存储结构中既要存储数据元素（对应于图中的顶点），又要存储数据元素（顶点）之间关系的需求。

6.3.1 邻接矩阵

首先介绍的是**数组表示法**，即用两个数组分别存储顶点的信息和顶点之间的关系。这是一种顺序存储与顺序存储组合在一起而形成的存储结构。

用来存放图中 n 个顶点的数组称为**顶点数组**。我们可将图中顶点按任意顺序保存到顶点数组中，这样按存放次序每个顶点就对应一个位置序号（简称位序），依次为 $0 \sim n-1$；接着用一个 $n \times n$ 的二维数组（称为**邻接矩阵**）来表示顶点间的关系，用 1 表示顶点间有关系、0 表示没有关系，如果顶点序号为 i 的顶点（用 v_i 表示）和顶点序号为 j 的顶点（用 v_j 表示）（$0 \le i, j \le n-1, i \ne j$）有关系，则邻接矩阵的第 i 行第 j 列为 1，否则为 0。显然，无向图的邻接矩阵是一个对称矩阵，而有向图的邻接矩阵不一定对称。习惯上，称数组表示法为邻接矩阵表示法（简称邻接矩阵）。图 6.6 所示为有向图 G_1 和无向图 G_2 的邻接矩阵。

$$\begin{array}{c|c|}\hline 0 & v_1 \\ \hline 1 & v_2 \\ \hline 2 & v_3 \\ \hline 3 & v_4 \\ \hline 4 & v_5 \\ \hline \end{array}\qquad \begin{array}{cc} & \begin{array}{ccccc}0&1&2&3&4\end{array}\\ \begin{array}{c}0\\1\\2\\3\\4\end{array} & \begin{bmatrix}0&1&0&1&0\\0&0&0&1&0\\1&0&0&0&1\\0&0&1&0&0\\0&0&0&1&0\end{bmatrix}\end{array}$$

（a）G_1的邻接矩阵

$$\begin{array}{c|c|}\hline 0 & v_1 \\ \hline 1 & v_2 \\ \hline 2 & v_3 \\ \hline 3 & v_4 \\ \hline 4 & v_5 \\ \hline \end{array}\qquad \begin{array}{cc} & \begin{array}{ccccc}0&1&2&3&4\end{array}\\ \begin{array}{c}0\\1\\2\\3\\4\end{array} & \begin{bmatrix}0&0&1&0&1\\0&0&0&1&1\\1&0&0&1&0\\0&1&1&0&1\\1&1&0&1&0\end{bmatrix}\end{array}$$

（b）G_2的邻接矩阵

图 6.6　有向图 G_1 和无向图 G_2 的邻接矩阵

对于有向网和无向网而言，我们就不能简单地用 1 或 0 来表示两个顶点是否有邻接关系了，而是需要在邻接矩阵中加上关系的权值。如果两个顶点间有邻接关系，就用权值代替原来的 1，否则就用∞代替 0。有向网或无向网的邻接矩阵也称为**代价矩阵**。图 6.7 所示为有向网 G_3 和无向网 G_4 的邻接矩阵。

$$\begin{array}{c|c|}\hline 0 & v_1 \\ \hline 1 & v_2 \\ \hline 2 & v_3 \\ \hline 3 & v_4 \\ \hline 4 & v_5 \\ \hline \end{array}\qquad \begin{array}{cc} & \begin{array}{ccccc}0&1&2&3&4\end{array}\\ \begin{array}{c}0\\1\\2\\3\\4\end{array} & \begin{bmatrix}\infty&10&\infty&23&\infty\\\infty&\infty&\infty&6&\infty\\8&\infty&\infty&\infty&3\\\infty&\infty&16&\infty&\infty\\\infty&\infty&\infty&9&\infty\end{bmatrix}\end{array}$$

（a）G_3的邻接矩阵

$$\begin{array}{c|c|}\hline 0 & v_1 \\ \hline 1 & v_2 \\ \hline 2 & v_3 \\ \hline 3 & v_4 \\ \hline 4 & v_5 \\ \hline \end{array}\qquad \begin{array}{cc} & \begin{array}{ccccc}0&1&2&3&4\end{array}\\ \begin{array}{c}0\\1\\2\\3\\4\end{array} & \begin{bmatrix}\infty&\infty&20&\infty&18\\\infty&\infty&\infty&6&33\\20&\infty&\infty&8&\infty\\\infty&6&8&\infty&16\\18&33&\infty&16&\infty\end{bmatrix}\end{array}$$

（b）G_4的邻接矩阵

图 6.7　有向网 G_3 和无向网 G_4 的邻接矩阵

根据无向图的邻接矩阵 $\boldsymbol{A}$，计算第 i 行或第 i 列上的数字之和能非常容易地求得顶点 v_i 的度。即：

$$TD(v_i)=\sum_{j=0}^{n-1}A[i][j]=\sum_{j=0}^{n-1}A[j][i]\quad 0\leqslant i\leqslant n-1$$

如果是有向图，需要根据第 i 行求顶点 v_i 的出度、第 i 列求顶点 v_i 的入度，再相加得到顶点 v_i 的度。即：

$$TD(v_i)=OD(v_i)+ID(v_i)=\sum_{j=0}^{n-1}A[i][j]+\sum_{j=0}^{n-1}A[j][i]\quad 0\leqslant i\leqslant n-1$$

对于有向网（或无向网），根据邻接矩阵求顶点 v_i 的度时，可通过统计第 i 行以及（或者）第 i 列上非无穷大权值的个数，求有向网顶点 v_i 的出度和入度（或无向网顶点 v_i 的度）。

明确数组表示法的数据存放方式后，接下来的任务就是将两个数组与相关的属性整合在一片连续的内存空间中，用 C 语言定义它的数据类型。

首先，考虑到图允许增减顶点，所以定义的顶点数组大小要合适，这里约定图中允许出现的顶点数量最大值为 ***MAX_VERTEX***，然后根据这个最大值定义顶点数组 *vexs* 的大小及邻接矩阵 ***arcs*** 每维的大小。

其次，考虑到图中实际顶点的数量 *vexnum* 及用 *arcnum* 记录边或弧的数量，最后用 *kind* 属性明确图的类型。

将顶点数组、邻接矩阵、*vexnum*、*arcnum* 和 *kind* 这些属性组合在一起，就得到了图数组表示法的数据类型 MGraph。

```
#define MAX_VERTEX 30
typedef enum{DG,DN,UDG,UDN} GraphKind;
                          // DG、DN、UDG 和 UDN 分别表示有向图、有向网、无向图和无向网
typedef struct {
    VertexType vexs[MAX_VERTEX];   //VertexType 为顶点类型，类似 ElemType
    int arcs[MAX_VERTEX][MAX_VERTEX];
    int vexnum,arcnum;
    GraphKind kind;
} MGraph;
```

例6-1：以邻接矩阵为存储结构，实现基本操作——创建有向图。

在创建图时，首先将顶点数据全部保存到顶点数组中；对每一对顶点表示的关系$<v_i,v_j>$查找两个顶点的序号 i 和 j、对邻接矩阵的第 i 行第 j 列赋值 1 并对相关属性赋值，以完成创建操作。算法代码如下。

```
status GraphCreate(MGraph &G, VertexType V[], VertexType VR[][2], int vexnum,
int arcnum)
{
    G.vexnum=vexnum; G.arcnum=arcnum; G.kind=DG;
    int i, j;
    for(i=0; i<G.vexnum;i++) G.vexs[i]=V[i]; //初始化各顶点
    memset(&G.arcs[0][0], 0, sizeof(G.arcs));
    for(int k=0; k<G.arcnum; k++) {
        for(i=0; i<G.vexnum; i++)            //查找顶点序号
            if(G.vexs[i]==VR[k][0]) break;
        for(j=0; j<G.vexnum; j++)
            if(G.vexs[j]==VR[k][1]) break;
        if(i>G.vexnum || j>=G.vexnum) return ERROR;
        G.arcs[i][j]=1;
    }
    return OK;
}
```

讨论题

如何在邻接矩阵中删除一个顶点？

6.3.2 邻接表

图的第二种存储结构是邻接表。这是一种顺序存储与链式存储组合而成的存储结构，其通过头结点数组保存所有的顶点信息，用单链表保存顶点之间的关系。

对于一个无向图 G，首先需要一个**头结点数组**来保存所有顶点，这样每个顶点都对应一个 $0 \sim n-1$ 范围内的位置序号，这里 n 表示顶点数。头结点数组中的每个元素（头结点）包含两个部分：一个是顶点的值；另一个是单链表的头指针，该头指针指向一个由所有邻接顶点的序号构成的单链表，每个单链表的表结点代表一条依附于该顶点的边。例如，如果顶点序号为 i 的顶点 v_i 和顶点序号为 j 的顶点 v_j（$0 \le i, j \le n-1$，$i \ne j$）有关系，则 v_i 的头结点对应的第 i 个单链表中就会有一个**表结点**，表结点的值为 j，表示 v_i 和 v_j 之间有一条边；同时 v_j 对应的第 j 个单链表中也会有一个表结点，表结点的值为 i。这样在一个无向图中，如果有 e 条边，对应就有 $2e$ 个单链表结点。显

然，顶点 v_i 的度等于第 i 个单链表长度。

对于一个有向图 G，如果顶点 v_i 到顶点 v_j 有一条弧，则第 i 个单链表中就会有一个表结点，表结点的值为 j，也就是以这条弧的弧头顶点序号作为表结点的值，所以一条弧对应一个表结点。

在有向图的邻接表中，要计算顶点 v_i 的出度，我们只需求第 i 个单链表的表长；但求入度时，就需要遍历所有的单链表，统计结点值为 i 的表结点数量。

图 6.8 所示为有向图 G_1 和无向图 G_2 的邻接表表示法存储示意图。

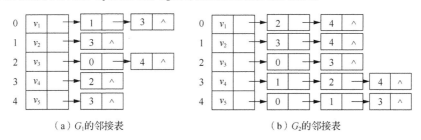

（a）G_1 的邻接表　　　　　　　　　　（b）G_2 的邻接表

图 6.8　有向图 G_1 和无向图 G_2 的邻接表表示法存储示意图

对于有向网和无向网，由于表结点表示边或弧，因此需要对表结点扩充一个属性域，表结点至少包含顶点序号、权值和下一表结点指针 3 个属性，由此构成网的邻接表。

对于有向图和有向网，除了邻接表外，还可以使用逆邻接表作为存储结构。具体方法是：如果顶点 v_i 到顶点 v_j 有一条弧，则第 j 个顶点对应的单链表中就会有一个表结点，表结点的值为 i（即弧尾顶点的序号作为表结点的值）。也就是说，顶点 v_j 的链表中包含所有以顶点 v_j 为弧头的那些弧的弧尾顶点序号。

图 6.9 所示为有向网 G_3 的邻接表和有向图 G_1 的逆邻接表。

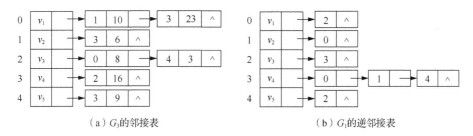

（a）G_3 的邻接表　　　　　　　　　　（b）G_1 的逆邻接表

图 6.9　有向网 G_3 的邻接表和有向图 G_1 的逆邻接表

在有向图的逆邻接表中，要计算顶点 v_i 的入度，我们只需求第 i 个单链表的表长。但求出度时，就需要遍历所有的单链表，统计结点值为 i 的表结点数量。

根据上面的描述，我们可以给出邻接表中的表结点、头结点数组数据类型的定义，并进一步组合出邻接表的类型定义。

```
#define MAX_VERTEX 30
typedef struct ArcNode {            //表结点类型定义（对网需要加权值属性）
    int adjvex;                     //顶点位置序号
    struct ArcNode *nextarc;        //下一个表结点指针
    int weight;                     //无向网和有向网需要的边或弧权值
} ArcNode;
typedef struct VertexNode{          //头结点及其数组类型定义
    VertexType data;                //顶点信息
    ArcNode *firstarc;              //指向第一条弧或邻接顶点
```

```
    } VertexNode,AdjList[MAX_VERTEX];
    typedef struct {                      //邻接表的类型定义
        AdjList vertices;                 //头结点数组
        int vexnum,arcnum;                //顶点数、弧数
        GraphKind  kind;                  //图的类型
    } ALGraph;
```

例6-2： 以邻接表为存储结构，实现基本操作——创建无向图。

在创建图时，首先将顶点数据全部保存到头结点数组中，将对应每个单链表头指针设置为空；对每一对关系$<v_i,v_j>$查找两个顶点的序号 i 和 j，对第 i 个单链表以首插法（也可尾插法）插入结点值为 j 的表结点，同时对第 j 个单链表以首插法（也可尾插法）插入结点值为 i 的表结点，并对相关属性赋值，以完成创建操作。算法代码如下。

```
status GraphCreate(ALGraph &G, VertexType V[], VertexType VR[][2], int vexnum,
int arcnum) {
    G.vexnum=vexnum;  G.arcnum=arcnum; G.kind=UDG;
    int i, j, k;
    for(i=0; i<G.vexnum;i++) {            //初始化各头结点数组
        G.vertices[i].data=V[i];
        G.vertices[i].firstarc=NULL;
    }
    for(k=0; k<G.arcnum; k++) {
        for(i=0; i<G.vexnum; i++)         //查找顶点序号
            if(G.vertices[i].data==VR[k][0]) break;
        for(j=0; j<G.vexnum; j++)
            if(G.vertices[j].data==VR[k][1]) break;
        if(i>G.vexnum || j>=G.vexnum) return ERROR;
        ArcNode *p=(ArcNode *) malloc(sizeof(ArcNode));
        p->adjvex=j;
        p->nextarc=G.vertices[i].firstarc;
        G.vertices[i].firstarc=p;
        p=(ArcNode *) malloc(sizeof(ArcNode));
        p->adjvex=i;
        p->nextarc=G.vertices[j].firstarc;
        G.vertices[j].firstarc=p;
    }
    return OK;
}
```

比较一下邻接矩阵表示法和邻接表表示法：在边较少的情况下，邻接表表示法的存储效率要高于邻接矩阵表示法；但在判断两个顶点是否有关系时，邻接矩阵表示法显得更方便一些。

讨论题

邻接表中头结点数组可以改变成链式结构吗？

6.3.3 十字链表

图的第三种存储结构是十字链表，这是针对有向图设计的一种存储结构。我们可以将其看成

是邻接表与逆邻接表的一种结合。

十字链表中，用一个**弧结点**表示一条弧。如果 v_i 到 v_j 有弧，则在弧结点中包括弧尾 v_i 和弧头 v_j 这两个顶点的位置序号 i 和 j，同时对应也包含两个链表指针：一个指向下一条以 v_i 作为弧尾的弧结点；另一个指向下一条以 v_j 作为弧头的弧结点。

同时，通过**顶点结点数组**保存有向图的顶点信息，每一个顶点结点由 3 个域组成：一个是 data 域，它用来保存顶点的信息；另外两个是单链表的头指针域 firstin 和 firstout，分别指向以该顶点作为弧头的第一条弧的弧结点、以该顶点作为弧尾的第一条弧的弧结点。图 6.10 所示为有向图 G_8 及其十字链表存储结构示意图。

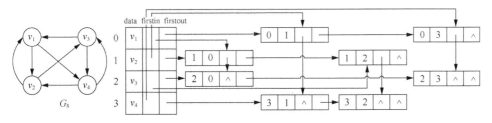

图 6.10　有向图 G_8 及其十字链表存储结构示意图

可以看到，以十字链表作为存储结构时，弧的增减需要在两个单链表中同时进行弧结点的增、删操作。在十字链表中求一个顶点的度时，根据该顶点的 firstin 这条链统计弧结点个数得到入度，根据 firstout 这条链统计弧结点个数得到出度，不需要像邻接表一样遍历全部的表结点。

6.3.4　邻接多重表

在无向图的邻接表中，一条边对应两个表结点导致有些操作不太方便。为此，针对无向图设计了图的第四种存储结构：邻接多重表。在邻接多重表中，一条边只需要一个表结点保存。

类似于十字链表，如果某条边关联到顶点 $v_i \sim v_j$，则对应表结点中包括这两个顶点的序号 i 和 j，同时相应地也包含两个链表指针：一个指向下一个关联到顶点 v_i 的边的表结点，另一个指向下一个关联到顶点 v_j 的边的表结点。为了方便搜索，为表结点可以增加一个标志域 mark。

按照上述方法所生成无向图 G_2 的邻接多重表如图 6.11 所示。

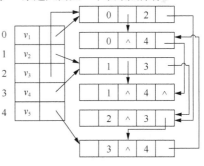

图 6.11　无向图 G_2 的邻接多重表

在邻接多重表中，每个顶点对应一个单链表，能访问到所有与该顶点关联的边。以顶点 v_4 为例，其序号为 3，首先可以访问到表结点(1,3)表示的边；因为 3 在后面，根据后面这个指针域，访问到表结点(2,3)表示的边；因为 3 还是在后面，继续根据后面这个指针域，访问到表结点(3,4)表示的边，此时 3 在前面，而前面指针域为空，至此一共访问到 3 条边，对应与顶点 v_4 关联的 3 条边 (v_2,v_4)、(v_3,v_4) 和 (v_4,v_5) 都被访问到，顶点 v_4 的度为 3。

讨论题

如何在十字链表或邻接多重表中删除一个顶点？

6.4 图的遍历

图的遍历

图的遍历是指按照某种规则对图的每一个顶点访问一次，且仅访问一次。与树的遍历算法相似，图的遍历算法是很多其他算法的基础，其非常重要。图的遍历过程比树的遍历过程要复杂得多，原因在于：在树的遍历中，总是从根结点这个特殊的起始点开始，按照某种规则搜索并访问结点；在图的遍历中，任何一个顶点都可以作为起点，同时图中可能存在回路，这样，访问过的某顶点可能通过回路又再次搜索到该顶点。为了避免重复访问，就必须记住每一个顶点是否被访问过。

图通常有两种遍历方法，即深度优先遍历与广度优先遍历。在这两个遍历算法中都使用了一个大小为 n 的 visited 数组来记录每一个顶点的访问状态。

6.4.1 图的深度优先遍历

深度优先遍历的思想：类似于树的先根遍历算法，假定从图中的某个顶点 v_1 出发，首先访问出发点 v_1，然后选择一个未被访问过的邻接点 v_2，以 v_2 作为新的出发点继续深度优先搜索，直到所有与 v_1 相连通的顶点（或有向图中由 v_1 出发可以到达的顶点）被访问。如果图中还有未被访问的顶点，再选择一个顶点作为起点进行深度优先搜索，直至所有图的顶点被访问。

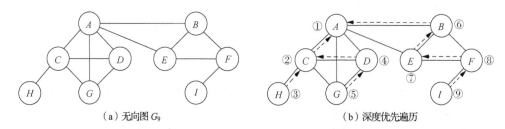

（a）无向图 G_9 （b）深度优先遍历

图 6.12　无向图 G_9 及其深度优先遍历示例

图 6.12（a）所示为无向图 G_9；从顶点 A 出发，遍历该图的过程如图 6.12（b）所示。首先访问 A，标注一个数字序号①，表示已经访问过该顶点；接着选择 A 的一个未被访问过的顶点 C 作为出发点，访问 C，标注数字序号②；再选择 C 的一个未被访问过的顶点 H 作为出发点，访问 H，标注数字序号③；这时 H 相邻顶点都访问过了，顺着虚线箭头方向原路回退到 C，C 的4个邻接顶点中还有 D 和 G 没有访问，选择一个顶点，例如以 D 作为新的出发点，访问 D，标注数字序号④；接着到 G，访问 G，标注数字序号⑤；G 相邻顶点都访问过了，顺着虚线箭头方向回退到 D，D 相邻顶点都访问过了，顺着虚线箭头方向回退到 C，C 相邻顶点也都访问过了，顺着虚线箭头方向回退到出发点 A；继续选择 A 的一个未被访问过的顶点 B 作为出发点，以同样的处理方式依次访问 B,E,F 和 I，到 I 后，I 相邻顶点都访问过了，又需要依次回退到 F,E,B,A，再一次又回退到起点 A，这样 A 的所有邻接顶点都已访问，并且图的所有顶点都访问过了，所以遍历结束，得到的遍历序列为：

$$A \rightarrow C \rightarrow H \rightarrow D \rightarrow G \rightarrow B \rightarrow E \rightarrow F \rightarrow I$$

显然，选择未被访问过的邻接点的次序不同，得到的遍历序列次序也不同。称由一个顶点出发，访问该顶点及其所有路径可以到达的顶点的过程为**一次深度优先遍历**。因为无向图 G_9 是一个连通图，所以通过一次深度优先搜索就能访问到所有的顶点。如果是非连通图，则需要进行多次深度优先遍历。

例 6-3：根据上述例子，实现深度优先搜索算法。

算法实现时，需采用递归算法或借助栈这种数据结构控制顶点访问次序，同时需要使用一个

visited 数组标识每个顶点是否被访问过，这样每次访问一个顶点后，很容易检查它的邻接顶点是否已被访问，初始化为所有顶点均未被访问。开始时以位置序号为 0 的顶点作为起点，进行深度优先搜索，每访问到一个顶点就在 visited 数组相应的位置上标识访问过的标记，同时依次选取相邻且未被访问过的顶点作为新的起始点，继续进行本次深度优先搜索。完成一次深度优先遍历后，在 visited 数组中查找是否还有未被访问过的顶点，如果有就从这个未被访问过的顶点开始做下一次深度优先搜索，直到所有的顶点被访问。算法代码如下。

```
void DFS(ALGraph G, int v, bool visited[], status(*visit)(ALGraph, int)) {
    visited[v]=true;                  //标注访问过的标记
    visit(G, v);                      //使用 visit 函数访问序号为 v 的顶点
    for(int w=FirstAdjVex(G, v); w>=0; w=NextAdjVex(G, v, w))
        if(!visited[w])               //处理所有未访问的邻接顶点
            DFS(G, w, visited, visit);
}

void DFSTraverse(ALGraph G, status(*visit)(ALGraph, int))
{
    bool visited[G.vexnum];
    for(int v=0; v<G.vexnum; v++)    //初始化各顶点未访问状态
        visited[v]=false;
    for(int v=0; v<G.vexnum; v++)
        if(!visited[v])               //从一个未访问的顶点开始
            DFS(G, v, visited, visit);
}
```

算法的时间效率与存储结构有关，如果采用邻接矩阵表示法，由于访问每个顶点后都要检查它的邻接顶点是否已被访问，这时需要查找邻接矩阵一行（或一列）的 n 个值，因此需要的时间为 $O(n^2)$，即 $T(n)= O(n^2)$；用邻接表表示法时，访问每个顶点后都要遍历该顶点的表结点链表，检查邻接顶点的访问状态，n 个顶点的表结点链表都会被遍历一次，共计访问了 e 个表结点，所以 $T(n)= O(n+e)$。

6.4.2 图的广度优先遍历

广度优先遍历的思想：类似于树的按层遍历算法，假定从图中的某个顶点 v 出发，首先访问出发顶点 v，然后依次访问 v 的所有未被访问过的邻接点，并记住这个访问次序；在后续访问过程中，使得"先被访问过的顶点的邻接顶点"先于"后被访问过的顶点的邻接顶点"被访问，直到所有与 v 相连通的顶点被访问。

如果图中还有未被访问的顶点，再选择一个顶点作为起点进行广度优先搜索，直至所有图的顶点被访问。广度优先遍历的过程就是以某顶点 v 为起点，由近至远地依次访问与 v 相通的顶点（或有向图中由 v 出发可以到达的顶点）。

图 6.13 所示为对无向图 G_9 的广度优先遍历。首先从顶点 A 出发，访问 A，标注数字序号①，接着依次访问 A 的所有未被访问过的邻接顶点 C, G, D, E 和 B，并依次标注数字序号②~⑥；再按这个次序，访问 C 的所有未被访问过的邻接顶点 H 并标注数字序号⑦、

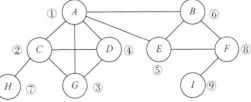

图 6.13 对无向图 G_9 的广度优先遍历

访问 E 的所有未被访问过的邻接顶点 F 并标注数字序号⑧，最后访问到 I 并标注数字序号⑨，它的所有相邻点都被访问过了，遍历结束，得到的遍历序列为：

$$A \to C \to G \to D \to E \to B \to H \to F \to I$$

显然，选择未被访问过的邻接点的次序不同，得到的遍历序列次序也不同。

例 6-4： 根据上述例子，实现广度优先搜索算法。

算法实现时，为了控制顶点访问次序，需要借助队列这个数据结构，同时也需要 visited 数组找到可以作为起始点的顶点，进行广度优先搜索。其基本思想是：每次找到一个未访问过的顶点并访问该顶点，设置访问标记并入队，队列中存放的是已被访问过的顶点序号，接着就是循环控制，循环条件是队列非空，每次循环进行的操作是顶点出队，访问与该顶点相邻的且未访问过的顶点，同时将刚访问过的顶点入队。算法代码如下。

```
void BFSTraverse(ALGraph G, status(*visit)(ALGraph, int))
{
    bool visited[MAX_VERTEX];
    for(int v=0; v<G.vexnum; v++) visited[v]=false;
    LinkQueue Q; InitQueue(Q);        //队列 Q 初始化
    for(int v=0; v<G.vexnum; v++)     //按顶点位置序号依次选择顶点
        if(!visited[v]) {             //遇到未访问过的顶点开始遍历
            visited[v]=true; visit(G, v);
            EnQueue(Q, v);
            int u;
            while(!QueueEmpty(Q)) {
                DeQueue(Q, u);
                for(int w=FirstAdjVex(G, u); w>=0; w=NextAdjVex(G, u, w))
                    if(!visited[w]) {
                        visited[w]=true;
                        visit(G, w);
                        EnQueue(Q, w);
                    }
            }
        }
}
```

该算法的时间效率与深度优先遍历算法相同。

讨论题

简述深度优先遍历与广度优先遍历之间的区别。

6.4.3　图的连通性

有了图的遍历算法后，可以借助它来求解一些图的连通性问题，完成求无向图的连通分量、有向图的强连通分量等。

对于一个无向图，从某顶点出发，进行一次遍历（深度优先遍历或广度优先遍历），能访问到的所有顶点，再加上无向图中这些顶点间的所有边，即能得到包含这个顶点的连通分量。例如，图 6.1（b）中的无向图 G_2 因为是连通图，所以从任意一个顶点出发，都能访

强连通分量

问到所有顶点，加上所有顶点间的边，得到原无向图 G_2，故连通图的连通分量是它自己。再如，图 6.3（b）中的无向图 G_6，因为是非连通图，需要进行两次遍历才能访问到所有顶点，得到图 6.4（b）中的有两个连通分量 $G_{6\text{-}1}$ 和 $G_{6\text{-}2}$。

有向图的强连通分量也可以借助图的遍历算法得到。任选一个顶点 v，从顶点 v 出发，顺着弧的方向访问到所有可达的顶点组成集合 V_{out}；再从这个顶点 v 出发，逆着弧的方向遍历，得到顶点集合 V_{in}；如果这两个顶点集合 V_{out} 和 V_{in} 相等，且包含图的全部顶点，该有向图就是一个强连通图，否则求它们的交集 V_s。交集 V_s 中的任意两个顶点都是互相可到达的。于是，顶点集合 V_s 加上集合内各顶点的所有弧得到一个强连通分量。将这个强连通分量从原图中去掉，对剩下的再重复上述操作，这样即可求出所有的强连通分量。

例如，对图 6.3（a）中的有向图 G_5，从顶点 v_1 出发，顺着弧的方向访问到的顶点序列为 v_1, v_2, v_4, v_3, v_5，得到顶点集合 $V_{out}=\{v_1, v_2, v_3, v_4, v_5\}$；逆着弧的方向访问到的顶点序列为 v_1, v_3, v_4, v_2, v_5, v_6，得到顶点集合 $V_{in}=\{v_1, v_2, v_3, v_4, v_5, v_6\}$；$V_{out}$ 与 V_{in} 的交集为 $V_s=\{v_1, v_2, v_3, v_4, v_5\}$，加上它们之间的所有弧得到图 6.4（a）中的强连通分量 $G_{5\text{-}1}$，然后在原图中去掉 $G_{5\text{-}1}$，剩下只有顶点 v_6，这样得到第二个强连通分量，即图 6.4 中的 $G_{5\text{-}2}$。

6.5 图的生成树问题

6.5.1 生成树与最小生成树

6.2.1 小节给出了生成树和生成森林的概念。对一个（强）连通图进行深度优先遍历，遍历过程中经过的边（或弧）和原图中的顶点组成的子图称为深度优先生成树，即 **DFS 生成树**；对非连通图进行深度优先遍历，则会得到 **DFS 森林**；而对非强连通图进行深度优先遍历，依据出发点的不同，则可能得到 **DFS 生成树**或 **DFS 森林**。同样地，也可以对一个（强）连通图进行广度优先遍历，遍历过程中经过的边（或弧）和原图中的顶点组成的子图称为广度优先生成树，即 **BFS 生成树**；对非连通图进行广度优先遍历，得到 **BFS 森林**；对非强连通图进行广度优先遍历，则可能得到 **BFS 生成树**或 **BFS 森林**。

下面重点介绍连通网最小生成树的概念。在此之前，我们先用一个例子说明它的具体应用背景。

假设有 n 个城市要建立一个通信网。实际上，要连通 n 个城市，可以只用 $n\text{-}1$ 条线路，每条线路直接连接两个城市。没有直接线路连接的两个城市之间的通信可以通过其他城市进行中继。这时需要考虑的问题是，如何建立这个通信网，从而使经费最省，即如何确定 $n\text{-}1$ 条线路以使得总的费用最低，同时任意两个城市之间可以相互通信。

我们可以把城市看成顶点，线路当成带权值的边。用 $n\text{-}1$ 条线路连接 n 个城市的方法有多种，每一种可以看成一棵生成树，上述的问题就成了求解一个生成树以使总费用最低，也就是各边权值之和具有最小值。这样的生成树，我们称为最小代价生成树，简称**最小生成树**（Minimum Spanning Tree）。

图 6.14 所示为无向图 G_{10} 及其所有生成树，其中 $G_{10\text{-}1}$ 和 $G_{10\text{-}4}$ 的各边权值之和都是 31，具有最小值，所以 $G_{10\text{-}1}$ 和 $G_{10\text{-}4}$ 都是最小生成树。可见，最小生成树不一定唯一。

如何来求无向连通网最小生成树呢？有多种算法，但大多会用到如下 MST 性质。

假设 $G=(V,E)$ 是一个连通网，U 是 V 的一个非空子集，这样图中所有顶点构成的集合被分为两个集合：U 和 $V\text{-}U$。若(u, v)是一条具有最小权值（代价）的边，其中 $u\in U$，$v\in V\text{-}U$，则必存在一棵包含边(u, v)的最小生成树。

最小生成树

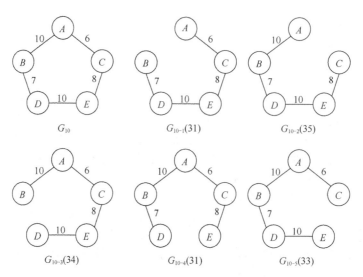

图 6.14　无向图 G_{10} 及其所有生成树

我们可以用反证法证明 MST 性质。假定 G 的所有最小生成树都不包含边(u, v)，任意给出一棵 G 的最小生成树 T，由于生成树是连通图，则集合 U 和集合 $V-U$ 之间至少有一条边。现将边(u, v)加入最小生成树中形成一个包含边(u, v)的回路，这时在当前最小生成树 T 中必然存在一条边(u',v')，满足 $u'\in U$，$v'\in V-U$，且在集合 U 中 u 和 u' 是连通的，在 $V-U$ 中 v 和 v' 是连通的，否则不可能形成回路，如图 6.15 所示。这样将边(u',v')去掉，得到另一棵生成树 T'。由于(u, v)的权值不大于(u',v')，因此 T'是一棵包含边(u, v)的，各边权值之和不大于 T 的生成树，与假设矛盾。

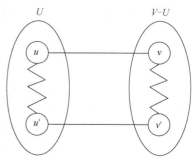

图 6.15　MST 性质

下面要介绍的两个求最小生成树的算法都用到了 MST 性质。

6.5.2　最小生成树 Prim 算法

Prim 算法思想：给定一个无向连通网 $G=(V,E)$，求最小生成树 $T=(U,TE)$。初始化时，从某个顶点 u_0 开始，即顶点集合 U 只包含一个顶点 u_0，边的集合 TE 为空集。在所有一端属于顶点集合 U，另外一端属于顶点集合 $V-U$ 的边的集合中，找一条最小权值的边(u, v)，这里 $u\in U$，$v\in V-U$，将顶点 v 加到集合 U 中，将边(u, v)加到 TE 中，这样重复 $n-1$ 次，U 中有了 n 个顶点，TE 中有了 $n-1$ 条边，即可以得到一个最小生成树。由于可能存在多条具有最小权值的边，选择边的次序不同，会得到不同形态的最小生成树。

图 6.16（a）~图 6.16（f）为用 Prim 算法求解连通网 G_{11} 最小生成树的过程。其中，实线圆圈表示 U 中的顶点；实线边表示 TE 中的边；虚线圆圈表示 $V-U$ 中的顶点；虚线边表示 $V-U$ 中各顶点与 U 中顶点的最小权值边以及在 U 中依附的顶点，如果没有虚线边，表示该 $V-U$ 中的顶点和 U 中的顶点没有边。

假定从顶点 A 出发，U 中包含顶点 A，$V-U$ 中的顶点 D 和 F 与 U 中顶点 A 没有边，B、E 和 C 这 3 个顶点与 A 的边权值依次为 8、2 和 6，如图 6.16（a）所示；选择（虚线表示的）最小权值边(A,E)加到 TE 中，同时将顶点 E 加到 U 中，检查 $V-U$ 中剩下各顶点与 E 的边的权值是否比原

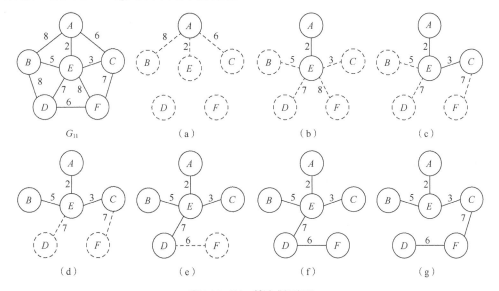 来最小权值边要小，如果是则修改最小权值的边。此例中，$V-U$中的4个顶点与U中的最小权值边都被修改了，依附顶点都是E，得到结果如图6.16（b）所示。

再将最小权值（虚线）边(C,E)加到TE中，同时将顶点C加到U中，检查$V-U$中的顶点与C的边的权值是否比原来最小权值边要小，如果是则修改最小权值的边，顶点F与U中顶点的最小权值边被修改(C,F)，权值为7，依附顶点为C，得到结果如图6.16（c）所示。

继续将最小权值（虚线）边(B,E)加到TE中，将顶点B加到U中，此次$V-U$中没有要修改最小权值的边，得到结果如图6.16（d）所示。

此时最小权值（虚线）边有(D,E)和(C,F)两条，任选择其中一条边(D,E)加到TE中，同时将顶点D加到U中，$V-U$中还剩下唯一的顶点F，最小权值的边被修改成(D,F)，得到结果如图6.16（e）所示。最后得到的最小生成树如图6.16（f）所示，如果在图6.16（d）中选择边(C,F)，就会得到另一棵如图6.16（g）所示的最小生成树。

图6.16　Prim算法求解步骤

下面以邻接矩阵作为存储结构，依据Prim算法思想求解最小生成树时，需要一个大小为$n-1$的结构数组T来记录生成树的$n-1$条边：$(T[i].v1, T[i].v2)$，权值为$T[i].lowcost$，这里$0 \leqslant i \leqslant n-2$，$0 \leqslant v1, v2 \leqslant n-1$。在求解过程中，当$T[i]$表示的边不属于$TE$时，$T[i].lowcost$记录顶点集合$V-U$中的某个顶点$T[i].v2$到$U$中顶点的边的最小权值，以及在$U$中依附的顶点$T[i].v1$（请读者注意$T[i]$的含义）。也就是说，$V-U$中的某个顶点可能会与$U$中的多个顶点相邻，只需记录最小权值，以及这个最小权值的边在U中依附的顶点$T[i].v1$。

假定从G的一个序号为k的顶点u开始求G的最小生成树，初始化时序号为k的顶点u在集合U中，$V-U$中有$n-1$个顶点，在T中生成$n-1$条边，边$T[i].v1$的值为k、$T[i].v2$的值分别是$V-U$中各顶点序号j、$T[i].lowcost$为序号k顶点与序号j顶点边的权值，其中$0 \leqslant i \leqslant n-2$，$0 \leqslant j \leqslant n-1$，$j \neq k$。

为了标识T的$n-1$条边的性质，我们可以增加一个大小为$n-1$的标识数组，以标识每条边是否在TE中，也可以当边$T[i]$属于TE时，将$T[i].lowcost$翻转成相反数，表示该边的两端顶点都在U中。下面算法实现时采用后一种方式，即当$T[i].lowcost>0$时，这里$0 \leqslant i \leqslant n-2$，表示$T[i]$这条边一端在$U$、另一端在$V-U$中，$T[i]$不属于$TE$。

在T中求一端在U、另一端在$V-U$中的边的权值最小值，其下标为min。求得min后，通过将 T[min].lowcost 翻转成相反数，表示将顶点 T[min].v2 加入 U 中，以及一条边(T[min].v1,T[min].v2)加入 TE，再根据顶点 T[min].v2 更新 V−U 中其他顶点与 U 中顶点的边，一旦有更新，就将该边的属性 v1 更新为 T[min].v2。通过该步骤实现将 V−U 中的一个顶点加入 U 中，同时增加一条边到 TE 中，重复 n-1 次，完成最小生成树的求解。

例 6-5：最小生成树 Prim 算法如下。

```
typedef struct MSpanTreeEdge {
    int v1, v2;                    //v1、v2 分别是 U 和 V-U 中顶点在图 G 中序号
    int lowcost;
} *MSpanTree;

MSpanTree Prim(MGraph G, VertexType u) {
    MSpanTree T;
    T=(MSpanTree)malloc((G.vexnum-1) * sizeof(struct MSpanTreeEdge));
    int i, j, k;
    k=LocateVex(G, u);             //确定起始顶点 u 的位置序号
    for(i=j=0; i<G.vexnum; i++)    //初始化 V-U 中顶点到 u 的最小权值
        if(i!=k) {
            T[j].v1=k;
            T[j].v2=i;
            T[j++].lowcost=G.arcs[k][i];
        }
    for(i=1; i<G.vexnum; i++) {            //依次选择 n-1 条边
        int mincost=INFINITY, min;         //置 mincost 初值为无穷大
        for(j=0; j<G.vexnum-1; j++)        //找一端在 U、另一端在 V-U 的最小边
            if(T[j].lowcost>=0 && T[j].lowcost<mincost)
                min=j, mincost=T[j].lowcost;
        T[min].lowcost *=-1;               //将 T[min]表示的边加入 TE 中
        k=T[min].v2;                       //序号 k 的顶点要加入 U 中
        for(j=0; j<G.vexnum-1;j++)         //更新 V-U 中顶点到序号 k 顶点的边权值
            if(T[j].lowcost>=0 && T[j].lowcost>G.arcs[k][ T[j].v2]) {
                T[j].lowcost=G.arcs[k][T[j].v2]; //更新 V-U 中顶点到 U 的最小权值
                T[j].v1=k;
            }
    }
    return T;                              //返回前可把各边权值由负改变成正
}
```

算法每次选择出一个顶点和一条边后，需要在邻接矩阵中，根据该顶点对应这一行的 n 个权值进行更新操作，共需要选择 n-1 个顶点，所以算法的时间复杂度为 $O(n^2)$。

Prim 算法适用于对稠密图的连通网求最小生成树的情况。

6.5.3 最小生成树 Kruskal 算法

下面要讨论的是克鲁斯卡尔（Kruskal）算法。该算法适用于对稀疏图的连通网求最小生成树的情况。

假定一个无向连通网为 G=(V,E)，其最小生成树为 T=(V,TE)。初始化时，T 的顶点集合包含 G 中的全部顶点，TE 为空集，这时 T 中各个顶点自成一个连通分量。在无向连通网 G 中按权值从

小到大选择边(u,v)，如果u、v在不同的连通分量中，则该边加到生成树T中不会形成回路，成功将边(u,v)加到TE中，u和v所属的连通分量合并成一个，否则舍弃该边。依此操作，直到成功地加上n-1条边到TE中为止。或者说，当T中的所有顶点连接成一个连通分量时，就求解到了一棵最小生成树。

图6.17所示的连通网G_{12}初始时是由所有顶点组成的一个图。按权值从小到大依次选择边，首先依次选择边(A,E)、(E,C)添加到TE中，由于边的两个顶点都在不同连通分量中，没有形成回路，因此成功地被添加到TE中，如图6.17（a）和图6.17（b）所示；再选择最小权值的边(A,C)时，因为边的两个顶点A和C在同一连通分量中，形成一个回路，故舍弃此边；选择下一条边(B,E)，没有形成回路，成功地被添加到TE中，如图6.17（c）所示；接着成功地将(D,F)添加到TE中，如图6.17（d）所示；此时，(D,E)和(C,F)权值相同，当选择(D,E)这条边时，得到一棵图6.17（e）所示最小生成树，否则得到图6.17（f）所示最小生成树。显然，选择权值最小的边时，如果有多个备选项，可能会导致得到不同最小生成树。

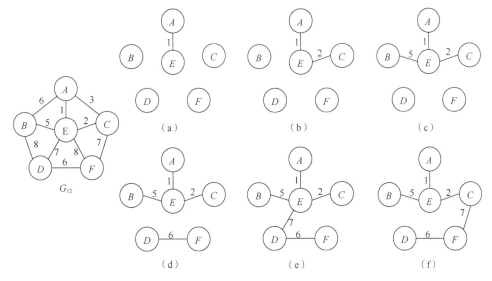

图6.17　Kruskal算法求解步骤

克鲁斯卡尔算法适合求解边稀疏的连通网最小生成树，所以我们可以考虑对其数据采用邻接表的存储结构。根据上述算法思想，使用一个结构数组*edges*保存所有边的两顶点序号与权值，并按权值进行排序；每一个连通分量对应一个顶点的集合，当选择的最短边(v_i,v_j)依附的顶点v_i和v_j在不同的连通分量中时，将该边加入生成树T中。这个过程要用到查找顶点v_i和v_j所在的连通分量以及使用边(v_i,v_j)将v_i和v_j所在的连通分量合并成一个连通分量，即对应查找顶点v_i和v_j所在的连通分量顶点集合以及将两个顶点集合合并的操作。这个操作很自然地用到了并查集这种树状的数据结构，完成集合元素的查找、集合的合并以及查找路径的压缩。有关并查集的算法会在6.8.1小节详细介绍。

采用树的双亲表示法在数组V中记录各顶点连通分量集合，每个连通分量的顶点集合组成一棵树，V中每个顶点对应一个树结点，通过判断两个结点所在树的根结点是否相同来确定它们是否在同一个连通分量中。初始化设置$V[i]=i$（这里$0 \le i \le n-1$），表示结点v_i的父结点是自身，即为树的根结点，这样形成了n棵树的森林，对应n个连通分量。在后续操作中，每当选择一条边(v_i,v_j)时，调用查找函数findSet，根据i查找结点v_i所在树的根结点：假定根结点序号为k，v_i的祖先结点序号依次为k、$k_1 \cdots k_t$，即查找路径为i、$k_t \cdots k_1$、k。查找函数findSet返回k，同时在查找过程中修改查找路径上所有祖先结点的父结点序号，将 $V[k_1]\cdots V[k_i]$ 和 $V[i]$ 都更新成 k，即可实现查找路径的压缩，提高后续查找的效率。如果 v_i 和 v_j 所在树的根结点相同，表示边依附的两顶点在同一个连通分量中，舍弃该边，否则该边作为最小生成树的边并输出，同时将 v_j 的根结点设置为 v_i 根结点的父结点，实现两个集合的合并，合并两个连通分量。

例 6-6：最小生成树 Kruskal 算法如下。

```
int findSet(int V[], int i) {
    //并查集查找序号 i 的顶点所在连通分量树的根顶点序号,同时压缩查找路径
    return V[i]==i?i:V[i]=findSet(V, V[i]);
}
typedef struct edge {int i,j, w;} edge;    //edge 表示边和权值
bool cmp(edge e1, edge e2) { return e1.w<e2.w; }
status kruskal(ALGraph G)
{
    edge edges[G.arcnum];              //edges 存放全部边和权值
    int V[G.vexnum], nums=0;           //V 采用树的双亲表示法记录各连通分量
    int i, j, k;
    for(i=0, k=0; i<G.vexnum; i++) //访问邻接表每个结点获取每条边的信息
    {
        V[i]=i;                        //初始时 V 共 G.vexnum 个连通分量
        for(ArcNode *p=G.vertices[i].firstarc; p; p=p->nextarc) {
            j=p->adjvex;
            if(i<j) edges[k].i=i, edges[k].j=j, edges[k++].w=p->weight;
        }
    }
    sort(edges, edges+G.arcnum, cmp);//将边按边权值递增排序
    for(k=0; k<G.arcnum; k++)
    {
        i=findSet(V, edges[k].i);
        j=findSet(V, edges[k].j);
        if(i!=j) {           //边 edges[k]依附的两顶点不在同一个连通分量中
            V[i]=j;          //合并两个连通分量
            printf("%c->%c, 权值: %d\n", G.vertices[edges[k].i].data,
                G.vertices[edges[k].j].data, edges[k].w); //输出边 edges[k]
            if(++nums==G.vexnum-1) break;
        }
    }
    return OK;
}
```

算法在时间开销 $O(n+e)$ 内将网中的所有边访问到，因为 $n<e$，所以时间开销可表示为 $O(e)$，再使用排序快速算法将其处理成有序序列，时间开销为 $O(e \log e)$。最后算法的时间复杂度为 $O(e \log e)$。

讨论题

满足什么条件时，连通网的最小生成树是唯一的？这个条件是否为充要条件？

6.6 图的最短路径问题

在城市交通网络中，常常遇到这样一类行程问题，即从 A 城市出发到 B 城市，两城市之间是否有交通线路连通？如果是连通的，在有多条路线的情况下，哪一条路线的开销最小？这里开销是指时间、费用或里程等。为了解决这类问题，我们将交通网络表示成一个带权的图，用顶点表示城市，边代表城市的交通线路，权值代表某种开销。再考虑实际情况，如城市 A 和城市 B 的海拔高度可能相差较大，这样可能城市 A 到城市 B 的公路是上坡路，城市 B 到城市 A 是走下坡路；又或 A 与 B 之间通过水路连接时，可能一个方向是顺水，另一个方向是逆水，等等。诸如此类的因素使得(A,B)的权值可能不等于(B,A)权值。基于这个原因，考虑更广泛的应用背景，这个带权的图应该具有有向性，即为一个有向网。

以上提出的就是一个在有向网中求一个顶点到另一个顶点的最短路径问题，并称最短路径上的第一个顶点为**源点**，最后一个顶点为**终点**。这里"最短"的含义就是路径上各边的权值之和具有最小值，表示总的开销最小。

6.6.1 单源最短路径 Dijkstra 算法

首先介绍单源最短路径的求解，即在一个有向网 $G=(V,E)$ 中，给定一个顶点 v_s（$v_s \in V$，$0 \leqslant s \leqslant n-1$）作为源点，求源点到 G 中其他各顶点的最短路径。图 6.18 列出了有向网 G_{13} 及其以 v_0 作为源点到其他所有顶点的最短路径和长度。

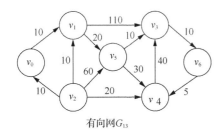

源点	终点	最短路径	长度
v_0	v_1	(v_0,v_1)	10
v_0	v_2	无	
v_0	v_3	(v_0,v_1,v_5,v_3)	40
v_0	v_4	$(v_0,v_1,v_5,v_3,v_6,v_4)$	55
v_0	v_5	(v_0,v_1,v_5)	30
v_0	v_6	(v_0,v_1,v_5,v_3,v_6)	50

有向网 G_{13}

图 6.18　有向网 G_{13} 及其单源最短路径

单源最短路径求解算法是由迪杰斯特拉（Dijkstra）提出的，按路径长度递增次序逐条求出源点到其他所有顶点的最短路径。

算法中，使用 3 个大小为 n 的辅助数组，**最短路径数组** D 记录当前从源点到 G 中各个顶点的最短路径长度；尽管路径上会有多个顶点，但不必直接记录，只需用**前驱顶点数组** P 记录当前最短路径中终点的前驱（倒数第二个）顶点的序号，也就是最短路径是从源点出发，到达这个前驱顶点后再到终点；数组 *final* 是一个**标志数组**，元素值取 TRUE 或 FALSE，表示对应顶点的最短路径是否已经求得。

假定 v_s 表示源点，s 为其顶点序号（$0 \leqslant s \leqslant n-1$）。首先做初始化操作，如果 v_s 到 v_i 有弧，将其权值赋予 $D[i]$，否则将 $D[i]$ 赋值为无穷大（这里 $0 \leqslant i \leqslant n-1$）；$P[i]$ 赋值为 s，表示当前能找到的最短路径终点前驱都是 v_s。数组 *final* 中的 *final*[s] 赋值为 TRUE，其他元素都赋值为 FALSE，表示源点到其他所有顶点的最短路径都没最后确定。

接着求最短路径，即按最短路径长度递增次序的第一条最短路径。假定终点是 v_j，显然 j 应满足：

$$D[j]=\min\{D[i]|0 \leqslant i \leqslant n-1, i \neq s\}$$

即第一条最短路径为(v_s,v_j)。

然后求第二条最短路径。假设终点为v_k，则只会有两种可能，第二条最短路径要么是(v_s,v_k)、要么是(v_s,v_j,v_k)，取二者路径长度较小值的路径为第二条最短路径。

考虑一般情况，假定已经按最短路径长度递增次序求得t条最短路径，对应的t个终点组成的集合为S，则第$t+1$条最短路径终点v_p应该满足最短路径要么是(v_s,v_p)、要么是$(v_s,v_{r1},\cdots,v_{rk},v_p)$，其中$v_{r1},\cdots,v_{rk}\in S$，即由源点出发，经过若干个$S$中的顶点后到达终点$v_p$。这一点很容易用反证法证明：假定第$t+1$条最短路径是经$S$之外的某顶点$v_p'$到达终点$v_p$，可以表示成$(v_s,\cdots,v_p',\cdots v_p)$，这样源点到$v_p'$的路径长度小于源点到$v_p$的最短路径长度，$v_p$就不是第$t+1$短的最短路径终点，与假设矛盾。

基于上述分析结论，每当确定一个最短路径的终点v_j，将其加入S中后，都要对最短路径数组D进行分析，看是否需要更新。如果由源点到v_j的最短路径长度加上v_j到V-S中某顶点v_k的弧上权值之和，比当前求得的以顶点v_k为终点的最短路径长度$D[k]$要小，表示由源点到v_j后，再由v_j直接到v_k的路径长度会更短，就需要更新$D[k]$为更短的长度。同时修改$P[k]$为j，表示更新后的当前最短路径中终点v_k的前驱顶点为v_j。

综上所述，可得到按路径长度递增次序，每次选择最短路径长度的一般性公式为：

$$D[j]=\min\{D[i]|v_i\in V\!-\!S\}$$

对应终点为v_j。一旦选定终点，就需要将$final[j]$设置为TRUE，表示该顶点已加入集合S中，同时更新数组D和数组P。

假定以邻接矩阵作为有向网的存储结构，Dijkstra最短路径算法执行过程如下。

（1）初始化操作，将G的邻接矩阵第s行的n个权值赋予数组D，数组P中的全部元素值初始化为s，$final[s]$置为TRUE，其他元素都置为FALSE。

（2）选择满足下面条件的下一条最短路径终点v_j。

$$D[j]=\min\{D[i]\mid final[i]=FALSE, D[i]\neq\infty\}$$

一旦选择好终点v_j后，将$final[j]$置为TRUE，并对D进行更新处理。

$$D[k]=\min\{D[k], D[j]+G.arcs[j][k]\}v_k\in V-S$$

$D[k]$的值被更新，就置$P[k]$为j。

重复步骤（2）n-1次，求出源点到所有顶点的最短路径。

例6-7：单源最短路径Dijkstra算法如下。

```
void ShortPath_dijkstra(MGraph G, int s, int P[], int D[]) {
                                        //求 v_s 到其他顶点的最短路径
    int final[G.vexnum];
    for(int i=0; i<G.vexnum; i++) {  //初始化，源点序号为 s
        final[i]=false;
        P[i]=s;                 //前驱顶点序号
        D[i]=G.arcs[s][i];
    }
    D[s]=0; final[s]=true;
    for(int i=1; i<G.vexnum; i++) {  //求 v_s 到其他 n-1 个顶点的最短路径
        int j, min=INFINITY;  //查找满足 final[j] 为 FALSE 且 D[j] 具有最小下标 j 的情况
        for(int i=0; i<G.vexnum; i++)
            if(!final[i] && D[i]!=INFINITY && D[i]<min) { min=D[i]; j=i; }
        final[j]=true;         //标识序号 j 的顶点最短路径已确定
        for(int k=0; k<G.vexnum; k++)
```

```
            if(!final[k] && k!=j && D[k]>D[j]+G.arcs[j][k]) {
                D[k]=D[j]+G.arcs[j][k];        //修改路径长度
                P[k]=j;                        //修改前驱顶点编号
            }
        }
    }
```

算法中第一个循环完成初始化操作，对 3 个长度为 n 的数组赋初值，所以时间开销为 $O(n)$；接着要完成选择 $n-1$ 次终点的操作，每次需要对邻接矩阵中的一行进行遍历，所以时间开销为 $O(n^2)$，综合得到算法的时间复杂度为 $O(n^2)$。

按 Dijkstra 算法执行过程，表 6.1 给出有向网 G_{13} 以 v_0 作为源点求最短路径所得到的数组 D 和 P。

表 6.1　Dijkstra 算法执行结果

数组 D	0	10	∞	40	55	30	50
	$D[0]$	$D[1]$	$D[2]$	$D[3]$	$D[4]$	$D[5]$	$D[6]$

数组 P	0	0	0	5	6	1	3
	$P[0]$	$P[1]$	$P[2]$	$P[3]$	$P[4]$	$P[5]$	$P[6]$

根据这两个数组，即可分析得到源点到其他各顶点的最短路径及其长度。以顶点 v_4 为例，首先 $D[4]=55$，所以源点到 v_4 的最短路径长度为 55；接着分析最短路径，因为 $P[4]=6$，即在最短路径上终点 v_4 的前驱顶点是 v_6，再看 $P[6]=3$，表示 v_6 的前驱顶点是 v_3，接着看 $P[3]=5$，表示 v_3 的前驱顶点是 v_5，再接着看 $P[5]=1$，表示 v_5 的前驱顶点是 v_1，最后 $P[1]=0$，表示在最短路径上 v_1 前驱顶点是源点 v_0，分析结束。汇总起来，得到 v_4 最短路径上顶点序列的逆序为：

$$v_4 \leftarrow v_6 \leftarrow v_3 \leftarrow v_5 \leftarrow v_1 \leftarrow v_0$$

这样最短路径就是 $(v_0, v_1, v_5, v_3, v_6, v_4)$。另外，因为 $D[2]=\infty$，所以源点到 v_2 无路径。剩下有最短路径的顶点都按 v_4 的方式进行分析。

由上述分析可见，对数组 P 进行分析得到的是最短路径上顶点序列的逆序，所以在设计输出最短路径的顶点序列时，需要将其颠倒过来。

例 6-8：最短路径显示算法如下。

```
void DisplayShortPath0(MGraph G,int s,int P[],int i)
{   //按假定顶点类型是一个字符串来进行的输出
    if(i==s)
        printf("%c",G.vexs[s]);        //显示源点
    else
    {
        DisplayShortPath0(G,s,P,P[i]);
        printf(" %c",G.vexs[i]);
    }
}
void DisplayShortPath(MGraph G,int s,int P[],int D[])
{
    for(int i=0,k=1;i<G.vexnum;i++)  //输出 n-1 条路径
    {
        if(i==s || D[i]==INFINITY) continue;
        printf("第%d 条最短路径长度:%d,路径顶点序列: ",k++,D[i]);
        DisplayShortPath0(G,s,P,i);  //显示源点 v_s 到 v_i 的最短路径
```

```
        printf("\n");
    }
}
```

如果采用邻接表的存储结构实现算法，时间效率会提高吗？

6.6.2 各顶点间最短路径 Floyd 算法

在有向网 G 中，如何求任意两个顶点之间的最短路径呢？一种方法是依次选择 G 中的顶点作为源点，反复调用 Dijkstra 算法求解，一共调用 n 次，所以算法的时间复杂度为 $O(n^3)$。下面要介绍的弗洛伊德（Floyd）算法，其形式非常简洁，但算法的时间复杂度也是 $O(n^3)$。

弗洛伊德算法思想是：根据有向网 G 的邻接矩阵（也称为代价矩阵），复制构造出一个 $n \times n$ 的矩阵 $D^{(-1)}$，如果由 v_i 到 v_j 有弧，则 v_i 到 v_j 有一条长度为 $D^{(-1)}[i][j]$ 的路径 (v_i,v_j)，但它不一定是 v_i 到 v_j 的最短路径，还需要进行 n 次测试。首先考虑路径 (v_i,v_0,v_j) 是否存在，如果存在就将其与 (v_i,v_j) 比较路径长度，取较小者来代替 (v_i,v_j) 的路径长度，并赋予 $D^{(0)}[i][j]$；对 G 的每一对顶点都做这样以 v_0 作为中间顶点的试探后得到矩阵 $D^{(0)}$，则 $D^{(0)}[i][j]$ 表示从 v_i 到 v_j 的中间顶点序号不大于 0 的最短路径长度。

接着对矩阵 $D^{(0)}$ 再用 v_1 来试探，考虑路径 $(v_i,\cdots,v_1,\cdots,v_j)$，此时 $(v_i,\cdots,v_1)$ 和 $(v_1,\cdots,v_j)$ 都是中间顶点序号不超过 0 的最短路径，对应最短路径长度为 $D^{(0)}[i][1]$ 和 $D^{(0)}[1][j]$，取 $D^{(0)}[i][1]+D^{(0)}[1][j]$ 与 $D^{(0)}[i][j]$ 的较小值，将其值赋予 $D^{(1)}[i][j]$，则 $D^{(1)}[i][j]$ 表示从 v_i 到 v_j 的中间顶点序号不大于 1 的最短路径长度；同样对 G 的每一对顶点都做以 v_1 作为中间顶点的试探后得到矩阵 $D^{(1)}$。再继续对矩阵 $D^{(1)}$ 用 v_2 来试探，得到矩阵 $D^{(2)}$。依此类推，一般情况下，对矩阵 $D^{(k-1)}$ 用 v_k 来试探，考虑路径 $(v_i,\cdots,v_k,\cdots,v_j)$，此时 $(v_i,\cdots,v_k)$ 和 $(v_k,\cdots,v_j)$ 都是中间顶点序号不大于 $k-1$ 的路径，对应路径长度为 $D^{(k-1)}[i][k]$ 和 $D^{(k-1)}[k][j]$，取 $D^{(k-1)}[i][j]$ 和 $D^{(k-1)}[i][k]+D^{(k-1)}[k][j]$ 的较小值，将其值赋予 $D^{(k)}[i][j]$，则 $D^{(k)}[i][j]$ 表示从 v_i 到 v_j 的中间顶点序号不大于 k 的最短路径长度；对 G 的每一对顶点都做以 v_k 作为中间结点的试探后得到矩阵 $D^{(k)}$。最后一次对矩阵 $D^{(n-2)}$ 用 v_{n-1} 来试探后得到矩阵 $D^{(n-1)}$，$D^{(n-1)}[i][j]$ 就是从 v_i 到 v_j 的中间顶点序号不大于 $n-1$ 的最短路径长度，即为最终结果。这个由 G 的邻接矩阵到矩阵 $D^{(n-1)}$ 的过程可表示为：

$$D^{(-1)}[i][j] = G.arcs[i][j]$$

$$D^{(k)}[i][j]=\min\{D^{(k-1)}[i][j], D^{(k-1)}[i][k]+D^{(k-1)}[k][j]\} \quad 0 \leqslant k \leqslant n-1$$

记录最短路径上的顶点序列，类似求单源最短路径算法，定义一个 $n \times n$ 的二维数组 P，在由矩阵 $D^{(k-1)}$ 用 v_k 作为中间结点的试探过程中，一旦要将 $D^{(k-1)}[i][k]+D^{(k-1)}[k][j]$ 赋予 $D^{(k)}[i][j]$ 时，就将 $P[i][j]$ 更新为 k，表示当前最短路径上包含中间顶点 v_k，最后对 P 进行分析，求出所有的最短路径。

例 6-9：各顶点间最短路径 Floyd 算法如下。

```
void ShortPath_Floyd(MGraph G) {
    int P[G.vexnum][G.vexnum], D[G.vexnum][G.vexnum];
    for(int i=0; i<G.vexnum; i++)  //初始化
        for(int j=0; j<G.vexnum; j++) {
            P[i][j]=-1;                  //-1 表示无中间顶点
            D[i][j]=G.arcs[i][j];
        }
```

```
for(int k=0; k<G.vexnum; k++) { //依次选定中间顶点 v₀,v₁,···,vₙ₋₁
    for(int i=0; i<G.vexnum; i++)//处理任意两顶点 vᵢ与 vⱼ间最短路径
        for(int j=0; j<G.vexnum; j++)
            if(i !=j && D[i][j]>D[i][k]+D[k][j]) {
                D[i][j]=D[i][k]+D[k][j]; //取较短路径
                P[i][j]=k;              //vᵢ到 vⱼ的中间顶点 vₖ
            }
}
```

图 6.19 所示为有向网 G_{14} 和其邻接矩阵。下面以此有向网 G_{14} 为例求每对顶点间的最短路径及长度。

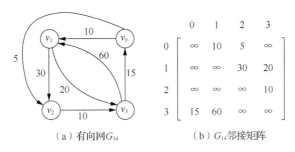

（a）有向网 G_{14} （b）G_{14} 邻接矩阵

图 6.19　有向网 G_{14} 和其邻接矩阵

图 6.20 给出了使用 Floyd 算法求解每对顶点最短路径的过程。初始化时，将 G_{14} 的代价矩阵赋予矩阵 $D^{(-1)}$，将矩阵 $P^{(-1)}$ 中的元素都初始化为-1，表示目前最短路径中没有中间结点；接着试探 v_0 作为中间顶点，路径 (v_3,v_0,v_1) 的路径长度为 15+10=25，小于 $D^{(-1)}[3][1]$ 的 60，所以需要更新最短路径，得到 $D^{(0)}[3][1]=25$，并置 $P^{(0)}[3][1]=0$，表示当前这个最短路径上有中间顶点 v_0。同理更新 $D^{(-1)}[3][2]=20$ 和 $P^{(-1)}[3][2]=0$，其他都没变化，得到矩阵 $D^{(0)}$。接着试探 v_1 作为中间顶点，更新 $D^{(0)}[0][3]=30$ 和 $P^{(0)}[0][3]=1$，其他都没变化，得到矩阵 $D^{(1)}$。如此依次试探所有顶点作为中间顶点后，最后得到矩阵 $D^{(3)}$ 和 $P^{(3)}$。

$$D^{(-1)}=\begin{array}{c c c c c}& 0 & 1 & 2 & 3\\0 & \infty & 10 & 5 & \infty\\1 & \infty & \infty & 30 & 20\\2 & \infty & \infty & \infty & 10\\3 & 15 & 60 & \infty & \infty\end{array}$$

$$P^{(-1)}=\begin{array}{c c c c c}& 0 & 1 & 2 & 3\\0 & -1 & -1 & -1 & -1\\1 & -1 & -1 & -1 & -1\\2 & -1 & -1 & -1 & -1\\3 & -1 & -1 & -1 & -1\end{array}$$

$$D^{(0)}=\begin{array}{c c c c c}& 0 & 1 & 2 & 3\\0 & \infty & 10 & 5 & \infty\\1 & \infty & \infty & 30 & 20\\2 & \infty & \infty & \infty & 10\\3 & 15 & \mathbf{25} & \mathbf{20} & \infty\end{array}$$

$$P^{(0)}=\begin{array}{c c c c c}& 0 & 1 & 2 & 3\\0 & -1 & -1 & -1 & -1\\1 & -1 & -1 & -1 & -1\\2 & -1 & -1 & -1 & -1\\3 & -1 & \mathbf{0} & \mathbf{0} & -1\end{array}$$

图 6.20　Floyd 算法执行过程

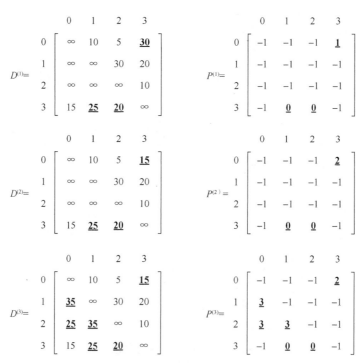

$$D^{(1)}=\begin{array}{c}&0&1&2&3\\0\\1\\2\\3\end{array}\begin{bmatrix}\infty&10&5&\underline{\mathbf{30}}\\\infty&\infty&30&20\\\infty&\infty&\infty&10\\15&\underline{\mathbf{25}}&\underline{\mathbf{20}}&\infty\end{bmatrix}$$

$$P^{(1)}=\begin{array}{c}&0&1&2&3\\0\\1\\2\\3\end{array}\begin{bmatrix}-1&-1&-1&\mathbf{1}\\-1&-1&-1&-1\\-1&-1&-1&-1\\-1&\underline{\mathbf{0}}&\underline{\mathbf{0}}&-1\end{bmatrix}$$

$$D^{(2)}=\begin{array}{c}&0&1&2&3\\0\\1\\2\\3\end{array}\begin{bmatrix}\infty&10&5&\underline{\mathbf{15}}\\\infty&\infty&30&20\\\infty&\infty&\infty&10\\15&\underline{\mathbf{25}}&\underline{\mathbf{20}}&\infty\end{bmatrix}$$

$$P^{(2)}=\begin{array}{c}&0&1&2&3\\0\\1\\2\\3\end{array}\begin{bmatrix}-1&-1&-1&\mathbf{2}\\-1&-1&-1&-1\\-1&-1&-1&-1\\-1&\underline{\mathbf{0}}&\underline{\mathbf{0}}&-1\end{bmatrix}$$

$$D^{(3)}=\begin{array}{c}&0&1&2&3\\0\\1\\2\\3\end{array}\begin{bmatrix}\infty&10&5&\underline{\mathbf{15}}\\\underline{\mathbf{35}}&\infty&30&20\\\underline{\mathbf{25}}&\underline{\mathbf{35}}&\infty&10\\15&\underline{\mathbf{25}}&\underline{\mathbf{20}}&\infty\end{bmatrix}$$

$$P^{(3)}=\begin{array}{c}&0&1&2&3\\0\\1\\2\\3\end{array}\begin{bmatrix}-1&-1&-1&\mathbf{2}\\\underline{\mathbf{3}}&-1&-1&-1\\\underline{\mathbf{3}}&\underline{\mathbf{3}}&-1&-1\\-1&\underline{\mathbf{0}}&\underline{\mathbf{0}}&-1\end{bmatrix}$$

图 6.20　Floyd 算法执行过程（续）

依据以上求出的 $D^{(3)}$ 和 $P^{(3)}$，直接由 $D^{(3)}$ 读取任意两个顶点的最短路径长度；由 $P^{(3)}$，采用类似 Dijkstra 算法的方式可分析出所有的最短路径。下面列出几对顶点的最短路径及其长度。

v_0 到 v_1 的最短路径长度为 $D^{(3)}[0][1]=10$；因为 $P^{(3)}[0][1]=-1$，无中间顶点，所以最短路径为 (v_0,v_1)。

v_2 到 v_1 的最短路径长度为 $D^{(3)}[2][1]=35$；因为 $P^{(3)}[2][1]=3$，所以有中间顶点 v_3，最短路径为 $(v_2,\cdots,v_3,\cdots,v_1)$；因为 $P^{(3)}[2][3]=-1$，所以 v_2 到 v_3 间没有中间顶点，最短路径为 $(v_2,v_3,\cdots,v_1)$；因为 $P^{(3)}[3][1]=0$，所以 v_3 到 v_1 有中间顶点 v_0，最短路径为 $(v_2,v_3,\cdots,v_0,\cdots,v_1)$；继续分析，因为 $P^{(3)}[3][0]=-1$、$P^{(3)}[0][1]=-1$，表示再无其他中间顶点，最后得到的最短路径为 (v_2,v_3,v_0,v_1)。

6.7　有向无环图的应用

一个无环的有向图称为**有向无环图**（Directed Acyclic Graph），简称 **DAG** 图。图 6.21（a）中是一个 DAG 图，而图 6.21（b）中有回路 $ACDBA$，所以该图不是 DAG 图。

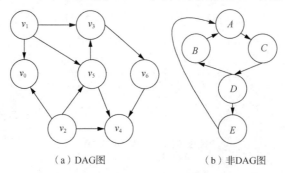

（a）DAG图　　　　　　　（b）非DAG图

图 6.21　DAG 与非 DAG 图示例

在实际应用中，DAG 图的使用非常广泛。在编译技术中，使用 DAG 图的表示形式可以非常方便地完成局部优化工作，即按相关算法将表达式转换成 DAG 图，再将 DAG 图转换成表达式，就能在编译阶段完成常量的计算、消除重复的运算以及无意义的运算等，提高目标代码的执行效率。

使用 DAG 图也能够有效地描述一项工程或一个系统。例如，一项工程都可以被分解成若干个子工程，这些子工程也称为活动，它们之间有着各种联系或约束（某个活动必须是在某些活动结束后才能开始，有些活动又是可以并行开展的），这时借助 DAG 图能非常清楚地把这些关系和约束表示出来，再使用相关的算法求解某些问题：①判断工程是否能顺利进行，可以利用拓扑排序算法进行求解；②计算工程需要的时间以便合理安排工程进度，可以利用关键路径算法求解。

6.7.1 拓扑排序

首先要讨论的问题是拓扑排序，即由一个集合的偏序得到一个全序的过程。有关偏序和全序的概念在离散数学中已经介绍，这里只对拓扑排序进行解释。

在一个有向图中，如果顶点 v_i 到 v_j 有路径，则称 v_i 是 v_j 的前驱，v_j 是 v_i 的后继，即 v_i 和 v_j 有前驱和后继关系。在一个有向图中，并不是每对顶点都具有前驱和后继关系，即顶点间是一种偏序关系。拓扑排序是指给出有向图的一个顶点线性序列，该序列中任意两个顶点都有前驱和后继关系，所以该顶点序列是有前驱和后继关系的一个全序，但要求在这个顶点的线性序列中保持有向图中原有顶点间的前驱和后继关系。符合这样性质的顶点线性序列称为有向图的**拓扑排序**。显然，如果在一个有向图中存在回路，回路中顶点间的前驱和后继关系是对称的，所以不可能有拓扑排序，否则总有一种前驱和后继关系不满足；只有 DAG 图才可能给出顶点的拓扑排序序列。

以计算机科学与技术专业若干门必修课程的学习为例，每门课程的学习都必须在其先修课程完成之后才能开始。例如，"数据结构"必须在"高级语言程序设计"和"离散数学"之后，如表 6.2 所示。

表 6.2 计算机科学与技术专业课程的先后顺序

课程编号	课程名称	先修课程
C_1	高级语言程序设计	无
C_2	高等数学	无
C_3	普通物理	C_2
C_4	离散数学	C_1
C_5	数据结构	C_1, C_4
C_6	汇编语言	C_1
C_7	计算机原理	C_3
C_8	操作系统原理	C_5, C_6, C_7
C_9	编译原理	C_5, C_6

这种先后顺序可以用图 6.22 来直观地表示。其中，顶点表示课程；弧表示先决条件，如课程 C_1 是课程 C_4 的先修课程，则课程 C_1 到课程 C_4 就有一条弧。

这种以顶点表示活动、以弧表示活动之间优先关系的 DAG 图，称为 **AOV（Activity On Vertex）网**。

假定在一个时间段内只能学习一门课程，那么如何安排学习计划以保证在学习任何一门课程时，它的先修课程都已经事先学习了，从而完成学习计算机科学与技

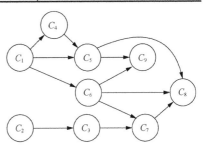

图 6.22 计算机科学与技术专业课程的 AOV 网

术专业所有课程的任务呢？实际上，我们可以给出所有课程的一个拓扑排序，按照此次序安排学习计划。例如：

$$(C_1,C_4,C_5,C_6,C_9,C_2,C_3,C_7,C_8)$$
$$(C_1,C_2,C_3,C_4,C_5,C_6,C_7,C_8,C_9)$$

在这两个序列中都保持了图 6.22 中顶点间的前驱后继关系，所以都是图 6.22 中 AOV 网顶点的拓扑排序。

下面分析一个 AOV 网进行拓扑排序的算法。考虑到活动之间的依赖关系：如果活动 v_i 到 v_j 有一条有向边，在拓扑排序所得到的序列中活动 v_i 一定在活动 v_j 之前。因此，该拓扑排序算法思想是重复下列操作。

（1）在有向图中选一个没有前驱的顶点输出（也就是选择入度为 0 的顶点）。

（2）从图中删除该顶点和所有以它为弧尾的弧（并相应修改其他顶点的入度）。

重复上述两个步骤，直到所有的顶点被输出。如果没有输出所有顶点，则表示有向图中有回路。

按照上述的操作步骤，对图 6.23（a）所示课程的 AOV 网进行拓扑排序。首选能够输出的是 C_1 和 C_2，这里选择是输出 C_1，删除以 C_1 为弧尾的弧，得到图 6.23（b）；再选择输出 C_4，C_4 输出后得到图 6.23（c）；入度为 0 的顶点有 C_2、C_5 和 C_6，再选择 C_2 输出。这样按算法步骤重复处理，直到最后得到输出序列为 $(C_1,C_4,C_2,C_3,C_6,C_5,C_9,C_7,C_8)$。

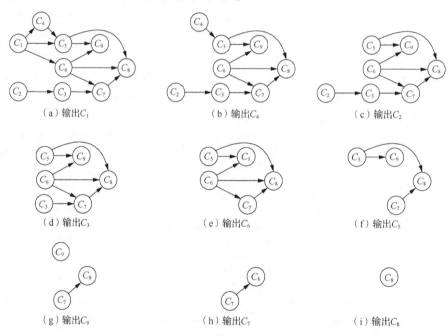

图 6.23　计算机科学与技术专业课程的拓扑排序过程

回到 6.7 节开始提到的工程问题，如果有向图是有回路的，则拓扑排序无法输出全部顶点。此时可用一个 AOV 网表示一个工程，每个顶点表示一个子工程，弧表示子工程之间的先后次序关系，即如果子工程 v_i 到 v_j 有一条有向边，表示子工程 v_i 完成后 v_j 才可能开始。如果使用拓扑排序算法能访问到所有顶点，则表示工程能顺利完成，否则就会出现死锁现象，致使有些子工程无法开始。

假定使用邻接表作为存储结构，算法实现时，首先初始化计算各个顶点的入度，并保存在一个数组 indegree 中，将入度为 0 的顶点序号入栈 S，顶点计数器 nums 设置为 0。接着做一个循环，循环条件是栈不为空，循环操作时，先退栈得到一个顶点序号 i，输出对应顶点，顶点计数器 nums 加 1，对所有的弧<i,j>完成 *indegree*[j]减 1，如果得到 *indegree*[j]为 0，就将顶点 j 入栈。循环结束后，如果顶点计数器 *nums* 的值等于有向图顶点的个数，表示全部顶点被访问到，拓扑排序完成，否则有回路。

例 6-10：拓扑排序算法如下。

```
int TopSort(ALGraph G)
{   //成功完成拓扑排序后，返回 OK，否则有回路，返回 ERROR
    int *indegree, nums=0;
    struct {
        int data[MAX_VERTEX], top;
    } S;
    S.top=0;
    indegree=(int *)calloc(G.vexnum, sizeof(int));
    for(int i=0; i<G.vexnum; i++)          //统计顶点入度
        for(ArcNode *p=G.vertices[i].firstarc; p; p=p->nextarc)
            indegree[p->adjvex]++;
    for(int i=0; i<G.vexnum; i++)          //入度为 0 的顶点序号进栈
        if(!indegree[i]) S.data[S.top++]=i;
    while(S.top) {
        int i=S.data[--S.top];
        nums++;
        printf("%c ", G.vertices[i].data);
        for(ArcNode *p=G.vertices[i].firstarc; p; p=p->nextarc) {
            int j=p->adjvex;               //取弧头顶点序号并赋予 j
            if(!--indegree[j]) S.data[S.top++]=j;     //入度减 1 后为 0，进栈
        }
    }
    if(nums<G.vexnum) return ERROR; //有回路
    else return OK;
}
```

对于一个有 n 个顶点、e 条边的有向图而言，分析各个顶点入度的算法时间效率为 O(n+e)，使用栈保存入度为 0 的顶点，每个顶点都需要入栈、出栈 1 次，每条弧都需要完成入度减 1 操作一次，这样最后综合算法时间复杂度为 O(n+e)。

6.7.2 关键路径

如果在一个有向网中顶点表示事件、弧表示活动，则称有向网为 **AOE（Activity On Edge）网**。AOE 网是一个带权的 DAG 图（有向无环图），权值代表活动的持续时间。通常，我们可以用 AOE 网来估算一个工程的进度。例如，图 6.24 所示的一个工程有 11 个活动、9 个事件。其中，v_1 为工程的起点，也是唯一的入度为 0 的顶点，称为**源点**；v_9 为工程的结束点，也是唯一的出度为 0 的顶点，称为**汇点**。

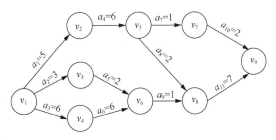

图 6.24 AOE 网示例

与 AOE 网对应的问题有以下两个。

（1）整个工程至少需要多长时间完成？

（2）哪些活动是影响工程进度的关键？

由于部分活动是可以并行进行的，因此第一个问题的答案是源点到汇点的最长路径，这里最长路径是指路径上边的权值之和具有最大值。最长路径也称为**关键路径**，关键路径上的所有活动称为**关键活动**。

AOE 网中，对任何一个活动 a_k（对应一条弧）可以定义该活动的最早开始时间 $e(k)$，以及最迟开始时间 $l(k)$。$l(k)-e(k)$ 称为活动余量，表示该活动的进行有对应于这个活动余量的延时，并且不影响整个工程的工期。如果活动余量为 0，则称该活动为关键活动。显然，关键路径上的活动都是关键活动，某个关键活动的提前完成可能会缩短整个工程的工期；反之，拖延则一定会延误整个工程的工期。对于活动 a_k，假定其对应的弧为 $<v_i, v_j>$，即该活动 a_k 是顶点 v_i 到顶点 v_j 的弧，其持续时间用 $dut<i,j>$ 表示。为了求解出活动的最早、最迟开始时间，首先需要求解各顶点事件的最早、最迟发生时间，再根据顶点事件的最早、最迟发生时间来求解所有活动的最早开始时间和最迟开始时间。顶点 v_j 事件的最早发生时间（用 $ve(j)$ 表示）是源点 v_1 到 v_j 的最长路径，这是因为顶点 v_j 事件要发生，前提必须是源点到该顶点的所有路径上的活动都已经完成了。求解顶点事件的最早发生时间，可从源点 v_1 开始，朝汇点的方向，采用递推的方法求出所有顶点事件的最早发生时间。

首先置源点 v_1 的最早发生时间 $ve(1)=0$，对其他的所有顶点 v_j，有

$$ve(j) = \max\{ve(i) + dut<i,j>\}$$

这里 $j=2,3,\cdots,n$。

例如，在图 6.24 中，v_1 的最早发生时间为 0，由于以 v_2 为弧头的弧只有 $<v_1,v_2>$ 这一条，因此 v_2 的最早发生时间为 v_1 的最早发生时间加上活动 a_1 的持续时间，得到 v_2 的最早发生时间为 $ve(2)=5$，同理计算得到 v_3、v_4 的最早发生时间分别为 3 与 6；再计算 v_6 时，由于以 v_6 为弧头的弧有 $<v_3,v_6>$ 和 $<v_4,v_6>$ 这两条，根据弧尾顶点 v_3 与 v_4 的最早发生时间加上对应活动 a_5、a_6 的持续时间，可以得到两个值 5、12（其表达的含义是活动 a_5 的最早结束时间为 5，活动 a_6 的最早结束时间为 12），而 v_6 表示的事件是要求活动 a_5、a_6 都结束后才能发生，所以取最大值 12，即 v_6 的最早发生时间为 $ve(6)=12$。

按此方法从源点到汇点，就求出了所有顶点事件（以下省略"事件"）的最早发生时间。其中汇点 v_n 的最早发生时间记作 $ve(n)$，表示整个工程的最早完成时间，即完成工程需要的时间至少为 $ve(n)$。由此得到图 6.24 所示 AOE 网的汇点 v_9 最早发生时间为 $ve(9)=20$，完成工程需要的时间至少为 20。

在不允许工程拖延的情况下，汇点 v_n 的最迟发生时间为 $vl(n)=ve(n)$，同样使用递推方法，由汇点开始，朝源点的方向，能求出所有顶点 v_i 的最迟发生时间。递推公式为：

$$vl(i) = \min\{vl(j) - dut<i,j>\}$$

这里 $i=n-1,\cdots,1$。请读者思考一下，这里为什么要求最小值？

前面已经计算出汇点 v_9 的最早发生时间为 20，汇点的最迟发生时间为 20。接下来开始推导其他顶点的最迟发生时间，由于以 v_8 为弧尾的弧只有 $<v_8,v_9>$ 这一条，对应活动 a_{11} 的持续时间为 7，而 v_9 的最迟发生时间为 $vl(9)=20$，因此为了不延误 v_9，顶点 v_8 的最迟发生时间必须是 v_9 的最迟发生时间减去活动 a_{11} 的持续时间 7，这样就得到 v_8 的最迟发生时间为 $vl(8)=13$，同理得到 v_7 的最迟发生时间为 18。

在求解 v_5 的最迟发生时间时，由于以 v_5 为弧尾的弧有 $<v_5,v_7>$ 和 $<v_5,v_8>$，对应活动为 a_7 和 a_8，持续时间分别为 1 和 2，弧头顶点 v_7 和 v_8 的最迟发生时间均已经计算出来。v_7 的最迟发生时间为 18，所以为了不延误 v_7，顶点 v_5 的最迟发生时间必须是 v_7 的最迟发生时间 18 减去活动 a_7 的持续时间 1，这样就得到 v_5 的最迟发生时间为 17；同理得到为了不延误 v_8 和 v_5 的最迟发生时间为 11。此时就得到两个最迟发生时间值 17 和 11，显然，同时要求不延误顶点 v_7 和 v_8 的最迟发生时间，就需要从这多个值中取最小值，从而得到 v_5 的最迟发生时间为 11。

按此方法从汇点到源点，就求出了所有顶点事件的最迟发生时间。至此，各顶点事件的最早和最迟发生时间都计算出来了，如表 6.3（a）所示。

有了各顶点的最早和最迟发生时间后，就可以计算每个活动 a_k 的最早开始时间 $e(k)$ 和最迟开始时间 $l(k)$。我们首先计算每个活动 a_k 的最早开始时间 $e(k)$。假定活动 a_k 对应弧为 $<i,j>$，由于弧尾顶点 v_i 的事件一旦发生，活动 a_k 就可以开始，因此活动 a_k 的最早开始时间等于弧尾顶点 v_i 的最早发生时间，即 $e(k)=ve(i)$，例如活动 a_1，当 v_1 发生时，a_1 就可以开始，而 v_1 的最早发生时间为 0，所以 a_1 的最早开始时间为 0。这样借助各顶点的最早发生时间就能求出各活动的最早开始时间。

接下来，计算每个活动 a_k 的最迟开始时间 $l(k)$。对于活动 a_k，最迟开始时间 $l(k)$ 等于弧头顶点 v_j 的最迟发生时间减去活动 a_k 的持续时间，即 $l(k)=vl(j)-dut(<i,j>)$。

例如，v_5 的最迟发生时间为 11，活动 a_4 的持续时间为 6，为了不延误 v_5，活动 a_4 的最迟开始时间必须是 5，即 v_5 的最迟发生时间减去 a_4 的持续时间。这样借助各顶点的最迟发生时间就能求出各活动的最迟开始时间。

至此，每个活动 a_k 的最早开始时间 $e(k)$、最迟开始时间 $l(k)$ 就都计算出来了。最后按 $l(k)-e(k)$ 来计算各活动的活动余量，如表 6.3（b）所示。

活动余量为 0 的活动是 a_1、a_3、a_4、a_6、a_8、a_9 和 a_{11}，这些活动即为关键活动。这样就得到图 6.24 所示 AOE 网的两条关键路径：(v_1,v_2,v_5,v_8,v_9) 和 (v_1,v_4,v_6,v_8,v_9)。

读者可能有一个疑问，即在求各顶点事件的最早发生时间和最迟发生时间时，应该按照什么顺序去计算呢？其实，我们只需要对原来的 DAG 图进行拓扑排序，按照拓扑排序得到的顶点顺序计算各顶点事件的最早发生时间。然后，按照拓扑排序的相反顺序计算各顶点事件的最迟发生时间。

表 6.3　顶点事件发生时间与活动余量的计算

（a）顶点事件发生时间

顶点	ve[i]	vl[i]
v_1	0	0
v_2	5	5
v_3	3	10
v_4	6	6
v_5	11	11
v_6	12	12
v_7	12	18
v_8	13	13
v_9	20	20

（b）活动余量

活动	e[i]	l[i]	l[i]-e[i]
a_1	0	0	0
a_2	0	7	7
a_3	0	0	0
a_4	5	5	0
a_5	3	10	7
a_6	6	6	0
a_7	11	17	6
a_8	11	11	0
a_9	12	12	0
a_{10}	12	18	6
a_{11}	13	13	0

例 6-11：基于邻接表的关键路径算法如下。

```
status CriticalPath(ALGraph G) {
    int *indegree, *ve, *vl, nums=0, i, j;
    ArcNode *p;
    struct { int data[MAX_VERTEX], top; } S1, S2;
    S1.top=S2.top=0;
    indegree=(int *)calloc(G.vexnum, sizeof(int));
    ve=(int *)calloc(G.vexnum, sizeof(int));
    vl=(int *)calloc(G.vexnum, sizeof(int));
    for(i=0; i<G.vexnum; i++)            //统计顶点入度
```

```
            for(ArcNode *p=G.vertices[i].firstarc; p; p=p->nextarc)
                indegree[p->adjvex]++;
    for(i=0; i<G.vexnum; i++)          //入度为 0 的顶点序号进栈
        if(!indegree[i]) S1.data[S1.top++]=i;
    while(S1.top) {
        i=S1.data[--S1.top];
        nums++;
        S2.data[S2.top++]=i;           //i 入栈 S2，nums 计数访问过的顶点
        for(p=G.vertices[i].firstarc; p; p=p->nextarc) {
            j=p->adjvex;               //取弧头顶点序号赋予 j
            if(!--indegree[j]) S1.data[S1.top++]=j;      //入度减 1 后为 0，进栈
            if(ve[i]+p->weight>ve[j])
                ve[j]=ve[i]+p->weight;                   //用较大值替换
        }
    }
    if(nums<G.vexnum) return ERROR;    //有回路，工程无法进行
    for(i=0; i<G.vexnum; i++) vl[i]=ve[G.vexnum-1]; //初始化顶点事件最迟发生时间
    while(S2.top)                      //逆拓扑排序求顶点事件最迟发生时间
        for(i=S2.data[--S2.top], p=G.vertices[i].firstarc; p; p=p->nextarc) {
            j=p->adjvex;               //取弧头顶点序号赋予 j
            if(vl[j]-p->weight<vl[i])  //dut(<j,k>)表示弧活动持续时间
                vl[i]=vl[j]-p->weight; //用较小值替换
        }
    for(i=0; i<G.vexnum; i++)  //按顶点次序，取出该顶点作为弧尾的各条弧分析
        for(p=G.vertices[i].firstarc; p; p=p->nextarc) {
            j=p->adjvex;               //准备分析弧<i,j>
            int ee=ve[i];
            int el=vl[j]-p->weight;    //计算弧<i,j>最早、最迟开始时间
            if(ee==el)                 //输出关键活动
                printf("%c->%c 权值: %d\n",
                        G.vertices[i].data, G.vertices[j].data, p->weight);
        }
    return OK;
}
```

关键路径算法实现时，进行一次拓扑排序和一次逆拓扑排序，时间复杂度为 $O(n+e)$；最后计算活动的最早和最迟开始时间时，也是对邻接表的全部顶点和全部弧遍历一次，时间复杂度为 $O(n+e)$。综合得到关键路径算法的时间复杂度为 $O(n+e)$。

6.8 应用实例

6.8.1 并查集

并查集是一种用来管理元素分组情况的树状数据结构，它用于处理一些不相交集合的合并及查询问题。并查集的基本思想是：将森林中的每棵树表示成一个集合，每个元素对应一个树结点，通过树的根结点唯一标识一个集合，只要找到某个元素所在树根结点就能确定该元素在哪个集合中。如果两个元素的根结点相同，则在同一个集合中，否则不在同一个集合中。

并查集有 3 个基本操作：①查找，查找某个元素所属的集合，即查找根结点的过程；②合并，将两个集合合并在一起，即通过将一棵树的根结点作为另外一棵树根结点的孩子结点，完成集合的合并；③路径压缩，在查找过程中同时压缩查找路径以提高后续查找的效率。

下面通过一个例子来说明并查集的应用。

问题描述：有一个非常庞大的群体，现已知该群体成员亲属关系，要求判断任意给出的两个群体成员是否具有亲戚关系。

输入：

第 1 行有 n、m 和 p 3 个整数，它们分别表示 n 个群体成员、m 个亲戚关系、询问 p 对亲戚关系。

接着有 m 行：每行两个数 M_i 和 M_j，$1 \leqslant M_i$，$M_j \leqslant n$，分别表示 M_i 和 M_j 有亲戚关系。

接下来 p 行：每行两个数 P_i 和 P_j，$1 \leqslant P_i$，$P_j \leqslant n$，询问 P_i 和 P_j 是否具有亲戚关系。

输出：共 p 行，每行显示 "Yes" 或 "No"，表示第 i（$1 \leqslant i \leqslant p$）个询问的答案为 "有" 或 "没有" 亲戚关系。

对该问题的求解需要建立好数学模型。直观地说，在该问题中可将群体成员作为顶点、将亲属关系作为边，这样便构成一个无向图；如果两个成员在同一个连通分量中，则这两个成员有亲戚关系。在无向图中，判断两个顶点是否在同一连通分量中，需要找出两顶点间是否存在路径，即从一个顶点出发，进行一次深度（或广度）优先遍历，如果访问到另外一个顶点，说明这两个顶点表示的成员有亲戚关系，否则这次遍历结束（没有访问到另一个顶点，表示没有亲戚关系）。在求解 p 对顶点间的亲戚关系时，每次都需要重复做同样的操作，当 p 值较大时，问题的求解时间开销会非常大。当采用邻接矩阵作为存储结构，算法时间复杂度为 $O(p \times n \times n_{ave})$，这里 n_{ave} 为一个连通分量的平均顶点数。

然而，这问题的求解不一定要建立图数学模型，可以借用并查集这种数据结构来高效地完成。将有亲戚关系的成员看成一个集合，将一个集合中成员表示成一棵树，这样树中的每一个结点代表一个成员，根结点可以作为集合的唯一标识。

（1）初始时，n 个成员对应 n 棵只有根结点的树，形成有 n 棵树的森林，森林中的每棵树代表一个集合，此时共有 n 个集合；用一维数组 $kinsfolk[n+1]$ 来实现，$kinsfolk[i]$ 存放父结点序号，$1 \leqslant i \leqslant n$。设置 $kinsfolk[i]=i$，表示该结点在树中是根结点。

（2）每当输入一对亲戚关系 M_i 和 M_j（$1 \leqslant i$，$j \leqslant n$）时，首先从 $kinsfolk[i]$ 开始查找所在树的根结点，查找过程为：初始时，令 $r_1=i$；接着做循环操作，当 $kinsfolk[r_1]$ 不等于 r_1 时，修改 $r_1=kinsfolk[r_1]$，直到满足 $kinsfolk[r_1]$ 等于 r_1 时终止循环，得到 M_i 所在树根结点序号 r_1；同理得到 M_j 所在树根结点序号 r_2。如果 r_1 等于 r_2，表示 M_i 和 M_j 已经在同一个集合中，否则通过 $kinsfolk[r_2]=r_1$ 将两棵树合并，即结点 r_2 成为结点 r_1 的孩子结点，序号 r_1 的结点为根结点，代表合并后的集合。当处理完 m 对亲戚关系后，任意两个成员如果有亲戚关系，则必在同一个集合中，也就是有共同的根结点。

（3）路径压缩。如果在进行根结点查找和集合合并过程中没有做特殊处理，当一个集合中的成员较多时，对应树的高度会比较高。对于层数较大的结点，如果对其查找的频度较高，每次都需要经过多步才能找到根结点，势必影响整体查找效率。为此，需要在每次查找过程中，同时进行路径压缩，具体做法是把查找路径上的所有结点都作为其根结点的孩子结点。如图 6.25（a）所示，结点 1 ~ 7 和结点 8 ~ 12 分别是两个集合；查找 6 时将查找路径上的所有结点都作为根结点 7 的孩子结点，查找 12 时将查找路径上的所有结点都作为根结点 8 的孩子结点，如图 6.25（b）所示；最后将两个集合合并，结点 8 作为结点 7 的孩子结点，如图 6.25（c）所示。这样以后由这些结点查找根结点时，由于查找路径的缩短，因此查找效率会得到大幅提高。

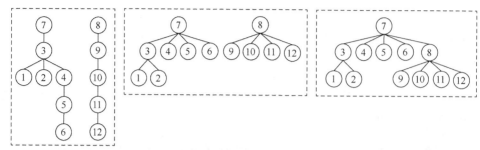

（a）查找结点6、12之前的结构　　　（b）查找结点6、12之后的结构　　　（c）合并两集合后的结构

图6.25　路径压缩示例

然而在极端情况下，即使进行路径压缩，也可能出现同一个集合中的多个结点组成一个单枝树。如图6.26所示，对初始4棵树的森林，首先查找3,4，接着查找2,3，最后查找1,2，将4个结点合并成一棵单枝树。

为了解决这个问题，我们需要使合并后树的高度尽可能低。为此，我们可以采用两种策略进行合并算法优化。

（1）按集合大小进行合并，将小的集合合并到大的集合中。采用同样的查找合并次序，得到的结果如图6.27所示。

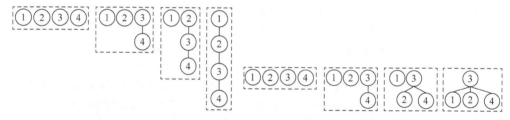

图6.26　合并集合未优化特例　　　　　　　图6.27　按集合大小合并示例

（2）按树的高度合并（也称为按秩合并）。在查找压缩路径后，比较两棵树的高度，将高度低的树合并到高度高的树中，这样合并后树的高度和原较高的树高度相同；当两棵待合并树高度相同时，合并树的高度才会增加一层。查找过程中的路径压缩使得树的高度发生变化，从而需要重新计算树的高度，导致合并效率受到影响。

例6-12：并查集应用算法。

本问题的求解采用按集合大小合并集合的方式完成。为了测试方便，在输入 m,n,p 后，随机生成 m 对亲戚关系和 p 对查询条件。算法代码如下。

```c
#include "stdio.h"
#include "time.h"
int findSet(int kinsfolk[],int i)    //查找成员 i 所在的集合
{
    if(kinsfolk[i]==i) return i;
    return kinsfolk[i]=findSet(kinsfolk,kinsfolk[i]);
                        //路径压缩，将结点 i 作为根结点的孩子结点
}
int main()
{
    int n,m,p;
    int i,j,k,r1,r2;
```

```
scanf("%d%d%d",&n,&m,&p);
int *kinsfolk,*num;    //num用来保存结点i(1~n)作为根结点的集合中结点数
int(*dm)[2],(*dp)[2];
kinsfolk=(int *)malloc((n+1)*sizeof(int));
num=(int *)malloc((n+1)*sizeof(int));
dm=(int(*)[2])malloc(2*m*sizeof(int));
dp=(int(*)[2])malloc(2*p*sizeof(int));
clock_t start,finish;
srand(time(NULL));           //设置随机种子
for(k=0;k<m;k++)             //随机生成m对亲戚关系
{
    dm[k][0]=rand()%n+1;
    dm[k][1]=rand()%n+1;
    while(dm[k][0]==dm[k][1]);
}
for(k=0;k<p;k++)            //随机生成p对待查询亲戚关系
{
    dp[k][0]=rand()%n+1;
    dp[k][1]=rand()%n+1;
    while(dp[k][0]==dp[k][1]);
}
start=clock();
for(i=1;i<=n;i++)
{
    kinsfolk[i]=i;      //初始化成n棵树的森林
    num[i]=1;           //初始时每棵树只有一个结点
}
for(k=0;k<m;k++)
{
    r1=findSet(kinsfolk,dm[k][0]);
    r2=findSet(kinsfolk,dm[k][1]);
    if(r1>=r2)
    {  //将结点r2作为根结点的集合合并到结点r1作为根结点的集合中
        kinsfolk[r2]=r1;
        num[r1]+=num[r2];
    }
    else   //将结点r1作为根结点的集合合并到结点r2作为根结点的集合中
    {
        kinsfolk[r1]=r2;
        num[r2]+=num[r1];
    }
}
for(k=0;k<p;k++)
{
    r1=findSet(kinsfolk,dp[k][0]);
    r2=findSet(kinsfolk,dp[k][1]);
    if(r1==r2)
        printf("Yes \n");
```

```
            else printf("No \n");
        }
        finish=clock();
        printf("duration=%dms\n",finish-start);
        return 0;
    }
```

使用并查集进行一次查找合并操作时，主要的时间开销体现在查找过程中两个集合合并仅一步操作。对 n 个成员的群体，当 m≥n 时，最多只会做 n-1 次合并操作，将 n 个成员组成一个集合，即总的合并次数为 min(m,n-1)≤m。每次处理亲戚关系或询问亲戚关系都需要 2 次查找，所以问题求解时间开销主要体现在 2(m+p) 次查找过程。当优化算法后，在最坏情况下，n 个元素合并成一个集合，进行一次查找操作的时间复杂度为 $O(a(n))$（有关证明较长，这里仅给出结果），其中 a(n) 是阿克曼（Ackermann）函数的反函数，增长率非常慢，低于 log(n)，所以以时间复杂度优于 $O(\log n)$，略低于 $O(1)$，最后得到的算法时间复杂度为 $O((m+p)a(n))$。空间上，为构造和管理森林，给 kinsfolk 分配规模为 n 的单元是必须的，而为 dm 和 dp 分配的单元是为了保存随机生成的 m 个亲戚关系、p 个亲戚关系的询问。在实际运行时，这些都是输入数据。一旦输入，马上就会被使用。使用完后不需要再保存，故不需要分配规模为 m 和 p 的空间，所以算法的空间复杂度为 $O(n)$。

在 CPU 为 Intel Core i7、内存为 8GB 的环境下运行以上程序，当 n 为 10 万级别，m 和 p 分别为 5000 左右时进行测试，运行耗时 1 秒多，而这个耗时主要是在显示判断结果上，查找、合并等操作仅耗时几毫秒。即使 m+p 增加到 20 万级别也是如此，纯查找、合并等操作耗时也只有 10 多毫秒，求解速度非常快。

6.8.2　地铁换乘问题

1. 问题描述

为解决交通难题，某城市修建了若干条交错的地铁线路，线路名及其所属站名如 stations.txt 所示。

线 1 苹果园……四惠东
线 2 西直门 车公庄……建国门
线 4……

其中第 1 列数据为地铁线路名，接下来是该线路的站名。当遇到空行时，本线路站名结束。从下一行开始又是一条新线路……直到数据结束。如果多条线路拥有同一个站名，表明乘客在这些线路间的该站可以换乘。

为引导旅客合理利用线路资源以解决交通瓶颈问题，该城市制订了票价策略：①每条线路可以单独购票，票价不等；②允许购买某些两条可换乘线路的联票，且联票价格低于分别购票价格。单线票价和联合票价（price.txt）如下所示。

线 1　180
线 13　114
线 1,线 2　350
线 1,线 10　390
……

每行数据表示一种票价，线名与票价间用空格分开。如果是联票，线名间用逗号分开。联票只能包含两条可换乘的线路。

现在的问题是：根据这些已知的数据，计算从 A 站到 B 站最小花费和可行的换乘方案。例如，对于本题目给出的示例数据如下。

如果用户输入：五棵松,奥体中心

程序应该输出：-(线1,线10)-线8=565

如果用户输入：五棵松,霍营

程序应该输出：-线1-(线4,线13)=440

可以看出，用户输入的数据是：起始站，终到站，用逗号分开；程序输出了购票方案，在括号中的表示联票；短横线"-"用来分开乘车次序；等号后输出的是该方案的花费数值。请编程解决上述问题。

2. 测试数据

文件 price.txt 内容如下。

线1 180

线2 250

线4 160

线5 270

线8 175

线10 226

线13 114

线1,线2 350

线1,线10 390

线1,线5 410

线1,线4 330

线10,线13 310

线2,线5 390

线4,线10 370

线4,线13 260

文件 station.txt 内容如下。

线1：苹果园 古城路 八角游乐园 八宝山 玉泉路 五棵松 万寿路 公主坟 军事博物馆 木樨地 南礼士路 复兴门 西单 天安门西 天安门东 王府井 东单 建国门 永安里 国贸 大望路 四惠 四惠东

线2：西直门 车公庄 阜成门 复兴门 长椿街 宣武门 和平门 前门 崇文门 北京站 建国门 朝阳门 东四十条 东直门 雍和宫 安定门 鼓楼大街 积水潭

线4：公益西桥 角门西 马家堡 北京南站 陶然亭 菜市口 宣武门 西单 灵境胡同 西四 平安里 新街口 西直门 动物园 国家图书馆 魏公村 人民大学 海淀黄庄 中关村 北京大学东门 圆明园 西苑 北宫门 安河桥北

线5：天通苑北 天通苑 天通苑南 立水桥 立水桥南 北苑路北 大屯路东 惠新西街北口 惠新西街南口 和平西桥 和平里北街 雍和宫 北新桥 张自忠路 东四 灯市口 东单 崇文门 磁器口 天坛东门 蒲黄榆 刘家窑 宋家庄

线8：森林公园南门 奥林匹克公园 奥体中心 北土城

线10：巴沟 苏州街 海淀黄庄 知春里 知春路 西土城 牡丹园 健德门 北土城 安贞门 惠新西街南口 芍药居 太阳宫 三元桥 亮马桥 农业展览馆 团结湖 呼家楼 金台夕照 国贸 双井 劲松

线13：西直门 大钟寺 知春路 五道口 上地 西二旗 龙泽 回龙观 霍营 立水桥 北苑 望京西 芍药居 光熙门 柳芳 东直门

3. 问题分析与求解

为解决这个交通问题，我们首先需要建立数学模型，将问题域中的数据和数据关系表示出来。显然，这是一个图结构。我们可以用顶点表示线路，顶点 v_i 包含的属性应该有线路名、所有站点和票价；如果两条线路有相同的站名，表示可以换乘，这样两个顶点间就应该有一条边。题目中允许购买某些两条可换乘线路的联票，这个属性就只能保存在边上，这条边的权值是联票的价格；如果没有联票，我们可以把这个权值设置为某一特殊值，如设置为 0。图 6.28 所示为依据 6.8.2 小节测试数据建立的地铁换乘图结构模型。该问题的求解就是求 A 站到 B 站的一条特殊的最短路径，这条最短路径的长度值是路径上的顶点线路票价或联票价格之和的最小值，其中如果某两个顶点线路的联票被使用，那这两个顶点线路的票价就不能参加求和，即不需要单独再购票。由于是一票制，因此票价与经过多少线路有关，与里程无关。之所以说这是一条特殊的最短路径，是因为它的最短路径长度的计算方法与常规的不一样。前面章节介绍最短路径时，涉及的计算无非就以下几种：①源点到终点路径上经过边的条数的最小值，其计算可以用广度优先遍历很容易地实现；②源点到终点路径上各边权值之和的最小值，其计算可以用 Dijkstra 算法或 Floyd 算法实现；③假定各个顶点有一个权值，求源点到终点路径上各顶点权值之和的最小值，这时也可以用 Dijkstra 算法稍加修改来实现。而这里面临的是既要使用顶点的权值，也要使用边上的权值，而且它们是互斥的（即使用边上的权值，边依附的顶点权值就不能使用）。

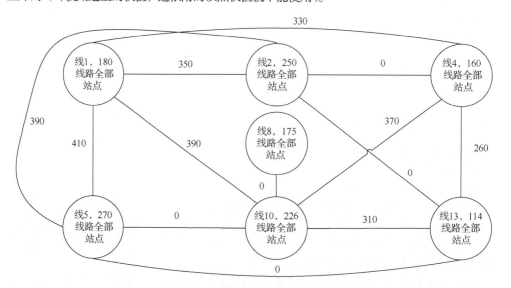

图 6.28　地铁换乘的图结构模型

为解决这类特殊的最短路径求解问题，我们可借助前面介绍的 Dijkstra 算法分析过程，按照最短路径长度递增的次序求解出发顶点到图中其他顶点的最短路径，而且一旦目标顶点的最短路径求解出来，算法就终止。算法实现时，需要 3 个辅助数组：数组 D 记录出发顶点到各顶点当前求到的最短路径长度；数组 P 记录出发顶点到各顶点的最短路径，且包含路径上的购票方案（单独购票和联票），注意 P 不能是简单地包含路径上的前驱顶点，如对于顶点 v_k，数组 P 可以表示为 $P[k]=(v_i,r_{ij},v_j,r_{jk},v_k)$，其中 r_{ij} 和 r_{jk} 表示前、后两个顶点的线路购票方式，取值为 0 时表示前、后两线路单独购票，取值为 1 时表示购买联票；数组 *final* 标识各个顶点的最短路径是否已经求出。

下面在地铁网 G 的邻接矩阵已经建立起来的前提下，给出算法的执行过程。

（1）输入起止站名后，由于一个站可能属于多条线路，因此每个站名对应的就是一个顶点线路的集合，如查找出发站所属的顶点集合 S_{begin} 和到达站所属的集合 S_{end}。临时增加两个新的顶点：源点 v_{begin}，将其与集合 S_{begin} 中的所有顶点相连，边上的权值全部是对应顶点的票价值，顶点属性包含线路 begin、票价 0、线路中无站点，不用设置；终点 v_{end}，将其与集合 S_{end} 中的所有顶点相连，边上的权值全部是 0，顶点属性含线路 end、票价 0、线路中无站点，不用设置。在 G 中增加这两个顶点后，源点 v_{begin} 和终点 v_{end} 的顶点序号对应为 G.vexnum-2 和 G.vexnum-1，这样将多个出发顶点和多个到达顶点统一成了一个源点和一个终点。下面就是求源点 v_{begin} 到终点 v_{end} 的特殊最短路径。

（2）初始化，将源点在 G.arcs 中的第 G.vexnum-2 行复制到数组 D 中；数组 final 中，将 final[G.vexnum-2]赋值为 TRUE，其他都赋值为 FALSE；数组 P[k]表示的路径设置为 $P[k]=(v_{begin},0,v_{begin},0,v_k)$，$v_{begin}$ 和 v_k 都是单独购票，这里 $0 \leqslant k \leqslant$ G.vexnum-1，$k \neq$ G.vexnum-2。

（3）求 D[j]=min{ D[i] | $0 \leqslant i \leqslant$ G.vexnum-1 且 final[i]=FALSE}，这样按最短路径长度递增的顺序选择了一条新的最短路径长度，终点为顶点 v_j，final[j]设置为 TRUE。如果 D[j]等于无穷大，表示终点是不可达的，算法终止；如果 j 等于 G.vexnum-1，表示终点 v_{end} 的最短路径已经求解出来，根据 P[G.vexnum-1]输出最短路径（要去掉首尾的源点 v_{begin} 和终点 v_{end}），最短路径长度为 D[G.vexnum-1]。

一般情况，如果还没有到达 v_{end}，就需要对所有满足 final[k]=FALSE 的 D[k]和 P[k]进行分析，分情况计算由 v_{begin} 到 v_j，再由 v_j 到 v_k 的最短路径长度，将其与 D[k]进行比较以确定是否需要更新。假定这条路径顶点序列为(v_{begin},…,v_j,v_k)，$P[j]=(v_p,r_{pi},v_i,r_{ij},v_j)$，下面分 3 种情况分析。

① 如果 G.arcs[j][k]等于 0，表示 v_j 和 v_k 没有联票，这时的处理很简单，就是 v_j 的最短路径再加上顶点 v_k 的单独购票，路径长度为 D[j]+price(v_k)，这里 price(v_k)表示顶点 v_k 对应的线路票价。如果 D[j]+price(v_k)<D[k]，则更新 D[k]=D[j]+price(v_k)，$P[k]=(v_i,r_{ij},v_j,0,v_k)$，即当前求得的 v_k 最短路径是 v_j 的最短路径再连接上 v_k 这个单独购票的顶点。

② 如果 v_j 和 v_k 间可以购买联票，但 v_i 到 v_j 没有购买联票，那就 v_j 和 v_k 间购买联票更省，路径长度为 D[i]+price(v_j,v_k)，这里 price(v_j,v_k)表示顶点 v_j 和 v_k 间对应的线路联票票价。如果 D[i]+price(v_j,v_k) <D[k]，则更新 D[k]= D[i]+price(v_j,v_k)，$P[k]=(v_i,0,v_j,1,v_k)$，即当前求得的 v_k 最短路径是 v_i 的最短路径连接上 v_j 和 v_k 这两个购买联票的顶点。

③ 如果 v_j 和 v_k 间可以购买联票，但 v_i 已经与 v_j 间购了联票，这时要考虑 v_i 是与 v_j 间购联票划算还是 v_j 与 v_k 间购联票划算，前者路径长度为 D[j]+price(v_k)，后者为 D[i]+price(v_j,v_k)，如果 D[k]>min{ D[j]+price(v_k),D[i]+price(v_j,v_k)}，就要更新 D[k]，同时修改 P。

在发生了更新 D[k]的前提下，如果更新是 D[k]=D[j]+price(v_k)，则 $P[k]=(v_i,1,v_j,0,v_k)$，否则 $P[k]=(v_i,0,v_j,1,v_k)$。

最后得到 v_{end} 的 D[G.vexnum-1]即为票价，同时可由 v_{end} 的 P[G.vexnum-1]倒推，依据各顶点的 P，分析起点 v_{begin} 到终点 v_{end} 的最短路径顶点序列的逆序，再翻转过来即得到乘车方案的线路序列。

假定用 path[k]表示由源点 v_{begin} 到各顶点 v_k 的最短路径顶点序列的逆序，例如，当 $P[k]=(v_i,0,v_j,1,v_k)$时，后两条线路 v_j 和 v_k 间购买的是联票，则 v_i 与 v_j 一定不是联票，所以 path[k] =(v_j,v_k)- path[i]。这里(v_j,v_k)表示两线路间购联票；符号 "-" 表示线路间的连接。前、后线路是分开购票的，即由源点 v_{begin} 到达顶点 v_i 后，再购买顶点 v_j 到 v_k 的联票。完整的递推公式如下。

$$path(k) = \begin{cases} (v_j, v_k) - path[i] & \text{当 } P[k]=(v_i,0,v_j,1,v_k) \\ v_k - path[j] & \text{当 } P[k]=(v_i,0\text{或}1,v_j,0,v_k) \\ v_k - v_{begin} & \text{当 } v_j = v_{begin}\text{或}v_i = v_j = v_{begin} \end{cases}$$

依据此公式得到顶点序列后，去掉源点 v_{begin} 和终点 v_{end}，再翻转即得到最短路径。我们可采用递归算法实现路径求解。

例6-13：设计地铁转乘费用最低的出行路线规划算法。

```c
#include "stdio.h"
#include "stdlib.h"
#include "string.h"
#define TRUE 1
#define FALSE 0
#define OK 1
#define ERROR 0
#define INFINITY 0X3FFFFFFF
#define MAX_VERTEX 30
typedef int status;
typedef struct {
    char Linename[11];          //线路名称
    char stations[30][15];      //线路中的站点名称表
    int price,nums;             //线路单价和站点总数
} VertexType;                   //线路作为顶点的类型定义


typedef struct {
    VertexType vexs[MAX_VERTEX];   //VertexType 为顶点类型，类似 ElemType
    int arcs[MAX_VERTEX][MAX_VERTEX];
    int vexnum,arcnum;
} MGraph;

struct InvertedTable {          //定义倒排表，记录每个站点所属线路的顶点序号
    struct {
        char stationName[15];//站点名称
        int lines[10];          //所属线路编号序列
        int nums;               //包含此站点线路总数
    } data[500];
    int length;                 //站点总数
} invertedTable;

void AddInvertedTable(char station[],int lineNum);
status CreateGraph(MGraph &G);
void SetEdges(MGraph &G);
status ShortPath(MGraph G,char *begin,char *end);
void DisplayPath(MGraph G,int P[][5],int i);

int main()
{
    MGraph G;
    if(CreateGraph(G)==ERROR)
    {
        printf("图生成失败\n");
        return 1;
    }
```

```
        printf("输入出发—到达站名:\n");
        char begin[20],end[20];
        scanf("%s%s",begin,end);
        if(ShortPath(G,begin,end)==ERROR)
            printf("无法从起点到达终点");
        return 0;
}

int LocateVex(MGraph G,char *lineName)
{   //查找线路 lineName 在图 G 中对应顶点的序号
    for(int i=0;i<G.vexnum;i++)
        if(!strcmp(G.vexs[i].Linename,lineName))
            return i;
    return -1;
}
void SetEdges(MGraph &G)
{   //设置可转乘但无联票的顶点(线路)间边的权值为 0
    for(int i=0;i<invertedTable.length;i++)
        for(int j=0;j<invertedTable.data[i].nums-1;j++)
            for(int k=j+1;k<invertedTable.data[i].nums;k++)
            {
                int i1=invertedTable.data[i].lines[j];
                int i2=invertedTable.data[i].lines[k];
                if(G.arcs[i1][i2]==INFINITY)
                    G.arcs[i1][i2]=G.arcs[i2][i1]=0;
            }
}
void AddInvertedTable(char station[],int lineNum)
{   //将站点 station 和线路顶点序号加入倒排表中
    int i,j;
    for(i=0;i<invertedTable.length;i++)
        if(!strcmp(station,invertedTable.data[i].stationName))
            break;
    if(i==invertedTable.length)
        strcpy(invertedTable.data[invertedTable.length++].stationName,station);
    for(j=0;j<invertedTable.data[i].nums;j++)
        if(invertedTable.data[i].lines[j]==lineNum) return;
        invertedTable.data[i].lines[invertedTable.data[i].nums++]=lineNum;
}
status CreateGraph(MGraph &G)
{
    FILE *pf;
    G.vexnum=0;
    char line[80];
    if(!(pf=fopen("station.txt","r")))
    {
        printf("打开 station.txt 文件失败\n");
        return ERROR;
    }
```

```
    while(!feof(pf))
    {
        fgets(line,20,pf);
        line[strlen(line)-1]='\0';
        if(!strlen(line)) continue;
        strcpy(G.vexs[G.vexnum].Linename,line);    //增加读入的线路为顶点
        G.vexs[G.vexnum].nums=0;
        do                                  //增加该线路站点信息
        {
            fgets(line,20,pf);
            if(line[strlen(line)-1]==10)
                line[strlen(line)-1]='\0';
            if(!strlen(line)) continue;
            strcpy(G.vexs[G.vexnum].stations[G.vexs[G.vexnum].nums++],line);
            AddInvertedTable(line,G.vexnum);  //将顶点编号加到站点 line 的倒排表
        }while(strlen(line)>1 && !feof(pf));
        G.vexnum++;
    }
    fclose(pf);
    if(!(pf=fopen("price.txt","r")))
    {
        printf("打开 price.txt 文件失败\n");
        return ERROR;
    }
    int price;
    for(int i=0;i<G.vexnum;i++)
        for(int j=0;j<G.vexnum;j++)
            G.arcs[i][j]=INFINITY;                  //初始设置各线路间无转乘
    while(fscanf(pf,"%s%d",line,&price) && !feof(pf) )
    {
        char *buf;
        if(strstr(line,",") && (buf=strtok(line,",")))
        {                                  //处理顶点线路有联票的情况
            int i=LocateVex(G,buf),j=LocateVex(G,line+strlen(line)+1);
            if(i==-1 || j==-1) return ERROR;        //文件数据有错，线路不存在
            G.arcs[i][j]=G.arcs[j][i]=price;        //设置顶点间边的权值为联票价格
        }
        else{    //设置顶点线路票价
            int k=LocateVex(G,line);
            if(k==-1) return ERROR;                 //文件数据有错，线路不存在
            G.vexs[k].price=price;
        }
    }
    SetEdges(G);                    //处理线路间可换乘，但不可买联票的情况
    return OK;
}

status AddEdges(MGraph &G,char *begin,char *end)
```

```
{   //增加源点和终点，并与图中的顶点（线路）进行连接
    int i,j,k;
    for(i=0;i<invertedTable.length;i++)
        if(!strcmp(invertedTable.data[i].stationName,begin))
            break;
    if(i>=invertedTable.length) return ERROR;   //出发站不存在
    for(j=0;j<invertedTable.data[i].nums;j++)
    {   //将源点和所有包含出发站的线路顶点进行连接
        k=invertedTable.data[i].lines[j];
        G.arcs[G.vexnum-2][k]=G.arcs[k][G.vexnum-2]=G.vexs[k].price;
    }

    for(i=0;i<invertedTable.length;i++)
        if(!strcmp(invertedTable.data[i].stationName,end))
            break;
    if(i>=invertedTable.length) return ERROR;   //到达站不存在
    for(j=0;j<invertedTable.data[i].nums;j++)
    {   //将终点和所有包含到达站的线路顶点进行连接
        k=invertedTable.data[i].lines[j];
        G.arcs[G.vexnum-1][k]=G.arcs[k][G.vexnum-1]=0;
    }
    return OK;
}

status ShortPath(MGraph G,char *begin,char *end)
{
    int i,j,k,min;
    strcpy(G.vexs[G.vexnum].Linename,"线路begin");   //增加源点和终点并初始化
    G.vexs[G.vexnum].price=G.vexs[G.vexnum].nums=0;
    G.vexnum++;
    strcpy(G.vexs[G.vexnum].Linename,"线路end");
    G.vexs[G.vexnum].price=G.vexs[G.vexnum].nums=0;
    G.vexnum++;
    for(i=G.vexnum-2;i<G.vexnum;i++)
        for(j=0;j<G.vexnum;j++)
            G.arcs[i][j]=G.arcs[j][i]=INFINITY;
    if(AddEdges(G,begin,end)==ERROR)             //将新增两顶点连接到线路顶点
        return ERROR;
    int D[G.vexnum],final[G.vexnum],P[G.vexnum][5];
    for(i=0;i<G.vexnum;i++)                       //初始化D数组、P数组和final数组
    {
        D[i]=G.arcs[G.vexnum-2][i];
        final[i]=FALSE;
        P[i][0]=G.vexnum-2;P[i][2]=G.vexnum-2;P[i][4]=i;
        P[i][1]=P[i][3]=0;
    }
    final[G.vexnum-2]=TRUE;
    D[G.vexnum-2]=0;
```

```
        for(i=1;i<G.vexnum;i++)
        {
            min=INFINITY;                    //按长度递增次序，查找最小 D[j]
            for(k=0;k<G.vexnum;k++)
                if(!final[k] && D[k]<min)
                    min=D[k],j=k;
            if(min==INFINITY) return ERROR;     //无法到达终点
            if(j==G.vexnum-1)                   //已求出终点的最短路径
                break;
            final[j]=TRUE;
            for(k=0;k<G.vexnum;k++)    //处理没有得到最短路径的顶点
                if(!final[k]&& G.arcs[j][k]!=INFINITY)
                {
                    i=P[j][2];
                    if(G.arcs[j][k]==0)     //顶点 j 与 k 不能购买联票
                    {
                        if(D[k]>D[j]+G.vexs[k].price)
                        {
                            D[k]=D[j]+G.vexs[k].price;
                            P[k][0]=P[j][2];P[k][1]=P[j][3];P[k][2]=P[j][4];
                            P[k][3]=0;P[k][4]=k;

                        }
                        continue;
                    }
                    if(P[j][3]&&(D[k]>D[j]+G.vexs[k].price||D[k]>D[i]+G.arcs[j][k]))
                    {   //顶点 i 和 j 已购买联票的情况
                        P[k][0]=P[j][2];P[k][2]=P[j][4];
                        if(D[j]+G.vexs[k].price<D[i]+G.arcs[j][k])
                        {   //顶点 i 和顶点 j 联程，顶点 k 单独购票
                            D[k]=D[j]+G.vexs[k].price;
                            P[k][1]=P[j][3];P[k][3]=0;P[k][4]=k;
                        }
                        else
                        {   //顶点 i 和顶点 j 联程被拆开，顶点 j 和顶点 k 联程
                            D[k]=D[i]+G.arcs[j][k];
                            P[k][1]=0;P[k][3]=1;P[k][4]=k;
                        }
                    } else if(D[k]>D[i]+G.arcs[j][k])
                        {   //顶点 i 和顶点 j 没联程，顶点 j 和顶点 k 联程
                            D[k]=D[i]+G.arcs[j][k];
                            P[k][0]=P[j][2];P[k][1]=P[j][3];P[k][2]=P[j][4];
                            P[k][3]=1;P[k][4]=k;
                        }
                }
        }
    if(j!=G.vexnum-1) return ERROR;
    DisplayPath(G,P,P[G.vexnum-1][2]);    //输出最短路径及其购票方式
```

```
        printf("=%d\n",D[G.vexnum-1]);              //输出票价
        return OK;
    }

    void DisplayPath(MGraph G,int P[][5],int i)
    {
        if(P[i][2]==G.vexnum-2)                       //递归出口1：P 中前两个都是源点
            printf("-%s",G.vexs[P[i][4]].Linename);
        else if(P[i][0]==G.vexnum-2)                  //递归出口2：P 中仅第一个是源点
                if(P[i][3]==1)
                    printf("-(%s,%s)",G.vexs[P[i][2]].Linename,G.vexs[P[i][4]].
Linename);
                else
                printf("-%s-%s",G.vexs[P[i][2]].Linename,G.vexs[P[i][4]].
Linename);
            else if(P[i][3]==1)                       //递推情况，P 中无源点
                {
                    DisplayPath(G,P,P[i][0]);
                    printf("-(%s,%s)",G.vexs[P[i][2]].Linename,G.vexs[P[i][4]].
Linename);
                }
                else
                    {
                        DisplayPath(G,P,P[i][2]);
                        printf("-%s",G.vexs[P[i][4]].Linename);
                    }
    }
```

在上述程序中，每个顶点表示的线路记录了该顶点（线路）上的所有站点信息，这样只是为了逻辑上更清楚地表示线路和站点间的所属关系。实际上，在倒排表中也记录了站点和线路的关系。程序实现时，并没有使用顶点中记录的站点信息，而是使用倒排表来分析顶点间的关系。就本程序功能而言，完全可以去掉顶点中记录的站点信息；这里之所以保留，是考虑到后续程序功能扩展时，可方便其他操作的实现。

6.9 本章小结

本章系统地介绍了图的基本概念和基本操作、存储结构以及图的应用。图是一种复杂的数据结构，图的存储结构形式也较其他数据结构的存储结构形式要复杂。其通常是将两种存储结构组合在一起，一个保存顶点，另一个保存顶点间的关系。其中，邻接矩阵表示法和邻接表表示法是最常用的图存储结构。

此外，还讨论图的一些基本运算，并重点介绍图的深度优先和广度优先这两种遍历算法，以及如何利用遍历算法求解有关连通性的问题。

最后，重点介绍在实际应用中一些常见的图算法：①求解无向连通网最小生成树的 Prim 算法与 Kruskal 算法；②求解有向网的单源点最短路径 Dijkstra 算法以及每对顶点的最短路径 Floyd 算法；③有向无环图应用中，AOV 网的拓扑排序算法以及 AOE 网的关键路径算法。

数据结构（C语言 微课版）——从概念到算法

艾兹格·W·迪科斯彻（Edsger Wybe Dijkstra，1930年5月11日—2002年8月6日），生于荷兰鹿特丹，计算机科学家，毕业就职于荷兰莱顿大学，早年钻研物理及数学，而后转为计算学。他是提出"goto有害论"、信号量和PV原语，解决"哲学家聚餐"问题的学者，也是最短路径算法（SPF）和银行家算法的创造者、第一个ALGOL 60编译器的设计者和实现者、THE操作系统的设计者和开发者，并在1972年获得过素有"计算机科学界的诺贝尔奖"之称的图灵奖。其中，他提出的Dijkstra算法采用贪心算法的策略，是能求出从图中一个顶点到其余各顶点的最短路径算法，解决了有权图中最短路径问题。

本章习题

一、选择题

1. 设无向图 G 的顶点数为 n（$n \geq 2$）、边数为 e（$e \geq 1$），下列关于该无向图的叙述中正确的是_____。

    A. 至少有一个顶点的度为奇数   B. 当 $e \geq n-1$ 时，无向图 G 是连通图

    C. 至少有一个顶点的度为偶数   D. 所有顶点的度之和为偶数

2. 设有5个结点的无向图，该图至少应有_____条边才能确保是一个连通图。

    A. 5   B. 6   C. 7   D. 8

3. 用有向无环图描述表达式 $(a+b)*c+(a+b+c)*d$，至少需要_____个顶点。

    A. 8   B. 9   C. 10   D. 11

4. 已知某无向图有20条边，其中度为4的顶点个数为2、度为3的顶点个数为6、度为2的顶点个数为4、其他顶点的度均不超过1，则该图所含的顶点个数至少是_____。

    A. 17   B. 18   C. 19   D. 20

5. 若将 n 个顶点 e 条弧的有向图采用邻接矩阵存储，则拓扑排序算法的时间复杂度是_____。

    A. $O(nloge)$ B. $O(n \cdot e)$ C. $O(n+e)$ D. $O(n^2)$

6. 若用邻接矩阵存储有向图，邻接矩阵为上三角矩阵（或下三角矩阵），则关于该图的结论是_____。

    A. 该图可能有回路   B. 该图一定没有回路，有唯一的拓扑排序

    C. 该图不存在拓扑排序   D. 该图一定没有回路，拓扑排序不一定唯一

7. 图6.29所示为AOE网，下列不是其拓扑排序的选项是_____。

    A. 1,2,3,4,5,6   B. 1,3,2,5,4,6   C. 1,4,3,2,5,6   D. 1,3,2,4,5,6

8. 图6.29中有9个活动的AOE网，活动 a_5 的最早开始和最迟开始时间分别是_____。

    A. 6、6   B. 6、8   C. 7、13   D. 13、15

9. 使用迪杰斯特拉（Dijkstra）算法求图6.30中从顶点1到其他各顶点的最短路径，依次得到各最短路径的目标顶点是_____。

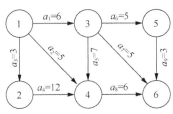

图 6.29 AOV 网（1）

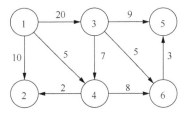

图 6.30 AOV 网（2）

    A. 1,2,3,4,5,6   B. 1,3,5,6,4,2   C. 1,4,2,6,5,3   D. 1,3,2,4,5,6

10. 从图 6.30 所示顶点 1 出发进行深度优先遍历，不能得到的顶点序列是_____。

    A. 1,2,3,4,5,6   B. 1,3,4,2,6,5   C. 1,4,2,6,5,3   D. 1,3,5,4,2,6

11. 可借助_____算法判断有向图中是否存在回路。

    A. 拓扑排序   B. 迪杰斯特拉   C. Floyd   D. Prim

12. 对图 6.31 所示的无向连通网，使用 Prim 算法从顶点 A 出发，得到的最小生成树是_____。

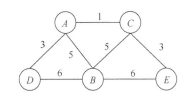

图 6.31 无向连通网（1）

A.
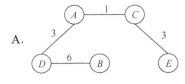

B.
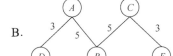

C.
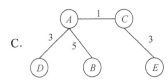

D.
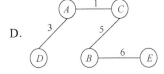

二、填空题

1. 有 n 个顶点的强连通图至少有_____条弧。

2. 有 n 个顶点的无向图最多有_____条边。

3. 在有向图的邻接矩阵中，每一行包含 "1" 的个数为对应顶点的_____。

4. n 个顶点 e 条边的有向图采用邻接表存储，求某结点度的算法时间复杂度为_____。

5. 设有一个稀疏图，则采用_____存储比较节省存储空间。

6. 十字链表适用于_____，邻接多重表适用于_____。

7. 对 n 个顶点 e 条边的无向连通图进行深度优先搜索遍历的路径上，经过_____条边。

8. 图的深度优先遍历类似于二叉树的_____遍历。

9. 按广度优先搜索遍历图的算法需要借助的辅助数据结构是_____。

10. 我们可以借助_____算法求出无向图的所有连通分量。

11. Prim 算法适用于_____图，Kruskal 算法适用于_____图。

12. 我们可以借助_____算法判断一个有向图是否为 DAG 图。

三、问答题

1. 求解图 6.32 所示有向图的全部强连通分量。

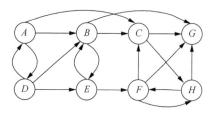

图 6.32　有向图 G

2. 已知无向图 G=(V,R)，G 的邻接表如图 6.33 所示。现要求：①画出该无向图；②根据该存储结构保存的顶点和边的次序，从顶点 A 出发，进行深度优先搜索遍历，依次写出访问到的顶点序列；③进行广度优先搜索遍历，依次写出访问到的顶点序列。

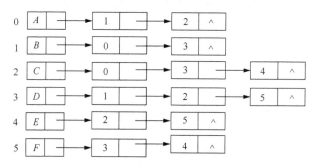

图 6.33　无向图的邻接表

3. 简述图的广度优先搜索遍历与二叉树的按层遍历的异同点。

4. 对图 6.34 所示的无向连通网，使用 Prim 算法求从顶点 A 出发，得到的其最小生成树。

5. 已知图 6.35 所示的有向网，试完成：①使用 Dijkstra 算法求顶点 A 到其他顶点的最短路径和长度；②使用 Floyd 算法求每对顶点的最短路径和长度；③列出所有的拓扑排序。

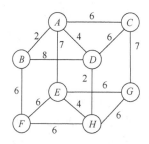

图 6.34　无向连通网

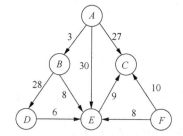

图 6.35　有向网

6. 试证明：①如果一个有向图的邻接矩阵是下三角形或上三角形，则一定无回路；②如果一个有向图无回路，则通过调整顶点在顶点数组中的次序，一定能使其邻接矩阵为下三角形或上三角形。

7. 试证明 Floyd 算法的正确性。

8. 已知图 6.36 所示的 AOE 网，试完成：①计算各顶点事件的最早和最迟发生时间；②计算各条弧表示的活动的最早和最迟开始时间。

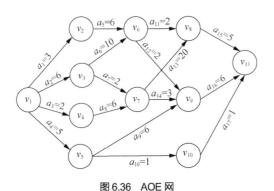

图 6.36　AOE 网

9. 已知一个有 6 个顶点的有向网 N，其顶点依次为 A,B,C,D,E,F，其邻接矩阵是一个上三角，将其上三角（不包含对角线）按行序优先压缩存储到以下一维数组中，试完成：①画出该有向网；②画出邻接表；③写出所有的拓扑排序顶点序列；④求有向网 N 的关键路径。

3	6	∞	∞	∞	5	7	∞	∞	2	4	∞	∞	10	12

10. 试证明当无向连通网的任意一个环中所包含边的权值均不相同时，其最小生成树是唯一的。

四、算法设计题

1. 以邻接矩阵作为无向图的存储结构，输入图的所有顶点和边的信息。试设计算法实现：①创建图；②增加、删除一个顶点；③增加、删除一条边。

2. 以邻接多重表作为无向图的存储结构，重做第 1 题。

3. 以十字链表作为有向网的存储结构，输入图的所有顶点和弧（包含权值）的信息。试设计算法实现：①创建图；②增加、删除一个顶点；③增加、删除一条弧。

4. 以邻接矩阵作为无向图的存储结构，试设计算法实现输入起始和终点，并求出起始到终点的最短路径和长度。

5. 假定以邻接矩阵作为无向图的存储结构，试设计算法求出该无向图的全部连通分量并输出各连通分量的顶点集合与边集合。

6. 假定以邻接表作为无向图的存储结构，试设计算法求出从顶点 v 出发，经过一个长度为 k 的简单路径到达的顶点集合。

7. 假定以邻接表作为有向图的存储结构，给定一个顶点 v，试设计算法判断是否有含顶点 v 的简单回路，如果有，则输出一条包含该顶点的回路。

7

第 7 章　排序

● **学习目标**

（1）了解排序的基本概念

（2）掌握插入排序算法、交换排序算法、选择排序算法、归并排序算法、分配排序算法的基本思想和算法

（3）熟悉各类排序算法的性能分析方法

（4）熟悉各类排序算法的比较和选择

（5）掌握各类排序算法的应用

● **本章知识导图**

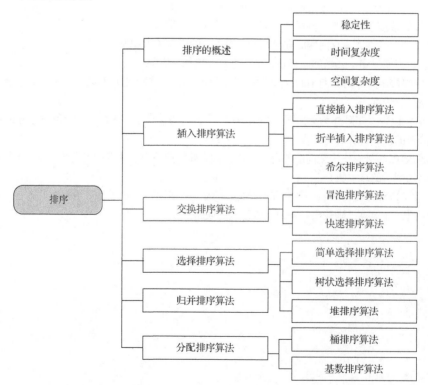

7.1 实际应用中的排序

日常生活中，排序现象无处不在。例如，网上购物时，消费者可以按照价格高低对商品进行排序；开学报到时，老师按照学生身高安排座位。下面以学生考试成绩为例来介绍排序的相关定义和概念。

表 7.1 是一张由 5 条记录所构成的学生成绩表。其中，每条记录包含 5 项数据项：学号、姓名、数学、外语、总分。以"学号"数据项作为排序关键字，将表 7.1 中的记录按照"学号"由小到大的顺序排列，排序结果如表 7.2 所示；以"总分"数据项作为排序关键字，将表 7.1 中记录按照"总分"由高到低的顺序排列，排序结果如表 7.3 所示。

表 7.1 学生成绩表

学号	姓名	数学	外语	总分
20051	刘大海	80	75	155
20066	吴晓英	82	88	170
20042	王伟	90	83	173
20052	刘伟	80	70	150
20053	王洋	60	70	130

表 7.2 排序后的学生成绩表（排序关键字=学号）

学号	姓名	数学	外语	总分
20042	王伟	90	83	173
20051	刘大海	80	75	155
20052	刘伟	80	70	150
20053	王洋	60	70	130
20066	吴晓英	82	88	170

表 7.3 排序后的学生成绩表（排序关键字=总分）

学号	姓名	数学	外语	总分
20042	王伟	90	83	173
20066	吴晓英	82	88	170
20051	刘大海	80	75	155
20052	刘伟	80	70	150
20053	王洋	60	70	130

7.2 排序的概述

排序是以某一数据项（称为**排序关键字**）为依据，将一组无序记录调整成一组有序记录，形成**有序表**的过程。排序问题可以定义为以下形式。

输入：一个长度为 n 的记录序列 $(r_1, r_2, \cdots, r_n)$，其相应排序关键字为 $(k_1, k_2, \cdots, k_n)$。

输出：输入记录序列的重新组合 $(r'_1, r'_2, \cdots, r'_n)$，相应排序关键字满足 $(k'_1 \leqslant k'_2 \leqslant \cdots \leqslant k'_n)$。

这里使用抽象数据类型表示待排序文件及文件中的记录，并默认排序关键字为整数类型，排序方式为以排序关键字由小到大的顺序进行排列。使用 C/C++语言定义待排序文件及文件中的记录如下。

```
#define MAXSIZE 20        //文件最大长度
typedef int KeyType;      //排序关键字类型
typedef int InfoType;     //其他数据项类型

//记录定义
struct record{
    KeyType key;              //排序关键字
    InfoType otherinfo;       //其他数据项
};

//待排序文件定义
typedef struct{
    RecType r[MAXSIZE+1];     //r[0]用作监视哨
    int length;               //实际表长
}SqList;
```

讨论题

给定一组记录(20, 42, 17, 13, 20, 14, 23, 15, 9)，简述如何实现该记录的由小到大排序。

7.2.1 排序算法的稳定性

如果排序算法在任意待排序文件下都能够确保"算法运行前后，具有相同排序关键字记录的相对位置不发生改变"，那么此排序算法是稳定的排序算法，否则，此排序算法是不稳定的。例如，给定待排序文件 A={1,2,3,$\underline{1}$,4}和 B={1,3,$\underline{1}$,2,4}，假定某一排序算法对文件 A 和 B 的排序结果分别为{1,$\underline{1}$,2,3,4}和{$\underline{1}$,1,2,3,4}，由于文件 B 中存在多项同为 1 的记录，且排序后同为 1 的记录相对位置发生了改变，因此，此算法是不稳定的排序算法。

讨论题

（1）给定一个排序算法和一个待排序文件集合，并使用该排序算法对待排序文件集合中的每个待排序文件进行排序。如果每个待排序文件都满足"排序前后，具有相同排序关键字的记录相对位置不发生改变"，那么该排序算法是否一定是一个稳定的排序算法？
（2）如何判定某一排序算法的稳定性？

7.2.2 排序算法的分类

排序算法可根据排序过程中所使用存储器类型划分为内部排序算法和外部排序算法。
* 内部排序算法：排序过程中只使用内存存储数据、调整数据位置的排序算法。内部排序算法可根据排序算法设计思想划分为插入排序算法、交换排序算法、选择排序算法、归并排序算法、分配排序算法。
* 外部排序算法：排序过程中需要借助外存存储数据或调整数据位置的排序算法。

7.2.3 排序算法的性能优劣

排序算法性能的优劣主要取决于时间复杂度和空间复杂度。

1. 时间复杂度

时间复杂度是通过分析排序算法执行过程中的关键字比较次数和移动次数得出。

由于待排序文件中记录的初始顺序对排序过程中的关键字比较次数和移动次数具有直接影响，因此，我们通常需要计算排序算法在最好情况、最坏情况、平均情况这 3 种情况下的关键字比较次数和移动次数，以获得算法在上述 3 种情况下的时间复杂度。

2. 空间复杂度

空间复杂度是指排序过程中所开辟的辅助存储空间大小（不包含待排序文件所使用空间）。

7.3 插入排序算法

插入排序算法是最为简单的一种排序算法。对于少量元素的排序来说，它是一个有效的算法。常用的插入排序算法有直接插入排序算法、折半插入排序算法和希尔排序算法等。

直接插入排序

7.3.1 直接插入排序算法

直接插入排序（也叫线性插入排序）算法是最简单的插入排序算法，其设计思想为：将待排序文件划分为有序子文件和无序子文件，依次选取无序子文件中的记录，将其插入有序子文件的相应位置（有序子文件在插入新记录后依然有序），直到无序子文件中不包含任何记录。

假定待排序文件由 n 条记录组成，记录依次存储在 $r[1] \sim r[n]$ 中。使用直接插入排序算法对待排序文件中的记录进行排序，具体处理流程如下。

（1）将待排序文件 $r[1] \sim [n]$ 划分为有序子文件 $r[1]$ 和无序子文件 $r[2] \sim [n]$。

（2）在每趟排序时，将无序子文件中的首条记录 $r[i]$ 赋予监视哨 $r[0]$，从后至前依次访问有序子文件中的记录，并在访问每条记录 $r[j]$ 时执行如下操作：如果所访问记录 $r[j]$ 的排序关键字大于监视哨 $r[0]$ 中记录的排序关键字，将所访问记录 $r[j]$ 后移一位，赋予 $r[j+1]$，否则，将监视哨 $r[0]$ 中的记录赋值到所访问记录的后一位置 $r[j+1]$，终止对有序子文件的遍历，更新有序子文件范围和无序子文件范围（分别将有序子文件的结束位置和无序子文件的起始位置后移一位），结束该趟排序。

（3）如果无序子文件中仍然存在记录，重复执行第（2）步操作，否则，算法执行结束。

使用直接插入排序算法对待排序文件(20, 42, 17, 13, 20, 14, 23, 15, 9)进行排序，每趟排序执行结果如图 7.1 所示。

下面以第四趟排序过程为例来介绍直接插入排序算法实际执行过程。如图 7.1 所示，在第三趟排序执行结束后，待排序文件中的记录顺序为(13,17,20,42,20,14,23,15,9)，其中有序子文件为(13,17,20,42)、无序子文件为(20,14,23,15,9)。在执行第四趟排序时，算法首先将无序子文件中的首条记录 $r[5]$=20 赋予监视哨 $r[0]$，然后比较有序子文件中最后一条记录 $r[4]$=42 与监视哨 $r[0]$=20 的大小。由于 42>20，算法将所访问记录 $r[4]$ 赋予后一位置 $r[5]$（令 $r[5]$=$r[4]$=42，并继续访问 $r[4]$ 的前一条记录 $r[3]$，比较所访问记录 $r[3]$=20 与监视哨 $r[0]$=20 的大小。由于 20 不大于 20，算法将监视哨 $r[0]$ 赋予所访问记录 $r[3]$ 的后一位置 $r[4]$（令 $r[4]$=$r[0]$=20），终止对有序子文件的遍历，将有序子文件范围更新成 $r[1] \sim r[5]$、将无序子文件范围更新成 $r[6] \sim r[9]$，获得第四趟排序结果

(13,17,20,<u>20</u>,42,14,23,15,9)，其中有序子文件为(13,17,20,<u>20</u>,42)、无序子文件为(14,23,15,9)。

	r[0]	r[1]	r[2]	r[3]	r[4]	r[5]	r[6]	r[7]	r[8]	r[9]
初始序列		(20)	42	17	13	<u>20</u>	14	23	15	9
第一趟排序结果	42	(20	42)	17	13	<u>20</u>	14	23	15	9
第二趟排序结果	17	(17	20	42)	13	<u>20</u>	14	23	15	9
第三趟排序结果	13	(13	17	20	42)	<u>20</u>	14	23	15	9
第四趟排序结果	<u>20</u>	(13	17	20	<u>20</u>	42)	14	23	15	9
第五趟排序结果	14	(13	14	17	20	<u>20</u>	42)	23	15	9
第六趟排序结果	23	(13	14	17	20	<u>20</u>	23	42)	15	9
第七趟排序结果	15	(13	14	15	17	20	<u>20</u>	23	42)	9
第八趟排序结果	9	(9	13	14	15	17	20	<u>20</u>	23	42)

图 7.1　直接插入排序算法执行过程及结果

例 7-1：设计直接插入排序算法。根据上述直接插入排序算法执行过程，直接插入排序算法代码如下。

```
void InsertSort(SqList *L)  //对待排序文件 L.r[]中的记录进行直接插入排序
{
    int i, j;
    i=2;                      //用 i 记录无序子文件首条记录的位置
    while(i<=L->length){
        L->r[0]=L->r[i];      //将无序子文件的首条记录存入监视哨 r[0]中
        j=i-1;                //用 j 从后至前遍历有序子文件 r[1]~r[i-1]中的记录
        while(L->r[j].key>L->r[0].key)  //判断当前访问记录 r[j]与监视哨 r[0]的大小
        {
            L->r[j+1]=L->r[j];    //将当前所访问记录 r[j]后移一位，赋予 r[j+1]
            j--;                  //更新 j 的值，以访问当前所访问记录的前一条记录
        }
        L->r[j+1]=L->r[0];    //将监视哨 r[0]赋值到所访问记录 r[j]的后一位置 r[j+1]
        i++;                  //更新无序子文件首条记录的位置
    }
}
```

直接插入排序算法中监视哨 $r[0]$ 有以下两个作用。

（1）存储每趟排序中的待插入记录 $r[i]$，以防止有序子文件最后一条记录 $r[i-1]$ 后移时丢失待插入记录 $r[i]$ 的数据。

（2）令内层 while 循环至少能够在 $j=0$ 时终止，避免文件遍历过程中出现数组下标越界情况。

直接插入排序算法分析：

1. 算法稳定性分析

给定任意一个待排序文件 F，用 B 表示 F 中的任意一条记录，用 A 表示 F 中的任意一条排序关键字等于 B 排序关键字且位于 B 之前的记录。由于 F、A、B 具有任意性，根据排序算法稳定性定义可知，如果排序后 A 依然位于 B 之前，那么该算法为稳定的排序算法。根据直接插入排序算法执行过程可知，在算法执行过程中有序子文件始终处于无序子文件之前，且每趟排序的实质是将无序子文件中的首条记录插入有序子文件中。由于 A 在 F 中的位置为 B 之前，因此，A 将先于 B 被插入有序子文件中。用 C 标识以 B 作为待插入记录时有序子文件中最后一个与 B 具有相同排序关键字的记录（此记录可能为记录 A，也可能为 F 中位于 A、B 之间的另一条记录）。由于 A 和 C 的排序关键字都与 B 的排序关键字相同，因此 C 在有序子文件中的位置不会排在 A 之前。在本趟排序中，算法会由后至前遍历有序子文件，并比较所访问记录排序关键字与待插入记录 B 排序关键字的大小。当访问至 C 时，由于 C 的排序关键字不大于 B 的排序关键字，因此，算法会将 B 插入 C 的后一位置。由于 C 不会排在 A 之前，而 B 被放在 C 的后一位置，因此，B 的插入位置一定位于 A 的后面，即本轮排序结束后，A、B 均存在有序子文件且 A 位于 B 之前。由于算法执行过程中，有序子文件中记录的相对位置不会发生改变，因此，算法执行结束时，A 仍位于 B 之前，故直接插入排序算法具备稳定性。

2. 算法空间复杂度分析

在算法执行过程中，需要使用监视哨 $r[0]$ 作为辅助空间，因此，算法空间复杂度为 $O(1)$。

3. 算法时间复杂度分析

算法由两层循环组成，其中外层循环执行次数只与待排序文件中记录的条数 n 相关（执行 $n-1$ 次），内存循环执行次数受记录初始位置影响。

（1）最好情况：待排序文件中的记录满足正序顺序。此情况下，每趟排序中的待插入记录都插在有序子文件尾部。因此，每趟排序中，只发生 1 次关键字比较（比较监视哨排序关键字与有序子文件最后一条记录排序关键字的大小）、2 次记录移动（将待插入记录 $r[i]$ 赋予监视哨 $r[0]$，以及在关键字比较之后，将监视哨 $r[0]$ 赋予有序子文件最后一条记录的后一位置 $r[i]$）。由于共需 $n-1$ 趟排序（外层循环执行 $n-1$ 次），因此，算法执行过程中关键字比较次数为 $n-1$ 次、移动次数为 $2(n-1)$、算法时间复杂度为 $O(n)$。

（2）最坏情况：待排序文件中的记录满足逆序顺序。此情况下，每趟排序中的待插入记录都插在有序子文件首部。在第 i 趟排序时，有序子文件 $r[1] \sim r[i]$ 长度为 i，需要 $i+1$ 次关键字比较（比较监视哨 $r[0]$ 排序关键字与有序子文件中每条记录以及监视哨本身排序关键字的大小）、$i+2$ 次记录移动（将待插入记录 $r[i]$ 赋予监视哨 $r[0]$，将有序文件 $r[1] \sim r[i]$ 中的所有记录后移，以及监视哨 $r[0]$ 赋值到有序子文件首部 $r[1]$）。由于共需 $n-1$ 趟排序，因此，关键字的比较次数为 $2+3+4+\cdots+n=(n+2)(n-1)/2$ 次、移动次数为 $3+4+5+\cdots+n+(n+1)=(n+4)(n-1)/2$ 次、算法时间复杂度为 $O(n^2)$。

（3）平均情况：待排序文件中记录初始顺序概率相同。在此情况下，第 i 趟排序时待插入记录 $r[i+1]$ 插入 $r[1] \sim r[i+1]$ 中任意位置的概率相等（均为 $1/(i+1)$），需要 $(1+2+\cdots+(i+1))/(i+1)=(i+2)/2$ 次关键字比较、$(2+3+\cdots+(i+2))/(i+1)=(i+4)/2$ 次记录移动。由于共需 $n-1$ 趟排序，关键字比较次数为 $3/2+4/2+\cdots+(n+1)/2=(n+4)(n-1)/4$、移动次数约为 $5/2+6/2+\cdots+(n+3)/2=(n+8)(n-1)/2$，算法时间复杂度为 $O(n^2)$。

直接插入排序算法通过依次比较前 *i*−1 条记录确定第 *i* 条记录的插入位置。那么，是否存在更快速的插入位置计算方式呢？

7.3.2 折半插入排序算法

折半插入排序算法是对直接插入排序算法的改进。折半插入排序算法与直接插入排序算法的不同在于，为待插入记录确定插入位置时，直接插入排序算法从后向前遍历有序子文件，而折半插入排序算法采用折半查找方式查找有序子文件中最后一个排序关键字不大于待插入记录排序关键字的记录，然后将有序子文件中所有位于此记录后的记录全部后移，将待插入记录赋值到此记录的后一位置。

由于折半插入排序算法与直接插入排序算法都以"找到有序子文件中最后一个排序关键字不大于待插入记录排序关键字的记录"作为记录查找条件，并且都将待插入记录赋予此记录的后一位置，因此，折半插入排序算法的每趟排序结果都与直接插入排序算法相同趟的排序结果相同。需要注意的是，折半查找算法通常被用于找出有序查找表中的某条记录，但是，当有序查找表中存在多条被查找记录或不存在此记录时，应该如何找到不大于此记录的最后一条记录呢？根据折半查找算法执行过程可知，当查找表中不存在目标记录时，*high* 指向查找表中最后一个小于目标记录的记录。因此，如果在找到与目标记录相同的记录时，将所找到记录视为小于目标记录，继续执行查找；最终查找失败时，*high* 将指向最后一个不大于目标记录的记录。

与直接插入排序算法类似，下面对待排序文件(20,42,17,13,20,14,23,15,9)进行排序来介绍折半插入排序算法的执行过程。由于折半插入排序算法每趟运行结果与执行直接插入排序算法相同趟运行结果相同，因此，在折半插入排序算法第三趟排序执行结束后，待排序文件同样为(13,17,20,42,20,14,23,15,9)，其中，有序子文件为(13,17,20,42)、无序子文件为(20,14,23,15,9)。接下来，具体介绍折半插入排序算法第四趟排序执行过程。首先，该算法将无序子文件中的首条记录 $r[5]$=20 赋予监视哨 $r[0]$，然后在有序子文件 $r[1] \sim r[4]$=(13,17,20,42)中采用折半查找方式查找最后一个不大于 $r[0]$=20 的记录。根据折半查找算法可知，该算法会设置 *low*、*mid* 和 *high* 3 个临时变量。由于查找空间为 $r[1] \sim r[4]$，该算法令 *low*=1，*high*=4，*mid*=(*low*+*high*)/2=5/2=2，并比较监视哨 $r[0]$=20 与 $r[mid]$=$r[2]$=17 的大小。由于 17<20，因此，算法更新查找空间，令 *low*=*mid*+1=3，并重新计算 *mid*=(*low*+*high*)/2=7/2=3，比较监视哨 $r[0]$=20 与 $r[mid]$=$r[3]$=20 的大小。由于 $r[3]$=20=$r[0]$，而查找目标是找出最后一个不大于监视哨 $r[0]$的记录，因此，视 $r[3]$为小于 $r[0]$，继续折半查找，即令 *low*=*mid*+1=4，在 $r[low] \sim r[high]$=$r[4]$中查找 $r[0]$。由于此时 *mid*=(*low*+*high*)/2=8/2=4，而 $r[mid]$=42>$r[0]$，算法将 *high* 设为 *mid*−1=3。由于 *high*=3<*low*=4，查找失败，$r[high]$=$r[3]$是最后一个不大于 $r[0]$的记录，因此，结束折半查找，将有序子文件中 $r[3]$之后的所有记录（$r[3]$和 $r[4]$）后移一位，将监视哨 $r[0]$中的记录赋值到 $r[high]$的后一位置 $r[high+1]$，获得第四趟排序结果(13,17,20,20,42,14,23,15,9)，其中，有序子文件为(13,17,20,20,42)、无序子文件为（14,23,15,9）。

例 7-2：折半插入排序算法代码如下。

```
void BInsertSort(SqList *L) //对待排序文件 L.r[]中的记录执行折半插入排序
{
    int i, j, low, high, mid;
    i=2;                      //用 i 记录无序子文件首条记录的位置
    while(i<=L->length)
    {
```

```
        L->r[0]=L->r[i];        //将无序子文件的首条记录存入监视哨 r[0]中
        low=1; high=i-1;         //确定有序子文件范围，即查找范围 L.r[low,high]
        while(low<=high)                //low>high 时查找失败
        {
            mid=(low+high)/2;           //确定比较值位置
            if(L->r[0].key<L->r[mid].key)   //不大于 r[0].key 的记录在 r[mid]之前
                high= mid -1;               //更新查找范围，前移范围上界
            else                //key 不大于 r[0].key 的最后一个记录可能在 r[mid]之后
                low= mid +1;                //更新查找范围，后移范围下界
        }                       //循环结束时，r[high]是所要找到的记录
        for(j=i-1; j>high; j--)
            L->r[j+1]=L->r[j];          //后移有序子文件 r[high]后的所有记录
        L->r[high+1]=L->r[0];           //将待插入记录赋值到 r[high]的下一位置
        i++;
    }
}
```

折半插入排序算法分析：

1．算法稳定性分析

折半插入排序算法的每趟排序结果都与直接插入排序算法同趟排序结果相同，因此，对同一待排序文件执行上述两种排序算法所得出的排序结果相同。由于直接插入排序算法是稳定的排序算法，能够在排序后保持具有相同排序关键字记录的相对位置，因此，折半插入排序算法也能保持具有相同排序关键字记录的相对位置，折半插入排序算法也是稳定的排序算法。

2．算法空间复杂度分析

在算法执行过程中，需要使用监视哨 $r[0]$ 作为辅助空间，因此，算法空间复杂度为 $O(1)$。

讨论题

结合直接插入排序算法和折半查找算法时间复杂度分析方式，分析折半插入排序算法在最好情况、平均情况、最坏情况下的时间复杂度。

7.3.3 希尔排序算法

希尔排序又称"缩小增量排序"，其因 D.L.Shell 于 1954 年提出而得名。希尔排序算法设计思想为：以预定间隔长度（又称为增量）h 为依据，将待排序文件中的记录分成 h 组，并对每组记录进行直接插入排序，然后逐渐减少间隔长度 h，重复上述记录分组、排序操作，直至 h 为 1，最后对所有记录进行直接插入排序。

同样以待排序文件(20, 42, 17, 13, 20, 14, 23, 15, 9)为例，并假定间隔长度 h 选取值依次为 4、2、1，使用希尔排序算法对待排序文件排序时，记录分组以及每趟排序结果如图 7.2 所示。

第一趟排序时，增量 $h=4$，因此，以 $h=4$ 为记录间隔，将待排序文件中的记录分为 4 组：$\{r[1], r[5], r[9]\}$、$\{r[2], r[6]\}$、$\{r[3], r[7]\}$ 和 $\{r[4], r[8]\}$，并分别对 4 组记录进行直接插入排序，获得

第一趟排序结果(9,14,17,13,<u>20</u>,20,23,15,42)。需要说明的是，在对 4 组记录进行排序的过程中，所设立的 4 个监视哨可使用同一辅助空间。类似地，第二趟排序时，增量 h=2，因此，以 h=2 为记录间隔，将待排序文件中的记录分为两组：{r[1],r[3],r[5],r[7],r[9]} 和 {r[2],r[4],r[6],r[8]}，并分别对两组记录进行直接插入排序，获得第二趟排序结果(9,13,17,14,<u>20</u>,15,23,20,42)。第三趟排序时，增量 h=1，因此对所有记录进行一次直接插入排序，获得最终排序(9, 13, 14, 15, 17, <u>20</u>, 20, 23 ,42)。

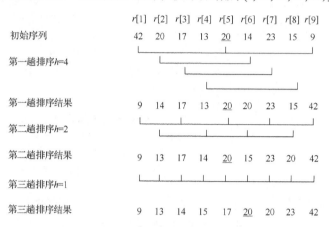

图 7.2 希尔排序算法每趟排序结果

例 7-3：希尔排序算法代码如下。

```
//对待排序文件 L->r[1]~L.r[n]中的记录执行希尔排序，h 为增量数组首地址
void shellSort(SqList *L, int *h, int number_of_h)
{
    int i, j, k, m, n, increment, temp;
    for(i=1; i<=number_of_h; i++)          //需要进行 number_of_h 趟排序
    {
        increment=h[i];                     //本趟排序以 h[i]作为增量
        for(j=1; j<=increment; j++)         //需要对 increment 组记录进行直接插入排序
        {
            //当前组首记录为 L->r[j]、记录间隔为 increment
            //对本组中记录进行直接插入排序
            m=j+increment;
            while(m<L->length)
            {
                L->r[0]=L->r[m];     //将无序子文件的首条记录存入监视哨 r[0]中
                n=m-increment;        //用 n 从后至前遍历本组记录
                while(n>0 && L->r[n].key>L->r[0].key)
                {
                    L->r[n+increment]=L->r[n];   //将当前所访问记录 r[j]后移
                    n=n-increment;               //n 指向本组中前一记录
                }
                L->r[n+increment]=L->r[0];       //插入待插入记录
                m=m+increment;
            }
        }
    }
}
```

希尔排序算法分析：

1. 算法稳定性分析

如上文所示，使用希尔排序对实例 7-1 中的记录进行排序时，记录 20 与记录 20 的相对位置发生了改变。希尔排序算法无法在任意待排序文件情况下，保持具有相同排序关键字记录的相对位置，因此希尔排序算法是不稳定的排序算法。

2. 算法空间复杂度分析

由于组内采用直接插入排序，因此，在组内排序时需要一个作为监视哨的辅助空间；又由于各组排序可串行进行，所使用监视哨可共享同一存储单元，因此，希尔排序算法空间复杂度为 $O(1)$。

3. 算法时间复杂度分析

希尔排序的时间复杂度与所取增量序列相关，时间复杂度为 $O(n\log n) \sim O(n^2)$。

讨论题

（1）简述造成希尔排序算法不稳定的根本原因。

（2）构建一个含有 **20 个记录**且满足下列条件的待排序文件：在增量取值为{8,5,3,1}且使用希尔排序算法对待排序文件中的记录进行排序时，关键字比较次数达到最大值。

7.4 交换排序算法

交换排序算法的设计思想：未完成排序的记录表中一定存在着逆序记录对，算法只要不断探索逆序记录对，并交换所发现逆序记录对中的记录，这样当记录表中不再存在逆序记录对时，记录表就是排好序的最终结果。采用不同的逆序记录对探索方法可以得到不同交换排序算法。常用的交换排序算法主要分为冒泡排序算法和快速排序算法。

7.4.1 冒泡排序算法

冒泡排序算法的设计思想：多次遍历待排序文件，在遍历过程中确定相邻记录是否构成逆序记录对，并交换逆序记录对中的记录，直至待排序文件中不存在由相邻记录所构成的逆序记录对。

假定待排序文件由 n 条记录组成，记录依次存储在 $r[1] \sim r[n]$ 中。使用简单冒泡排序算法对待排序文件中的记录进行排序，具体处理流程如下。

（1）遍历待排序文件 $r[1] \sim r[n]$，每访问一条记录 $r[j]$ 时，比较所访问记录排序关键字与所访问记录后一记录排序关键字的大小，核对所访问记录 $r[j]$ 与所访问记录后一记录 $r[j+1]$ 是否构成逆序记录对。如果构成逆序记录对，交换所访问记录 $r[j]$ 与所访问记录后一记录 $r[j+1]$，否则，不做任何处理。

（2）重复执行第（1）步的操作。每完成一遍第（1）步操作，就有一个记录"冒泡"到最终位置。这样完成 n-1 次遍历后，就得到了正序序列。

下面同样以待排序文件(20, 42, 17, 13, 20, 14, 23, 15, 9)进行排序来说明冒泡排序算法的执行过程。在此例中，冒泡排序算法第一趟排序的执行过程如图 7.3 所示。

由于待排序文件中含有 9 条记录，因此，这里需要执行 9–1=8 趟排序。冒泡排序算法每趟排序结果如图 7.4 所示。

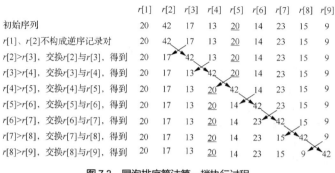

图7.3　冒泡排序算法第一趟执行过程

	r[1]	r[2]	r[3]	r[4]	r[5]	r[6]	r[7]	r[8]	r[9]
初始序列	20	42	17	13	20	14	23	15	9
第一趟排序结果	20	17	13	20	14	23	15	9	42
第二趟排序结果	17	13	20	14	20	15	9	23	42
第三趟排序结果	13	17	14	20	15	9	20	23	42
第四趟排序结果	13	14	17	15	9	20	20	23	42
第五趟排序结果	13	14	15	9	17	20	20	23	42
第六趟排序结果	13	14	9	15	17	20	20	23	42
第七趟排序结果	13	9	14	15	17	20	20	23	42
第八趟排序结果	9	13	14	15	17	20	20	23	42

图7.4　冒泡排序算法每趟排序结果

例7-4：简单冒泡排序算法代码如下。

```
void bubbleSort(SqList *L)   //对待排序文件 L->r[]中的记录进行简单冒泡排序
{
    int i, j;
    RecType temp;
    for(i=1; i<L->length; i++)   //共需 L->length-1 趟排序
    {
        //第 i 趟排序
        for(j=1; j<L->length-i; j++) {
            if(L->r[j].key>L->r[j+1].key){
                //此时 L->r[j]与 L->r[j+1]构成逆序记录对，交换 L->r[j]与 L->r[j+1]
                temp=L->r[j]; L->r[j]=L->r[j+1]; L->r[j+1]=temp;
            }
        }
    }
}
```

简单冒泡排序算法分析与改进。如图 7.4 所示，在对待排序文件中的记录进行第一趟排序后，文件中的最大记录 42 排在待排序文件的尾部 r[9]，获得由待排序文件中最大记录所组成的有序子文件（r[9]）。在对待排序文件中的记录进行第 i 趟排序后，文件中最大的 i 条记录会在待排序文件尾部组成一个有序子文件（虚线标识区域）。实际上，此现象并不依赖于待排序文件中记录的位置，而是普遍存在于简单冒泡排序算法的执行过程中。鉴于有序子文件由待排序文件中最大的若干条记录所构成，且位于出现有序子文件的尾部，有序子文件中记录的位置不会在此发生改变。这意味着在每趟排序过程中无须遍历上一趟排序所获得的有序子文件, 简单冒泡排序算法存在改进空间。此外, 根据不等式传递性可知, 当任意相邻记录都不构成逆序记录对时, 文件已经满足排序结果要求。因此, 当某趟排序过程中不发生记录交换时, 排序算法可以提前终止。鉴于上述两项发现, 可以得出改进后的冒泡排序算法 (又简称为冒泡排序算法)。

例7-5：改进后的冒泡排序代码如下。

```
void bubbleSort(SqList *L)
{
    int i, j;
    RecType temp;
    int flag=0;                  //用于标识每趟排序中是否发生记录交换
    for(i=1; i<L->length; i++){
        //第i趟排序前, 有序子文件有i-1条记录, 起始位置为r[L->length-i+2]
        flag=0;                  //初始化本轮记录交换标识符为0
        for(j=1; j<L->length-i; j++)   //第i次遍历需要比较n-i对记录
        {
            if(L->r[j].key>L->r[j+1].key)
            {
                //此时L->r[j]与L->r[j+1]构成逆序记录对,交换L->r[j]与L->r[j+1]
                temp=L->r[j]; L->r[j]=L->r[j+1]; L->r[j+1]=temp;
                flag=1;     //标识每趟排序中发生了记录交换
            }
        }
        if(flag==0)
            break;           //本趟排序没有发生记录交换, 算法执行结束
    }
}
```

冒泡排序算法分析：

1. 算法稳定性分析

给定任意两个具有相同排序关键字的记录A和B, 假定在原始待排序文件中A位于B之前。当使用冒泡排序算法对待排序文件中的记录进行排序时, 由于冒泡排序算法只支持相邻记录的交换, 因此, 在记录A、B相对位置发生改变的前一刻, A、B应为相邻记录且A位于B的前方。然而, 冒泡排序算法以 "前一记录排序关键字大于后一记录排序关键字" 作为记录交换条件, 因此, 这里并无法实现A、B之间的交换。这意味着A、B相对位置不会发生改变, 冒泡排序算法是稳定的排序算法。

2. 算法空间复杂度分析

冒泡排序需要一个临时变量用于相邻记录交换, 空间复杂度为 $O(1)$。

3. 算法时间复杂度分析

（1）最好情况：待排序文件中记录满足正序顺序。此情况下, 只需进行一趟排序, 且排序过程中关键字比较次数为 $n-1$ 次, 不发生记录移动, 算法时间复杂度为 $O(n)$。

（2）最坏情况：待排序文件中记录满足逆序需求。此情况下, 需要进行过 $n-1$ 趟排序, 第 i 次遍历需要 $n-i$ 次关键字比较、$n-i$ 次记录交换 (每次关键字比较后都发生记录交换)、$3(n-i)$ 次记录移动。因此, 关键字比较总次数为 $(n-1)+(n-2)+\cdots+1=n(n-1)/2$、记录移动总次数为 $3(n-1)+3(n-2)+\cdots+3=3n(n-1)/2$ 次、算法时间复杂度为 $O(n^2)$。

利用冒泡排序算法对记录 7, 6, 3, 9, 2 从小到大排序，最少需要经过几趟遍历才可以得到最终结果？

7.4.2　快速排序算法

快速排序算法

在冒泡排序算法执行过程中，有序子文件始终位于待排序文件尾部，算法需要遍历无序子文件，访问无序子文件中的每条记录。如果在每趟排序之前都能够确定目标记录最终位置的大体范围，那么是否只需遍历此范围内的记录就能够确定目标记录的最终位置呢？基于此思想提出了快速排序算法。

快速排序算法的设计思想：先将待排序文件视为一个较大的无序子文件，然后总是在每个无序子文件中选择一条记录作为主元，通过比较主元和无序子文件中的其他记录以及交换无序子文件中记录的方式，确定主元最终位置，并实现对无序子文件的划分（主元前面元素都不大于主元，主元后面元素都不小于主元）。重复上述操作，直至每个无序子文件中只存在一条记录。

在快速排序算法执行过程中，主元位置的确定实现了对无序子文件的划分，将无序子文件划分成一个（主元最终位置在无序子文件首部或尾部）或两个（主元最终位置不在无序子文件首部和尾部）规模较小的无序子文件。由于无序子文件的规模总是在不断减小，因此，一定会出现每个无序子文件中只存在一条记录的场景，算法运行得以结束。假定待排序文件由 n 条记录组成，记录依次存储在 $r[1] \sim r[n]$ 中。使用快速排序算法对待排序文件中的记录进行排序，具体处理流程如下。

（1）将待排序文件视为无序子文件，标识无序子文件位置 $low=1$，$high=n$。

（2）对每个无序子文件 $r[low] \sim r[high]$ 执行如下操作。首先，选取无序子文件中的首条记录 $r[low]$ 作为主元，记录主元以及无序文件的起始位置和截止位置（$r[0]=r[low]$，$i=low$，$j=high$），然后使用变量 j 从后至前遍历无序子文件，使用变量 i 从前至后遍历无序子文件，直至 i 与 j 相等。遍历过程中，算法具体执行过程如下。

① 以 j 为起始位置从后至前访问无序子文件中的每条记录，并比较当前所访问记录 $r[j]$ 排序关键字与主元排序关键字的大小。如果直至遍历结束（$j=i$）未发现排序关键字小于主元排序关键字的记录，i、j 所指向位置为主元最终位置，将主元 $r[0]$ 赋予 $r[j]$，结束遍历，否则，一旦发现排序关键字小于主元排序关键字的记录 $r[j]$，将当前所访问记录 $r[j]$ 前置并赋予 $r[i]$，且更新下一步遍历的起始位置（令 $i=i+1$）。

② 以 i 为起始位置从前至后访问无序子文件中的每条记录，并比较当前所访问记录 $r[i]$ 排序关键字与主元排序关键字的大小。如果直至遍历结束（$i=j$）都未发现排序关键字大于主元排序关键字的记录，i、j 所指向位置为主元最终位置，将主元 $r[0]$ 赋予 $r[j]$，结束遍历，否则，一旦发现排序关键字大于主元排序关键字的记录 $r[i]$，将当前所访问记录 $r[i]$ 后置并赋予 $r[j]$，且更新下一步遍历的起始位置（令 $j=j-1$），重新执行第（1）步。

③ 更新无序子文件划分信息，并重新执行第（2）步，直至每个无序子文件都只包含一条记录。

下面同样以待排序文件(20, 42, 17, 13, 20, 14, 23, 15, 9)进行排序来介绍快速排序算法具体的执行过程。在第一趟排序过程中，算法首先将整个待排序文件 $r[1] \sim r[9]$ 视为一个无序子文件，然后选取无序子文件中的首条记录 $r[1]=20$ 作为主元，并令 $i=low=1$，$j=high=9$，为主元确定最终位置。具体处理过程如图 7.5 所示。

经过第一趟排序，无序子文件 $r[1] \sim r[9]$ 为主元 20 为分界点，被划分为两个规模较小的无序子文件 $r[1] \sim r[6]=(9,15,17,13,20,14)$ 和 $r[8] \sim r[9]=(23,42)$。接下来，在第二趟排序中，算法将分别

确定无序子文件 $r[1] \sim r[6]$ 中主元 $r[1]$ 和无序子文件 $r[8] \sim r[9]$ 中主元 $r[8]$ 的位置，并实现对两个无序子文件的划分。每趟排序结果如图 7.6 所示。

图 7.5　快速排序算法第一趟执行过程

	$r[1]$	$r[2]$	$r[3]$	$r[4]$	$r[5]$	$r[6]$	$r[7]$	$r[8]$	$r[9]$
初始序列	(20	42	17	13	20	14	23	15	9)
第一趟排序结果	(9	5	17	13	20	14)	20	(23	42)
第二趟排序结果	9	(15	17	13	20	14)	20	23	(42)
第三趟排序结果	9	(14	13	15	(20	17)	20	23	42
第四趟排序结果	9	(13)	14	15	(17)	20	20	23	42

图 7.6　快速排序算法每趟排序结果

例 7-6： 快速排序算法代码如下。

```
void sort(SqList *L, int low, int high)
{
    int i, j;
    i=low; j=high;          //设置 i、j 的初始值
    if(i<j)
    {
        L->r[0]=L->r[i];    //将主元保存到 r[0]中
```

```
            while(i!=j)          //i与j未相遇，继续遍历无序子文件
            {
                while(i!=j && L->r[j].key>=L->r[0].key)
                    j--;          //用j实现无序子文件从后至前的遍历
                if(i!=j)  //当前所访问记录r[j]大于主元r[0]
                {
                    L->r[i]=L->r[j];i++;     //将当前所访问记录r[j]赋予r[i]
                    while(i!=j && L->r[i].key<=L->r[0].key)
                        i++;          //用i实现无序子文件从前至后的遍历
                    if(i!=j)          //当前所访问记录r[i]小于主元r[0]
                    {
                        L->r[j]=L->r[i];   j--; //将当前所访问记录r[i]赋予r[j]
                    }
                }
            }
            L->r[j]=L->r[0];          //将主元赋予r[j]，划分无序子文件
            sort(L, low, j-1);sort(L, j+1, high); //递归排序主元左、右子文件
        }
    }
    void quickSort(SqList *L) //对待排序文件L->r[]中的记录执行快速排序
    {
        if(L->length>1)
        {
            sort(L, 1, L->length);
        }
    }
```

快速排序算法分析：

1. 算法稳定性分析

在对待排序文件(20, 42, 17, 13, 20, 14, 23, 15, 9)中的记录进行快速排序时，记录20与20的相对位置在排序前后发生了改变。显然，快速排序算法不能保证待排序文件中具有相同排序关键字记录的相对位置不发生改变，因此该算法是不稳定的排序算法。

2. 算法空间复杂度分析

鉴于快速排序算法以递归方式执行，需要使用栈空间保存中间计算结果。因此，在最好情况下，每次对无序子文件的划分都将无序子文件分割成等长度的两个部分，此时栈的最大深度为 $\lfloor \log_2 n \rfloor + 1$，算法空间复杂度为 $O(\log_2 n)$；最坏情况下，每次主元都被放置在无序子文件的两侧，此时栈的最大深度为 $n-1$，算法空间复杂度为 $O(n)$；平均情况下，主元最终位置呈现为无序子文件上的均匀分布，算法空间复杂度为 $O(\log n)$。

3. 算法时间复杂度分析

快速排序算法时间性能与主元在无序子文件上的最终位置有关。

（1）最好情况：每次对无序子文件的划分都将无序子文件分割成等长度的两个部分。此时，以 $T(n)$ 表示对长度为 n 的无序子文件进行划分时所需要的时间开销，由于划分后的左、右子文件具有相同的长度，因此，$T(n)$ 满足：

$$T(n)=2T(n/2)+n=2(2T(n/4)+n/2)+n=4T(n/4)+2n=\cdots=nT(1)+n\log_2n=O(n\log n)$$

（2）最坏情况：每次对无序子文件划分后，主元都被置在无序子文件的两侧。以 n 表示无序子文件的长度，此情况下，划分后的左、右子文件长度分别为 0 和 $n-1$。因此，整个排序过程共需要 $n-1$ 次划分，且第 i 趟排序时只存在一个为 $n-i+1$ 的无序子文件长度，需要 $n-i$ 次关键字比较。由此可以得出，算法共需 $(n-1)+(n-2)+\cdots+1=n(n-1)/2$ 次比较，算法时间复杂度为 $O(n^2)$。

（3）平均情况：快速排序算法的平均时间性能可由归纳法证明，数量级为 $O(n\log n)$。

讨论题

分析导致快速排序算法不稳定的根本原因。

7.5　选择排序算法

选择排序算法是一种简单、直观的排序算法。它的工作原理是：第一次从待排序的数据元素中选出最小（或最大）的一个元素，存放在序列的起始位置，然后从剩余的未排序元素中寻找到最小（大）元素，然后放到已排序序列的末尾。依此类推，直到全部待排序数据元素的个数为 0。

7.5.1　简单选择排序算法

简单选择排序算法的设计思想为：将待排序文件划分为有序子文件和无序子文件两个部分，依次将无序子文件中具有最小排序关键字的记录置于有序子文件尾部，直至无序子文件只包含一条记录。

具体而言，简单选择排序算法执行过程如下。

（1）将待排序文件划分为不包含任何记录的有序子文件和包含所有记录的无序子文件，有序子文件位于无序子文件之前。

（2）从前至后遍历无序子文件，找出无序子文件中具有最小排序关键字的记录，将此记录与无序子文件中的首条记录交换。

（3）更新有序子文件和无序子文件的规模（有序子文件的规模加 1，无序子文件的规模减 1），如果更新后的无序子文件只包含 1 条记录，算法执行结束，否则，重复执行第（2）步。

下面同样以待排序文件(20, 42, 17, 13, <u>20</u>, 14, 23, 15, 9)进行排序来介绍简单选择排序算法在此文件上的执行过程，以体会该算法设计思想。首先，算法将待排序文件划分为有序子文件和无序子文件(20, 42, 17, 13, <u>20</u>, 14, 23, 15, 9)，接下来，在第一趟排序中，算法默认将无序子文件中的首条记录 $r[i]=r[1]=20$ 作为无序子文件中的最小记录，使用一个临时变量 min 标识此记录的位置（$min=i=1$），然后从无序子文件中的第二条记录开始，从前至后遍历无序子文件，并在访问每个记录 $r[j]$ 时，比较当前最小记录 $r[min]$ 与当前访问记录 $r[j]$ 的大小。如果当前最小记录 $r[min]$ 大于当前访问记录 $r[j]$，更新 min 的取值（$min=j$）。遍历结束后，交换当前最小记录 $r[min]$ 与无序子文件中首条记录 $r[i]$ 的位置，并更新有序子文件和无序子文件的规模（将无序子文件中的首条记录 $r[i]$ 移出无序子文件，并放入有序子文件）。上述执行过程如图 7.7 所示。

简单选择排序算法在每趟排序后都将有序子文件扩充一条记录。对具有 n 条记录的待排序文件排序，需要 $n-1$ 趟排序。图 7.8 展示了简单选择排序算法在实例 7-1 中待排序文件上的每趟排序结果。

	r[1]	r[2]	r[3]	r[4]	r[5]	r[6]	r[7]	r[8]	r[9]
初始序列	20	42	17	13	<u>20</u>	14	23	15	9
令i=1，min=i，j=2	20 i min	42 j	17	13	<u>20</u>	14	23	15	9
由于r[j]=42不小于r[min]=20，不更新min，j++，继续遍历	20 i min	42	17 j	13	<u>20</u>	14	23	15	9
由于r[j]=17小于r[min]=20，更新min=j，j++，继续遍历	20 i	42	17 min	13 j	<u>20</u>	14	23	15	9
由于r[j]=13小于r[min]=17，更新min=j，j++，继续遍历	20 i	42	17	13 min	<u>20</u> j	14	23	15	9
由于r[j]=20不小于r[min]=13，不更新min，j++，继续遍历	20 i	42	17	13 min	<u>20</u>	14 j	23	15	9
由于r[j]=14不小于r[min]=13，不更新min，j++，继续遍历	20 i	42	17	13 min	<u>20</u>	14	23 j	15	9
由于r[j]=23不小于r[min]=13，不更新min，j++，继续遍历	20 i	42	17	13 min	<u>20</u>	14	23	15 j	9
由于r[j]=15不小于r[min]=13，不更新min，j++，继续遍历	20 i	42	17	13 min	<u>20</u>	14	23	15	9 j
由于r[j]=9小于r[min]=13，更新min=j，j++，继续遍历	20 i	42	17	13	<u>20</u>	14	23	15	9 min
由于j>9，遍历结束，交换r[min]=9和r[i]=20，将有序子文件更新为(9)	(9) i	42	17	13	<u>20</u>	14	23	15	20 min

图7.7 简单选择排序算法第一趟排序执行过程

	r[1]	r[2]	r[3]	r[4]	r[5]	r[6]	r[7]	r[8]	r[9]
初始序列	20	42	17	13	<u>20</u>	14	23	15	9
第一趟排序	(9)	42	17	13	<u>20</u>	14	23	15	20
第二趟排序	(9	13)	17	42	<u>20</u>	14	23	15	20
第三趟排序	(9	13	14)	42	<u>20</u>	17	23	15	20
第四趟排序	(9	13	14	15)	<u>20</u>	17	23	42	20
第五趟排序	(9	13	14	15	17)	<u>20</u>	23	42	20
第六趟排序	(9	13	14	15	17	<u>20</u>)	23	42	20
第七趟排序	(9	13	14	15	17	<u>20</u>	20)	42	23
第八趟排序	(9	13	14	15	17	<u>20</u>	20	23)	42

图7.8 简单选择排序算法每趟排序结果

例7-7：简单选择排序算法代码如下。

```
void selectSort(SqList *L)  //设置i、j的初始值
{
    int min, i, j;
```

```
RecType temp;
for(i=2;i<=L->length;i++)    //共需执行 L->length-1 趟排序
{
  min=i;                //min 指向无序子文件中的第一条记录
  for(j=i+1;j<= L->length;j++) //从无序子文件第二个记录起遍历无序子文件
      if(L->r[j].key<L->r[min].key) min=j;  //遍历过程中不断更新 min
  if(min!=i){
      temp=L->r[i]; L->r[i]=L->r[min]; L->r[min]=temp;
                                      //交换 L->r[min]与 L->r[i]
  }
 }
}
```

简单选择排序算法分析:

1. 算法稳定性分析

当使用简单选择排序算法对实例 7-1 中待排序文件进行排序后, 文件中具有相同排序关键字的两条记录 20 和 20 的相对位置发生了改变。由此可见, 简单选择排序算法不满足稳定排序算法要求, 因此该算法是不稳定的排序算法。

2. 算法空间复杂度分析

简单选择排序算法需要一个辅助空间用于记录交换, 算法空间复杂度为 $O(1)$。

3. 算法时间复杂度分析

简单选择排序算法执行过程中的关键字比较次数与待排序文件中记录的位置无关。对具有 n 条记录的待排序文件进行排序时, 算法在第 i 趟排序中需要进行 $n-i$ 次比较, 因此, 算法执行过程中的关键字比较总次数为 $(n-1)+(n-2)+\cdots+1=n(n-1)/2$。在记录移动方面, 可以从以下两种情况考虑。

（1）最好情况: 每趟排序都不交换记录。此情况下, 记录交换次数为 0。

（2）最坏情况: 每趟排序都要交换记录。此情况下, 记录交换总次数为 $n-1$ 次、记录移动次数为 $3(n-1)$ 次。

综合关键字比较次数与记录移动次数可知, 简单选择排序算法时间复杂度为 $O(n^2)$。#

7.5.2　树状选择排序算法

树状选择排序算法又称锦标赛排序算法, 在竞技比赛中经常使用。树状选择排序算法的设计思想为: 首先将待排序文件中的记录进行两两分组, 选出每组中的优胜记录, 组成新的待排序文件, 然后重复上述分组、选择、组合过程, 当待排序文件中只有一条记录时, 此记录就是原始待排序文件中的最小记录。在查找剩余记录中的最小记录时, 算法可以充分利用现有比较结果, 将最小记录原始位置设为极大值, 只重走所选出最小记录的竞争轨迹。

下面同样以待排序文件(20, 42, 17, 13, 20, 14, 23, 15, 9)进行排序来介绍树状选择排序算法在此文件上的执行过程, 以体会该算法设计思想。树状选择排序算法执行过程如图 7.9 所示。

在使用树状选择排序算法对待排序文件(20, 42, 17, 13, 20, 14, 23, 15, 9)进行排序时, 算法共执行 9 趟排序。在第一趟排序过程中, 算法首先将待排序文件分组, 形成 4 组竞争对(20,42)、(17,13)、(20,14)、(23,15)和 1 条轮空记录 9, 然后算法比较每组竞争对中的记录, 并构建二叉树结构, 以左、右子结点存储竞争对中的记录, 以父结点存储优胜记录。由于 20<42, 第一组竞争对的优胜记录为

20；同理，另外 3 组的优胜记录分别为 13、14 和 15。接下来，算法整合优胜记录和轮空记录，获得新的待排序文件(20,13,14,15,9)，并对文件中的记录再次分组，形成 2 组竞争对(20,13)、(14,15)和 1 条轮空记录 9。然后重复上述操作，得到 2 组竞争对的优胜记录 13 和 14，将以结点 20 与 13 为根的二叉树合并，为新树的树根赋值优胜记录 13；将以结点 14、15 为根的二叉树合并，为新树的树根赋值优胜记录 14。接着，重新整合优胜记录和轮空记录，获得新的待排序文件(13,14,9)，并对文件中记录分组，获得竞争对(13,14)和轮空记录 9。在竞争对中找到优胜记录 13，合并以结点 13、14 为根的二叉树，为新树的根结点赋值 13。最后，优胜记录 13 与轮空记录 9 构成竞争对，因此，合并以结点 13 和结点 9 为根结点的二叉树，为新树的根节点赋值 13 与 9 之间的优胜记录 9。此时不再能找到竞争对，输出当前树的根结点 9。在第二趟排序中，首先找到刚输出记录 9 所标识的叶子结点，然后将此结点中记录更新成极大值，并重新计算此结点至根结点路径上的所有结点。由于记录 9 的叶子结点处于第二层，因此，第二趟排序中只需重新计算根结点，并输出优胜记录。

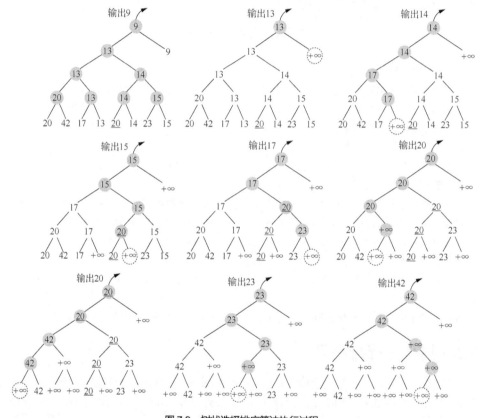

图 7.9 树状选择排序算法执行过程

树状选择排序算法分析：

1. 算法稳定性分析

根据上述实例分析，树状选择排序算法是不稳定的排序算法。

2. 算法空间复杂度分析

树状选择排序算法需要以待排序记录为叶子结点构造一棵不含 1 度结点的二叉树。根据二叉树性質可知，具有 n 个叶子结点且不含 1 度结点的二叉树中含有 $n-1$ 个分支结点。因此，树状选择排序算法空间复杂度为 $O(n)$。

3. 算法时间复杂度分析

树状选择排序算法执行过程中所构建的所有分支结点都是记录比较后的结果，因此，在第一趟排序过程中，二叉树结构构建完毕共开辟 $n-1$ 个结点、进行 $n-1$ 次关键字比较。在接下来的每趟排序过程中，算法在二叉树的每一层只更新一个结点。由于具有 n 个叶子结点的满二叉树树高 $\lfloor \log_2 n \rfloor + 1$，则在树状选择排序中，每选择一个小关键字需要进行 $\log_2 n$ 次比较，而移动记录次数不超过比较次数，故树状选择排序算法时间复杂度为 $O(n\log n)$。

讨论题

分析树状选择排序算法不稳定的原因。

7.5.3 堆排序算法

堆排序算法

在介绍堆排序之前，先给出堆的定义：n 个序列元素 $\{k_1, k_2, \cdots, k_n\}$，当且仅当满足如下关系时，被称为堆。

$$\begin{cases} k_i \leqslant k_{2i} \\ k_i \leqslant k_{2i+1} \end{cases} \text{或者} \begin{cases} k_i \geqslant k_{2i} \\ k_i \geqslant k_{2i+1} \end{cases}, \quad 1 \leqslant i \leqslant n/2$$

（二叉）堆是一个具有如下性质的完全二叉树：每个结点的值都不小于其左、右孩子的值（大顶堆）或者每个结点的值都不大于其左、右孩子的值（小顶堆）。图 7.10（a）和图 7.10（b）分别为大顶堆和小顶堆的二叉树形式及其对应序列。

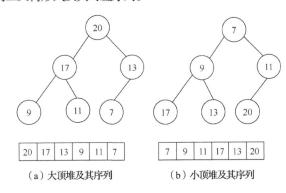

（a）大顶堆及其序列　　　　（b）小顶堆及其序列

图 7.10　堆的示例

堆排序是利用堆的特性进行排序的方法，其基本思想是：首先将待排序记录构造为堆，然后输出堆顶记录（键值最大记录），然后将剩余记录重新构造为堆，重复"输出堆顶—构造堆"过程，直到堆中只剩一条记录。

以大顶堆为例，堆排序具体分为以下 3 步。

（1）将所有待排序序列构造成一个堆，此时堆顶为键值最大的记录。

（2）将堆顶记录输出，通常将堆顶记录和最后一个记录交换。

（3）将剩余记录再调整成堆，重复第（2）步。

可见，堆排序需要解决两个问题：①如何将一个无序序列构建成一个堆；②输出堆顶记录后，如何调整剩余元素构建一个新堆。

下面先讨论问题②。以图 7.11（a）中序列(20,17,13,9,11,7)为例，将大顶堆的堆顶记录 20 与堆的最后一个记录 7 交换后输出记录 20，就得到图 7.11（b）中的二叉树，此时除根结点 7 外，其他结点均符合根的定义。接下来，从根结点开始对此二叉树进行调整：将被调整的结点与其左、右孩子进行比较，如果不满足堆的性质，则将被调整结点与其左、右孩子中的较大值交换，重复这一过程，直到所有子树均为堆。我们将这个自堆顶到叶子的调整过程称为"**堆调整**"。

图 7.11（b）~图 7.11（c）演示了如何将剩余记录重新调整为堆的过程。首先进行根结点 7 的左、右孩子关键字比较，两者的最大值 17 大于 7，所以记录 7 与 17 交换位置（见图 7.11（b））。经过这一次交换，破坏了原左子树的结构，需要对左子树再进行调整；同样地，将结点 7 与其左、右孩子间的较大值 11 交换（见图 7.11（c）），得到最终的新堆（见图 7.11（d））。

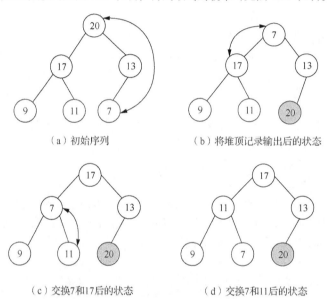

（a）初始序列　　　　　　　　　　　（b）将堆顶记录输出后的状态

（c）交换7和17后的状态　　　　　　　（d）交换7和11后的状态

图 7.11　输出堆顶元素并建立新堆的过程

接下来讨论问题①。一种容易想到的实现方式是遍历初始记录，根据二叉树性质将初始记录不断加入堆中；不过另一种更巧妙的实现方式是从最后一个非叶子结点开始，从后向前对所有非叶子结点进行堆调整，最终即可建立一个堆。

以序列(11,9,7,20,17,13)为例，初始建堆过程如图 7.12 所示。图 7.12（a）中从后向前非叶子结点分别为 7、9、11，图 7.12（b）~图 7.12（d）表示依次堆调整以 7、9、11 为根结点的子树后的结果。

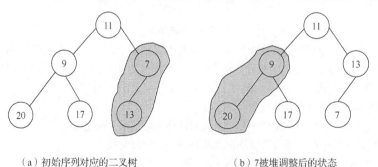

（a）初始序列对应的二叉树　　　　　　（b）7被堆调整后的状态

图 7.12　初始建堆过程

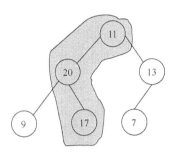
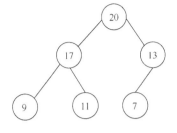

（c）9被堆调整后的状态　　　　　　　　　　（d）11被堆调整后的状态

图 7.12　初始建堆过程（续）

将初始序列调整为大顶堆后，重复"输出堆顶元素—重新调整为堆"的过程就可得到排序结果。图 7.13（a）~ 图 7.13（j）演示了这个过程，其中双向箭头表示堆顶记录与堆中最后一个记录将进行交换。

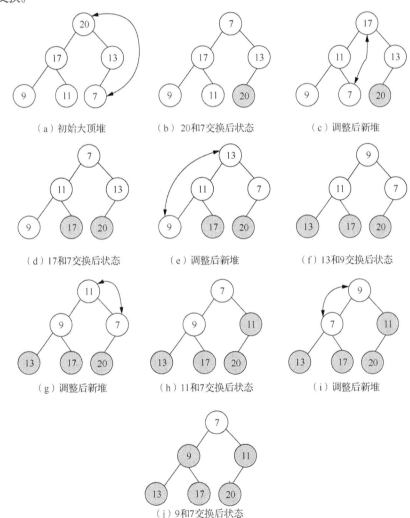

图 7.13　堆排序算法排序结果

例 7-8： 堆排序算法代码如下。

```
//堆结构定义
typedef SqList HeapType;              //堆采用顺序表存储
//堆调整算法
//HeapAdjust 函数调整 H->r[s]的记录，使 H->r[s]~H->r[m]成大顶堆
void HeapAdjust(HeapType *H, int s, int m)
{
    int left=2*s+1;         //结点 i 的左孩子
    int right=2*s+2;        //结点 i 的右孩子
    int largest=s;          //结点 i 和左、右孩子 3 个结点中的键值最大记录
    if(left<=m && H->r[largest].key< H->r[left].key)
        largest=left;
    if(right<=m && H->r[largest].key< H->r[right].key)
        largest=right;
    if(largest!=s){         //最大键值的结点不是父节点
        RecType temp=H->r[s];H->r[s]=H->r[largest];H->r[largest]=temp;
        HeapAdjust(H,largest,m);  //递归调用
    }
}
//堆排序算法
void HeapSort(HeapType* H)
{
    RecType temp;
    int i;                  //temp 用于交换记录，i 为被调整结点
    //将 H->r[1]~H->r[H.length]建成大顶堆
    for(i=H->length/2; i>=0; i--)    //从后向前调整叶子结点
        HeapAdjust(H, i, H.length);
    for(i=H->length; i>1; i--)
    {
        temp=H->r[1]; H->r[1]=H->r[i]; H->r[i]=temp;
                                //交换堆顶记录和堆中最后一个记录
        HeapAdjust(H, 1, i-1);          //待排序记录长度减 1，表示输出最后一个记录
    }
}
```

堆排序算法分析：

1. 算法稳定性分析

堆排序算法是不稳定的算法。在堆顶与堆尾交换的时候，两个键值相等的记录在序列中的相对位置可能发生改变。

2. 算法空间复杂度分析

堆排序算法中只用了一个局部变量来交换记录，空间复杂度为 $O(1)$。

3. 算法时间复杂度分析

堆排序算法的运行时间主要耗费在初始建堆和调整新堆时，多次调用 HeapAdjust 算法上。

（1）对深度为 h 的二叉树，HeapAdjust 算法中关键字比较次数至多为 $2(h-1)$ 次。

（2）建立 n 个记录，深度为 h=⌊log₂n⌋+1 的初始堆时，总共进行的关键字比较次数不超过 4n 次。

第 i 层上的结点数最多为 2^{i-1} 个，以它们为根的二叉树深度为 h-i+1，则调用⌊n/2⌋次 HeapAdjust 算法时，总共比较次数不超过下式的值。

$$\sum_{i=h-1}^{1} 2^{i-1} \cdot 2(h-i) = \sum_{i=h-1}^{1} 2^i (h-i)$$

$$= \sum_{j=1}^{h-1} 2^{h-j} \cdot j = 2^{h+1} - 2h - 2 \leqslant 2^{h+1} = 2^{\lfloor \log_2 n \rfloor + 2} \leqslant 4n$$

（3）n 个结点的完全二叉树深度为⌊log₂n⌋+1，调整新堆调用 HeapAdjust 算法 n-1 次，总共比较次数至多为：

$$2 \times (\lfloor \log(n-1) \rfloor + \lfloor \log n(n-2) \rfloor + \cdots + \log 1) \leqslant 2n \lfloor \log n \rfloor$$

则最坏情况下，堆排序的时间复杂度为 O(nlogn)。

在初始建堆的过程中，为什么是"从最后一个非叶子结点开始，从后向前对所有非叶子结点进行堆调整"，而不是"从堆顶开始，从前向后对非叶子结点进行堆调整"？

7.6 归并排序算法

归并排序算法主要基于"归并"操作完成排序，"k-路归并"即把 k（k≥2）个有序序列合并为一个新有序序列的过程。2-路归并排序的基本思想是：将待排序列分成两个部分，对每个部分递归地应用归并排序，两个部分都排好序后再对它们进行归并。假设待排序序列长度为 n，2-路归并排序算法具体执行步骤如下。

归并排序算法

第一步：判定待排序序列长度，如果待排序序列长度为 1，直接返回当前序列，否则进入第二步操作。

第二步：将待排序序列划分为两个长度分别为⌈n/2⌉和 n-⌈n/2⌉的子序列，并递归执行 2-路归并排序算法对所获得的两个子序列分别进行排序，从而得到两个有序子序列。

第三步：合并所获得的两个有序子序列，并确保合并后的结果依然有序。在此过程中，通常需要开辟一个长度为 n 的临时存储空间，以存放子序列合并过程中的中间结果。此外，需要在合并结束后将临时存储空间中的数据复制到待排序序列空间。

假定 r[s] ~ r[m]和 r[m+1] ~ r[t]是归并排序中需要合并的两个子序列，以 se[s] ~ se[t]表示合并过程中所用到的临时空间，r[s] ~ r[m]和 r[m+1] ~ r[t]的合并过程如下。

（1）初始化指针 i、j、k，令上述 3 个指针分别指向子序列 r[s] ~ r[m]、子序列 r[m+1] ~ r[t]和临时空间 se[s] ~ se[t]首条记录的位置，即 i=s，j=t，k=s。

（2）比较 r[i]和 r[j]的大小，将 r[i]和 r[j]中具有较小排序关键字的记录存入 se[k]（当 r[i]和 r[j]的排序关键字相等时，将 r[i]存入 se[k]），然后将 se[k]来源记录所对应的指针（i 或 j）后移一位，同时后移指针 k。

（3）如果指针 i 超出所对应子序列的范围，即 i>m，将子序列 r[j] ~ r[t]复制到 se[k] ~ se[t]；如果指针 j 超出所对应子序列的范围，即 j>t，将子序列 r[i] ~ r[m]复制到 se[k] ~ se[t]；如果指针 i 和

j 均未超出各自所对应子序列的范围，重复执行第（2）步操作。

　　假设初始序列为(20,42,17,13,<u>20</u>,14,23,15,9)，则使用归并排序算法的排序过程如图 7.14 所示。首先将初始序列划分为长度分别为 5 和 4 的两个子序列(20,42,17,13,<u>20</u>)、(14,23,15,9)，然后对这两个子序列递归地应用归并排序，将(20,42,17,13,<u>20</u>)划分为(20,42,17)和(13,<u>20</u>)，将(14,23,15,9)划分为(14,23)和(15,9)，继续进行划分过程，直到划分后子序列长度为 1，例如(20,42)被划分为(20)和(42)。划分结束后，将这些子序列合并为稍大的有序序列，即将(20)和(42)合并为(20,42)，将子序列(17)留到下一趟归并操作时处理，将(13)和(<u>20</u>)合并为(13,<u>20</u>)，将(14)和(23)合并为(14,23)，将(15)和(9)合并为(9,15)。重复归并过程，直到形成一个有序序列。

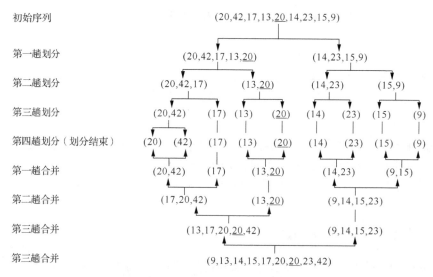

图 7.14　归并排序算法的执行过程

例 7-9：归并排序算法代码如下。

```
//合并两个有序序列 arr[low]~arr[mid]和 arr[mid+1]~arr[high]为一个有序序列
void Merge(int arr[],int low, int mid, int high){
    int i=low,j=mid+1,k=0;
    int *temp=(int*)malloc((high-low+1)*sizeof(int));
                                    //temp 数组暂存合并的有序序列
    while(i<=mid&&j<=high){
        if(arr[i]<=arr[j])          //两个子序列中键值较小的记录先存入 temp 中
            temp[k++]=arr[i++];
        else
            temp[k++]=arr[j++];
    }
    while(i<=mid)   temp[k++]=arr[i++];   //将剩余 r[i]~r[m]复制到 temp[]
    while(j<=high)  temp[k++]=arr[j++];   //将剩余 r[j]~r[m]复制到 temp[]
    for(i=low,k=0;i<=high;i++,k++)        //将排好序的存回 arr 中
        arr[i]=temp[k];
    free(temp);                           //释放内存
}

//对数组元素 arr[low]~arr[high]进行归并排序
void MergeSort(int arr[], int low,int high) {
```

```
        if(low>=high) { return; }      //终止递归的条件，子序列长度为1
        int mid=low+(high-low)/2;       //取得序列中间的元素
        MergeSort(arr,low,mid);         //对左半边递归
        MergeSort(arr,mid+1,high);      //对右半边递归
        merge(arr,low,mid,high);        //合并
    }
```

归并排序算法分析：

1. 算法稳定度分析

归并排序算法是稳定的排序算法，因为归并排序算法按照初始序列的顺序合并有序序列，也按照初始序列的顺序产生合并结果。

2. 算法空间复杂度分析

归并排序算法中用了一个辅助数组，它与原记录序列的长度相同。因此，该算法的空间复杂度为 $O(n)$。

3. 算法时间复杂度分析

对两个总长度为 n 的有序子序列执行归并操作需要遍历两个子序列，并将子序列中的记录按照某种顺序移动到合并后的序列上，故归并操作的时间复杂度为 $O(n)$，且 2-路归并排序以递归的方式调用归并算法：其关键字比较次数的时间复杂度函数为 $T(n)=2T(n/2)+O(n)=O(n\log_2 n)$；归并排序算法中每趟移动 n 个记录，共移动 $O(n\log_2 n)$ 个记录，则归并排序算法时间复杂度为 $O(n\log n)$。

讨论题

请实现 3-路归并排序算法，并分析 3-归并排序算法的时间复杂度和空间复杂度。

7.7 分配排序算法

本章 7.3 节～7.6 节介绍了插入排序算法、交换排序算法、选择排序算法和归并排序算法，这些排序算法通过比较关键字来确定记录间的先后顺序。本节将介绍分配排序算法，此类算法无须比较记录的关键字，而是通过额外的空间"分配"和"收集"记录，从而实现时间复杂度为 $O(n)$ 的排序算法。

7.7.1 桶排序算法

桶排序（Bucket Sort）也称为箱排序（Bin Sort）。桶是能容纳多个记录的容器，桶中的记录个数不确定，因此采用链式结构存储记录较为合理。假设待排序列 $r[1] \sim r[n]$ 中所有记录关键字都是在闭区间$[a,b]$的整数，则序列 $r[1] \sim r[n]$ 的桶排序算法思想如下。

假定使用 k 个桶，第 i 个桶中记录的关键字范围在半开区间：$[a+(i-1)(b-a)/k,a+i(b-a)/k)$，这里 $0<i<k$，第 i 个桶中记录的关键字范围在闭区间：$[a+(k-1)(b-a)/k),b]$ 。接着根据记录关键字所属区间，依次将待排序记录分配到相应的桶中，全部记录入桶后，将每个桶中的记录进行排序，最后顺序收集各个桶里的记录，得到按记录关键字排列的正序序列。

以序列(18,12,05,26,45,98,07,28,62,25)为例，如图 7.15（a）所示。使用 10 个桶，每个桶存放关键字在某一个区间的所有记录，首先遍历待排序记录序列，根据各记录关键字所属区间将记录依次

分配到对应的桶中，例如，记录 28 放入桶[20,30)，记录 98 放入桶[90,100]，然后对每个桶中的记录分别排序，再顺序收集所有桶中的记录，得到排序结果。桶排序算法排序结果如图 7.15（b）所示。

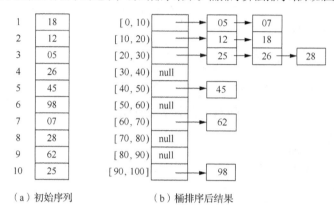

（a）初始序列　　　　　（b）桶排序后结果

图 7.15　桶排序算法排序结果

桶排序算法适用于待排序序列的关键字值范围较小的整数情况。如果键值范围过大，桶排序算法并不可取。

桶排序算法分析：

1. 算法稳定度分析

由于需要先对每个桶中的记录序列进行排序，再将各桶中的有序记录收集起来成为一个有序序列，因此桶排序算法的稳定性取决于对桶中记录所采用排序算法的稳定性。例如，采用直接插入排序算法，则桶排序算法是稳定的；采用简单选择排序算法，则桶排序算法是不稳定的。所以为了确保桶排序算法的稳定性，一般桶中会选择一个稳定的排序算法。

2. 算法空间复杂度分析

当桶采用链式队列作为存储结构时，因为需要将 n 个记录分配到不同的桶中以及每个桶用首、尾两个指针来维护链式队列，k 个桶需要 $2k$ 个指针，所以空间复杂度为 $S(n)=O(n+k)$。

3. 算法时间复杂度分析

桶排序算法的时间复杂度取决于 3 个环节，分配 n 个记录到桶中、对 k 个桶内的记录进行排序以及收集 k 个桶内的记录。假定 n 个记录均匀地分配到 k 个桶中并采用直接插入排序算法对每个桶中的 n/k 个记录进行排序，时间复杂度为 $T(n)=O(n+k(n/k)^2+k)$。当 $n=k$ 时，时间复杂度为 $T(n)=O(n)$。可见，桶的数量越大，时间效率越高，但空间开销也越大。最坏情况下，算法的时间复杂度为 $O(n^2)$。

讨论题

使用桶排序算法可以对一个字符串线性表进行排序吗？如果可以，请简述应该如何实现桶排序算法。

7.7.2　基数排序算法

基数排序算法可以看作是桶排序算法的一种推广和改进。借助桶，将待排序序列分成若干个子序列，在某个时刻将得到的子序列收集起来。与前面基于比较的排序算法不同，基数排序算法排序过程中不需要进行不同记录关键字的比较。假定记录的关键字是基数位的整数，基数排序的基本思想为：使用桶，依据（子）序列中各记录关键字的每一位数值分配记录到对应桶中，将记录分成若干个序列，在关键字从高位到低位或者从低位到高位的移动过程中对待排序的（子）序列反复进行这类操作，并伴随着一些收集过程，最后完成记录的排序操作。

基数排序算法可分为以下两类。

第一类基数排序算法是按关键字最高位到最低位的顺序实现排序的。首先根据关键字的最高位进行排序，将记录序列分成若干个子序列，每个子序列中记录关键字的最高位相同；接着对记录关键字最高位相同的每个子序列，根据关键字的次高位进行排序，将其又分成若干子序列，每个子序列记录关键字的最高两位相同；按这种方式，直到完成按最低位的排序，将待排序序列分成很多子序列，最后一次性将这些子序列顺序收集起来完成记录序列的排序。这类方法被称为**最高位优先**基数排序（most-significant digit radix sort，MSD）。

第二类基数排序算法是按关键字最低位到最高位的顺序实现排序的。根据关键字的每一位进行一趟排序，每一趟都需要做一次分配与收集操作：使用桶，将待排序记录序列分成各子序列，接着将各子序列顺序收集起来，更新待排序的记录序列。这样依据关键字的每一位都做一趟排序后，即可完成记录序列的排序。这类方法被称为**最低位优先**基数排序（least-significant-digit radix sort，LSD）。

下面以关键字基数为 10 的记录序列(18,12,05,26,<u>18</u>,65,07,28,62,25)为例来介绍这两类基数排序算法的排序过程。

1. MSD 基数排序算法排序过程

首先根据最高位(该序列最高位为十位)进行排序，将序列分成 4 个子序列：(05,07)、(18,12,<u>18</u>)、(26,28,25)、(65,62)，每个子序列中关键字最高位都相同。再对每个子序列按个位分成若干子序列，例如(18,12,<u>18</u>)被分为两个子序列：(12)和(18,<u>18</u>)。这样按个位处理后得到的全部子序列依次为：(05)、(07)、(12)、(18,<u>18</u>)、(25)、(26)、(28)、(62)、(65)，每个子序列中的关键字十位和个位都相同。完成从关键字高位到低位的排序后，将记录序列分解成很多子序列，最后才做一次收集，将这些子序列的记录顺序收集起来得到：(05,07,12,18,<u>18</u>,25,26,28,62,65)，完成排序。

MSD 基数排序算法分析：

（1）算法稳定度分析

在将一个（子）序列记录分配成多个子序列的过程中，采用的是"先分配的在前，后分配的在后"的形式，所以 MSD 基数排序算法是稳定的。

（2）算法空间复杂度分析

由于待排序序列会被划分成很多的子序列，假定关键字的位数为位，待排序序列最多可被划分成 10 个子序列，使用桶的方式管理这些子序列不太方便，空间开销也会非常大。为了管理每一关键字位划分出来的队列，空间复杂度为 $O(n+10^d)$。

（3）算法时间复杂度分析

每处理一个关键字位都需要访问各记录，这样访问记录的时间复杂度为 $O(n \cdot d)$，再加上收集 10 个子序列的时间开销，故总的时间复杂度为 $O(n \cdot d+10^d)$。

2. LSD 基数排序算法排序过程

根据关键字基数为 10，建立 10 个桶。从关键字的最低位（个位）起，根据其个位数值，将记录分配到对应桶中，第一趟分配结果如图 7.16（a）所示，再顺序收集得到第一趟收集结果如图 7.16（b）所示，并更新待排序序列。

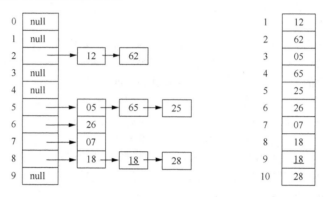

（a）第一趟分配结果　　　　（b）第一趟收集结果

图 7.16　LSD 基数排序算法第一趟分配与收集结果

接着，根据关键字的十位数值，进行第二趟排序，分配结果如图 7.17（a）所示，再顺序收集结果如图 7.17（b）所示。这样从关键字的最低位到最高位，依据每一位都完成一趟排序，并得到排序好的记录序列。

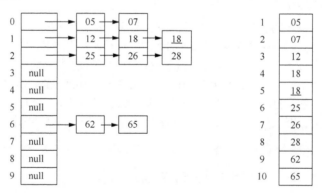

（a）第二趟分配结果　　　　（b）第二趟收集结果

图 7.17　LSD 基数排序算法第二趟分配与收集结果

LSD 基数排序算法分析：

（1）算法稳定性分析

LSD 基数排序算法通过多趟分配与收集完成，按队列的方式将记录分配到桶中，然后顺序将各个桶中的记录收集，所以该基数排序算法是稳定的排序算法。

（2）算法空间复杂度分析

基数排序过程中需要使用 2 个指针来维护各链式队列的桶，将 n 个记录分配到桶中，所以空间复杂度为 $O(n+r)$。如果待排序序列的存储结构是链表形式，对应为链式基数排序，分配时将记录结点从链表中删除，加入对应桶的链式队列中，这样不需要再为 n 个记录分配链式队列结点空间，空间复杂度为 $O(r)$。

（3）算法时间复杂度分析

假设键值中最大的数是 d 位数，在一趟分配、回收过程中，时间复杂度为 $O(n+r)$，故总的时间复杂度为 $O((n+r)\cdot d)$。当 d,r 为常数时，该基数排序的时间复杂度可视为 $O(n)$。

比较 MSD 与 LSD 这两种基数排序算法，可见 LSD 算法实现起来，每一趟分配后就进行收集，没有像 MSD 算法那样每处理一个关键字位时都将一个记录序列分成若干个子序列，使得子序列个数呈指数级别的增长，所以 LSD 算法实现起来要容易得多，更具有实用价值。

讨论题

分别使用 MSD 算法和 LSD 算法对下列句子中的单词按照字典顺序进行排序。
Programs are meant to be read by humans and only incidentally for computers to execute

7.8 各种排序技术比较

表 7.4 汇总了本章学习过的排序算法各种性质。

表 7.4 排序算法性质汇总

排序算法	最坏情况下时间复杂度	平均情况下时间复杂度	最好情况下时间复杂度	空间复杂度	稳定性
直接插入排序	$O(n^2)$	$O(n^2)$	$O(n)$	$O(1)$	稳定
折半插入排序	$O(n^2)$	$O(n^2)$	$O(n\log n)$	$O(1)$	稳定
希尔排序	$O(n^2)$	$O(n^{1.25})$	$O(n)$	$O(1)$	不稳定
冒泡排序	$O(n^2)$	$O(n^2)$	$O(n)$	$O(1)$	稳定
快速排序	$O(n^2)$	$O(n\log n)$	$O(n\log n)$	$O(n)$	不稳定
简单选择排序	$O(n^2)$	$O(n^2)$	$O(n^2)$	$O(1)$	不稳定
树状选择排序	$O(n\log n)$	$O(n\log n)$	$O(n\log n)$	$O(n)$	不稳定
堆排序	$O(n\log n)$	$O(n\log n)$	$O(n\log n)$	$O(1)$	不稳定
归并排序	$O(n\log n)$	$O(n\log n)$	$O(n\log n)$	$O(n)$	稳定
链式基数排序	$O((n+r)\cdot d)$	$O((n+r)\cdot d)$	$O((n+r)\cdot d)$	$O(r+n)$	稳定

1. 时间性能

一般而言，简单排序算法（如直接插入排序算法、简单选择排序算法和冒泡排序算法）比复杂排序算法（如快速排序算法、归并排序算法、堆排序算法等）的时间复杂度更高，但是实现更简单。如果待排序的序列很短，采用简单排序算法就足够了；但如果待排序的序列很长，则需要使用某种高效的排序算法，以保证算法的时间效率。

表 7.4 中排序算法可按平均的时间性能划分为以下 3 类。

（1）时间复杂度为 $O(n\log n)$ 的算法有：快速排序算法、堆排序算法和归并排序算法等，其中快速排序算法被认为是最快的一种排序算法；后两者相比较，在 n 值较大的情况下，归并排序算法比堆排序算法时间性能更好。

（2）时间复杂度为 $O(n^2)$ 的算法有：插入排序算法、冒泡排序算法和选择排序算法等，其中以插入排序算法最为常用，并且尤其适用于已按关键字基本有序排列的记录序列。选择排序过程中记录移动次数最少。

（3）时间复杂度为 $O(n)$ 的排序方法只有基数排序。

选择排序、堆排序和归并排序的时间性能不随记录序列中关键字的分布而改变。

以上对排序时间复杂度的讨论主要考虑排序过程中所需进行关键字间比较的次数；当待排序记录中其他各数据项比关键字占据更大的存储空间时，还应考虑到排序过程中移动记录的操作时间。有时这种操作的时间在整个排序过程中占的比例更大，从这个观点考虑，简单排序算法中冒泡排序算法效率最低。

2. 空间性能

算法的空间性能是指排序过程中所需的辅助空间大小。

（1）所有的简单排序算法（包括插入、冒泡和选择排序）和堆排序的空间复杂度均为 $O(1)$。

（2）快速排序算法的空间复杂度为 $O(n\log n)$，它是递归程序执行过程中栈所需的辅助空间。

（3）归并排序算法和基数排序算法所需辅助空间最多，其空间复杂度为 $O(n)$。

3. 排序算法的稳定性

稳定的排序算法是指对于两个关键字相等的记录在经过排序之后，不改变它们在排序之前在序列中的相对位置。

（1）除希尔排序算法、快速排序算法、简单选择排序算法、树状选择排序算法和堆排序算法是不稳定的排序算法外，本章讨论的其他排序算法都是稳定的。

（2）"稳定性"是由算法本身决定的。一般来说，排序过程中所进行的比较操作和交换数据仅发生在相邻的记录之间；没有大步距的数据调整时，则排序算法是稳定的。简单排序算法多是稳定的，但大多数时间性能较好的排序算法都不稳定，只有归并排序算法能很自然地得到稳定性。

复杂排序算法中，最终也可能需要对比较短的序列进行排序，故实际程序库中的排序函数通常都不是纯粹地采用一种算法，而是使用两种或两种以上方法的组合，如归并排序算法与插入排序算法的组合，以及快速排序算法与插入排序算法的组合等。

综上所述，各个排序算法都有其不同的适用环境，没有哪一种算法在任何情况下都是最优的。在实际使用中，我们需要根据不同的情况，灵活选取合适的算法实现排序。

7.9 本章小结

本章主要讨论各种内部排序的算法。学习本章的目的是了解各种排序算法的原理以及各自的优缺点。各排序算法有各自的适用场景：从时间性能上看，实践中快速排序算法在平均情况下时间复杂度通常最好，但其在最坏情况下具有平方级的时间复杂度，不如归并排序算法和堆排序算法；从待排序列的长度和有序性来看，直接插入排序算法是最适合基本有序且长度比较小的序列的算法，直接插入排序算法还经常与其他排序算法结合使用。例如，当快速排序算法在划分得到很小的分段后转为直接插入排序算法。从算法的稳定性而言，简单排序算法多是稳定的。在实际排序应用中，如果数据记录只有唯一标识码（如用户账号、商品的标识），并且将此唯一标识码作为关键字进行排序，所采用的排序算法是否具有稳定性无关紧要。但如果关键字中有重复值（如成绩、年龄等），就应该根据问题慎重决定是否需要具有稳定性的排序算法。

一般来说，选用排序算法时可有下列几种选择依据。

（1）若待排序的记录个数 n 值较小（例如 $n<30$），则可选用插入排序算法，但若记录所含数据项较多、所占存储量大时，应选用选择排序算法（减少移动次数）。反之，若待排序的记录个数 n 值较大时，应选用快速排序算法。但若待排序记录关键字有"有序"倾向时，就可选用归并排序算法。

（2）快速排序算法和归并排序算法在 n 值较小时的性能不及直接插入排序算法，因此，在实际应用时可将它们与插入排序"混合"使用，如在快速排序算法划分子区间的长度小于某值时，转而调用直接插入排序算法，或者对待排序记录序列先逐段进行直接插入排序，然后利用"归并操作"进行两两归并，直至整个序列有序为止。

（3）基数排序算法的时间复杂度为 $O((n+k)\cdot d)$，因此该算法特别适用于待排序记录数 n 值很大而关键字"位数 d"较小的情况。

查尔斯·安东尼·理查德·霍尔爵士（Sir Charles Antony Richard Hoare，C. A. R. Hoare，1934 年 1 月 11 日—），生于大英帝国锡兰可伦坡（今斯里兰卡），英国计算机科学家，图灵奖得主。他设计了快速排序算法、霍尔逻辑、交谈循序程序，其中霍尔发明的快速排序算法被称为"20 世纪十大算法之一"。

一、选择题

1.【2019 统考真题】选择一个排序算法时，除考虑算法的时空效率外，还需要考虑的是____。

Ⅰ. 数据的规模　　　Ⅱ. 数据的存储方式

Ⅲ. 算法的稳定性　　Ⅳ. 数据的初始状态

　A. 仅Ⅲ　　　　　　B. 仅Ⅰ、Ⅱ　　　　C. 仅Ⅱ、Ⅲ、Ⅳ　　D. Ⅰ、Ⅱ、Ⅲ、Ⅳ

2. 下列排序算法中平均复杂度为 $O(n\log n)$ 且稳定的是____。

　A. 插入排序　　　　B. 归并排序　　　　C. 堆排序　　　　　D. 快速排序

3.【2019 统考真题】排序过程中，对尚未确定最终位置的所有元素进行一遍处理称为"趟"。下列序列中可能是快速排序算法第二趟结果的是____。

　A. 5,2,16,12,28,60,32,72　　　　　　　B. 2,16,5,28,12,60,32,72

　C. 2,12,16,5,28,32,72,60　　　　　　　D. 5,2,12,28,16,32,72,60

4.【2009 统考真题】已知关键字序列 5,8,12,19,28,20,15,22 是小根堆（最小堆），插入关键字 3，调整后得到的小根堆是____。

　A. 3,5,12,8,28,20,15,22,19　　　　　　B. 3,5,12,19,20,15,22,8,28

　C. 3,8,12,5,20,15,22,28,19　　　　　　D. 3,12,5,8,28,20,15,22,19

5.【2009 统考真题】若数据元素序列 11,12,13,7,8,9,23,4,5 是采用下列排序算法之一得到第二趟排序后的结果，则该排序算法只能是_____。

    A．冒泡排序   B．插入排序   C．选择排序   D．2 路归并排序

6.【2010 统考真题】对一组数据(2,12,16,88,5,10)进行排序，若前 3 趟排序结果如下：第一趟排序结果为 2,12,16,5,10,88，第二趟排序结果为 2,12,5,10,16,88，第三趟排序结果为 2,5,10,12,16,88，则采用的排序算法可能是_____。

    A．冒泡排序   B．希尔排序   C．归并排序   D．基数排序

7.【2012 统考真题】下列排序算法中，每一趟排序结束都至少能够确定一个元素最终位置的算法是_____。

   Ⅰ．简单选择排序 Ⅱ．希尔排序 Ⅲ．快速排序 Ⅳ．堆排序 Ⅴ．2 路归并排序

    A．仅Ⅰ、Ⅲ、Ⅳ   B．仅Ⅰ、Ⅲ、Ⅴ   C．仅Ⅱ、Ⅲ、Ⅳ   D．仅Ⅲ、Ⅳ、Ⅴ

8.【2012 统考真题】对一个待排序序列分别进行折半插入排序和直接插入排序，两者之间可能的不同之处是_____。

    A．排序的总趟数   B．元素的移动次数

    C．使用辅助空间的数量   D．元素之间的比较次数

9.【2013 统考真题】对给定的关键字序列 110,119,007,911,114,120,122 进行基数排序，则第二趟分配、收集后得到的关键字序列是_____。

    A．007,110,119,114,911,120,122   B．007,110,119,114,911,122,120

    C．007,110,911,114,119,120,122   D．110,120,911,122,114,007,119

10.【2013 统考真题】用希尔排序算法对一个数据序列进行排序时，若第一趟排序结果为 9,1,4,13,7,8,20,23,15，则该趟排序采用的增量（间隔）可能是_____。

    A．2   B．3   C．4   D．5

11．在下列排序算法中，时间复杂度与待排序序列初始状态无关的算法是_____。

    A．插入排序   B．堆排序   C．冒泡排序   D．归并排序

12.【2013 统考真题】下列选项中，不可能是快速排序算法第二趟排序结果的是_____。

    A．2,3,5,4,6,7,9   B．2,7,5,6,4,3,9   C．3,2,5,4,7,6,9   D．4,2,3,5,7,6,9

13.【2015 统考真题】下列排序算法中，元素的移动次数与关键字的初始排列次序无关的是_____。

    A．直接插入排序   B．冒泡排序   C．基数排序   D．快速排序

14.【2015 统考真题】已知小根堆为 8,15,10,21,34,16,12，删除关键字 8 之后需重建堆。在此过程中，关键字之间的比较次数是_____。

    A．1   B．2   C．3   D．4

15．堆是一种有用的数据结构，在以下排序序列中小根堆是_____。

    A．16,72,31,23,94,53   B．94,53,31,72,16,53

    C．16,53,23,94,31,72   D．16,31,23,94,53,72

16.【2015 统考真题】希尔排序算法的组内排序采用的是_____。

    A．直接插入排序   B．折半插入排序   C．快速排序   D．归并排序

17．对数组存储线性表(16,15,32,11,6,30)用快速排序算法进行由小到大排序，若排序下标范围为 0～5，选择元素 16 作为支点，调用一趟快速排序算法后，元素 16 在数组中的下标位置为_____。

    A．1   B．2   C．3   D．4

18.【2016 统考真题】对 10 TB 的数据文件进行排序，应使用的方法是_____。

    A．希尔排序   B．堆排序   C．快速排序   D．归并排序

19.【2017 统考真题】在内部排序时, 若选择归并排序而没有选择插入排序, 则可能的理由是_____。

　　Ⅰ. 归并排序的程序代码更短　Ⅱ. 归并排序的占用空间更少　Ⅲ. 归并排序的运行效率更高

　　　　A. 仅Ⅱ　　　　　　　B. 仅Ⅲ　　　　　　　C. 仅Ⅰ、Ⅱ　　　　　D. 仅Ⅰ、Ⅲ

20. 用某种排序算法对关键字序列(25,84,21,47,15,27,68,35,20)进行排序时, 序列的变化情况如下:

　　15,20,21,25,47,27,68,35,84

　　15,20,21,25,35,27,47,68,84

　　15,20,21,25,27,35,47,68,84

则采用的排序算法是哪种? _____

　　　　A. 希尔排序　　　　B. 选择排序　　　　C. 快速排序　　　　D. 归并排序

21.【2017 统考真题】下列排序算法中, 若将顺序存储更换为链式存储, 则算法的时间效率会降低的是_____。

　　Ⅰ. 插入排序　Ⅱ. 选择排序　Ⅲ. 冒泡排序　Ⅳ. 希尔排序　Ⅴ. 堆排序

　　　　A. 仅Ⅰ、Ⅱ　　　　B. 仅Ⅱ、Ⅲ　　　　C. 仅Ⅲ、Ⅳ　　　　D. 仅Ⅳ、Ⅴ

22.【2018 统考真题】对初始数据序列(8, 3, 9, 11, 2, 1, 4, 7, 5, 10, 6)进行希尔排序, 若第一趟排序结果为(1, 3, 7, 5, 2, 6, 4, 9, 11, 10, 8), 第二趟排序结果为(1, 2, 6, 4, 3, 7, 5, 8, 11, 10, 9), 则两趟排序采用的增量(间隔)依次是_____。

　　　　A. 3, 1　　　　　　　B. 3,2　　　　　　　C. 5,2　　　　　　　D. 5,3

23. 一个元素序列为{46,79,56,38,40,84}, 采用快速排序(以第一个元素为轴点)得到的结果为_____。

　　　　A. 38,46,79,56,40,84　　　　　　　　B. 38,79,56,46,40,84

　　　　C. 40,38,46,79,56,84　　　　　　　　D. 38,46,56,79,40,84

24.【2018 统考真题】在将数据序列(6, 1, 5, 9, 8, 4, 7) 建成大根堆时, 正确的序列变化过程是_____。

　　　　A. 6,1,7,9,8,4,5 → 6,9,7,1,8,4,5 → 9,6,7,1,8,4,5 → 9,8,7,1,6,4,5

　　　　B. 6,9,5,1,8,4,7 → 6,9,7,1,8,4,5 → 9,6,7,1,8,4,5 → 9,8,7,1,6,4,5

　　　　C. 6,9,5,1,8,4,7 → 9,6,5,1,8,4,7 → 9,6,7,1,8,4,5 → 9,8,7,1,6,4,5

　　　　D. 6,1,7,9,8,4,5 → 7,1,6,9,8,4,5 → 7,9,6,1,8,4,5 → 9,7,6,1,8,4,5 → 9,8,6,1,7,4,5

25. 下列排序算法中, 平均时间复杂度为$O(n^2)$的排序算法有哪些? _____

　　　　A. 归并排序　　　　B. 插入排序　　　　C. 冒泡排序　　　　D. 快速排序

二、问答题

1. 试证明 2 路归并排序算法是稳定的排序算法。

2. 有如下 12 个整数: 23,37,7,79,29,43,73,19,31,61,23,47。堆排序中, 通过以下语句:

```
for(int i=H->length/2; i>=1; i--)
    HeapAdjust(H, i, H->length);
```

调用 HeapAdjust()建立初始的堆。

(1)画出每次调用 HeapAdjust()之后形成的堆结构图。

(2)试分析完成建立初始堆所需的时间。

(3)在调用 HeapAdjust()的 for 循环中, 循环变量为什么是由 length/2 到 1 递减, 而不是由 1 到 length/2 递增呢?

3. 高度为 h 的堆中，元素个数最多和最少分别为多少个？

4. 使用数学归纳法证明，下列递归式的解是 $T(n) = n\log_2 n$。

$$T(n) = \begin{cases} 2, & n = 2 \\ 2T(n/2) + n, & n = 2^k, k > 1 \end{cases}$$

三、算法设计题

1. 【2016 统考真题】已知由 n（$n \geq 2$）个正整数构成的集合 $A = \{a_k\}$（$0 \leq k < n$），将其划分为两个不相交的子集 $A1$ 和 $A2$，元素个数分别是 $n1$ 和 $n2$，$A1$ 和 $A2$ 中元素之和分别为 $S1$ 和 $S2$。设计一个尽可能高效的划分算法，满足 $|n1-n2|$ 最小且 $|S1-S2|$ 最大。要求：

（1）给出算法的基本设计思想。

（2）根据设计思想，采用 C 或 C++ 语言描述算法，关键之处给出注释。

（3）说明你所设计算法的平均时间复杂度和空间复杂度。

2. 设有 $N > 100000$ 个记录的序列，现希望选出其中第 10 个最大的元素，设计算法实现最快找到这个元素并分析时间复杂度。

3. 数据序列的中位数是统计中的重要概念，请设计算法在线性时间内找到一组整数的中位数。

4. 假定两个有序序列分别用单向链表表示，其表头结点的指针分别为 F1 和 F2，结点的类型定义如下：

```
struct node {
    int data;
    node* next;}
```

试设计算法把 F1 和 F2 所指的序列合并为一个排序序列。

5. 在快速排序算法中，从当前序列中选择的基准元素，希望使划分的两个子序列长度接近均匀，这样可减少递归深入层次，提高程序运行速度。

（1）为达到这一目标，应该如何改进快速排序算法？试设计一个效率较高的快速排序算法。

（2）写出该算法在划分过程中产生的每个子序列和每一趟处理的结果。

6. 随机设置 100000 个整型数存入计算机，试分别按照插入排序、快速排序、归并排序、堆排序、基数排序各种算法，设计算法以实现对同一组数据进行排序，并比较执行每个程序时计算机 CPU 执行时间。

7. 请设计一个时间复杂度为 $O(n \cdot \log k)$ 的算法，它能够将 k 个有序链表合并为一个有序链表。其中 n 表示输入链表中包含元素的总个数。（提示：使用最小堆完成 k 路归并）

8. 设计一个非递归的快速排序算法。

9. 设计一个混合排序算法：用快速排序算法处理大小为 N 的数组，当子数组大小小于 M 时，排序算法切换为直接插入排序算法。使用 $N=100000$ 和 $M=20$ 测试你的程序，并比较、分析你的算法与快速排序算法和直接插入排序算法的时间性能差异。

10. 设计一个算法，以实现从标准输入读取一段字符串并按照字符串出现的频率由高到低输出每次字符串及其出现的次数。

第 8 章　查找

● **学习目标**

（1）了解查找的基本概念

（2）掌握线性表的查找技术

（3）掌握树表的查找技术

（4）熟悉散列表的查找技术

● **本章知识导图**

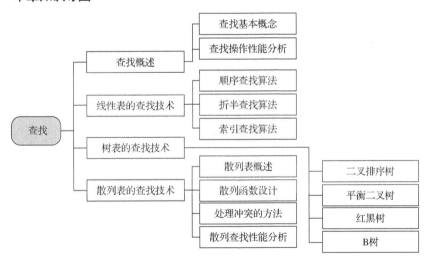

8.1　查找概述

查找是在大量信息中寻找特定信息元素的过程。在日常生活中，几乎每天都要进行查找操作，如在手机电话簿中查找某人的电话号码、在计算机文件夹中查找具体文件。在计算机中，查找是常用的基本运算。现代计算机和网络使我们能够访问海量的信息，高效检索这些信息的能力是处理它们的重要前提，特别是当面对一些数据量巨大的实时系统，如订票系统、信息检索系统等，此时还需要考虑查找信息时的查询效率。本章将针对 3 种数据结构（线性表、树表和散列表）来介绍相应的查找算法。

8.1.1　查找基本概念

本小节主要介绍查找的相关概念。

（1）**查找表**：查找表是由同一类型数据元素（或记录）构成的集合，例如电话号码簿和字典都可以看作一张查找表。查找表可以根据实际情况采取不同的数据结构来表示，例如线性表、树表以及散列表等。

（2）**关键字**：关键字是可以标识数据元素的数据项。若一个关键字可以唯一标识一个数据元素，则称其为主关键字（Primary Key）。若一个关键字可以识别若干数据元素，则称其为次关键字（Secondary Key）。当数据元素中只有一个数据项时，其关键字即为该数据元素的值。

（3）**查找**：查找是根据给定的某个值，确定查找表中是否存在关键字等于该值的记录或数据元素。若表中存在这样一个记录，则称查找成功，否则称查找失败。若查找成功，则返回该数据元素的全部信息或返回该数据元素在表中的位置；若查找失败，则返回空值或空指针。

（4）**静态查找表**：静态查找表对查找表的操作仅限于查找和检索，即静态查找表的内容不允许发生改变。

（5）**动态查找表**：动态查找表对查找表的操作不仅允许执行查找和检索操作，还允许在查找过程中插入或删除表中的元素，即动态查找表的内容允许发生改变。换言之，动态查找表是在查找过程中动态生成的。

8.1.2　查找操作性能分析

查找操作的性能分析主要考虑时间复杂度,整个查找过程的主要时间开销在给定关键字值和查找表中数据元素关键字值的比较上。一般称关键字值比较次数的数学期望值为平均查找长度（Average Search Length，ASL），并用其来衡量查找算法的性能。查找成功时，平均查找长度的定义为：

$$ASL = \sum_{i=1}^{n} P_i C_i$$

其中，n 为查找表中数据元素的个数；P_i 为查找第 i 个数据元素的概率且有 $\sum_{i=1}^{n} P_i = 1$，通常假设每个数据元素查找概率相等，即 $P_i = 1/n$；C_i 为找到表中其关键字与给定值相等的第 i 个记录时，与给定值已进行过比较的关键字个数。显然，C_i 随查找过程不同而不同。

不难看出，一个算法的 ASL 越大，说明其查找性能越差；反之，其查找性能越好。

8.2　线性表的查找技术

8.2.1　顺序查找算法

对于以线性表表示的查找表，我们很容易想到顺序查找的思想，即从表的一端开始，顺序扫描线性表，依次将扫描到的结点关键字值与给定关键字（key）值进行比较。若当前扫描到的记录关键字值与 key 相等，则称查找成功；若扫描到表的另一端还没有找到关键字相同的记录，则称查找失败。顺序查找既适用于顺序表，也适用于链表。下面以顺序表为例来给出顺序查找的算法。

数据元素类型定义如下。

```
typedef struct {
    KeyType key;                //关键字域
    InfoType otherinfo;         //其他数据域
} ElemType;
```

顺序表 ST 的类型定义如下。

```
#define MaxLength 10000
typedef struct {
    ElemType *elem;                    //下标:0,1,…,MaxLength-1
    int length;                        //表长
} SqList;
```

假设顺序表 ST 的第一个存储单元不保存数据，即 ST.elem[0]闲置，从 ST.elme[1]开始顺序存放数据。

例 8-1：顺序查找算法如下。

```
int SeqSearch(SqList ST, KeyType key)
//在顺序表 ST 中顺序查找其关键字等于 key 的数据元素
//若找到，则函数值为该元素在表中的位置，否则为 0
{
    for(int i=ST.length; i>=1;--i);
        if(ST.elem[i].key==key)
            return i;        //从后往前查找
    return 0;
}
```

在查找过程中为了防止超越顺序表的边界，每次循环都要判断 i<=ST.length 是否成立，这样会影响算法性能，因此我们可以对此进行优化。优化方法是在查找开始前将待查找数据元素的关键字（key）值赋予 ST.elem[0].key，并以逆序方式从 ST.elem[ST.length]开始查找。由于 ST.elem[0]处于顺序表的边界，因此 ST.elem[0]起到"哨兵"的作用，既可以防止越界情况产生，又可以消除每次循环需要对是否产生越界进行比较的开销，提高算法效率。

例 8-2：优化后的顺序查找算法如下。

```
int SeqSearch(SqList ST, KeyType key) {
    //在顺序表 ST 中顺序查找关键字值为 key 的数据元素
    //若找到，则函数返回该元素在表中的位置，否则返回 0
    ST.elem[0].key=key;                    //设置"哨兵"
    int i=ST.length;
    for(; ST.elem[i].key != key; i--);  //从后向前查找
    return i;
}
```

优化算法通过设置"哨兵"，避免每次循环都检测整个表是否查找完毕，从而提高算法效率。实践证明，该改进方法可以在顺序查找的数据量较大时（ST.length>=1000），将完成一次查找所需的时间缩短几乎一半。

假设 n=ST.length，不难看出例 8-1 和例 8-2 的时间复杂度一样，均为 $O(n)$。假设每个记录的查找概率相等，可以得到顺序查找的平均查找长度为：

$$ASL = \frac{1}{n}\sum_{i=1}^{n}(n-i+1) = \frac{n+1}{2}$$

若表中各个记录的查找概率不相等，且此时能得到每个记录的查找概率，则应先对记录的查找概率进行排序，使表中记录按查找概率由小到大排列，以提高查找效率。若无法预先测定每个记录的查找概率，则可以在每个记录中附设一个访问频度域，并使顺序表中的记录始终保持按访问频度非递减有序排列，使得查找概率大的记录在查找过程中不断往后移，以便在以后的查找中减少比较次数，或者在每次查找之后都将刚查找到的记录直接移至表尾。

值得注意的是，上述针对平均查找长度的讨论是基于每次查找都"成功"的前提下进行的。

但是查找有可能成功，也有可能失败。在实际情况中，查找成功的概率比查找失败的概率要大，尤其是当表中记录数 n 很大时，查找失败的概率往往可以忽略不计。但当查找失败的概率不能忽略时，查找算法的平均查找长度应为查找成功的平均查找长度和查找失败的平均查找长度之和。以上面的顺序查找为例，显然不论给定值 key 为多少，查找不成功时和给定值比较的次数均为 $n+1$。假设查找成功和查找失败的概率相同（各为 1/2），对每个记录的查找概率也相等，则 $P_i=1/2n$，此时顺序查找的平均查找长度为：

$$ASL_{ss} = \frac{1}{2n}\sum_{i=1}^{n}(n-i+1) + \frac{1}{2}(n+1) = \frac{3}{4}(n+1)$$

顺序查找的优点是：算法简单，适用面较广；另外对表的结构也没有要求，不要求查找表按关键字有序。其缺点是：平均查找长度较大，查找效率较低。因此，当问题规模较大时，不宜采用顺序查找。

8.2.2 折半查找算法

试想有一本很厚的字典，当想找出其中的某个词条时，如果采用顺序查找，那么查找到以 Z 开头的词条将耗费大量时间。实际上，通常采取的方法是直接翻到字典的中间位置，比较中间位置的字母与需要查找的词条字母是否相同。若不相同，则通过比较两者的字序大小进一步缩小查找范围，这就是折半查找的思想。

折半查找也称为二分查找，它是一种效率较高的查找方法。但是，折半查找只适用于有序表，即表中的各个数据元素关键字是完全有序排列的，且仅限于顺序存储结构（对线性链表无法有效进行折半查找）。在本小节中，假设顺序表的数据元素都是升序排列的。

折半查找算法思想如下。

（1）将查找表中处于中间位置的数据元素关键字值与要查找的 key 值进行比较，如果二者相等，则查找成功，返回该中间位置的元素序号。

（2）如果二者不相等，则进一步比较这两个元素的大小。如果该中间元素的关键字值大于 key，则将当前序列的前半部分作为新的待查序列（因为后半部分的所有元素都大于目标元素，可以全都排除），否则，将当前序列的后半部分作为新的待查序列。

（3）重复第（1）步和第（2）步，直至查找成功；或者当待查序列为空时，说明查找失败。

例 8-3：折半查找不使用监视哨，可以 ST.elem[0]开始顺序存放数据，算法如下。

```
int BinarySearch(SqList ST, KeyType key) {
    //在有序表 ST 中查找其关键字为 key 的元素
    //若找到，则函数返回该元素在表中的位置，否则返回-1
    int low=0, high=ST.length-1;           //置区间初值
    while(low<=high) {
        int mid=(low+high)/2;
        if(ST.elem[mid].key==key)          //查找成功
            return mid;
        else if(ST.elem[mid].key<key)      //继续在后半区间中查找
            low=mid+1;
        else                               //继续在前半区间中查找
            high=mid-1;
    }
    return -1;                             //表中不存在待查元素，查找失败
}
```

折半查找之所以效率较高，在于每次匹配不成功时都会排除约一半的元素，而顺序查找每次只排除一个元素。因此，折半查找每次匹配都会将问题规模缩减一半，提高算法的查找效率。

下面以一个实例来说明折半查找的过程。已知有序表{3, 12, 24, 31, 46, 48, 52, 66, 69, 79, 82}，目标元素 *target* 的 *key* 值为 52。

（1）开始时，指针 *low* 和 *high* 分别指示待查元素所在范围的下界和上界，指针 *mid* 指示区间的中间位置，即 $mid = \lfloor (low + high) / 2 \rfloor$。在本例中，*low*=0，*high*=10，$mid = \lfloor (0 + 10) / 2 \rfloor = 5$，如图 8.1 所示。

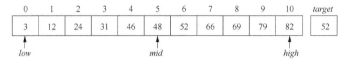

图 8.1　折半查找示意图（1）

（2）令查找范围中间位置数据元素的关键字 ST.elem[mid].key 与给定值 *key* 相比较，因为 ST.elem[mid].key < key，说明若待查元素存在，必在区间[*mid*+1, *high*]内。此时令 *low* 指向第 *mid*+1 个元素，即 *low*=6，并结合 *high*=10 重新计算出 $mid = \lfloor (6 + 10) / 2 \rfloor = 8$，如图 8.2 所示。

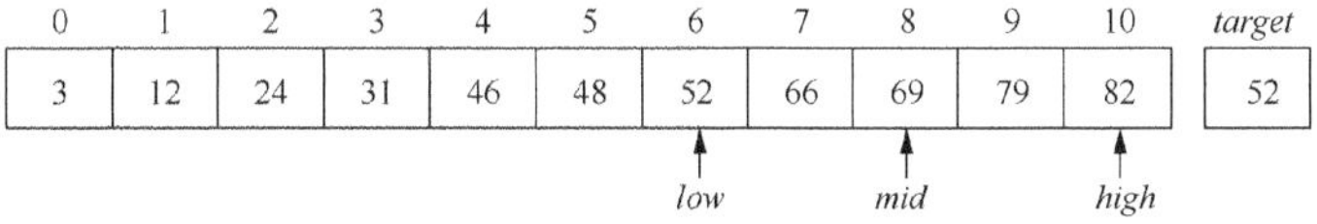

图 8.2　折半查找示意图（2）

（3）仍以 ST.elem[mid].key 与给定值 *key* 相比，因为 ST.elem[mid].key>key，说明若待查元素存在，必在区间[*low*,*mid*-1]内。此时令 *high* 指向第 *mid*-1 个元素，即 *high*=7，并结合 *low*=6 重新计算出 $mid = \lfloor (6 + 7) / 2 \rfloor = 6$，如图 8.3 所示。

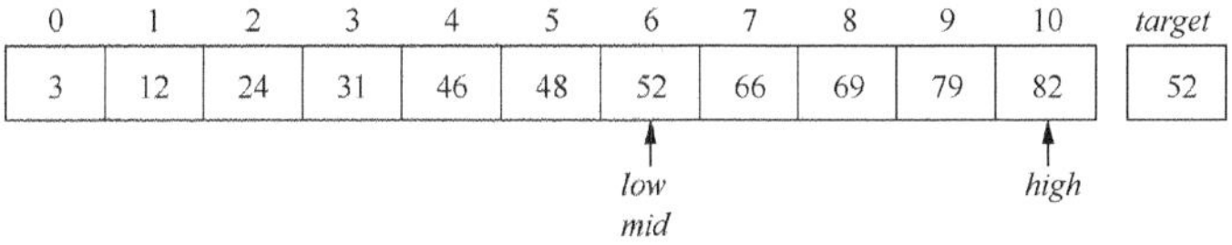

图 8.3　折半查找示意图（3）

此时，新的中间位置元素值和目标元素值相等，表明查找成功，算法返回该中间位置元素的序号 6 并退出。

从折半查找的过程来看，折半查找以查找表中间位置的数据元素值为比较对象，并将查找表分割成两个子表，对定位到的子表继续执行相同操作。这种查找过程可以用二叉树来描述，这种二叉树称为判定树。判定树中每个结点表示有序表中某个数据元素在表中的位置。不难看出，判定树的形态仅与有序表中的元素个数有关，与元素的取值无关，即长度相同的有序表的判定树相同。

图 8.4 给出了有序表{3, 12, 24, 31, 46, 48, 52, 66, 69, 79, 82}对应的判定树。从判定树上可知，查找成功时恰好是一条从根结点到被查结点的路径，比较次数为被查结点在树中的层数。例如，要查找的元素 52 的位置序号为 6，这样查找过程为从根结点 5 到子结点 6 的路径，依次需要与位置序号为 5、8 和 6 的这 3 个元素进行比较，共比较 3 次，次数即为序号 6 的结点所在层次。图 8.4 中比较 1 次的只有一个根结点，比较 2 次的有两个结点，比较 3 次和 4 次的各有 4 个结点。假设每个结点的

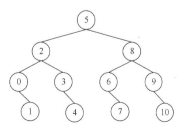

图 8.4　折半查找判定树

查找概率相同，则对长度为 11 的有序表进行折半查找在查找成功情况下的平均查找长度为：

$$ASL_{succ} = \frac{1}{11}(1 \times 1 + 2 \times 2 + 3 \times 4 + 4 \times 4) = 3$$

由此可见，折半查找在查找成功的情况下进行比较操作的次数最多不超过树的高度，而判定树的高度只与有序表中元素个数有关，与元素具体取值无关。由于具有 n 个结点的判定树高度[①]为 $\lfloor \log_2 n \rfloor + 1$，因此对于长度为 n 的有序表，折半查找成功时与给定关键字进行比较的次数至多为 $\lfloor \log_2 n \rfloor + 1$。

接下来，讨论折半查找不成功时的平均查找长度。在图 8.4 所示的折半查找判定树所有结点的空指针域加上一个指向实际上并不存在的结点的指针（见图 8.5），并称这些实际不存在的结点为外结点，则所有外结点都表示查找不成功的情况。例如，外结点 2～3 表示待查找关键字在第 2、第 3 号结点元素的关键字之间时会查找失败，过程为依次与第 5、第 2 和第 3 号结点的关键字比较后，进入该外结点，共比较 3 次关键字后得到查找失败的结果。那么，计算出此长度为 11 的有序表在查找失败时的平均查找长度为：

$$ASL_{unsucc} = \frac{1}{12}(3 \times 4 + 4 \times 8) = 3.67$$

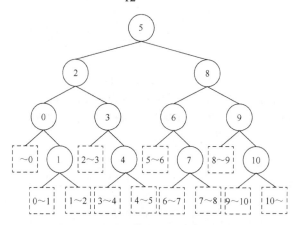

图8.5 加上外结点的折半查找判定树

借助判定树很容易求得折半查找的平均查找长度。假设有序表的长度 $n=2^h - 1$，则其判定树为一棵深度 $h=\log(n+1)$ 的满二叉树，树中层次为 1 的结点有 1 个、层次为 2 的结点有 2 个……层次为 h 的结点有 2^{h-1} 个。假设表中所有结点查找概率相等（$P_i = 1/n$），可得查找成功时折半查找的平均查找长度为：

$$ASL = \sum_{i=1}^{n} P_i C_i = \frac{1}{n} \sum_{j=1}^{h} j \cdot 2^{j-1} = \frac{n+1}{n} \log_2(n+1) - 1$$

当 n 较大时，上式可近似为：

$$ASL \approx \log_2(n+1) - 1$$

因此，折半查找的时间复杂度为 $O(\log_2 n)$，其查找效率远高于顺序查找。但折半查找只适用于有序表，且要求使用顺序存储结构。值得注意的是，当以有序表表示静态查找表时，除了折半查找方法之外，还有斐波那契查找和插值查找。

---

① 判定树不是完全二叉树，但由于其叶子结点所在层次之差最多为 1，因此 n 个结点判定树的深度和 n 个结点完全二叉树的深度一样。

8.2.3　索引查找算法

索引查找又称分块查找，它是顺序查找的一种改进方法。回到查字典的例子，字典提前设置了拼音表，所以我们可以先在拼音表中找到待查词条所属的区间，缩小查找范围后在该区间内查找所需词条。从以上分析可知，整个字典就是查找表，拼音表是为了方便查找提前建立的索引，其被称为索引表。索引查找将查找表分为若干个子表（也称为块），并对子表建立索引表，查找表的每一个子表由索引表中的索引项确定。索引项包括关键字字段（存放对应块的最大关键字值）和指针字段（存放块起始位置）两个字段，并且要求索引项按照关键字有序排列，如对于查找表中的任意两个相邻子表，第一个子表中的最大关键字小于第二个子表中的最小关键字（即第一个子表中所有关键字都比第二个子表中所有关键字要小）。查找时，先用给定值在索引表中检测索引项，确定查找块后在块内进行顺序查找。因为在索引表中关键字是有序排列的，所以我们可以先用折半查找提升第一步确定块时的查找效率。

已知有如下关键字序列：{14,31,8,22,43,62,49,35,52,88,78,71,83}，按关键字值 31、62、88 分为 3 块建立的查找表及索引表如图 8.6 所示。

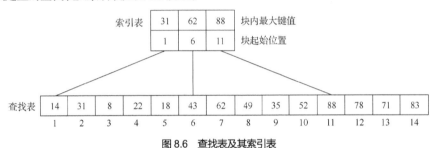

图 8.6　查找表及其索引表

索引查找算法思想如下。

（1）选取各块中的最大关键字构成一个索引表。

（2）查找分两个部分：先对索引表进行折半查找或顺序查找，以确定待查记录在具体哪一块中，然后在已确定的块中用顺序查找法进行查找。

需要注意的是，算法的思想是将 n 个数据元素 "按块有序" 划分为 m 块（$m{\leqslant}n$）。每一块中的数据元素不必有序，但块与块之间必须 "按块有序"，即每个块的最大元素小于下一块的最小元素。因此，给定一个待查找记录的 key，在查找这个 key 值位置时，会先去索引表中利用顺序查找或者折半查找来找出这个 key 所在块的索引起始位置，然后根据所在块的索引起始位置开始查找这个 key 所在的具体位置。

索引查找由索引表查找和块内查找两步完成。设 n 个数据元素的查找表均匀地分为 m 块，且每块含有 t 个元素，即 $m=\left\lceil\dfrac{n}{t}\right\rceil$。如果索引表和块内均采用顺序查找，则平均查找长度为：

$$ASL = ASL_{索引表} + ASL_{块内} = \frac{1}{2}(m+1) + \frac{1}{2}(t+1) = \frac{1}{2}(\frac{n}{t}+t)+1$$

可见，索引查找的平均查找长度不仅与表长 n 有关，还与每一块中的记录个数 t 有关。在表长 n 确定的情况下可以证明，当取 $t=\sqrt{n}$ 时，ASL 达到最小值 $\sqrt{n}+1$。这个值比顺序查找有了很大改进，但还远不及折半查找。

如果索引表使用折半查找、块内用顺序查找，则平均查找长度为：

$$ASL = ASL_{索引表} + ASL_{块内} \approx \log_2(m+1) -1+\frac{1}{2}(t+1)$$

索引查找需要划分块，建立分块索引表，同时要求索引表有序，而块内可以无序。其查找效率介于折半查找和顺序查找之间。

8.3 树表的查找技术

8.3.1 二叉排序树

1. 二叉排序树的定义

上节提到的折半查找判定树拥有这样的性质：根结点是整个区间的中点，根结点的孩子是两个子区间的中点，孩子的子结点也是更小的区间中点。同时，由于查找的区间是有序的，因此每个结点的关键字值都大于左孩子的关键字值，并且小于右孩子的关键字值。拥有上述性质的二叉树称为二叉排序树（Binary Sort Tree，BST），也叫二叉搜索树。下面给出二叉排序树的严格定义：二叉排序树或者是一棵空树，或者是拥有下列性质的非空二叉树。

（1）若左子树非空，则左子树上所有结点关键字值均小于根结点关键字值。

（2）若右子树非空，则右子树上所有结点关键字值均大于根结点关键字值。

（3）左、右子树也分别是一棵二叉排序树。

二叉排序树结点结构的定义如下。

```
typedef struct Node {
    ElemType data;
    struct Node *lchild, *rchild;
} BSTNode, *BSTree;
```

图 8.7 所示的树是一棵二叉排序树。二叉排序树是一个递归定义的数据结构，因此我们可以很方便地用递归算法对其进行操作。根据二叉排序树的定义，有左子树结点值<根结点值<右子树结点值，所以如果对二叉排序树进行中序遍历，会得到一个升序序列（该性质由二叉排序树的定义决定，读者可以自行证明）。例如，对图 8.7 所示的二叉排序树进行中序遍历的结果为{2,3,4,5,6,9}。

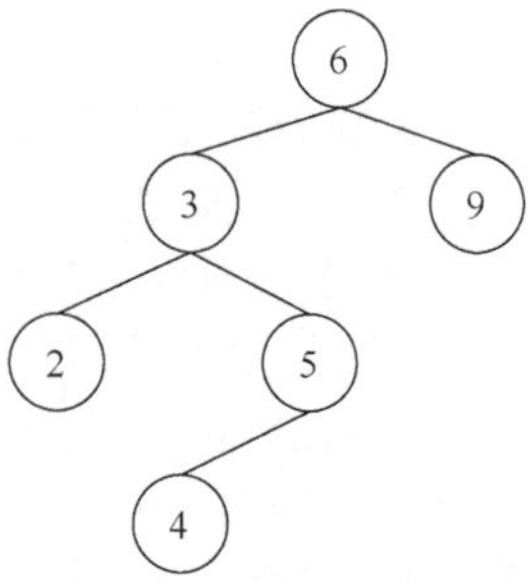

2. 二叉排序树的查找

二叉排序树的查找是从根结点开始，沿某一路径逐层向下查找的过程。由二叉排序树的递归定义，很容易给出二叉排序树查找的递归算法。其算法思想如下。

图 8.7 二叉排序树示例

（1）若二叉排序树为空，则查找失败。

（2）若二叉树非空，则将 key 值和根结点的关键字比较。

① 若相等，则查找成功。

② 若根结点关键字大于 key 值，则在左子树中查找，否则在右子树中查找。

例 8-4：二叉排序树查找递归算法如下。

```
//递归版 BST 查找算法
BSTNode* BSTSearch(BSTNode* root, KeyType key) {
    if(root==NULL)
        return NULL;
    if(key>root->data.key)          //查找右子树
        return BSTSearch(root->rchild, key);
    else if(key<root->data.key)          //查找左子树
```

数据结构（C 语言 微课版）——从概念到算法

```
        return BSTSearch(root->lchild, key);
    else
        return root;
}
```

通常递归算法形式上比非递归算法简单，但递归算法运行过程中需进行多次递归调用，所以实际运行效率要低于非递归算法。对于一棵普通二叉树，若利用先根遍历方法进行查找，递归算法比非递归算法要简洁得多，但非递归算法需要自行维护栈来控制结点访问次序。对于二叉排序树，由于其结点的关键字具有有序性，因此开发者在不使用栈的情况下也能够非常方便地设计其非递归查找算法。其算法思想如下。

（1）指针 p 指向根结点。

（2）当 p 为空时，转步骤（3），否则重复下列操作。

① 将 key 值与 p 指向结点的关键字比较，若相等，则查找成功，返回 p。

② 若 p 结点关键字小于 key 值，修改 p 指向 p 的右孩子，转步骤（2），否则，修改 p 指向 p 的左孩子，转步骤（2）。

（3）返回空指针，表示查找失败。

例 8-5： 二叉排序树查找非递归算法如下。

```
//非递归版 BST 查找算法
BSTNode* BSTSearch(BSTNode* root, KeyType key) {
    BSTNode* p=root;
    while(p) {
        if(p->data.key==key)  return p;
        else if(p->data.key<key)
            p=p->rchild;
        else
            p=p->lchild;
    }
    return NULL;
}
```

例如，在图 8.7 所示二叉排序树中查找关键字等于 4 的记录：将关键字 4 先与根结点 6 进行比较，可得到 4<6；继续在 6 的左子树中查找，将 4 与 3 进行比较，可得到 4>3；继续在 3 的右子树中查找，将 4 与 5 进行比较，可得到 4<5；继续在 5 的左子树中寻找，可得到 4=4，表明查找成功。若查找关键字等于 10 的记录：将关键字 10 先与根结点 6 比较，可得到 10>6；继续在 6 的右子树中寻找，将 10 与 9 进行比较，可得到 10>9；继续在 9 的右子树中查找，由于 9 的右子树为空，表明查找失败。

与折半查找类似，在二叉排序树中查找关键字的比较次数等于该结点在树中的层次，因此，比较次数最多不超过树的深度。需要注意的是，对于元素个数相同的有序表，折半查找的判定树是唯一的，所以平均查找长度相同。但对于给定集合的二叉排序树，其平均查找长度却不唯一。图 8.8 所示的两棵二叉排序树均是由集合 {6,3,9,2,5,4} 中的元素生成的，但由于插入顺序不同，树的结构也不同。其中，图 8.8（a）树的深度为 4，而图 8.8（b）树的深度为 6。我们可以分别计算出两种形态二叉排序树的平均查找长度为：

$$ASL_{(a)} = \frac{1}{6}(1\times1 + 2\times2 + 3\times2 + 4\times1) = \frac{15}{6}$$

$$ASL_{(b)} = \frac{1}{6}(1 + 2 + 3 + 4 + 5 + 6) = \frac{21}{6}$$

因此，含有 n 个结点二叉排序树的平均查找长度与树的形态有关。在最坏情况下，二叉排序树为单枝树，此时查找简化为顺序查找。在最好情况下，类似折半查找，其平均查找长度与 $\log n$ 成正比。

二叉排序树既拥有类似折半查找的特性，又采用链表作为存储结构，它是动态查找表的一种适宜表示。但就维护表的有序性而言，二叉排序树相较于折半查找更加有效，这一点是由数组和链表各自的特性所决定的。二叉排序树的相关操作不需要移动元素，只需修改指针即可。因此，对于经常需要进行插入、删除和查找的表，采用二叉排序树较好。

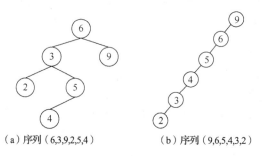

(a) 序列 (6,3,9,2,5,4)   (b) 序列 (9,6,5,4,3,2)

图 8.8 不同形态的二叉排序树

3. 二叉排序树的插入

二叉排序树的插入是以查找为基础的。要将一个关键字值为 key 的结点插入二叉排序树中，则需要从根结点向下寻找，当树中不存在关键字等于 key 的结点时才进行插入。新插入的结点一定是一个新添加的叶子结点，并且它的父亲结点是查找失败的路径上访问的最后一个结点。

二叉排序树插入关键字为 key 的结点，其算法思想如下。

（1）若二叉排序树为空，则将结点作为根结点插入树中。

（2）若二叉排序树不为空，则比较 key 与根结点关键字的大小。

① 若 key == T ->data.key，则停止插入。

② 若 key < T ->data.key，则插入左子树中。

③ 若 key > T ->data.key，则插入右子树中。

例 8-6：二叉排序树插入递归算法如下。

```
bool InsertBST(BSTree &T, ElemType e) {
    if(T==NULL) {                    //若为空树则作为根结点插入
        T=(BSTNode*)malloc(sizeof(BSTNode));
        T->data=e;
        T->lchild=T->rchild=NULL;
        return true;
    }
    else if(e.key==T->data.key)      //否则查找到插入位置后插入
        return false;
    else if(e.key<T->data.key)
        return InsertBST(T->lchild, e);
    else
        return InsertBST(T->rchild, e);
}
```

二叉排序树的插入实际上是在做查找操作，因此其时间复杂度也为 $O(\log n)$。上面给出的是递归算法，读者可以参考二叉树查找操作的非递归算法，试着实现二叉排序树插入操作的非递归算法。

如何实现二叉排序树插入操作的非递归算法？

4. 二叉排序树的创建

二叉排序树的创建是从初始状态为空的二叉排序树开始，通过不断调用二叉排序树插入算法函数，依次插入给定值的结点。

二叉排序树的创建算法思想如下。

（1）初始化一棵空二叉排序树。

（2）读入一个元素，根据元素的关键字，查找合适位置并插入结点。

（3）重复第（2）步，直至所有元素插入完成。

例8-7：二叉排序树创建算法如下。

```
BSTNode* CreateBST(ElemType A[], int n) { //数组A存放待插入数据
    BSTNode *T=NULL;
    int i=0;
    while(i<n) {
        InsertBST(T, A[i]);
        i++;
    }
    return T;
}
```

假设有 n 个待插入结点，插入一个结点的时间复杂度为 $O(\log n)$，则创建整棵二叉排序树的时间复杂度为 $O(n\log n)$。假设有关键字序列为{45,53,12,9,50}，图8.9给出二叉排序树的建立过程。

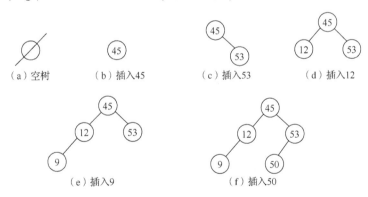

图8.9　二叉排序树的创建过程

不难看出，每次插入的新结点都是二叉排序树上新的叶子结点。因此，在进行新结点插入操作时，算法不需要移动其他结点，只需要改动某个结点的左（或右）孩子指针，使其由空变为指向新插入的结点即可。

5. 二叉排序树的删除

删除操作是二叉排序树操作中最为复杂的操作。因为删除的可能是树上任何一个结点，而删除后仍然要保持二叉排序树的特性，所以需要修改被删除结点的父亲结点以及其他结点的指针。

二叉排序树删除结点的算法思想如下。

（1）若被删除结点 z 是叶子结点，直接删除 z 即可，不会破坏二叉排序树的性质。

（2）若被删除结点 z 仅有左孩子或仅有右孩子，则让 z 的孩子成为 z 父亲结点的子树，替代 z 的位置。

（3）若被删除结点 z 既有左孩子也有右孩子，则令 z 的直接后继（或直接前驱）替代 z，然后从二叉排序树中删除这个直接后继（或直接前驱），这样就转换成了第一种或者第二种情况。简单来说，我们可以从当前删除结点 z 的右子树中找到最小的值（直接后继）来替代当前结点，因为该值为 z 的右子树中最左下结点一定没有左子树；或者，可以从当前删除结点 z 的左子树中找到最大的值（直接前驱）来替代当前结点，因为该值为 z 的左子树中最右下结点一定没有右子树。图 8.10 展示了图 8.9 中创建的二叉排序树在 3 种情况下删除结点的过程，其中图 8.10（c）展示的是令 z 的直接后继替代 z 的情况。

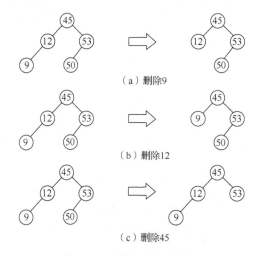

图 8.10　3 种情况下的删除过程

例 8-8：二叉排序树删除操作算法如下。

```
/*删除操作。判断当前属于哪种情况:
（1）叶子结点;
（2）只有左子树或者只有右子树;
（3）既有左子树，又有右子树*/
bool deleteBST(BSTree &BN) {
    BSTNode* tmp;
    //要删的结点为叶子结点的情况
    if(BN->lchild==NULL && BN->rchild==NULL) {
        free(BN);
        BN=NULL;
    }
    //要删的结点只有右子树的情况
    else if(BN->lchild==NULL) {
        tmp=BN;
        BN=BN->rchild;
        free(tmp);
    }
    //要删的结点只有左子树的情况
    else if(BN->rchild==NULL) {
```

```
        tmp=BN;
        BN=BN->lchild;
        free(tmp);
    }
    //要删的结点既有左子树，又有右子树的情况
    else {
        tmp=BN;
        BSTNode *s=BN->lchild;
        while(s->rchild!=NULL) {
            tmp=s;
            s=s->rchild;
        }
        BN->data=s->data;
        if(tmp!=BN) {
            tmp->rchild=s->lchild;
        } else {
            tmp->lchild=s->lchild;
        }
        free(s);
    }
    return true;
}
```

从查找过程看，二叉排序树与折半查找相似；就平均时间性能而言，二者也差不多；就维护表的有序性而言，二叉排序树无须移动结点，只需要修改指针即可完成插入和删除操作，插入和删除操作的平均时间复杂度为 $O(\log n)$。折半查找的对象是顺序表，其插入和删除操作的时间复杂度为 $O(n)$。当有序表是静态查找表时，宜用顺序表作为其存储结构，使用折半查找算法。当有序表是动态查找表时，使用二叉排序树作为查找表更为合适。

8.3.2　平衡二叉树

1. 平衡二叉树的定义

二叉排序树的查找效率主要取决于树的高度，即与二叉排序树的形态有关。若二叉排序树是一棵单枝树，查找将简化成顺序查找，查找的时间复杂度为 $O(n)$。若二叉排序树上任一个结点的左、右子树高度差绝对值均不超过 1 时，其查找的时间复杂度为 $O(\log n)$。

为了提升查找性能，希望二叉排序树左、右子树高度尽量平衡。因此规定在插入和删除结点时，要满足任意结点的左、右子树高度差绝对值不超过 1，并将这样的二叉树称为平衡二叉树（Balanced Binary Tree 或 Height-Balanced Tree），又称为 AVL 树。下面给出平衡二叉树的定义。

平衡二叉树或者是一棵空树，或者是具有下列性质的二叉树。

（1）左子树和右子树高度差的绝对值不超过 1。

（2）它的左子树和右子树也都是平衡二叉树。

平衡二叉树结点数据类型的定义如下。

```
typedef struct Node {
    ElemType data;
    int height;
    struct Node *lchild, *rchild;
} AVLNode, *AVLTree;
```

平衡二叉树

这里定义结点左子树和右子树的高度差为平衡因子。显然，平衡二叉树上所有结点的平衡因子取值只可能为-1、0、1。图 8.11（a）所示为一棵平衡二叉树，图 8.11（b）所示为一棵不平衡的二叉树，结点中的值为该结点的平衡因子。

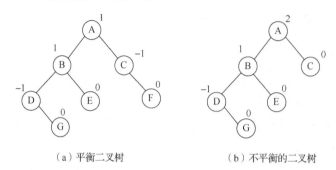

（a）平衡二叉树　　　　　　　　（b）不平衡的二叉树

图 8.11　平衡二叉树和不平衡的二叉树

2. 平衡二叉树的插入

与二叉排序树相同，平衡二叉树的插入和删除操作也是一个查找的过程。不同的是，每当在平衡二叉树中插入（或删除）一个结点时，AVL 树中相关结点的平衡状态会发生改变，因此需要从插入位置沿通向根的路径回溯，检查各结点平衡因子的绝对值是否超过 1，若超过则表明该平衡二叉树已经失衡。如果在某一结点发现平衡二叉树失衡，则停止回溯，并从发生失衡的结点起，检查该结点及其子结点的连接方式。它们的连接方式可以归类为 4 种情况（见图 8.12），在这里将中间结点叫作 pivot，它的子结点叫作 bottom，父亲结点叫作 root。如果 pivot 是 root 的左结点（或者右结点），并且 bottom 也同样是 pivot 的左结点（或右结点），则采用单旋转的方式进行平衡化，单旋转又可按上述两种连接方式分为右单旋转和左单旋转两种情况，显然，它们互为镜像。如果 pivot 是 root 的左结点（或者右结点），而 bottom 却是 pivot 的右结点（或左结点），这类情况下需要采用双旋转的方式进行平衡化，双旋转又可按照上述两种连接方式分为先左后右双旋转和先右后左双旋转两种情况。

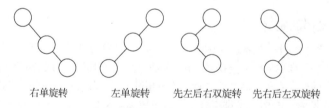

右单旋转　　　　左单旋转　　　先左后右双旋转　先右后左双旋转

图 8.12　平衡化旋转的 4 种情况

图 8.12 展示了上述 4 种平衡化旋转的情况，下面分别对这 4 种情况进行详细介绍。

（1）右单旋转（RotateRight）。右单旋转针对的是 LL 型不平衡树。LL 型不平衡树指的是针对一棵初始的平衡树，在结点左孩子（L）的左子树（L）上插入新结点，导致结点平衡因子的绝对值大于 1。在 LL 型不平衡树中，应当以 3 个结点的中心结点为轴向右（顺时针）旋转。向右旋转后，相当于右子树的树高增加了 1，而左子树的树高降低了 1，因而整棵树重新平衡。图 8.13 给出了一个右单旋转示例，其具体步骤如下。

① 初始时，该树是一棵平衡二叉树，如图 8.13（a）所示。

② 在子树 D 中插入新结点，该子树高度增 1 导致结点 A 的平衡因子变成+2，出现不平衡，如图 8.13（b）所示。

③ 沿插入路径检查 3 个结点 A、B 和 D，发现它们处于方向为 "/" 的直线上，需做右单旋转。

④ 以中心结点 B 为旋转轴，让结点 A 顺时针旋转。旋转后，原来根结点 A 的左孩子 B 成为新的根结点，整棵树重新平衡，如图 8.13（c）所示。

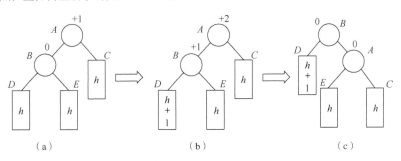

图 8.13　右单旋转

例 8-9：二叉平衡树结点插入算法（右单旋转）如下。

```
//右单旋转
AVLNode* RotateRight(AVLTree p) {     //p 指向初始根结点 A
    AVLTree lc;
    lc=p->lchild;                     //lc 指向新的根结点 B
    p->lchild=lc->rchild;            //将 A 的左结点替换为 E
    lc->rchild=p;                    //将 B 的右结点替换为 A
    p=lc;
    return p;
}
```

（2）左单旋转（RotateLeft）。左单旋转针对的是 RR 型不平衡树。RR 型不平衡树指的是针对一棵初始的平衡树，在结点右孩子（R）的右子树（R）上插入新结点，导致结点平衡因子的绝对值大于 1。在 RR 型不平衡树中，应当以 3 个结点的中心结点为轴向左（逆时针）转。向左旋转后，相当于左子树的树高增加了 1，而右子树的树高降低了 1，整棵树重新平衡。图 8.14 给出了一个左单旋转示例，其具体步骤如下。

① 初始时，树是一棵平衡二叉树，如图 8.14（a）所示。

② 在以 E 为根的子树中插入新结点，该子树高度增 1 导致结点 A 的平衡因子变成-2，出现不平衡，如图 8.14（b）所示。

③ 沿插入路径检查 3 个结点 A、C 和 E，发现它们处于方向为 "\" 的直线上，需做左单旋转。

④ 以中心结点 C 为旋转轴，让结点 A 逆时针旋转。旋转后，原来根结点 A 的右孩子 C 成为新的根结点，并调整相应结点与子树的关系以使整棵树重新平衡，如图 8.14（c）所示。

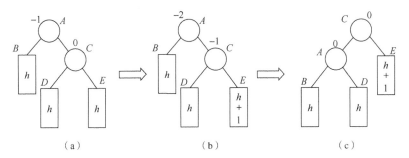

图 8.14　左单旋转

例 8-10：二叉平衡树结点插入算法（左单旋转）如下。

```
//左单旋转
AVLNode* RotateLeft(AVLTree p) {        //p 指向初始根结点 A
    AVLTree rc;
    rc=p->rchild;                       //rc 指向新的根结点 C
    p->rchild=rc->lchild;              //将 A 的右结点替换为 D
    rc->lchild=p;                       //将 C 的左结点替换为 A
    p=rc;
    return p;
}
```

（3）先左后右双旋转（RotateLeftRight）。先左后右双旋转针对的是 LR 型不平衡树。LR 型不平衡树指是在结点左孩子（L）的右子树（R）上插入新结点，导致结点平衡因子的绝对值大于 1。在 LR 型不平衡树中，应当以该结点为轴先向左再向右旋转。图 8.15 及图 8.16 给出了一个先左后右双旋转示例，其具体步骤如下。

① 初始时，该树是一棵平衡二叉树，如图 8.15（a）所示。

② 在以 F 或 G 为根的子树中插入新结点，该子树高度增 1 导致结点 A 的平衡因子变成+2，出现不平衡，如图 8.15（b）所示。

③ 沿插入路径检查 3 个结点 A、B 和 E，发现它们位于一条形如 "<" 的折线上，因此需要进行先左后右的双旋转。

④ 以结点 E 为旋转轴，让结点 B 逆时针旋转，如图 8.16（a）所示。

⑤ 以结点 E 为旋转轴，让结点 A 顺时针旋转，整棵树重新平衡，如图 8.16（b）所示。

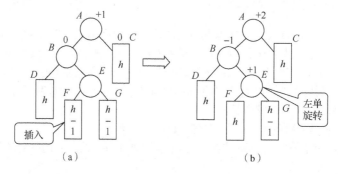

图 8.15　先左单旋转

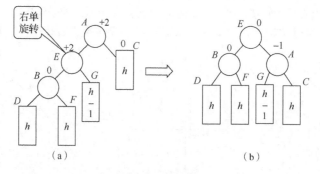

图 8.16　后右单旋转

例 8-11：二叉平衡树结点插入算法（先左后右双旋转）如下。

```
//先左后右双旋转
AVLNode* RotateLeftRight(AVLTree p) {        //p 指向初始根结点 A
    p->lchild=RotateLeft(p->lchild);         //进行左单旋转
    return RotateRight(p);                    //进行右单旋转并返回 p
}
```

（4）先右后左双旋转（RotateRightLeft）。先右后左双旋转针对的是 RL 型不平衡树。RL 型不平衡树指的是在结点右孩子（R）的左子树（L）上插入新结点，导致结点平衡因子的绝对值大于 1。在 RL 型不平衡树中，应当以该结点为轴先向右再向左旋转。图 8.17 及图 8.18 给出了一个先右后左双旋转示例，其具体步骤如下。

① 初始时，该树是一棵平衡二叉树，如图 8.17（a）所示。

② 在以 F 或 G 为根的子树中插入新结点，该子树高度增 1 导致结点 A 的平衡因子变成-2，出现不平衡，如图 8.17（b）所示。

③ 沿插入路径检查 3 个结点 A、C 和 D，发现它们位于一条形如">"的折线上，因此需要进行先右后左的双旋转。

④ 以结点 D 为旋转轴，让结点 C 顺时针旋转，如图 8.18（a）所示。

⑤ 以结点 D 为旋转轴，让结点 A 逆时针旋转，整棵树重新平衡，如图 8.18（b）所示。

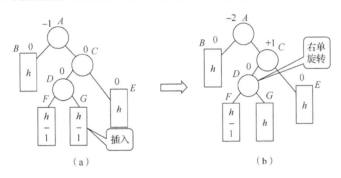

图 8.17　先右单旋转

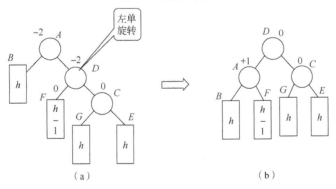

图 8.18　后左单旋转

例 8-12：二叉平衡树结点插入算法（先右后左双旋转）如下。

```
//先右后左双旋转
AVLNode* RotateRightLeft(AVLTree p) {        //p 指向初始根结点 A
    p->rchild=RotateRight(p->rchild);        //进行右单旋转
    return RotateLeft(p);                      //进行左单旋转并返回 p
}
```

3. 平衡二叉树的查找性能分析

在平衡二叉树上进行查找的过程与在二叉排序树上进行查找的过程相同，因此，查找过程中所进行的比较次数最多不超过树的深度。假设以 N_h 表示深度为 h 的平衡二叉树中含有的最少结点数，显然，$N_0=0$，$N_1=1$，$N_2=2$，并且有 $N_h = N_{h-1} + N_{h-2} + 1$。可以证明，含有 n 个结点的平衡二叉树的最大深度为 $\log n$，所以平衡二叉树的平均查找长度为 $O(\log n)$。

8.3.3 红黑树

1. 红黑树的定义

红黑树（Red-Black Tree）是一棵二叉排序树。对于二叉树而言，查找、插入、删除的复杂度取决于其树高 $O(h)$，但是当二叉树不再平衡时，如在最坏情况下，其查找、插入、删除的复杂度变为 $O(n)$。因此，为了保证时间复杂度为 $O(\log n)$，需要保证树的平衡（即平衡二叉树）。红黑树是一种自平衡二叉排序树，即在进行插入和删除等可能会破坏树平衡的操作时，需要重新自处理达到平衡状态。红黑树在每个结点上都增加一个存储位来表示结点的颜色，颜色可以是红色（Red）或黑色（Black）。红黑树主要用来存储有序数据，其查找、插入、删除都具有 $O(\log n)$ 的时间复杂度，所以效率很高。

图 8.19 所示为一棵红黑树。其中用圆形表示黑色结点，五边形表示红色结点，方形表示叶子结点。

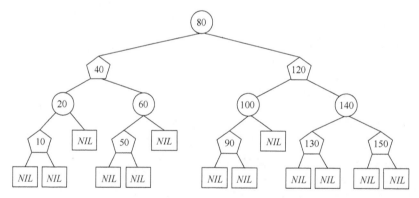

图 8.19 红黑树

红黑树与二叉排序树一样，是一个递归定义的数据结构，其左子树结点值<根结点值<右子树结点值。如果对红黑树进行中序遍历，此时会得到一个升序序列。例如，对图 8.20 所示的红黑树进行中序遍历的结果为{10, 20, 40, 50, 60, 80, 90, 100, 120, 130, 140, 150}。

红黑树的具体性质如下。

（1）每个结点颜色不是黑色，就是红色。

（2）根结点和叶结点（NIL）是黑色的。

（3）如果一个结点是红色的，则它的子结点必须是黑色的，即没有连续相邻的红色结点。

（4）从任一结点到其每个叶子的所有路径都包含相同数目的黑色结点。

2. 红黑树的基本操作

红黑树的基本操作包括旋转和变色两种。对红黑树的插入和删除过程中会打破红黑树的性质，此时借助旋转和变色可以保持红黑树的平衡。旋转包括左旋和右旋两种，它们与上节平衡二叉树的旋转操作类似，故在此不再赘述。另外，旋转操作不会改变树中序遍历的顺序，旋转操作通过降低高子树的高度和增加低子树的高度来维护二叉树平衡。变色包括红色变为黑色和黑色变为红色两种。

3. 红黑树的插入

红黑树的插入主要分为结点的插入和修复两个过程。新结点插入后，修复过程主要是为了保持红黑树的性质而进行的操作。红黑树的插入过程与二叉排序树的插入过程相同，即不停地通过二分比较来找寻插入位置；唯一的不同点在于，为了红黑树每次能够更简便地被修复，规定每次插入结点的颜色为红色。新结点插入后，红黑树的性质被破坏，因此，此时需要通过左旋、右旋和变色等操作来满足红黑树的性质要求，从而实现红黑树的自平衡。

红黑树的插入有多种情况，首先约定插入操作结点的叫法，如图 8.20 所示。其中 N 为新的插入结点；P 为插入结点的父亲结点；U 为插入结点的叔叔结点；G 为插入结点的父亲结点 P 的父亲结点，即祖父结点 G。

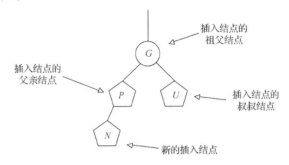

图 8.20　插入操作结点的叫法约定

插入情景 1：红黑树为空树。

当 N 是根结点，即在 N 插入之前是一棵空树，根据性质 2，只需要直接将插入结点作为根结点，再经过变色操作，将 N 由红色变为黑色，如图 8.21 所示。

图 8.21　插入情景 1 示例

例 8-13： 红黑树为空树插入算法如下。

```
void insert_case1(node *n){
    if(n->parent==NULL)
        n->color=BLACK;
}
```

插入情景 2：插入结点 N 的父亲结点 P 是黑色。

由于插入结点 N 是红色的，其父亲结点 P 为黑色，满足红黑树的各性质，因此直接插入即可。

例 8-14： 红黑树中插入结点 N 的父亲结点 P 是黑色的算法如下。

```
void insert_case2(node *n
{
    if(n->parent->color == BLACK)
        return;    // 树仍有效
}
```

插入情景 3：插入结点 N 的父亲结点 P 是红色，叔叔结点 U 存在且为红色。

当插入结点 N 的父亲结点 P 为红色，插入结点 N 的叔叔结点 U 存在且是红色的，说明具有祖父结点 G，因为如果父亲结点 P 是根结点，那父亲结点 P 就应当是黑色。为了维护性质 3，因此需要对 N 的父亲结点 P、祖父结点 G、叔叔结点 U 进行变色。首先将 P 和 U 设为黑色，将 G 设为红色，再将 G 设为当前插入结点即可。如果父亲结点 P 和叔父结点 U 二者都是红色，此时新插入结点 N 作为 P 的左子结点或右子结点都属于此插入情景，图 8.22 中仅显示 N 作为 P 左子结点的情况。如果 G 是根结点，就违反了性质 2，也有可能祖父结点 G 的父亲结点是红色的，则违反了性质 4，因此可以在祖父结点 G 上进行递归。如果 G 不是根结点，此时还需要把 G 当作新的插入结点递归地再次进行检查及调整，直到满足红黑树性质为止。从上述分析可知，插入的修复并非调整变换一次就可以满足红黑树的所有性质，往往需要多种插入情景之间的相互转换，最终满足红黑树的性质。

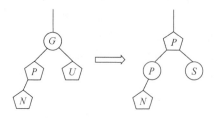

图 8.22　插入情景 3 示例

例 8-15： 红黑树中插入结点 N 的父亲结点 P 是红色，叔叔结点 U 存在且为红色的算法如下。

```
void insert_case3(node *n){
    if(uncle(n) != NULL && uncle(n)->color==RED) {
        n->parent->color=BLACK;
        uncle(n)->color=BLACK;
        grandparent(n)->color=RED;
        insert_case1(grandparent(n));
    }
}
```

插入情景 4： 插入结点 N 的父亲结点 P 是红色，叔叔结点 U 不存在或为黑色结点，父亲结点 P 是祖父结点 G 的左子结点，插入结点 N 是其父亲结点 P 的左子结点。

父亲结点 P 是红色，根据性质 3，可知祖父结点 G 是黑色。首先为了满足性质 3，将父亲结点 P 设置为黑色、祖父结点 G 设置为红色，再针对祖父结点 G 进行右旋操作，得到一棵新的树。在旋转产生的树中，以前的父亲结点 P 是插入结点 N 和以前的祖父结点 G 的父亲结点，如图 8.23 所示。

插入情景 5： 插入结点 N 的父亲结点 P 是红色，叔叔结点不存在或为黑色结点，父亲结点 P 是祖父结点 G 的右子结点，插入结点 N 是其父亲结点 P 的右子结点。

同理，为了满足性质 3，首先将父亲结点 P 设置为黑色、祖父结点 G 设置为红色，再针对祖父结点 G 进行左旋操作，得到一棵新的树，如图 8.24 所示。

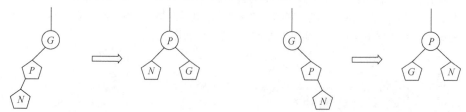

图 8.23　插入情景 4 示例　　　　　　　图 8.24　插入情景 5 示例

插入情景 4 和插入情景 5 的情况类似，都是首先将 P 设置为黑色、G 设置为红色；唯一的区别在于，对 G 进行右旋或左旋操作。

例 8-16： 红黑树中插入情景 4 和插入情景 5 的算法如下。

```
void insert_case45(node *n){
    n->parent->color=BLACK;
    grandparent(n)->color=RED;
```

```
        if(n==n->parent->left && n->parent==grandparent(n)->left) {
            rotate_right(n->parent);  //左左->右旋
        } else {
            /* Here, n==n->parent->right && n->parent==grandparent(n)->right */
            rotate_left(n->parent);  //右右->左旋
            }
}
```

插入情景 6：插入结点 *N* 的父亲结点 *P* 是红色，叔叔结点不存在或为黑色结点，父亲结点 *P* 是祖父结点 *G* 的左子结点，插入结点 *N* 是其父亲结点 *P* 的右子结点。

该插入情景可以转换为插入情景 4。如图 8.25 所示，首先对 *N* 的父亲结点 *P* 进行左旋，重新设置 *P* 为插入结点后，即可得到插入情景 4，再按照插入情景 4 的方法，将父亲结点 *N* 设置为黑色、祖父结点 *G* 设置为红色，再针对祖父结点 *G* 进行右旋操作。

插入情景 7：插入结点 *N* 的父亲结点 *P* 是红色，叔叔结点不存在或为黑色结点，父亲结点 *P* 是祖父结点 *G* 的右子结点，插入结点 *N* 是其父亲结点 *P* 的左子结点。

该插入情景可以转换为插入情景 5。如图 8.26 所示，首先对 *N* 的父亲结点 *P* 进行右旋，重新设置 *P* 为插入结点后，即可得到插入情景 5，再按照插入情景 5 的方法，将父亲结点 *N* 设置为黑色、祖父结点 *G* 设置为红色，再针对祖父结点 *G* 进行左旋操作。

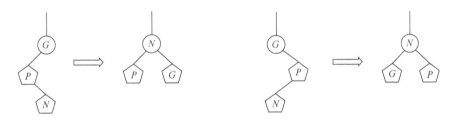

图 8.25　插入情景 6 示例　　　　　　　　　图 8.26　插入情景 7 示例

插入情景 7 和插入情景 6 的情况类似，都是先通过旋转操作将插入情景进行转换；唯一的区别在于，对父亲结点 *P* 进行左旋或右旋操作。

例 8-17：红黑树中插入情景 6 和插入情景 7 的算法如下。

```
void insert_case67(node *n){
    if(n==n->parent->right && n->parent==grandparent(n)->left) {
        rotate_left(n);  //右左->左旋
        n=n->left;
    } else if(n==n->parent->left && n->parent==grandparent(n)->right) {
        rotate_right(n);
        n=n->right;  //左右->右旋
    }
        insert_case45(n);
}
```

4. 红黑树的删除

红黑树的删除需要保证结点被删除后，红黑树的性质依然成立。首先，红黑树是一棵二叉排序树，因此需要保证删除后二叉排序树的性质依然成立；其次，需要保证红黑树自身的性质依然成立。对于维护红黑树的二叉排序树性质，我们不需要关注结点的颜色，只需分为以下 3 种情况讨论。

（1）待删除结点无子结点

若待删除结点无子结点，直接删除。如图 8.27 所示，其中 5 号结点并无子结点，直接删除 5

号结点即可，并不影响红黑树的二叉排序树性质。

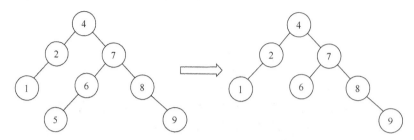

图 8.27　删除情景 1 示例

（2）删除结点只有一个子结点

若删除结点只有一个子结点，将子结点的值复制到要删除的结点中，接着删除从中复制出值的那个结点（即子结点）。如图 8.28 所示，其中 6 号结点只有 5 号结点一个子结点，用 5 号结点替换 6 号结点，并删除 6 号结点即可。

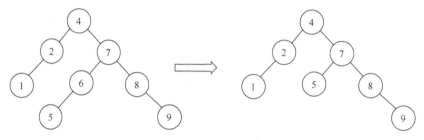

图 8.28　删除情景 2 示例

（3）删除结点有两个子结点

若删除结点有两个子结点，找到前继结点（左子树中的最大元素）或者后继结点（右子树中的最小元素），并把它的值复制到要删除的结点中，接着删除从中复制出值的那个结点（即前继结点或者后续结点）。如图 8.29 所示，其中 4 号结点有 2、7 号两个子结点，将后继结点 5 号结点的值复制到 4 号结点中，再删除 5 号结点即可。由于只是复制了一个值，没有复制颜色，因此不会破坏红黑树的性质。

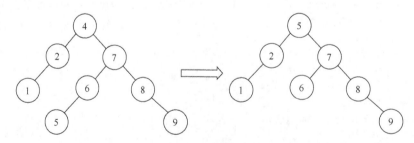

图 8.29　删除情景 3 示例

由上述分析可知，如果需要删除的结点有两个子结点，那么问题可以被转换成删除另一个只有一个子结点的问题。因此，对于维护红黑树的性质，下述只需要讨论"删除结点只有一个子结点"的情况。对于二叉排序树，在删除带有两个非叶子儿子的结点时，要么找到它左子树中的最大元素（前继），要么找到它右子树中的最小元素（后继），并把它的值转移到要删除的结点中，且删除从中复制出值的那个结点。由于只是复制一个值，没有复制颜色，因此不违反任何性质。

上述分析过程与二叉排序树的删除及调整过程类似，在此不再赘述。

在只有一个子结点的情况下，该子结点分为替换结点 N 的左子树和右子树两种情况。因此，首先使用下述函数找到替换结点 N 兄弟结点，再进行后续分析即可。由于替换结点 N 的左子树和右子树两种情况类似，只是进行了简单的对称变换，因此这里只以该子结点为替换结点 N 的左子结点为例进行介绍。

例 8-18：红黑树中查找替换结点的兄弟结点算法如下。

```
struct node *
sibling(struct node *n) {
        if(n==n->parent->left)         //替换结点是 P 的左子结点
               return n->parent->right; //返回右子结点
        else   //替换结点是 P 的右子结点
               return n->parent->left;   //返回左子结点
}
```

删除情景 1：删除红色结点。

把替换结点换到删除结点的位置时，由于替换结点是红色的，删除后也不会影响红黑树的平衡，只要把替换结点的颜色设为删除结点的颜色即可重新保持平衡。通过被删除结点的所有路径只是少了一个红色结点，这样可以继续保证红黑树的各个性质。

例 8-19：红黑树中删除红色结点算法如下。

```
void delete_one_child(struct node *n)  //替换结点只有一个 child 的情况
{
    if(n->color==RED)   //如果 N 颜色是黑色
        n->color=BLACK
}
```

删除情景 2：删除结点是黑色，而它的儿子结点是红色。

被删除结点是黑色，而它的儿子结点是红色的时候，如果只是去除这个黑色结点，用它的红色儿子结点顶替会破坏性质 4。但是如果重绘它的儿子结点为黑色，则曾经通过它的所有路径将通过它的黑色儿子结点，这样可以继续保持性质 4。

删除情景 3：删除结点是黑色，其儿子结点是黑色。

这种情况下该结点的两个儿子结点都是叶子结点，否则若其中一个儿子结点是黑色非叶子结点、另一个儿子结点是叶子结点，那么从该结点通过非叶子结点路径上的黑色结点数最小为 2，而从该结点到另一个叶子结点路径上的黑色结点数为 1，会违反性质 4。因此，应该首先把要删除的结点替换为它的儿子结点。

例 8-20：红黑树中删除黑色结点算法如下。

```
void delete_one_child(struct node *n)  //替换结点只有一个 child 的情况
{
    /*
     * Precondition: n has at most one non-null child.
     */
    struct node *child=is_leaf(n->right)? n->left : n->right;
    //替换结点 N 的右子树是不是叶子结点，是则 child 返回左子树；不是则返回右子树

    replace_node(n, child);      //用 child 替代 N
    if(n->color==BLACK){         //如果 N 颜色是黑色
        if(child->color==RED)    //child 颜色是红色
            child->color=BLACK;  //将 child 颜色变为黑色
```

```
        else
            delete_case1(child);  //递归继续调整
    }
    free(n);
}
```

当删除结点是黑色，而它的儿子结点是黑色的时候，该情景下的讨论情况比较多，因此分类讨论。首先给出删除操作结点的叫法约定，如图 8.30 所示。其中，替代结点为 N（即删除结点），N 的兄弟结点为 S（即父亲结点的另一个儿子结点），N 的父亲结点为 P；S 的左儿子结点为 SL，S 的右儿子结点为 SR。

如果 N 和 P 是黑色，则删除 P 导致通过 N 的路径都比不通过 N 的路径少了一个黑色结点。因为这样违反性质 4，所以树需要被重新平衡。

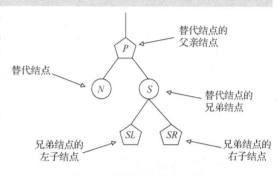

图 8.30　删除操作结点的叫法约定

删除情景 3.1：N 是新的根。

在这种情景下，从所有路径去除一个黑色结点，而新根是黑色的，所以性质都能得以保持。

例 8-21：红黑树中删除情景 3.1 算法如下。

```
void delete_case3.1(struct node *n)
{
    if(n->parent != NULL)
        delete_case2(n);  // 如果 N 不是根，继续向上递归
}
```

在下述删除情景 3.2、删除情景 3.5 和删除情景 3.6 下，假定 N 是 P 的左儿子结点。如果 N 是右儿子结点，则在上述情景中进行左旋和右旋操作对调即可。

删除情景 3.2：兄弟结点 S 是红色，替换结点 N 是父亲结点 P 的左儿子结点。

在该删除情景下，首先为了保证性质 3，将 S 设为黑色，P 设为红色，在 N 的父亲结点上做左旋转（如果 N 是右儿子结点，则在 N 的父亲结点上做右旋转），把红色兄弟转换成 N 的祖父结点，如图 8.31（b）所示。完成这两个操作后，尽管所有路径上黑色结点的

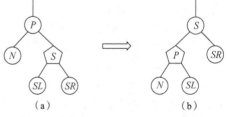

图 8.31　删除情景 3.2 示例

数量没有改变，但现在 N 有了一个黑色的兄弟结点和一个红色的父亲结点，可以得到删除情景 3.3，所以继续按删除情景 3.3 进行处理。

例 8-22：红黑树中删除情景 3.2 算法如下。

```
void delete_case3.2(struct node *n)
{
    struct node *s=sibling(n);

    if(s->color==RED){
        n->parent->color=RED;
        s->color=BLACK;
```

```
            if(n==n->parent->left)
                rotate_left(n->parent);
            else
                rotate_right(n->parent);
        }
}
```

删除情景 3.3：替换结点 N 的父亲结点 P、兄弟结点 S 和兄弟结点的儿子结点都是黑色。

在这种情景下，因为 N 即将被删除，会导致少一个黑色结点，子树也需要少一个，所以以了为在 P 所在的子树中保持平衡，把兄弟结点 S 设为红色，如图 8.32（b）所示。由于删除 N 结点所有通过 N 的所有路径少了一个黑色结点，所有通过 S 的路径都少了一个黑色结点，因此整棵树得到平衡。但是，通过 P 的所有路径现在比不通过 P 的路径少了一个黑色结点，所以仍然违反性质 4。要修正这个问题，需要在 P 上重新进行递归平衡处理。

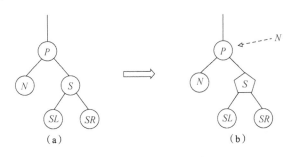

图 8.32　删除情景 3.3 示例

例 8-23：红黑树中删除情景 3.3 算法如下。

```
void delete_case3.3(struct node *n)
{
    struct node *s=sibling(n);

    if((n->parent->color==BLACK)&&(s->color==BLACK)&&(s->left->color==
BLACK)&&(s->right->color==BLACK)) {
        s->color=RED;
        delete_case1(n->parent);
    }
}
```

删除情景 3.4：兄弟结点 S 和 S 的儿子结点都是黑色，替换结点 N 的父亲结点 P 是红色。

如图 8.33（b）所示，将 S 设置为红色，将 P 设置为黑色。这样不影响不通过 N 的路径上黑色结点的数量，但是在通过 N 的路径上对黑色结点数量增加 1，刚好添补在这些路径上删除的黑色结点，因此满足红黑树的性质。

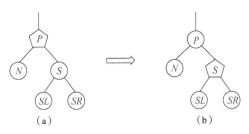

图 8.33　删除情景 3.4 示例

例 8-24：红黑树中删除情景 3.4 算法如下。

```
void delete_case3.4(struct node *n)
{
    struct node *s=sibling(n);

    if((n->parent->color==RED)&&(s->color==BLACK)&&(s->left->color==
BLACK)&&(s->right->color==BLACK)) {
        s->color=RED;
        n->parent->color=BLACK;
        }
}
```

删除情景 3.5：兄弟结点 S 是黑色，S 的左儿子结点是红色，S 的右儿子结点是黑色，替换结点 N 是父亲结点 P 的左儿子结点。

如图 8.34 所示，在 S 上做右旋转（如果 N 是右儿子结点，则在 S 上做左旋转），这样 S 的左儿子结点成为 S 的父亲结点和 N 的新兄弟结点。我们接着交换 S 与它的新父亲结点的颜色。所有路径仍有同样数量的黑色结点，但是现在 N 有了一个黑色兄弟结点，它的右儿子结点是红色的，所以我们进入删除情景 6 进行处理。N 和它的父亲结点都不受这个变换的影响。

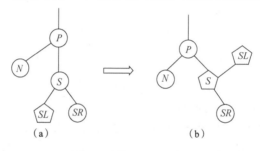

图 8.34　删除情景 3.5 示例

例 8-25：红黑树中删除情景 3.5 算法如下。

```
void delete_case3.5(struct node *n)
{
    struct node *s=sibling(n);

    if(s->color==BLACK)
    {
        if((n==n->parent->left)&&(s->right->color==BLACK)&&
            (s->left->color==RED)) {
            s->color=RED;
            s->left->color=BLACK;
            rotate_right(s);
        } else if((n==n->parent->right)&&(s->left->color==BLACK)&&
            (s->right->color==RED)) {
            s->color=RED;
            s->right->color=BLACK;
            rotate_left(s);
        }
    }
    delete_case6(n);
}
```

删除情景 3.6：*S* 是黑色，*S* 的右儿子结点是红色，替换结点 *N* 是父亲结点 *P* 的左儿子结点。

如图 8.35 所示，在 *N* 的父亲结点上做左旋转（如果 *N* 是右儿子结点，则在 *N* 的父亲结点上做右旋转），接着交换 *N* 的父亲结点与 *S* 的颜色，并使 *S* 的右儿子结点变色为黑色。子树在它的根上的仍是同样的颜色。但是 *N* 增加了一个黑色祖先结点，因此要么 *N* 的父亲结点变成黑色，要么它是黑色而 *S* 被增加为一个黑色祖父结点。所以通过 *N* 的路径都增加了一个黑色结点。此时，如果一个路径不通过 *N*，则有以下两种可能性。

（1）它通过 *N* 的新兄弟。那么它以前与现在都必定通过 *S* 和 *N* 的父亲结点，而它们只是交换了颜色。所以路径保持了同样数量的黑色结点。

（2）它通过 *N* 的新叔父结点，*S* 的右儿子结点。那么它以前通过 *S*、*S* 的父亲结点和 *S* 的右儿子结点，但是现在只通过 *S*，它被假定为它以前父亲结点的颜色，和 *S* 的右儿子结点，它被从红色改变为黑色。合成效果是这个路径通过了同样数量的黑色结点。

在任何情况下，这些路径上的黑色结点数量都没有改变，所以恢复了红黑树性质。

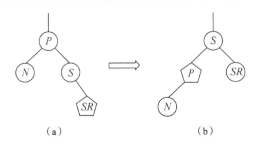

图 8.35　删除情景 3.6 示例

例 8-26：红黑树中删除情景 3.6 算法如下。

```
void delete_case3.6(struct node *n)
{
    struct node *s=sibling(n);

    s->color=n->parent->color;
    n->parent->color=BLACK;

    if(n==n->parent->left){
        s->right->color=BLACK;
        rotate_left(n->parent);
    } else {
        s->left->color=BLACK;
        rotate_right(n->parent);
    }
}
```

讨论题

（1）平衡二叉树、二叉排序树与平衡二叉排序树之间有何区别？

（2）平衡二叉树和红黑树，分别适用于什么样的应用场景？

8.3.4 B 树

1. B 树的定义

由上节介绍可知，平衡二叉树的查找效率是非常高的，并且我们可以通过降低树的深度来提升查找效率。树中可存储元素数量是有限的，当数据量过大时会出现内存空间不够容纳平衡二叉树所有结点的情况。此时，必须将部分结点存放在外存（磁盘）中。但这样又会使得磁盘 I/O 读写过于频繁，进而导致查询效率低下。B 树的出现弥合不同存储级别之间访问速度上的巨大差异，从而实现高效的 I/O 处理。

B 树又称为多路平衡查找树，B 树中所有结点的孩子结点数最大值称为 B 树的阶，通常用 m（$m \geqslant 2$）表示。一棵 m 阶 B 树或为空树，或为满足下列特性的 m 阶树。

（1）树中每个结点最多只有 m 棵子树。

（2）如果根结点不是叶子结点，则根结点至少有两棵子树。

（3）每个非叶子结点（除了根）至少具有 $\lceil m/2 \rceil$ 棵子树。

（4）具有 k 个子结点的非叶子结点包含 $k-1$ 个关键字，所有结点关键字是按递增次序排列，并遵循从小到大的原则。

（5）所有叶子结点都出现在同一层上，并且其指向子结点的指针默认为 null。

B 树结点与整体结构类型定义如下。

```
#define m 3                              //B树的阶，暂设置为3
typedef struct BTNode * PBTNode;
typedef struct BTNode {
    int keyNum;                          //结点中关键字个数，keyNum<m
    PBTNode parent;                      //指向双亲结点
    PBTNode *ptr;                        //子树指针向量
    KeyType *key;                        //关键字向量
};
typedef struct {                         //Result 结构定义
    BTNode * pt;                         //pt 指针用于返回查找、插入、删除的结果
    int i;                               //pt 指针所指向子树的关键字位置索引
    int tag;                             //Result 标注，0 代表失败，1 代表成功
} Result;
```

B 树是所有结点的平衡因子均为 0 的多路查找树，图 8.36 所示为一棵 3 阶的 B 树。

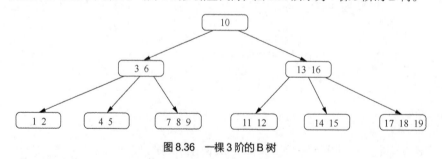

图 8.36　一棵 3 阶的 B 树

2. B 树的查找

B 树的查找与二叉排序树的查找类似，只是每个结点都是多个关键字的有序表，并且在每个结点上所做的并不是两路分支决定，而是多路分支决定。

B 树的查找分为以下两步。

（1）在 B 树中根据指针的索引查找结点。

（2）在索引结点中寻找关键字。

由于 B 树常存储在磁盘上，因而前一个查找通常是在磁盘上进行的，而后一个查找是在内存中进行的，即在磁盘上找到结点后，将结点信息读入内存中，然后采用顺序查找或者折半查找找到目标关键字。在 B 树上找到某个结点后，先在有序表中进行查找，若找到则查找成功，否则按照对应的指针信息到所指的子树中去查找。例如，在图 8.36 所示的 B 树中查找关键字 20：首先从第一层的根结点开始查找，发现关键字 20 大于所查找到的根结点 10，则在根结点上查找失败；然后根据指针往根结点右边的子结点中查找，发现关键字 20 大于 16，则到该结点的第三个子树中查找；当查找到叶子结点（指针为空）时，说明树中没有对应的关键字，此次查找失败。因此，我们也可以把叶子结点看成查找失败所对应的情况。

例 8-27：B 树的查找操作算法如下。

```
Result SearchBTree(BTree T, KeyType K) {
    /*在 m 阶 B 树 T 上查找关键字 K，返回结果（ pt, i, tag ）。若查找成功，则特征值 tag=1，指
针 pt 所指结点中第 i 个关键字等于 K，否则特征值 tag=0，等于 K 的关键字应插入在指针 pt 所指结点中第
i 和第 i+1 个关键字之间*/
        p=T; q=NULL; found=FALSE; i=0;        //初始化
        while(p && !found) {
            i=Search(p, K);                 //搜索关键字 K 在指针 p 所指向的索引位置
            if(i>0 && p->key[i]==K) found=TRUE; //找到待查关键字
            else { q=p; p=p->ptr[i]; }
        }
        if(found) return(p, i, 1);          //查找成功
        else return(q, i, 0);
} //SearchBTree
```

3. B 树的插入

B 树的插入操作比二叉排序树的插入操作要复杂得多。在二叉排序树中，仅需要找到插入位置即可。但是 B 树结构复杂，使得我们为其插入结点时需要考虑叶子结点元素个数不能超过 m（m 为阶数）。针对 m 阶高度为 h 的 B 树插入一个元素时，首先在 B 树中查找该元素是否存在，如果不存在，则在叶子结点处插入该新的元素。其详细步骤如下。

（1）若该结点元素个数小于 $m-1$，直接插入。

（2）若该结点元素个数等于 $m-1$，引起结点分裂；以该结点中间元素为分界，取中间元素（若为偶数，则随机选取中间两个元素之一）插入父亲结点中。

（3）重复上面动作，直到所有结点符合 B 树的规则；最坏的情况会一直分裂到根结点，生成新的根结点，高度增加 1。

图 8.37 展示了一棵 5 阶 B 树插入的过程。5 阶 B 树中，除根结点以外的结点最多有 4 个关键字，最少有 2 个关键字。当向图 8.37（a）所示的 B 树中插入 8 时，该结点的关键字数超过 $m-1=4$，因此引起结点分裂，分裂后的树如图 8.37（c）所示。继续向树中插入 11、17，都不会引起结点分裂，如图 8.37（d）所示。但当向树中插入 13 时，再次引起分裂，分裂后的树如图 8.37（f）所示。

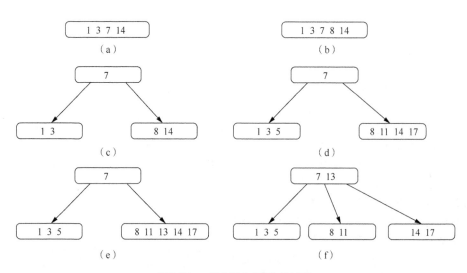

图 8.37　一棵 5 阶 B 树插入的过程

例 8-28：B 树的插入操作算法如下。

```
Status InsertBTree(BTree & T, KeyType K, BTree q, int i) {
    //在 m 阶 B 树 T 上结点* q 的 key[i]与 key[i+1]之间插入关键字 K
    //若引起结点过大，则沿双亲链进行必要的结点分裂调整，使 T 仍是 m 阶 B 树
    x=k;  ap=NULL;  finished=FALSE;
    while(q && !finished) {
        Insert(q, i, x, ap);    //插入关键字 K 在 key[i]与 key[i+1]之间，并用指针 ap 记录
        if(q->keynum<m) finished=TRUE;  //插入完成
        else {
            s=⌈m/2⌉; split(q, s, ap); x=q->key[s];
            //将 q->key[s+1…m]、q->ptr[s…m]和 q->recptr[s+1…m]移入新结点* ap
            q=q->parent;
            if(q) i=Search(q, x);
                } //else
    } //while
    if(!finished)
        NewRoot(T, q, x, ap) ;        //如果插入不成功，则用 K 作为根结点创建新的树
    return OK;
} //InsertBTree
```

4．B 树的删除

B 树的删除操作与插入操作类似，但要稍微复杂一些。要使删除后结点中的关键字个数大于⌈m/2⌉-1，会涉及结点的"合并"问题。

要删除值为 key 的关键字，首先在 B 树中查找该关键字，其有下列几种可能的情况。

（1）如果当前需要删除的关键字位于非叶子结点上，则用后继关键字（这里的后继关键字均指后继记录）覆盖要删除的关键字，然后在后继关键字所在的子支中删除该后继关键字。此时后继关键字一定位于叶子结点上，此过程类似二叉排序树删除结点的方式。

（2）如果该结点关键字个数大于或等于⌈m/2⌉-1，不需要"合并"结点，删除操作结束，否则进行第（3）步。

（3）如果兄弟结点关键字个数大于$\lceil m/2\rceil-1$，则父亲结点中的关键字下移到该结点，兄弟结点中的一个关键字上移，如图 8.38（a）所示。

（4）如果兄弟结点关键字个数等于$\lceil m/2\rceil-1$，将父亲结点中的关键字下移与当前结点及它的兄弟结点中的关键字合并，形成一个新的结点，如图 8.38（b）所示。

在合并过程中，父亲结点中的关键字会减少。若父亲结点是根结点且关键字个数减少至 0，则直接将根结点删除，合并后的新结点成为根结点；若父亲结点不是根结点且关键字个数小于$\lceil m/2\rceil-1$，又要与父亲结点自己的兄弟结点进行合并，并重复以上操作，直至整棵树符合 B 树的要求为止。

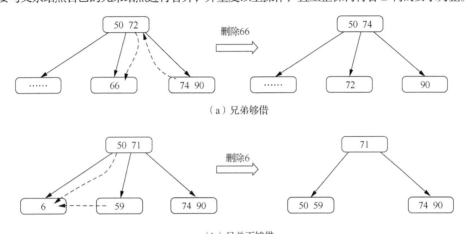

图 8.38　B 树的删除

在 B 树中删除结点的算法在此不再详述。

8.4　散列表的查找技术

散列表的查找技术

8.4.1　散列表概述

本章之前提到的线性表查找和树表查找，记录在结构中的相对位置是随机的，数据元素在表中的位置跟元素的关键字没有联系，所以查找时需要进行一系列关键字的比较。这一类查找方法是基于"关键字比较"来进行的，查找效率取决于比较次数。理想的情况是希望不经过任何比较，一次存取便能得到所查记录。此时，就必须在记录的存储位置和它的关键字之间建立一个确定的对应关系，使每个关键字与结构中唯一的存储位置对应。下面介绍的散列技术就是这样一种方法。

散列技术在数据元素的存储位置与它的关键字之间建立一个映射关系，使得每个关键字与结构中唯一的存储位置相对应，记为$f(key)=address$，并将这种映射关系 f 称为散列函数，又称为哈希（hash）函数。采用散列技术将记录存储在一个有限的连续存储空间中，这块存储空间称为散列表或哈希表（hash table）。当存储记录时，通过散列函数计算出记录的散列地址；当查找记录时，同样通过散列函数计算记录的散列地址，并按此散列地址查找该记录。因此，散列技术既是一种存储方法，也是一种查找方法。

需要注意的是，散列函数可能会把两个，甚至两个以上的关键字映射到同一地址，这种情况称为"散列冲突"；这些发生冲突的关键字称为同义词。一般情况下，冲突只能尽可能地少，而不能完全避免。因此，在构造散列表时，不仅要设定一个"好"的散列函数以尽可能地减少冲突，还需要设定一种处理冲突的方法。下面分别从散列函数设计和处理冲突的方法两个方面进行讨论。

8.4.2 散列函数设计

散列函数的设计对于散列技术的实现至关重要。好的散列函数应该满足计算简单和分布均匀两个条件。其中计算简单指的是散列函数的计算时间不应该超过其他查找技术与关键字比较的时间，否则散列表就失去其优越性；分布均匀指的是散列地址应等概率、均匀地分布在整个地址空间中，从而减少冲突的发生。

下面介绍几种常用的散列函数。

（1）直接定址法

直接定址法直接取关键字的某个线性函数值为散列地址，散列函数为：

$$f(key) = a \times key + b$$

其中 a、b 为常数。直接定址法非常容易实现，并且由于散列函数是关键字的线性函数，因此不会发生冲突，适合关键字分布连续的情况。如果关键字分布不连续，空位较多，则会造成存储空间的浪费。

（2）数字分析法

假设现有学生生日信息为：1997.02.13、1998.12.13、1997.05.06、1999.10.12……，经分析发现前 3 位分布不均匀，重复的可能性大。因此，应该选择分布较为均匀的后几位作为散列地址。显然，数字分析法只适用于已知关键字集合的情况。若更换了关键字集合，就需要重新分析。

（3）除留余数法

此方法为最常用的构造散列函数方法。对于表长为 m 的散列表，取一个整数 p，利用以下的散列函数把关键字转换成散列地址。

$$f(key) = key \bmod p$$

除留余数法的关键是选好 p，使得每个关键字经过散列函数转换后尽可能均匀地映射到散列空间中的任一地址。理论研究表明，除留余数法的模 p 取不大于表长 m 且最接近表长 m 的质数时，效果最好。

（4）平方取中法

平方取中法是一种常用的散列函数构造方法。该方法先取关键字的平方，然后根据可使用空间的大小，选取平方数的中间几位作为散列地址。该方法得到的散列地址与关键字的每一位都有关系，散列地址分布比较均匀。这种方法适用于关键字每一位取值都不够均匀或小于散列地址所需位数的情况。

（5）折叠法

折叠法是将关键字从左到右分割成位数相等的几部分，然后将这几部分叠加求和，作为散列地址。这种方法适用于关键字位数特别多的情况。

（6）随机数法

随机数法设定散列函数为：

$$H(key) = Random(key)$$

其中，Random 为伪随机函数。此法适用于关键字长度不等的情况。

总之，实际造表时，采用何种方法构造散列函数取决于建表的关键字集合的情况（包括关键字的范围和形态），以及散列表长度（散列地址范围）。不论使用何种方法，都要使产生冲突的可能性尽可能小。

8.4.3 处理冲突的方法

需要注意的是，无论使用何种方法构造散列函数，都不可能完全避免冲突。因此，需要采取合适的方法来处理冲突，即为产生冲突的关键字寻找下一个空的散列地址。假设已经选定散列函数 $f(key)$，用 f_i 表示发生冲突后第 i 次探测的散列地址。下面介绍几种常用的处理冲突方法。

1. 开放定址法

开放定址法（Open Addressing）的主要思想是发生冲突时，直接寻找下一个空的地址（只要散列表足够大，就总能找到空的地址）。这种寻找下一个地址的行为叫作探测。其数学表达式为：

$$f_i = (f(key) + d_i) \bmod m$$

其中，$i = 0,1,2,\cdots,k(k \leqslant m-1)$，$m$ 为表长，d_i 为增量序列。根据增量序列 d_i 取法的不同，有以下多种探测方法：

① 当 $d_i = 0,1,2,\cdots,m-1$ 时，称为线性探测（Linear Probing）再散列法。冲突发生时，顺序查看表中下一个单元，直到查找到一个空单元或查遍全表。线性探测法会导致如下现象，即发生冲突后，使用线性探测法将该同义词存入下一个单元，而本该存入该单元的非同义词只能继续顺序向后存储，这样会造成大量元素在相邻的散列地址附近堆积起来，产生"聚集"效应，从而破坏分布的均匀性。

下面以一个例子来说明线性探测再散列法。假设散列表表长 $m=10$，散列函数为 $H(key)= key \%7$，其中 key 为关键字。采用开放定址法中的线性探测再散列法解决冲突，依次输入 9 个关键字 19,1,22,14,55,68,11,82,40，构造散列表如表 8.1 所示。首先根据散列函数计算出记录的地址，分别为：

$H(19)= 19\%7=5$；　　　　$H(1)= 1\%7=1$；　　　　$H(22)= 22\%7=1$；

$H(14)= 14\%7=0$；　　　　$H(55)= 55\%7=6$；　　　　$H(68)= 68\%7=5$；

$H(11)= 11\%7=4$；　　　　$H(82)= 82\%7=5$；　　　　$H(40)= 40\%7=5$。

再按关键字序列顺序依次向散列表中填入。从图 8.1 中可知，当输入元素 19 时，由于 $H(19)=5$，因此将 19 放入 5 号位置，探测次数为 1。当输入 1 时，$H(1)=1$，因此将 1 放入 1 号位置，探测次数为 1。当输入 22 时，$H(22)= 1$，但是由于 1 号位置已经存放元素 1，则依次探测散列表中没有存放元素的地址。本例中探测到 2 号位置为空，因此将元素 22 放入表中 2 号位置，其探测次数为 2。其他发生冲突的情况类似处理，也即当发生冲突时则顺着表查找下一空位置。

表 8.1　线性探测再散列表

散列地址	0	1	2	3	4	5	6	7	8	9
关键字	14	1	22		11	19	55	68	82	40

② 当 $d_i=0,1^2,-1^2,2^2,-2^2,\cdots,k^2,-k^2$ 时，称为平方探测（Quadratic Probing），又称为二次探测法。相较于线性探测再散列法，二次探测法相当于冲突发生时探测长度为 i^2 个单元，有限地避免了元素堆积的发生。其缺点是不能探测到散列表上全部单元，但至少能探测到一半单元。

下面以一个例子来说明二次探测法。假设散列表表长 $m=11$，散列函数为 $H(key)= key \%11$，其中 key 为关键字。采用开放地址法中的二次探测法解决冲突，依次输入 9 个关键字 19,1,23,14,55,68,11,82,36，构造散列表如表 8.2 所示。由表 8.2 可知，当输入元素 1 时，由于 $1\%11=1$，因此将元素 1 放入 1 号位置。当输入 23 时，由于 $23\%11=1$，但是 1 号位置已经存放了元素 1，则探测散列表中地址 $1+1^2=2$ 是否为空，若为空则放入，否则继续探测地址 $1-1^2$，$1+2^2$，$1-2^2$，$1+3^2$，$1-3^2$……。最后将元素 23 放入位置 2，总探测次数为 2。当输入 68 时，$68\%11=2$，由于位置 2 已经存放了元素 23，因此依次探测散列表中地址 $2+1^2=3$，$2-1^2=1$，$2+2^2=6$，直至探测到 6 号位置为空，再将元素 68 放入 6 号位置，总探测次数为 4。

表 8.2　二次探测散列表

散列地址	0	1	2	3	4	5	6	7	8	9	10
关键字	55	1	23	14	36	82	68		19		11

③ 当 d_i=伪随机数序列时，称为伪随机探测。

2. 拉链法

开放定址法的原理是当冲突发生时寻找到散列表中下一个空闲单元来存储同义词。但如果此时散列表内空间不足，既无法处理冲突也无法插入元素。这里介绍一种用数组和链表结合来处理冲突的方法——拉链法（Chaining）。在拉链法中，散列地址为 i 的所有同义词都存储在一个链表上，此链表的头指针保存在散列表中第 i 个单元中。每次发生冲突后，只需要在对应的链表上新插入一个结点即可。因此，查找、插入和删除操作主要在同义词链表中进行。显然，拉链法适用于经常进行插入和删除的情况。假设有关键字序列为 $\{18,13,24,3,20,84,27,55,11\}$，散列函数为 $f(key)=key \bmod 11$，采用拉链法处理冲突所建立的散列表如图 8.39 所示。

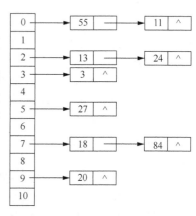

图 8.39　拉链法处理冲突的散列表

3. 再散列法

此方法同时准备多个散列函数，当第一个散列函数发生冲突的时候可以用备选的散列函数进行计算，直到冲突不再发生。这种方法不易产生"聚集"，但增加了计算时间。

4. 公共溢出区法

此方法建立一个公共溢出区来存放所有产生冲突的关键字。在查找时，通过散列函数对给定关键字计算出散列地址后，先与基本表的相应位置进行比对。如果相等，则查找成功；如果不相等，则到溢出表中进行顺序查找。如果相较于基本表而言，有冲突的数据很少，此时公共溢出区法的查找性能还是较高的。

8.4.4　散列查找性能分析

散列表的查找过程基本上与造表过程相同。一些关键字可通过散列函数转换的地址直接找到，另一些关键字在散列函数得到的地址上产生了冲突，需要按处理冲突的方法进行查找。在处理冲突的方法中，产生冲突后的查找仍然是给定值与关键字进行比较的过程。所以散列表查找效率依然可以用平均查找长度来衡量。

1. 线性探测再散列法等概率情况下查找成功和不成功时平均查找长度的计算

① 线性探测再散列法查找成功时的 *ASL*

待查的数字肯定在散列表中才会查找成功。例如，现需要查找关键字 14，由于 $H(14)=14\%7=0$，而散列表中地址 0 处的关键字为 14，则查找成功，比较次数为 1。又如现需要查找关键字 22，由于 $H(22)=22\%7=1$，而散列表中地址 1 处关键字为 1，不等于 22，但下一个地址 2 中关键字为 22，表明查找成功，比较次数为2。对其他关键字进行类似处理，可以得到表8.3所示每一个关键字查找成功时的比较次数。

表8.3　线性探测再散列法查找成功时各关键字比较次数

散列地址	0	1	2	3	4	5	6	7	8	9
关键字	14	1	22		11	19	55	68	82	40
比较次数	1	1	2		1	1	1	3	4	5

由此可得9个关键字序列在等概率情况下查找成功时的平均查找长度为：

$$ASL_{succ} = \frac{1+1+2+1+1+1+3+4+5}{9} = \frac{19}{9}$$

② 线性探测再散列法查找不成功时的 ASL

计算查找不成功时的比较次数可以直接统计从位置 i 到第一个地址上关键字为空的距离。由于待查找的关键字肯定不在散列表中，根据散列函数地址为 $key \bmod 7$，因此任何一个数经散列函数计算以后的初始地址只可能在 0~6 的位置，可得到7个位置在查找不成功时的探测次数表如表8.4所示。

地址0，到第一个关键字为空的地址3需要比较3次，因此不成功的比较次数为3；

地址1，到第一个关键字为空的地址3需要比较2次，因此不成功的比较次数为2；

地址2，到第一个关键字为空的地址3需要比较1次，因此不成功的比较次数为1；

地址3，到第一个关键字为空的地址3需要比较0次，因此不成功的比较次数为0；

地址4，到第一个关键字为空的地址3（比较到地址6，再循环回去）需要比较9次，因此不成功的比较次数为9；

地址5，到第一个关键字为空的地址3（比较到地址6，再循环回去）需要比较8次，因此不成功的比较次数为8；

地址6，到第一个关键字为空的地址3（比较到地址6，再循环回去）需要比较7次，因此不成功的比较次数为7。

表8.4　线性探测再散列法查找不成功时各位置比较次数

散列地址	0	1	2	3	4	5	6
比较次数	3	2	1	0	9	8	7

因此，可以计算得到7个位置在等概率情况下查找失败时的平均查找长度为：

$$ASL_{unsucc} = \frac{3+2+1+9+8+7}{7} = \frac{30}{7}$$

2. 链地址法等概率情况下查找成功和不成功时 ASL 的计算

① 链地址法查找成功时的 ASL

假设在用链地址法解决冲突的过程中建立的散列表如表8.5所示，并可得到9个关键字序列 {18,13,24,3,20,84,27,55,11} 在查找成功时的探测次数。

表8.5　链地址法查找成功时各关键字比较次数

关键字	18	13	24	3	20	84	27	55	11
比较次数	1	1	2	1	1	2	1	1	2

由表 8.5 可以计算得到查找成功时的 $ASL_{succ} = \dfrac{1+1+2+1+1+2+1+1+2}{9} = \dfrac{12}{9}$。

② 链地址法查找不成功时的 ASL

由建立的散列表（见图 8.39）可知，查找不成功时，则：

查找地址为 0 的值所需要的比较次数为 2；

查找地址为 1 的值所需要的比较次数为 0；

查找地址为 2 的值所需要的比较次数为 2；

查找地址为 3 的值所需要的比较次数为 1；

查找地址为 4 的值所需要的比较次数为 0；

查找地址为 5 的值所需要的比较次数为 1；

查找地址为 6 的值所需要的比较次数为 0；

查找地址为 7 的值所需要的比较次数为 2；

查找地址为 8 的值所需要的比较次数为 0；

查找地址为 9 的值所需要的比较次数为 1；

查找地址为 10 的值所需要的比较次数为 0。

所以查找不成功时的 ASL 为：

$$ASL_{unsucc} = \frac{2+2+1+1+2+1}{11} = \frac{9}{11}$$

查找过程中，关键字的比较次数取决于产生冲突的多少。产生的冲突少，查找效率就高；产生的冲突多，查找效率就较低。因此，影响产生冲突多少的因素也就是影响查找效率的因素。影响产生冲突多少的主要有以下 3 个因素。

（1）散列函数是否均匀。

（2）处理冲突的方法。

（3）散列表的装填因子。

散列表的装填因子定义为：

$$\alpha = \frac{\text{表中记录数} n}{\text{散列表的长度} m}$$

其中，α 是散列表装满程度的标志因子。散列表的平均查找长度依赖于装填因子 α，而不直接依赖于 n 或 m。直观地看，α 越大，说明表装得越满，发生冲突的可能性越大；反之，发生冲突的可能性越小。为了降低产生冲突的可能性，我们通常会将散列表的空间设置得比查找集合大。这个做法会浪费一定的空间，但是换得效率的提升，它是基于"用空间换时间"的思想。

讨论题

将关键字序列(7,8,30,11,18,9,14)存储到散列表中，散列表的存储空间是一个下标从 0 开始的一维数组，散列函数为：$H(key)=(key \times 3) \bmod 7$，处理冲突采用线性探测再散列法，要求装填因子为 0.7。

（1）试画出所构造的散列表。

（2）分别计算等概率情况下查找成功和查找不成功的平均查找长度。

8.5 本章小结

本章针对 3 种不同的数据结构（线性表、树表和散列表）介绍相应的查找算法，并针对不同的查找操作进行相应的性能分析。平均查找长度作为衡量查找算法性能的标准，方便更直观地对比不同的查找操作性能。

在表的组织方式中，线性表是最简单的一种。常采用线性表查找技术的有顺序查找、折半查找和索引查找等，索引查找算法的效率介于顺序查找算法与折半查找算法之间。在树表的查找中，我们介绍了常用的二叉排序树、平衡二叉树、红黑树和 B 树这 4 种类型，其中二叉排序树是最简单的树表查找算法，插入和查找的时间复杂度均为 $O(\log n)$，但是在最坏情况下仍然会有 $O(n)$ 的时间复杂度，原因在于插入和删除元素的时候，树没有保持平衡。为了在最坏情况下仍然有较好的时间复杂度，人们进一步设计了平衡查找树。由于平衡查找树需要保证严格的平衡性，而实际应用中调整平衡的过程会耗费大量时间以及资源，因此人们进一步设计了红黑树来满足实际需求。B 树的特点在于，每一个结点都包含 *key* 和 *value*，经常访问的元素可能离根结点更近，因此访问也更迅速。

计算机领域名人堂

吴恩达（Andrew Ng，1976 年 4 月 18 日—）是斯坦福大学计算机科学系和电气工程系的客座教授，曾任斯坦福人工智能实验室主任，他与达芙妮·科勒一起创建了在线教育平台 Coursera。他于 2007 年获得斯隆奖（Sloan Fellowship），于 2008 年入选 "the MIT Technology Review TR35"，即《麻省理工科技创业》杂志评选出的科技创新 35 俊杰，以及计算机思维奖（Computers and Thought Award），并在 2013 年入选 *Time* 杂志年度全球最有影响力的 100 人之一。他的主要兴趣领域在大规模数据检索、机器学习、深度学习等方面。

本章习题

一、选择题

1. 顺序查找适用于_____的线性表。
   A. 顺序存储结构或链式存储结构　　B. 散列存储结构
   C. 压缩存储结构　　D. 索引存储结构

2. 对长度为 3 的顺序表进行查找，若查找第一个元素的概率为 1/8、查找第二个元素的概率为 3/8、查找第三个元素的概率为 1/2，则查找任一元素的平均查找长度为_____。
   A. 13/8　　B. 2　　C. 17/8　　D. 19/8

3. 由 *n* 个数据元素组成的两个表：一个递增有序；另一个无序。采用顺序查找算法对有序表从头开始查找，发现当前元素不小于待查元素时，停止查找，确定查找不成功。已知查找任一元素的概率是相同的，则在两种表中成功查找时_____。
   A. 平均时间前者小　　B. 平均时间后者小
   C. 平均时间两者相同　　D. 无法确定

4. 已知一个长度为 32 的顺序表 *L*，其元素按关键字有序排列，若采用折半查找算法查找一个 *L* 中不存在的元素，则关键字的比较次数最多是_____次。
   A. 5　　B. 6　　C. 7　　D. 8

5. 折半查找过程所对应的判定树是一棵_____。

    A. 平衡二叉树   B. 最小生成树   C. 完全二叉树   D. 满二叉树

6. 已知具有 10 个关键字的有序表中，对每个关键字的查找概率相同，则采用折半查找算法查找失败的平均查找长度为_____。

    A. 39/10   B. 39/11   C. 29/10   D. 29/11

7. 对有 1600 个记录的索引顺序表（分块表）进行查找，最理想的块长为_____。

    A. $\lceil \log_2 1600 \rceil$ B. 40   C. 200   D. 400

8. 采用分块查找时，数据的组织方式为_____。

    A. 数据分成若干块，每块内数据有序

    B. 数据分成若干块，每块内数据不必有序，但块间必须有序，每块内最大（或最小）的数据组成索引块

    C. 数据分成若干块，每块内数据有序，每块内最大（或最小）的数据组成索引块

    D. 数据分成若干块，每块（除最后一块外）中数据个数需相同

9. 为提高查找效率，对有 65025 个元素的有序表建立索引顺序结构，在最好情况下查找到表中已有元素最多需要执行_____次关键字比较操作。

    A. 14   B. 15   C. 16   D. 21

10. 在二叉排序树中进行查找的效率与_____有关。

    A. 二叉排序树的深度   B. 二叉排序树的结点个数

    C. 被查找结点的度   D. 二叉排序树的存储结构

11. 在常用的描述二叉排序树的存储结构中，关键字值最大的结点_____。

    A. 左指针一定为空   B. 右指针一定为空

    C. 左、右指针均为空   D. 左、右指针均不为空

12. 具有 n 个关键字的 m 阶 B 树，其叶结点个数为_____。

    A. $n-1$ B. mn C. $mn/2$ D. $n+1$

13. 下列关于 m 阶 B 树的说法中，错误的是_____。

    A. 根结点至多有 m 棵子树

    B. 所有叶结点都在同一层次上

    C. 根结点中的数据是有序的

    D. 非叶结点至少有 $\frac{m}{2}$（m 为偶数）或 $\frac{m+1}{2}$（m 为奇数）棵子树

14. 下列叙述中，不符合 m 阶 B 树定义要求的是_____。

    A. 根结点至多有 m 棵子树

    B. 所有叶结点都在同一层上

    C. 叶结点之间通过指针链接

    D. 各结点内关键字均升序或降序排列

15. 在一棵高度为 2 的 5 阶 B 树中，所含关键字的个数至少是_____。

    A. 5   B. 7   C. 8   D. 14

16. 只能在顺序存储结构上进行的查找方法是_____。

    A. 顺序查找法   B. 折半查找法   C. 树状查找法   D. 散列查找法

17. 对包含 n 个元素的散列表进行查找，平均查找长度_____。

    A. 为 $O(\log_2 n)$ B. 为 $O(1)$

    C. 不直接依赖于 n D. 直接依赖于表长 m

18. 采用开放定址法解决冲突的散列查找中，发生聚集的主要原因是_____。
    A. 数据元素过多　　　　　　　　　　B. 负载因子过大
    C. 散列函数选择不当　　　　　　　　D. 解决冲突的方法选择不当

19. 现有长度为 7、初始为空的散列表 HT，散列函数 $H(k)=k\%7$，采用线性探测再散列法解决冲突。将关键字序列 29,57,15 依次插入 HT 后，查找成功时的平均查找长度为_____。
    A. 1.5　　　　　　B. 1.6　　　　　　C. 2　　　　　　D. 3

20. 现有长度为 11、初始为空的散列表 HT，散列函数 $H(k)=k\%7$，采用线性探测再散列法解决冲突。将关键字序列 80,47,30,6,18,29,98,20 依次插入 HT 后，查找失败时的平均查找长度为_____。
    A. 4　　　　　　B. 5.25　　　　　　C. 6　　　　　　D. 6.29

二、问答题

1. 设包含 4 个数据元素的集合 S={"do","for","repeat","while"}，各元素的查找概率依次为 $p1=0.35$，$p2=0.15$，$p3=0.15$，$p4=0.35$。将 S 保存在一个长度为 4 的顺序表中，采用折半查找法，查找成功时的平均查找长度为 2.2。请回答：

（1）若采用顺序存储结构保存 S，且要求平均查找长度更短，则元素应如何排列？应使用何种查找方法？查找成功时的平均查找长度是多少？

（2）若采用链式存储结构保存 S，且要求平均查找长度更短，则元素应如何排列？应使用何种查找方法？查找成功时的平均查找长度是多少？

2. 将关键字 41,38,31,12,19,8 连续地插入一棵初始为空的红黑树后，试画出该结果树。

3. 在题 2 中，将关键字 41,38,31,12,19,8 连续插入一棵初始为空的树中，从而得到一棵红黑树。请给出从该树中连续删除关键字 8,12,19,31,38,41 后的结果。

三、算法设计题

假定在一个 $n \times m$ 的二维数组中，每一行都按照从左到右递增的顺序排列，每一列都按照从上到下递增的顺序排列。示例矩阵如下。

$$\begin{bmatrix} a_{11} & a_{12} & \cdots & a_{1n} \\ a_{21} & a_{22} & \cdots & a_{2n} \\ \vdots & \vdots & \vdots & \vdots \\ a_{m1} & a_{m2} & \cdots & a_{mn} \end{bmatrix}$$

输入满足上述条件的二维数组和一个整数，请设计一个时间上尽可能高效的算法，判断数组中是否含有该整数。要求：

（1）给出算法的基本设计思想。

（2）根据设计思想，采用 C 或 C++ 语言描述算法，关键之处给出注释。

（3）说明所设计算法的时间复杂度。

第 9 章 大数据存储与检索

● **学习目标**
（1）大数据的定义与特征
（2）大数据存储
（3）大数据检索
（4）应用实例

● **本章知识导图**

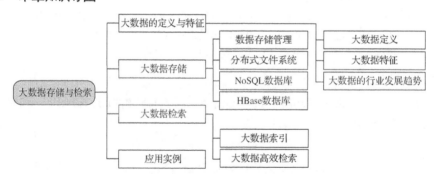

　　随着云时代的来临，大数据引起了越来越多人的关注。在短短的数年间，大数据技术飞速发展，并成为越来越多企业的战略实践抓手，甚至上升为大国的竞争战略之一。毫无疑问，大数据带领我们进入了一个崭新的时代。近些年，信息技术迅速发展，促使手机、平板电脑、PC 以及各式各样的物联网传感器随处可见，数据的来源及其数量正以前所未有的速度激增。伴随着云计算、大数据、物联网、人工智能等信息技术的快速发展和传统产业数字化的转型，数据量呈现几何级增长。2016 年全球数据总量为 16.1ZB，预估 2025 年全球数据总量将达到 175ZB，近十年将有 10 倍的增长。传统数据大多都是结构化数据，而如今的数据中约 80%是非结构化或半结构化类型数据，甚至有部分是不断变化的流数据。数据的爆炸性增长态势及其数据构成特点使得人们进入"大数据"时代。本章针对大数据的特点，首先介绍大数据的定义，并针对大数据存储及大数据检索介绍目前主流大数据技术，最后对一个实际的应用案例进行讨论。

9.1 大数据的定义与特征

9.1.1 大数据定义

　　大数据（Big Data）是指需要通过快速获取、处理、分析以从中提取价值的海量且多样化的交易数据、交互数据与传感数据，其规模往往达到 PB（1024TB）级。

不同机构对大数据也有不同的定义。麦肯锡全球研究院（MGI）对大数据的定义为：一种规模大到在获取、存储、管理、分析方面极大超出传统数据库软件工具能力范围的数据集合，具有海量的数据规模、快速的数据流转、多样的数据类型和价值密度低四大特征。移动信息化研究中心对大数据的定义为：大数据是帮助企业利用海量数据资产，实时、精确地洞察未知逻辑领域的动态变化，并快速重塑业务流程、组织和行业的新兴数据管理技术。互联网数据中心（IDC）认为，大数据具备海量（Volume）、异构（Variety）、高速（Velocity）和价值（Value）四大特性。小数据与大数据的特征对比如表 9.1 所示。

表 9.1　小数据与大数据的特征对比

特征	小数据	大数据
体积	有限的量	数据庞大
彻底性	样本	整个群体
分辨率和索引性	粗糙，弱	精致，强
关联性	弱	强
速度	慢、定格	快
多样性	窄	宽
灵活性和可扩展性	中等	高

目前，大数据正以越来越快的速度增长且已从概念落到实地，在精准营销、智慧医疗、影视娱乐、金融、教育、体育、安防等领域均有大量应用。随着云计算、互联网、电子商务、物联网、医疗影像、基因测序等新技术的迭代更新，每天都会产生大量的新数据，这些数据都需要存储起来或进行实时处理。可以说，大量的这些数据给传统的数据存储和处理技术带来了新的挑战。

9.1.2　大数据特征

大数据的特征可以归纳为 5 个层面：Volume（数据容量）、Variety（数据类型）、Value（价值密度）、Velocity（速度）、Veracity（真实性），也就是大数据的 5V 特征。

（1）数据容量

Volume 表示数据容量巨大。存储容量单位的定义如表 9.2 所示。

大型数据集一般在 10TB 规模。但在实际应用中，很多企业用户把多个数据集放在一起，已经形成了 PB 级的数据量。可以想象，随着存储设备容量的增大以及物联网和人工智能等的发展，存储数据还会呈几何级增长。大数据的容量指标是动态增加的。

有资料证实，到目前为止，人类生产所有印刷材料的数据量仅为 200PB，而仅 2019 年全球数据总量就达到了 41ZB，预测到 2025 年全球数据总量将达到惊人的 175ZB。

表 9.2　存储容量单位的定义

中文单位	英文单位	英文简称	字节数
字节	Byte	B	1
千字节	Kilo Byte	KB	2^{10}
兆字节	Mega Byte	MB	2^{20}
吉字节	Giga Byte	GB	2^{30}
太字节	Tera Byte	TB	2^{40}

中文单位	英文单位	英文简称	字节数
拍字节	Peta Byte	PB	2^{50}
艾字节	Exa Byte	EB	2^{60}
泽字节	Zetta Byte	ZB	2^{70}
尧字节	Yotta Byte	YB	2^{80}
千亿亿亿字节	Bront Byte	BB	2^{90}
百万亿亿亿字节	Nona Byte	NB	2^{100}
十亿亿亿亿字节	Dogga Byte	DB	2^{110}
万亿亿亿亿字节	Corydon Byte	CB	2^{120}

（2）数据类型

Variety 表示数据类型繁多。传统的数据类型一般较为单一，且或多或少是同构的，即结构化的数据，这种特点使它更易于管理。但在大数据中，数据来源各异，因而形式各异。大数据主要来源于互联网，包含多种数据类型，例如各种音频和视频文件、网络日志、地理位置信息等。

大数据大多为半结构化，甚至完全非结构化的数据类型。这类数据毫无特征可言，给大数据的存储和检索带来极大的挑战。

（3）价值密度

Value 表示价值密度。随着物联网的广泛应用，信息感知无处不在，数据海量，但是其价值密度很低。大数据蕴藏着丰富的价值，挖掘价值往往类似沙里淘金。通过对大数据获取、存储、抽取、清洗，再经过复杂地挖掘与分析才能从大数据中获取到有价值的信息。如何从海量的数据中迅速地完成数据的价值提纯是亟待解决的难题。

（4）速度

Velocity 表示数据的产生和变化快。在高速网络时代，通过能够实现软件性能优化的高速处理器和服务器创建实时数据流已经成为流行趋势。企业不仅需要了解如何快速创建数据，还需要知道如何快速处理、分析数据并返回结果给用户，以满足用户的实时需求。大数据的快速处理能力充分体现了它与传统数据处理技术的本质区别。

（5）真实性

Veracity 表示数据的真实性。数据真实性是一个在讨论大数据时常常被忽略的属性，但是它与其他的属性同样重要。采集到的大数据并不能保证完全、真实、准确，可能存在着错误的数据、甚至是伪造的数据，而大数据分析高度依赖数据的真实性，越真实的数据，就越有助于分析出准确的结果。

9.1.3 大数据的行业发展趋势

未来，大数据的行业发展趋势将延伸到人类科学技术的最前沿，如物联网、云计算、量子计算、边缘计算与人工智能等。

（1）物联网的兴起：物联网和 5G 通信技术的发展使得智能终端广泛应用于家用电器的控制，Google Assistant、小米小爱等智能语音设备也使得大数据的采集越来越方便。

（2）暗数据迁移到云：尚未转换为数字格式的数据称为暗数据，它是尚未开发的巨大存储库，未来这些模拟数据库会被数字化并迁移到云中，有利于进一步分析和决策。

（3）量子计算：尽管量子计算尚处于起步阶段，但相关研究实验从未停止，量子计算将能够极大提升计算机数据处理能力，缩短处理时间。诸如 Google、IBM 和 Microsoft 的大型科技公司

数据结构（C语言 微课版）——从概念到算法

将开始测试量子计算机，并将其集成到业务流程中，以期进一步助力大数据的处理与计算。

（4）边缘计算：随着物联网的发展，企业收集数据的方式逐渐转向设备端，边缘计算相较于云计算更加靠近数据源头，这样可以有效降低数据传输处理到反馈的迟延，同时具有显著的大数据收集与处理能力。

（5）人工智能：随着机器学习与人工智能（AI）的崛起，越来越多与人们生活日常息息相关的大数据被输送到 AI 模型中，进一步提升了 AI 系统的智能化决策水平，以便更好地为人类服务。

讨论题

大数据与传统数据的区别是什么？二者有什么关系？

9.2 大数据存储

大数据容量和传统的数据容量相差若干个数量级，因此传统的存储技术难以胜任存储海量数据的任务。一般来说，硬件的发展最终还是需要软件需求推动。大数据的出现带来了新的需求，因此大数据的分析应用需求正推动着数据存储基础设施的发展。

9.2.1 数据存储管理

传统的数据存储管理已经不能满足大数据的发展要求，大数据存储管理面临着巨大的挑战。大数据管理技术也不断涌现，有多种数据管理技术被广泛关注，例如分布式存储、内存数据库技术、列式数据库技术、云数据库技术、NoSQL 技术、移动数据库技术等。

分布式存储系统是将数据分散存储在多台独立的设备上。传统的网络存储系统采用集中的存储服务器存放所有数据，存储服务器成为系统性能的瓶颈，也是可靠性和安全性的焦点，其不能满足大规模存储应用的需要。分布式网络存储系统采用可扩展的系统结构，利用多台存储服务器分担存储负荷、利用位置服务器定位存储信息，它不但能提高系统的可靠性、可用性和存取效率，还易于扩展。内存数据库技术将数据放在内存中直接操作，内存的数据读写速度要比磁盘高出几个数量级，因此数据保存在内存中能为应用程序提供即时的响应和高吞吐量。列式数据库是以列相关存储架构进行数据存储的数据库，主要适用于批量数据处理和即时查询，占用更少的存储空间，它是构建数据仓库的理想架构之一。云数据库是指被优化或部署到一个虚拟计算环境中的数据库，其可以被随意地进行扩展，具有按需付费、按需扩展、高可用性以及存储整合等优势。NoSQL（Not Only SQL）泛指非关系型数据库，适用于庞大的数据量、极端的查询量和模式演化等场景下。NoSQL 数据库的产生就是为了解决大规模数据集和多重数据种类带来的挑战，尤其是大数据应用难题。移动数据库是分布式数据库的延伸和扩展，拥有分布式数据库的诸多优点和独特的性能，能够满足未来人们访问信息的要求。

9.2.2 分布式文件系统

分布式文件系统（Distributed File System）是指文件系统管理的存储资源不一定直接连接在本地节点上，而是通过计算机网络节点相连，或是若干不同的逻辑磁盘分区或卷标组合在一起而形成的完整、有层次的文件系统。分布式文件系统把大量数据分散到不同的节点上存储，并使用备份机制，极大减小了数据丢失的风险。分布式文件系统具有冗余性，部分节点的故障并不影响整体的正常运行，而且即使出现故障的计算机存储的数据损坏、甚至丢失，也可以由其他节点将缺失的数据恢复出来。下面介绍一种使用比较广泛的分布式文件系统。

Hadoop Distributed File System（简称 HDFS）是一个分布式文件系统。HDFS 与现有的分布式文件系统有很多共同点，但同时它与其他分布式文件系统的区别也非常明显。HDFS 是基于满足流数据模式访问和处理超大文件的需求而开发的，是一个具有高度容错性的系统，适合部署在廉价的商用服务器上。HDFS 能提供高吞吐量的数据访问，非常适合那些有着超大数据集的应用程序。

HDFS 采用了主从（Master/Slave）结构模型，一个 HDFS 集群由一个名称节点（NameNode）和若干数据节点（DataNode）组成。其中，名称节点作为主服务器，用于管理文件命名空间和调节客户端对文件的访问；集群中的数据节点才是真正存储数据的地方，一般一个数据节点对应一台服务器。HDFS 系统架构如图 9.1 所示。

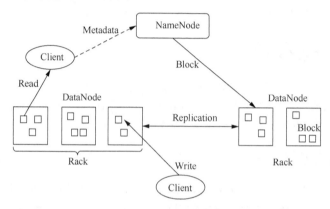

图 9.1　HDFS 系统架构

NameNode 管理文件系统的命名空间，维护着文件系统树以及整棵树内所有的文件和目录，这些元数据以两个文件的形式永久保存在本地磁盘上，即命名空间镜像文件和编辑日志文件。NameNode 也记录着每个文件中各个块所在的数据节点信息，但它并不持久化在硬盘上，而是存储在内存中，这些信息是在系统启动时由 DataNode 发送过来的。因此，NameNode 并不参与客户数据的读写操作，只负责维护一些控制信息。

DataNode 是文件系统的工作节点，是真正存储数据的位置。DataNode 在存储数据时以数据块为单位读写数据，数据块是 HDFS 读写数据的基本单位。每个文件除了最后一个块，其他块都有相同的大小。数据块一般都有多个备份，存储在不同的 DataNode 中，DataNode 也可以分布在不同的机架上。DataNode 负责执行文件系统客户端发出的读/写请求，将数据块持久化存储在本地。DataNode 同时也负责执行 NameNode 发送过来的指令，例如进行数据块的创建、删除和复制。

HDFS 的 NameNode 和 DataNode 都是运行在普通计算机上的软件，可以运行在任何有 Java 运行环境的机器上，因此很容易将 HDFS 部署到大规模集群上。典型的部署是由一个专门的机器来运行 NameNode，集群中的其他机器各自运行一个 DataNode 实例。虽然 HDFS 体系结构并不排斥在一台机器上运行多个 DataNode 实例，但在实际的部署中几乎不会出现这种情况。集群中只有一个 NameNode 极大地简化了系统的体系结构，但同时也可能带来致命的错误，即单点失效问题。HDFS 对此也有一些应对方案，例如使用 SecondaryNode 作为 NameNode 的备份。

HDFS 主要有以下几个特点。

（1）故障检测和自动快速恢复

硬件故障的出现在 HDFS 中是常态。由于整个 HDFS 系统由数百或数千个存储着文件数据片段的服务器组成，且都很复杂，因此每一个部分都很有可能出现故障，这就意味着 HDFS 系统中总有一些部件是失效的。可以说，故障的检测和自动快速恢复是 HDFS 一个很核心的设计目标。

（2）简单、一致模型

大部分的 HDFS 程序对文件操作的需求是一次写入多次读取。一个文件一旦被创建、写入、关闭之后就不需要再修改了，这个假定简化了数据一致的问题，同时也能提供高吞吐量的数据访问。Map-Reduce 程序或者网络爬虫应用都可以完美地适合这个模型。

（3）大数据集

运行在 HDFS 上的应用程序有着大量的数据集。典型的 HDFS 文件大小是 GB 到 TB 的级别，我们知道操作系统中磁盘块的大小默认是 512 字节，而 hadoop 2.x 版本中块的大小默认为 128MB，那为什么 HDFS 中的存储块要设计这么大呢？其目的是减小寻址的开销。只要块足够大，磁盘传输数据的时间必定会明显大于这个块的寻址时间。所以 HDFS 被调整成支持大文件的系统。另外，HDFS 提供很高的聚合数据带宽，即一个集群中支持数百个节点，另一个集群中还应该支持千万级别的文件。

（4）数据访问

运行在 HDFS 上的应用程序必须流式地访问它们的数据集，它不是运行在普通文件系统上的程序。HDFS 被设计成适合批量处理的，而不是用户交互式的。HDFS 强调数据吞吐量，而不是数据访问的反应时间。POSIX（Portable Operating System Interface of UNIX）的很多硬性需求对 HDFS 应用都是非必需的，去掉 POSIX 中小部分关键语义可以获得更好的数据吞吐量。

（5）异构软硬件平台间的可移植性

HDFS 被设计成可以简单实现平台间的迁移，这样将推动需要大数据集的应用更广泛地采用 HDFS 作为平台。

（6）移动计算比移动数据更经济

在靠近计算数据的真实存储位置来进行计算是最理想的状态，尤其是在数据集特别巨大的时候，传送代码的通信代价通常比传送数据小得多。因此，就近计算能消除网络的拥堵，提高系统的整体吞吐量。一个假定就是迁移程序到距离数据更近的位置比将数据移动到程序运行更近的位置要更好。HDFS 提供了让程序将自己移动到距离数据存储更近位置的接口。

HDFS 的设计理念是为了满足特定的大数据场景，所以 HDFS 也具有一定的局限性，主要体现在以下几点。

（1）小文件问题

文件系统的元数据是由 NameNode 保存在内存中，而 HDFS 系统只有一个 NameNode，文件系统所能存储的文件总量受限于 NameNode 的内存总容量，因此过多的小文件会大量消耗 NameNode 的存储量。

（2）实时性差

HDFS 针对高数据吞吐量做了优化，以获取数据有延迟为代价，因此 HDFS 并不适用于对实时性要求很高的应用场景。

（3）文件修改问题

HDFS 并不支持修改文件，HDFS 适合一次写入，然后多次读取的场景。

（4）不支持用户的并行写

同一时间内，只能有一个用户执行写操作。

9.2.3 NoSQL 数据库

传统的关系型数据库可以很好地支持结构化数据的存储和管理，它们具有严格的数据模式和标准，并且支持事务的 ACID 特性：原子性（Atomicity）、一致性（Consistency）、隔离性（Isolation）和持久性（Durability）。但是，大数据时代的数据大多为半结构化和非结构化的数据，传统关系型数据库并不适合存储和管理这些数据，因此 NoSQL 数据库应运而生。

随着互联网 Web 2.0 的兴起，传统的关系型数据库在应对超大规模和高并发的社交网络服务类型网站时暴露出大量难以解决的问题，而非关系型数据库 NoSQL 具有比关系型数据库更适合存储半结构化数据的特点，因而得到非常迅速的发展。

NoSQL 具有以下几个特点。

（1）灵活的可扩展性

NoSQL 数据库种类繁多，但是它们有一个共同的特点，就是没有关系型数据库的关系性特性。数据之间没有关系使扩展变得更加容易，如在架构层面上无形之间带来可扩展的能力。

（2）大数据量和高性能

大数据时代需要存储的数据规模增大了好几个数量级。尽管传统的关系型数据库一直在优化以适应这种规模的增长，但是其特点决定存储上限，实际上传统的关系型数据库已经无法满足一些企业的存储需求；NoSQL 数据库具有无关系性，数据库的结构也相对简单，这些使得它具有非常高的读写性能，尤其是在大数据量场景下。一般关系型数据库使用查询缓存，而 NoSQL 使用的是记录级缓存，即一种细粒度的缓存，所以在这个层面上来说 NoSQL 的性能就要高很多。

（3）灵活的数据模型，可处理半结构化和非结构化的大数据

在关系型数据库中，数据字段需要事先建立好，因为系统运行后再增、删字段是一件非常麻烦的事情，尤其是后期为非常大数据量的表增加字段简直就是一个噩梦。NoSQL 数据库在这一方面的优势就显而易见了——NoSQL 数据库在数据模型约束方面更加宽松，无须用户事先为要存储的数据建立字段，且允许随时存储自定义的数据格式。NoSQL 数据库可以让应用程序在一个数据元素中存储任何结构的数据，如半结构化、完全非结构化的数据。

近些年，伴随着大数据的发展，NoSQL 数据库的发展十分迅猛。据统计，目前已经出现 50～150 款 NoSQL 数据库系统。它们一般被划分为 4 类，分别是键值数据库、列式数据库、文档数据库和图形数据库，如图 9.2 所示。其中，键值数据库以键值对为基本存储单元，具有非常快的检索能力，这样可以极大提升数据检索的效率；列式数据库以列簇式存储，具有很强的数据可扩展性，更容易进行分布式扩展；文档型数据库对数据结构的要求不严格，使得数据存储更加灵活多变；图形数据库主要用于社交网络、推荐系统等典型场景，在图计算和数据可视化方面具有天然的优势，但其构建成本相对较高。

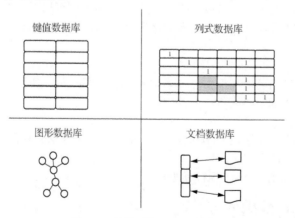

图 9.2　4 种类型的 NoSQL 数据库

9.2.4　HBase 数据库

下面介绍一种应用比较广泛的列式数据库——HBase 数据库。HBase 是一款基于 Hadoop 的分

布式、可伸缩、面向列的开源数据库，其用于存储海量数据。HBase 与一般的关系型数据库不同，它是一款适用于非结构化数据存储的数据库，而且它是基于列而不是基于行的模式。HBase 有如下几个特点。

（1）海量存储

HBase 适合存储 PB 级别的海量数据，人们即使是使用廉价计算机上的 HBase 来存储 PB 级别的数据，也能在几十毫秒到百毫秒内获得反馈数据。HBase 的这个特点得益于其极易扩展性。正因为 HBase 拥有良好的扩展性，才为海量数据的存储提供了便利。

（2）列式存储

HBase 采用的是列式存储，这里"列式存储"其实是列族存储，其中列族是指多个列的组合。区别于原来关系型数据库的行式存储，HBase 的列式存储将行内的数据按照列族分组，并且在物理存放上具有更加紧凑的空间使用效率。HBase 根据列族来存储数据，列族下面可以有非常多的列，列族内的数据通过列限定符或列进行定位。列限定符不必事先定义，也不必在不同行之间保持一致。

（3）极易扩展

HBase 的扩展性主要体现在两个方面：一方面，通过横向添加 RegionSever 的机器进行水平扩展，可以提高 HBase 的上层处理能力；另一方面，通过横向添加 DataNode 的机器进行存储层的扩容，可以提升 HBase 的数据存储能力和后端存储的读写能力。

（4）高并发

目前大部分采用 HBase 的架构都是使用的廉价 PC，因此单个 I/O 的延迟其实并不低。但是在并发的情况下，HBase 的单个 I/O 延迟并不会变差很多，所以总体上用户能获得高并发、低延迟的服务。

（5）稀疏

稀疏主要是针对 HBase 列的灵活性而言的，即在列族中可以指定任意多的列，但只有列数据不为空的才会真正地占用存储空间。HBase 实际上是一个稀疏、多维度、有序的映射表，表中的每个单元是由行键、列族、列限定符和时间戳组成的唯一索引标识。当用户在表中存储数据时，表中的每一行至少由一个列族组成，每一个列族又包含任意多的列。同一个表模式的列族数量是固定的，即每一行有相同数量的列族，且列族的名称相同，但每一行中每个列族的列个数是可以变动的。HBase 的数据模型示意图如图 9.3 所示。

行键	列族 1			列族 2		列族 3		
行 0	列1	列2	列3	列1	列2	列1	列2	列3
行 1	列1		列2	列1	列2	列2		列3
行 2	列1	列2	列3	列4	列1	列2	列1	列3
行 3	列2		列3	列1	列3	列1	列2	列3
……	列1	列2	列3	列1	列2	列1		列2

图 9.3　HBase 的数据模型示意图

HBase 中同一列族里面的数据存储在一起，列族支持动态扩展，即不用提前定义列的数量，可随时增加新的列。因此，同一个表中的不同行有相同的列族，但是可能具有完全不同的列。正因为如此，对于整个映射表的每行数据而言，部分列的值是空的，所以 HBase 的表是稀疏的。HBase 表中所有的行都是排好序的，一般按照行键的字典序排列。一个 HBase 表一般都很大，所以存储时在行的方向上被分割成多个 HRegion。HRegion 是按大小分割的，默认大小为 10GB。HBase 表是自动分割 HRegion 的，其自动分割原理是：每个表最开始只有一个 HRegion，随着数据不断被插入表中，HRegion 不断增大；当增大到一个阈值的时候，HRegion 就会被等分成两个新的 HRegion；表中的行不断增多，就会有越来越多的 HRegion。HBase 的数据单元层次示意图如图 9.4 所示。

HRegion 是 HBase 中分布式存储和负载均衡的最小单元，因此不同的 HRegion 可以分布在不同的 HRegionServer 上，但是 HRegion 不会拆分到多个服务器上。尽管 HRegion 是负载均衡的最小单元，但它并不是物理存储上的最小单元。事实上，HRegion 由一个或多个 Store 组成，每个 Store 保存一个列族，而每个 Store 又由一个 MemStore 和 0 个或多个 StoreFile 组成。HBase 中所有的文件都存储在 HDFS 上，其主要包括两种文件类型：分别为 HFile 和 HLogFile。HRegion 的内部结构示意图如图 9.5 所示。

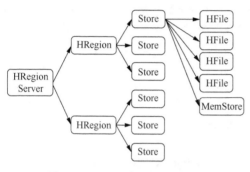

图 9.4　HBase 的数据单元层次示意图　　　　　　图 9.5　HRegion 的内部结构示意图

HFile 是 Hadoop 的二进制格式文件，实际上 StoreFile 就是对 HFile 做了轻量级包装，即 StoreFile 就是 HFile。HFile 内部结构示意图如图 9.6 所示。

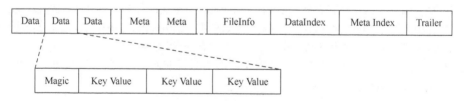

图 9.6　HFile 内部结构示意图

其中，Data 为数据块，保存的是表中的数据，可以被压缩；Meta 为元数据块，保存用户自定义的键值对，也可以被压缩；FileInfo 是 HFile 的元数据信息，用户也可以在这一部分添加自己的元信息；DataIndex 是存储 Data 块索引信息的块文件，每条索引的 key 是被索引 block 中第一条记录的 key；MetaData 是存储 Meta 块索引信息的块文件；Trailer 是 HFile 的最后一部分，它用来存储 FileInfo、DataIndex、MetaIndex 块的偏移量和寻址信息。HLogFile 是 HBase 中 WAL（Write Ahead Log，预写日志）的存储格式，物理上是 Hadoop 的序列化文件。在分布式系统环境中无法避免系统出错或者宕机，因此，一旦 HRegionServer 意外退出，MemStore 中的内存数据会丢失，这时就需要引入 HLog 文件。每个 HRegionServer 中都有一个 HLog 对象，在每次用户操作写入 MemStore 的同时，也会写一份数据到 HLog 文件中，HLog 文件定期会滚动出新的，并删除旧的文件。

讨论题

（1）HBase 数据库与关系型数据库的区别是什么？
（2）什么类型的数据适合用 HBase 数据库进行存储？

9.3　大数据检索

9.3.1　大数据索引

传统意义上的索引，其目标是加快查询速度。索引是独立于数据的，它通常可以被加载到内存中，这样就可以高效地进行数据访问，例如典型的 B 树等。但是在大数据中，这一点就变得不太现实。即使索引比实际数据小很多，但由于实际数据的规模非常大，索引量依然会很大，因此索引仍然无法全部被放入内存，这样就导致很多传统数据库的索引模式对大数据失效。大数据索引的叶子结点通常是块或者文件，而不会是最细粒度的行：一方面是因为大数据通常采用的是列式存储；另一方面是如果索引到行级别，索引将会异常大。可见，大数据索引追求的是块或文件跳跃，最终目标是尽量减少不必要的文件扫描。但是定位到文件之后，还是需要再进行暴力查找文件中的内容。

关系型数据库一般采用 B+树作为索引的数据结构。关系型数据库中的 B+树一般是 3 层 n 路的平衡树。B+树的结点对应于磁盘数据块，因此对于关系型数据库，数据更新操作需要 5 次磁盘操作（从 B+树 3 次找到记录所在的数据块，再加上一次读和一次写）。在关系型数据库中，数据随机无序写在磁盘上，B+树能够很好地提高数据库的读数据能力。对于大型分布式数据系统，B+树的性能就没那么强了；这种情况下，日志结构合并树（Log Structured Merge Tree，LSM 树）是一个更好的选择。

LSM 树是一种分层、有序、面向磁盘的数据结构。LSM 树的核心思想是以放弃部分读数据能力来换取写入能力的最大化。使用 LSM 树，假定内存足够大，因此不需要每次更新数据时就必须将数据写入磁盘，而是将最新的数据驻留在内存中，等积累到阈值后再使用归并排序的方式将内存中的数据归并且追加到磁盘队尾。事实上，所有待合并的树都是有序的，因而我们可以通过合并排序的方式将它们快速合并到一起。LSM 树的原理是把一棵大树拆分成 N 棵小树，即将它写入内存中，随着不断更新数据，小树越来越大，达到一定的阈值之后，内存中的小树会被写回到磁盘中，磁盘中的树可定期做归并操作，归并成一棵大树，以优化读性能。LSM 树合并示意图如图 9.7 所示。

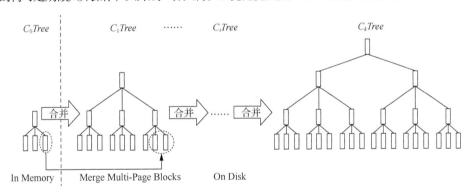

图 9.7　LSM 树合并示意图

下面给出 LSM 树结点结构的定义。

```
typedef struct LSMTreeNode{
    int keynum;                        //结点中关键字的个数
    KeyType key[ORDER-1];              //关键字数组，长度=阶数-1
    struct LSMTreeNode* child[ORDER];  //孩子指针数组，长度=阶数
    int isLeaf;                        //是否是叶子结点的标志
}Node, *LSMTree;
```

LSM 树与 B 树的差异就体现于在读性能和写性能之间进行取舍，在牺牲性能的同时，寻找其他方案来弥补。LSM 树具有批量特性，可实现存储延迟。当写操作大于读操作时，LSM 树相较于 B 树有更好的性能。这是因为随着插入操作的增多，为了维护 B 树结构，结点需要分裂，读磁盘的随机概率会变大，性能会逐渐减弱。LSM 树的数据更新只在内存中操作，没有磁盘访问环节。如果读取的是最近访问过的数据，则可以直接从内存中读取，减少了磁盘访问，因而提高性能。

大多数 NoSQL 数据库采用 LSM 树作为数据结构，HBase 也不例外。在 HBase 的实现中就使用了 LSM 树的思路。HBase 一般是部署在 HDFS 上，而 HDFS 不支持对文件的更新操作，因此 HBase 在实现 LSM 树时是把整个内存到一定阈值后写入磁盘中，形成一个文件（这个文件的存储也就是一个小的 B+树）。从内存写到磁盘上的小树也会定期合并成一个大树。

9.3.2 大数据高效检索

大数据时代的数据规模不断增长，如何快速、准确地从海量信息中找到高质量的、有用的信息是一个新的难题。传统的数据库索引能够高效地进行检索，但是当数据量太大时就不适用了。

检索技术是科学家一直都在研究的内容，搜索引擎就是发展很多年的一项检索技术。搜索引擎是根据用户需求和利用一定算法，运用特定策略从互联网检索出指定信息并反馈给用户的一门检索技术。搜索方式大致可以分为 4 种：全文搜索引擎方式、元搜索引擎方式、垂直搜索引擎方式和目录搜索引擎方式。这 4 种方式各有各的特点，分别适用于不同的搜索环境。

（1）全文搜索引擎方式

全文搜索引擎方式是利用爬虫程序抓取互联网上所有相关文章并予以索引的搜索方式，一般的网络用户使用全文搜索引擎。全文搜索能够方便、简捷地获得所有相关信息，但是搜索到的信息比较庞杂，需要用户进一步自行筛选。在用户没有明确检索意图的情况下，这种搜索方式非常高效。

（2）元搜索引擎方式

元搜索引擎方式是基于多个搜索引擎结果并对之整合处理的二次搜索方式。元搜索方式适用广泛，能够准确地收集信息。不同全文搜索引擎的性能和反馈能力差异较大，导致各有利弊。元搜索引擎刚好能够解决这个问题，有利于各基本搜索引擎间的优势互补。元搜索方式还有利于对基本搜索方式进行全局控制，引导全文搜索引擎自我完善。

（3）垂直搜索引擎方式

垂直搜索引擎方式是对某一特定行业内数据进行快速检索的一种专业搜索方式。这种方式适用于有明确搜索意图情况下的检索。例如，用户购买机票、火车票、汽车票时或想要浏览网络视频资源时，都可以直接选用行业内专用搜索引擎，以准确、迅速地获得相关信息。

（4）目录搜索引擎方式

目录搜索引擎方式是依赖人工收集、处理数据并置于分类目录链接下的搜索方式。这种方式通常是网站内部使用的检索方式。

下面介绍一个使用比较广泛的全文检索引擎的架构，即 Lucene。Lucene 问世之后便引起开源代码社区的巨大反响，程序员们不仅构建了具体的全文检索应用，而且将它集成到各种系统软件中。

Lucene 是一个高性能、可伸缩的信息搜索库。作为一个全文搜索引擎架构，Lucene 具有如下突出的优点。

（1）索引文件格式独立于应用平台。Lucene 定义了自己的索引文件格式，它是以 8 字节为基础，使得索引文件能在不同平台的应用上共享。

（2）Lucene 是一个面向对象的系统架构，这样使得对它的扩展学习难度极大降低，方便扩充新功能。

（3）Lucene 在传统全文搜索引擎的倒排索引基础上实现分块索引，能够针对新的文件建立小文件索引，极大提高索引速度，然后通过与原有索引合并，从而实现优化的目的。

（4）Lucene 设计了独立于语言和文件格式的文本分析接口，将 Token 流传递给索引器就可完成索引文件的创立。用户只需实现文本分析的接口就可扩展新的语言和文件格式。

> **讨论题**
>
> **（1）为什么 LSM 比传统单个树结构具有更好的性能?**
>
> **（2）分析 LSM 树和 B+ 树的特点，谈谈二者分别适用于什么场景。**
>
> **（3）Lucene 与传统搜索引擎的区别是什么?**

9.4　应用实例

随着新一代信息技术的发展和应用，我们已经进入大数据时代。前几节讨论了大数据的概念以及大数据的索引与检索技术，本节将讨论一个具体的案例——基于 Spark 的大数据实时查询。

Apache Spark 是一个开源的分布式通用集群计算框架，具有专为大规模数据处理而设计的快速通用计算引擎，它可以对大量静态数据进行分析、机器学习和图形处理（批处理）或动态处理（流处理），并且有许多 API 用于各种编程语言（如 Scala、Python、Java、R 和 SQL）。Spark Core 提供 Spark 最基础与核心的功能，在其访问和接口层中 Spark SQL 备受 Spark 社区关注。Spark SQL 不仅可以兼容 Hive，还可以从 RDD、Parquet 文件、JSON 文件和 RDBMS 中获取数据。Spark SQL 采用内存列式存储、自定义序列化容器等方式提升性能，Spark SQL 的架构示意图如图 9.8 所示。

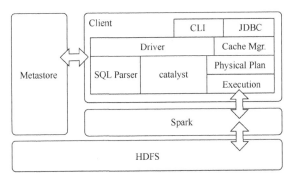

图 9.8　Spark SQL 的架构示意图

Spark SQL 可以针对大数据量进行分布式内存计算，支持对大规模结构化数据的批处理和流模式的结构化查询。Spark SQL 的核心是 SchemaRDD，SchemaRDD 由行对象组成，行对象拥有一个模式，其可用来描述行中每一列的数据类型。SchemaRDD 与关系型数据库中的表很相似，它可以通过存在的 RDD、Parquet 文件、JSON 文件或者存储在 Apache Hive 中的数据执行 Hive SQL 查询。它把已有的 RDD 带上 Schema 信息，然后注册成类似 SQL 中的 "Table"，对其进行 SQL 查询。这个过程可以分为两个步骤，分别为生产 SchemaRDD 和执行查询。

利用 Spark SQL 可以直接查询 Spark SQL 的自定义函数，可以读取、写入和查询 Hive 上的表，并以批处理和流模式的结构化方式查询 JSON 格式的数据。作为实例，Spark SQL 可以无缝地将 SQL 查询与 Spark 程序混合，并且采用统一的数据访问、以相同的方式连接到任何数据源。

例 9-1：用 Scala 语言编写代码实现采用 Spark SQL 读取、写入和查询 Hive 上的表等功能。

```scala
import org.apache.spark.sql.SparkSession
import org.apache.log4j.Logger
import org.apache.log4j.Level
import org.apache.spark.rdd.RDD

//用 case class 定义 schema
case class Student(stuName:String, stuAge:Int)

//从 CSV 文件读取学生信息
val peopleRDD: RDD[Student]=sc.parallelize(Seq(Student("XiaoMing", 18)))

//1. 将 RDD[Student] 转换成 Dataset[Student]，然后进行查询
//自动推断 RDD 的 schema
scala> val people=peopleRDD.toDS
people:  org.apache.spark.sql.Dataset[Student]=[stuID:Int,  stuName:String,
stuAge:Int]

//用 Scala Query DSL 查询年龄≥18，且年龄≤28 的学生数据
scala>val students=people.where('stuAge>=18).where('stuAge<=28).select
(stuName).as[String]
students: org.apache.spark.sql.Dataset[String]=[stuName: string]

scala> students.show
+-----------+
| stuName |
+-----------+
| XiaoMing |
+-----------+

//或者用 SQL 进行查询

//（1）将人员的 Dataset 注册为 Catalog 里的临时视图
people.createOrReplaceTempView("people")

//（2）执行查询
val students=sql("SELECT * FROM people WHERE age>=18 AND age<=28")
scala> students.show
+-----------+---------+
| stuName | stuAge |
+-----------+---------+
| XiaoMing | 18  |
+-----------+---------+
//启用 Hive 后，使用 HiveQL 读取和写入现有 Apache Hive 部署中的数据，并用 HiveQL 进行查询

sql("CREATE OR REPLACE TEMPORARY VIEW v1(key INT, value STRING) USING csv OPTIONS
('path'='people.csv', 'header'='true')")
```

数据结构（C 语言 微课版）——从概念到算法

```
sql("FROM v1").show
scala> sql("desc EXTENDED v1").show(false)
+------------+----------+
|col_name    |data_type |
+------------+----------+
|# col_name  |data_type |
|  key       |  int     |
|  value     |  string  |
+------------+----------+
```

//用批处理 ETL 流程来处理 JSON 文件，并将其子集保存为 CSV
```
spark.read
  .format("json")
  .load("input-json")
  .select("stuName", "stuAge")
  .where($"stuAge ">=18)
  .write
  .format("csv")
  .save("output-csv")
```

//使用 Structured Streaming 功能可以将上述静态批量查询变成动态查询
```
import org.apache.spark.sql.types._
val schema=StructType(
  StructField("id", LongType, nullable=false) ::
  StructField("name", StringType, nullable=false) ::
  StructField("score", DoubleType, nullable=false) :: Nil)
spark.readStream
  .format("json")
  .schema(schema)
  .load("input-json")
  .select("stuName", "stuAge")
  .where(stuAge>=18)
  .writeStream
  .format("console")
  .start
// -------------------------------------------
// Batch: 1
// -------------------------------------------
+----------+---------+
| stuName  | stuAge  |
+----------+---------+
| XiaoMing |  18     |
+----------+---------+
```

讨论题

（1）Spark 的功能特点是什么？
（2）Spark 适用于什么样的应用场景？

9.5　本章小结

　　本章介绍了大数据的定义和其 5V 特征，以及其存储和检索的特点，还对大数据的技术做了一些简单介绍，并对未来大数据行业的发展趋势进行分析。其中，在大数据的存储部分介绍了数据存储管理的几种常见管理技术，如分布式文件系统、NoSQL 数据库和 HBase 数据库；在大数据检索部分分析了针对大数据进行检索的挑战及目前的解决方案，并介绍了全文搜索、元搜索、垂直搜索和目录搜索这 4 种针对大数据的高效检索方式。最后针对一个具体的案例——基于 Spark 的大数据实时查询进行讨论及分析。相信读者完成本章的学习后，对大数据有一个初步的认识。但大数据的发展日新月异，各种技术层出不穷，因此本章只介绍几种比较典型的大数据技术。读者可以在课后查阅资料，在实践中充分掌握分布式存储以及分布式数据库。

计算机领域名人堂

　　韩家炜，美国伊利诺伊大学香槟分校计算机系教授，伊利诺伊大学的数据挖掘研究室主任，IEEE 和 ACM 院士，美国信息网络学术研究中心主任，曾担任 KDD、SDM 和 ICDM 等国际知名会议的程序委员会主席，创办了 ACM TKDD 学报并任主编。他在大数据存储、大数据检索与挖掘、数据库和信息网络领域有较深造诣，发表论文 600 余篇，曾获得 2004 年 ACM SIGKDD 创新奖、2005 年 IEEE 计算机分会技术成就奖、2009 IEEE 计算机分会 Wallace McDowell 奖和 2011 年 Daniel C. Drucker Eminent Faculty Award at UIUC 等奖项。

本章习题

问答题

　　1. 试阐述大数据存储的定义及特点。

　　2. 试阐述文件存储和对象存储有什么区别?

　　3. 什么是 NoSQL 数据库，它有什么特点?

数据结构（C 语言 微课版）——从概念到算法

288